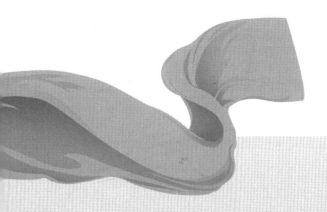

北京科技大学"211工程"项目资助出版

科学技术与文明研究丛书

编 委 会

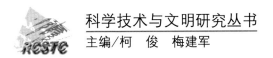

科学技术与文明研究丛书
主编／柯 俊 梅建军

女性主义科学编史学研究

A Historiographical Study on Feminist History of Science

章梅芳／著

科学出版社
北 京

图书在版编目(CIP)数据

女性主义科学编史学研究 / 章梅芳著 . —北京：科学出版社，2015
（科学技术与文明研究丛书）
ISBN 978-7-03-045000-5

Ⅰ．①女… Ⅱ．①章… Ⅲ．①女性主义-科学史-研究 Ⅳ．①N09

中国版本图书馆 CIP 数据核字（2015）第 130197 号

丛书策划：胡升华 侯俊琳

责任编辑：侯俊琳 樊 飞 卜 新 / 责任校对：刘亚琦

责任印制：徐晓晨 / 封面设计：无极书装

编辑部电话：010-64035853

E-mail：houjunlin@mail. sciencep. com

科学出版社 出版
北京东黄城根北街 16 号
邮政编码：100717
http://www.sciencep.com

北京厚诚则铭印刷科技有限公司 印刷
科学出版社发行 各地新华书店经销

*

2015 年 6 月第 一 版 开本：720×1000 1/16
2021 年 1 月第四次印刷 印张：20 3/4 插页：2
字数：300 000
定价：99.00 元
（如有印装质量问题，我社负责调换）

总　序

20 世纪 50 年代，英国著名学者李约瑟博士开始出版他的多卷本巨著《中国科学技术史》。这套丛书的英文名称是 *Science and Civilisation in China*，也就是《中国之科学与文明》。该书在台湾出版时即采用这一中文译名。不过，李约瑟本人是认同"中国科学技术史"这一译名的，因为在每一册英文原著上，实际均印有冀朝鼎先生题写的中文书名"中国科学技术史"。这个例子似可说明，在李约瑟心目中，科学技术史研究在一定意义上或许等同于科学技术与文明发展关系的研究。

何为科学技术？何为文明？不同的学者可以给出不同的定义或解说。如果我们从宽泛的意义去理解，那么"科学技术"或许可视为人类认识和改变自然的整个知识体系，而"文明"则代表着人类文化发展的一个高级阶段，是人类的生产和生活作用于自然所创造出的成果总和。由此观之，人类文明的出现和发展必然与科学技术的进步密切相关。中国作为世界文明古国之一，在科学技术领域有过很多的发现、发明和创造，对人类文明发展贡献卓著。因此，研究中国科学技术史，一方面是为了更好地揭示中国文明演进的独特价值，另一方面是为了更好地认识中国在世界文明体系中的位置，阐明中国对人类文明发展的贡献。

北京科技大学（原北京钢铁学院）于 1974 年成立"中国冶金史编写组"，为"科学技术史"研究之始。1981 年，成立"冶金史研究室"；1984 年起开始招收硕士研究生；1990 年被批准为科学技术史硕士点，1996 年成为博士点，是当时国内有权授予科学技术史博士学位的为数不多的学术机构之一。1997 年，成立"冶金与材料史研究所"，研究方向开始逐渐拓展；2000 年，在"冶金与材料史"方向之外，新增"文物保护"和"科学技术与社会"两个方向，使学科建设进入一个蓬勃发展的新时期。2004 年，北京科技大学成立"科学技术与文明研究中心"；2005 年，组建"科学技术与文明研究中心"理事会和学术委员会，聘请席泽宗院士、李学勤教授、严文明教授和王丹华研究员等知名学者担任理事和学术委员。这一系列重要措施为北京科技大学科技史学科的发展奠定了坚实的基础。2007 年，北京科技大学科学技术史学科被评为一级学科国家重点学科。2008 年，北京科技大学建立"金属与矿冶文化遗产研究"国家文物局重点科研基地；同年，教育部批准北京科技大学在"211 工程"三期重点学科建设项目中设立"古代金属技术与中华文明发展"专项，从而进一步确立了北京科技大学科学技术史学科的发展方向。2009年，人力资源和社会保障部批准在北京科技大学设立科学技术史博士后流动站，使北京科技大学科学技术史学科的建制化建设迈出了关键的一大步。

30多年的发展历程表明，北京科技大学的科学技术史研究以重视实证调研为特色，尤其注重（擅长）对考古出土金属文物和矿冶遗物的分析检测，以阐明其科学和遗产价值。过去30多年里，北京科技大学科学技术史研究取得了大量学术成果，除学术期刊发表的数百篇论文外，大致集中体现于以下几部专著：《中国冶金简史》、《中国冶金史论文集》（第一至四辑）、《中国古代冶金技术专论》、《新疆哈密地区史前时期铜器及其与邻近地区文化的关系》、《汉晋中原及北方地区钢铁技术研究》和《中国科学技术史·矿冶卷》等。这些学术成果已在国内外赢得广泛的学术声誉。

近年来，在继续保持实证调研特色的同时，北京科技大学开始有意识地加强科学技术发展社会背景和社会影响的研究，力求从文明演进的角度来考察科学技术发展的历程。这一战略性的转变很好地体现在北京科技大学承担或参与的一系列国家重大科研项目中，如"中华文明探源工程""文物保护关键技术研究"和"指南针计划——中国古代发明创造的价值挖掘与展示"等。通过有意识地开展以"文明史"为着眼点的综合性研究，涌现出一批新的学术研究成果。为了更好地推动中国科学技术与文明关系的研究，北京科技大学决定利用"211工程"三期重点学科建设项目，组织出版"科学技术与文明研究丛书"。

中国五千年的文明史为我们留下了极其丰富的文化遗产。对这些文化遗产展开多学科的研究，挖掘和揭示其所蕴涵的巨大的历史、艺术和科学价值，对传承中华文明具有重要意义。"科学技术与文明研究丛书"旨在探索科学技术的发展对中华文明进程的巨大影响和作用，重点关注以下4个方向：①中国古代在采矿、冶金和材料加工领域的发明创造；②近现代冶金和其他工业技术的发展历程；③中外科技文化交流史；④文化遗产保护与传承。我们相信，"科学技术与文明研究丛书"的出版不仅将推动我国的科学技术史研究，而且将有效地改善我国在金属文化遗产和文明史研究领域学术出版物相对匮乏的现状。

柯　俊　梅建军

2010年3月15日

序

温柔的批判与强悍的颠覆

非常欣喜地得知，章梅芳的《女性主义科学编史学研究》一书终将出版。在此，简要地写下一些相关的背景和想法，权作药引子。

首先，无须回避，该书所写的，其实是一个非常偏门的学科中的非常理论性的问题。其背景是，几十年来，在国际范围内，女性主义的学术研究，从更早的女权主义运动和实践中生长出来，已经渗透到几乎所有的传统学术研究领域中，在某种意义上，成为一种显学。

但与此同时，我们要注意到这样几个现象。其一，虽然女性主义学术研究整体上有相当充分的发展，但在与历史更为悠久的学术传统的抗争中，甚至与那些在某种程度上颠覆传统学术立场的后现代主义等思潮相比，女性主义学术研究仍然处于相对弱势的地位。其二，在整个女性主义学术研究的谱系中，和文学、历史、社会学等学科相比，对于科学的女性主义研究（这里当然不是指一阶的科学研究，而是指对于科学的历史、哲学，以及科学技术与社会等人文的研究），在女性主义学术研究中只占据相对边缘的地位，尽管今天科学自身的影响力是那么显赫。其三，在中国学界，虽然近些年来女性主义学术研究与以往相比开始有相对迅速的发展（这一点从相关研究论文的发表和研究生论文的选题数量可以看出来），但与国际学界相比，我们在这方面的进展较为缓慢。

在这多重比较之下，在中国，女性主义对于科学的研究，其边缘性自然可想而知。并且，就该书来说，从书名对论题的界定，我们还会发现，该书在上述几重边缘化之外，还要加上一重，即哪怕是在科学史这个本来就不那么主流和被人重视的学科中，科学编史学研究又是在更上一个层面上处于更边缘化的学科领域。

被边缘化的表征，便是一种弱势，经常表现为被误解、曲解、批判以及更为广泛地漠视。但是，被边缘化的弱势研究领域，同样有其不可替代的意义。从学术研究的规律来说，往往那些边缘的领域会有着更强大的生长潜力。并且，就像分形研究中的自相似问题一样，这种非常边缘的子领域研究，其实同样可以具有在更上一层的意义上的学理相似意义。当然，对于具体的研究者来说，做这样的研究的困难，往往更大。

就像作者在该书中总结的，该书前几章从科学哲学、科学史和女性主义等角度入手，对女性主义科学史研究的学术发展脉络进行历史梳理，并对其编史理论基础、编史实践与编史方法论问题进行理论和案例分析，以传统西方科学编史学的演变和发展为背景，从整体把握女性主义科学编史纲领的内涵及其在西方科学史领域的位置，并从科学观、科学史观等角度对女性主义与科学知识社会学、人类学的科学编史纲领进行比较分析，在进一步揭示女性主义科学编史纲领的独特性的同时，阐明其重要的学术价值和影响，并将女性主义的研究方法及女性主义技术史等问题纳入讨论的范围。可以说，作者非常理想地完成其设定的任务，非常全面、深入地揭示女性主义科学史研究的特色、价值、意义与启发。

该书作者章梅芳曾在我的指导下在清华大学攻读科技哲学博士学位。在就学期间，其学术理解力、研究能力和成果已经获得我所在的清华大学社会科学学院科学技术与社会研究所许多老师的一致好评。2008 年，她的博士学位论文获得中国妇女研究会第二届妇女/性别研究优秀博士学位论文二等奖（一等奖空缺）。该书最初的基础，就是她于 2006 年申请博士学位的论文。但与现在常见的那种为了某种功利目的而将博士学位论文仓促出版成书的做法不同，在毕业后的这些年中，她一直保持着对于女性主义与科学的继续研究探索，并将这些年中取得的新的研究成果补充到该书之中，使得该书的内容更加全面和充实。可以说，到目前为止，这是国内在性别与科学研究方面最深入扎实的研究专著之一。

在传统的性别身份认同上，甚至在一些被认为是女性特有的认知和做事的方式上，温柔似乎是典型的特征之一。然而，从女性主义的立场、方法来进行研究和思考，其有意义的成果，往往意味着某种对于传统认识的强悍颠覆。对于科学，对于科学史，亦是如此。希望这样的工作，对于人们从一个新的视角去理解世界、理解科学本身、理解历史、理解科学的历史、理解性别和人类自己，会有着积极的借鉴和启发意义。同时，希望章梅芳能够在今后的研究中，继续在性别与科学的研究中取得更新的成果。

刘 兵

2015 年 1 月 5 日

于北京清华园荷清苑

目 录

总序（柯　俊　梅建军）································· i

序：温柔的批判与强悍的颠覆（刘　兵）············· iii

第一章　绪论 ·· 1

    第一节　科学编史学的性质与内容 ··············· 1

    第二节　女性主义科学史：一条重要的编史进路 ···· 7

    第三节　国内外学术界对女性主义科学史研究的关注···· 11

    第四节　本书的研究内容 ······················· 19

第二章　西方女性主义科学史的学术渊源与发展脉络 ········· 21

    第一节　女权运动与女性主义理论 ··············· 21

    第二节　现代科学批判思潮与女性主义科学元勘 ···· 27

    第三节　西方科学史研究的新趋势及其提供的学术土壤 ···· 32

    第四节　女性主义科学史研究的基本内容与发展脉络 ···· 36

第三章　性别与科学社会建构观下的女性主义科学史 ········· 43

    第一节　理论基础：科学的社会性别建构 ·········· 43

    第二节　案例研究：科学中的性别政治 ············ 57

    第三节　小结与讨论 ··························· 88

第四章　差异性与多元化视野下的女性主义科学史 ········· 90

    第一节　理论基础的进一步拓展：差异性与多元化 ···· 90

    第二节　案例研究：科学中种族政治、殖民政治与性别政治的交错···· 100

    第三节　小结与讨论 ··························· 131

第五章　女性主义科学史研究的方法论问题 ··········· 133

    第一节　方法论的独特性：从相关争论谈起 ········ 133

    第二节　研究视角的创新与综合运用 ············· 142

    第三节　具体研究方法的继承与创新 ············· 154

第四节　小结与讨论 ·· 171

第六章　女性主义科学编史纲领的独特性与学术影响 ·············· 173

第一节　女性主义科学编史纲领的内涵与定位 ·············· 173
第二节　对传统科学编史纲领的挑战 ························ 183
第三节　对科学知识社会学编史纲领的超越 ················ 200
第四节　小结与讨论 ···································· 212

第七章　女性主义科学编史纲领的学术困境与未来发展 ············ 214

第一节　客观性批判的困境：相对主义的问题 ·············· 214
第二节　生物决定论批判的困境：新本质主义问题 ·········· 222
第三节　后现代女性主义的科学认识论回应 ················ 227
第四节　新的理论转向与实践进展 ························ 238
第五节　回顾、展望与本土化探索 ························ 247
第六节　小结与讨论 ···································· 255

第八章　女性主义技术理论与技术史研究 ······················ 257

第一节　女性主义技术理论概况 ·························· 258
第二节　马克思主义/社会主义女性主义的技术研究 ········ 268
第三节　女性主义技术史研究的基本脉络 ·················· 287
第四节　小结与讨论 ···································· 301

参考文献 ··· 303

后记 ··· 324

第一章　绪　论

"研究任何历史问题都不能不研究其次级的（second - order）历史。"①

——柯林伍德（R. G. Collingwood）

柯林伍德（R. G. Collingwood）在其史学研究的第三条原则中明确指出，研究任何历史问题都不能不研究其次级的（second - order）历史。这里的次级历史指的是对该问题进行历史思考的历史……正如哲学对自身的批判形成了哲学史，历史对自身的批判也形成了史学史②。科学史研究，不仅是探讨科学发展的历史，还要分析和反思科学史学科本身发展的历史，也即研究其建制化和编史纲领的形成、发展过程。基于科学编史学（historiography of science）的立场，反思科学史研究的过去，分析和借鉴新的研究视角与研究纲领，对于促进科学史学科的发展来说极为重要。本书便是以西方女性主义科学史研究为考察对象的一项科学编史学研究。

相比于史学史与史学理论研究在一般史学界的发展状况，科学编史学在国内外科学史学界仍处于相对边缘的位置。为此，在开展主体部分的研究之前，本书在绪论中将较为详细地讨论科学编史学的学科性质及其基本研究内容和意义；并对西方女性主义科学史研究进路做简要的背景介绍，以强调对其进行编史学研究的重要性；同时，考察国内外学术界对女性主义科学史进行编史学研究的一般状况，并在此基础上构建本书研究的基本内容框架，以期进一步推动相关研究的发展。

第一节　科学编史学的性质与内容

在英语中，"historiography"一词通常有两种含义：一种是指人们所写出的历史；另一种是指人们对于历史这门学问的发展的研究，包括作为学术的一般分支的史学史或对特殊时期和特殊问题的历史解释的研究③。在某些场合，编史学家（historiographer）甚至可以是历史学家（historian）的同义词，但这

---

①　[英] 柯林伍德. 柯林伍德自传. 陈静译. 北京：北京大学出版社，2005：124.

②　[英] 柯林伍德. 柯林伍德自传. 陈静译. 北京：北京大学出版社，2005：124 - 125.

③　Harry Ritter. Dictionary of Concepts in History. Westport . CT：Greenwood Press，1986：188 - 193.

种用法现已较为少见。在更多的情况下，通常"history"一词被用来指称人们写出的历史。"historiography"一词自 19 世纪末开始与史学史、史学哲学的关系逐渐更为密切，人们开始主要在第二种含义上使用该术语。它既表示对史学争论等内容的研究，也包括分析和研究历史学当下的各种思潮，力图帮助史学家发现其研究方法等与范围更广的思潮之间的联系①。

对于这一术语，国内有不同的译法，如"史学"、"史学史"、"历史编撰学"、"史学理论"等。相应地，"historiography of science"一词在国内科学史界也有多种译法，如"科学史学"和"科学编史学"，还有一些学者将其统称为"科学史学理论"。本书以沿用刘兵教授的"科学编史学"译法为主，但在涉及其他学者的观点时，则直接引用他们所译的名称。在此，我们不打算从词源上对"historiography of science"一词做分析和考察，以确证哪种译法与其本来词义更为相近。一则因为已有学者做过相关分析，二则因为同样的词汇在不同的使用者那里和在不同的文本与境（context）中可能具有不同的含义和指向，具体的译法还应根据具体的上下文来确定。问题的关键是，在从事这样一种研究之前，有必要对这一亚学科领域的研究性质、研究内容与研究范围进行分析和界定，以助于读者对本书研究性质的理解。这一点我们可以通过对国内外科学史界较为重要的几部科学编史学著作的内容进行分析来实现。

丹麦科学史家赫尔奇·克拉夫（Helge Kragh）对"历史"（history）一词给过直接的阐述。他认为，历史（H1）可以描述过去发生的实际现象或事件，即客观历史；历史（H2）也可以被用来表示对历史现实（H1）的分析，即用来表示历史研究及其结果。"史学"（historiography）② 通常用 H2 来表示，它可以单纯指关于历史的（专业的）作品，即由史学家们撰写的关于过去事件的阐述；它也可以指历史理论或历史哲学，即对于历史（H2）本质的理论反思。因此，在后一种意义上，（编）史学是一门元学科，其对象是 H2；纯粹描述性的历史本身不是史学，但它可以是史学分析的对象③。换句话说，在克拉夫看来，编史学的性质就是以"历史研究及其结果"为研究对象的历史理论或历史哲学。

随后，克拉夫又对"科学"一词进行了辨析，认为其包含了两层含义。科

---

① 刘兵. 克丽奥眼中的科学——科学编史学初论（增订版）. 上海：上海科技教育出版社，2009：1-2.

② 任定成教授在翻译赫尔奇·克拉夫的 An Introduction to the Historiography of Science 一书时，将"Historiography"译为"史学"，将"Historiography of Science"译为科学史学，在此直接引用其译文。

③ ［丹麦］赫尔奇·克拉夫. 科学史学导论. 任定成译. 北京：北京大学出版社，2005：21-22.

学（S1）是"关于自然的经验陈述或形式陈述，以及由一定时间内被人们接受了的科学知识所构成的理论和数据的一种集合，是一种已完成的产品"；同时，科学（S2）也"由科学家们的活动或行为所构成，是一种人类行为，无论这种行为是否导致真实、客观的自然知识"。相应地，以 S1 和 S2 为对象的历史研究便是"科学史"（包括 HS1 和 HS2）。且在克拉夫看来，HS2 对于科学史而言更为重要，无论科学史的焦点是什么，它都是在科学的历史维度上研究科学[①]。由此可知，克拉夫的"科学编史学"主要意指以"科学史（很大程度上是 HS2）研究及其结果"为考察对象的科学史理论研究。

在此，一个较为简单的类比或能帮助读者对科学编史学的性质有更直观的把握。如果说科学家的研究对象是"自然"，他们的工作被称为"科学研究"；科学史家的研究对象是"科学和科学家"，他们的工作被称为"科学史研究"；科学编史学家的研究对象则是"科学史和科学史家"，他们的工作则被称为"科学编史学研究"。按照柯林伍德的次级划分，我们可以将科学史领域的研究分为两个次级：一阶的（first‐order）科学史研究和二阶的（second‐order）科学编史学研究。具体可参考表 1-1。

表 1-1　科学、科学史以及科学编史学的研究层次和研究对象

研究层次	研究对象
科学研究	自然
科学史研究	科学和科学家
科学编史学研究	科学史和科学史家

资料来源：刘兵. 科学编史学的身份：近亲的误解与远亲的接纳. 中国科技史杂志，2007，(4)：463.

相比于一般历史学领域的编史学工作，科学编史学的兴起和发展相对较晚。据袁江洋研究员考察，作为科学史领域的一个学术分支，它出现于 20 世纪 60 年代。至 20 世纪 80 年代，学者们大多将科学编史学的研究范围界定为：具体研究领域内种种编史方案的设置、在具体历史问题之解释上或研究方法上的争论或学术批评；后拓展为系统的史学理论研究或元历史研究，如克拉夫的《科学史学导论》[②]。那么，作为一个相对独立的学术分支，"科学编史学"究竟包括哪些研究内容呢？

克拉夫在《科学史学导论》一书中，分别讨论了科学史发展的一般概貌、科学史的研究范围、研究目的、客观性问题、描述与解释的问题、假设科学

① ［丹麦］赫尔奇·克拉夫. 科学史学导论. 任定成译. 北京：北京大学出版社，2005：24-25.
② 袁江洋. 科学史的向度. 武汉：湖北教育出版社，2003：178-179.

史、移时史与历时史（anachronical and diachronical history of science）、科学史中的意识形态与神话、原始材料及其评价、实验科学史、科学史研究的传记进路、颜面术、科学计量史学等内容。从这些内容来看，他的科学编史学的确是定位在关于科学史研究的理论或者哲学这一元学科层次上。而且，从中还可以发现，其科学编史学的基本研究内容包括：科学史的历史、科学史的哲学（这可以被理解为对科学史的元理论问题进行批判性的哲学反思）及关于具体科学史研究进路的相关批评三个方面。

从现有的其他科学编史学研究论文与著作来看，其讨论的内容基本均未超出上述三个方面。例如，在更为早期的科学编史学著作《走向科学编史学》中，约瑟夫·阿加西（Joseph Agassi）主要讨论了归纳主义科学哲学（inductive philosophy of science）和约定主义科学哲学（conventionalist philosophy of science）对科学史研究的阻碍。他认为科学的历史是最为理性和迷人的，可科学史的研究却处于令人悲哀的状态，究其原因在于科学史家不加批判地接受了上述两种不恰当的科学哲学。他强调，波普的批判科学哲学对于科学史研究具有有效的指导作用①。可以说，阿加西关于科学史研究的哲学理论的考察和批判，在很大程度上属于对科学史的哲学反思，其目的主要是宣扬某种科学哲学思想。

在《科学编史学的发展趋势》一书中，编者搜集了 1990 年由希腊科学技术史学会组织的一项国际会议的相关论文。该学会希望通过举办一系列的会议，向希腊的学生和学者表明科学史是一个具有多元化研究方法的自主学科②。该书中的论文针对的主要是科学史研究的元理论问题和方法论问题。例如，辉格史与反辉格史、理性重建与社会建构等元理论问题在很多文章中都有涉及，与数学史、生物学史、天文学史等相关的研究方法问题也得到了广泛讨论。这些研究类似于克拉夫在实验科学史、科学史研究的传记进路等方面的探讨，他们主要关注的是科学史方法论与具体研究进路的问题。

《当代科学技术编史学》一书的编者指出，在过去的半个世纪里，涌现出大量的科学史著作，然而关于当代的科学史著作却很少见，原因之一可能在于研究当代科学史的科学史家要面临很多新的方法论问题和理论问题。例如，如何处理大量的出版和未出版的材料？是否有可能写出关于近期科学的综合史？研究近当代科学史，需要具备什么水平的自然科学素养？缺乏历史距离感是否

---

① Joseph Agassi. Towards an Historiography of Science. 's-Gravenhage：Mouton，1963：1.

② Kostas Gavroglu，et al.，eds. Trends in the Historiography of Science. Dordrecht，Boston：Kluwer Academic，1994：ix-x.

会妨碍学术研究的公正性？科学史家能否同其他的学术群体如科学家、科学元勘①学者、科学记者等和谐共处？科学史家如何处理来自科学家和技术决定论者的干涉？我们是在书写谁的科学史？等等②。这些问题既涉及科学史研究中的材料处理方法、对当代史的恰当评价、综合史的书写等方法论内容，也涉及科学史家的自然科学素养要求、为谁书写科学史、科学史的价值和功能等科学史的元理论问题。

除此之外，还有就具体科学史研究纲领或研究进路进行编史学考察的著作。例如，印度哲学家查托帕迪亚雅（D. P. Chattopadhyaya）论述了人类学与历史学之间的关系，以及人类学对于科学史研究的方法论意义和相关具体方法在科学史研究中应用的可能性③。英国科学史家戈林斯基（Jan Golinski）则通过具体的案例分析，表明"建构主义"对科学史研究产生的深刻影响④。

根据对国外现有科学编史学著作的内容分析和总结，我们可以认为科学编史学的性质是以科学史研究为考察对象的一种元层次或二阶的理论研究。它的主要研究内容可以归纳为三个方面：一是对科学史学科发展或者说科学史学术发展的历史考察；二是关于科学史的价值与功能、科学史的客观性依据、方法论标准等元理论问题的探讨；三是关于具体科学史研究进路与方法的考察和讨论。

国内科学史界关注科学史理论的学者不多，他们大多注重一阶的实证研究。其中，第一部科学编史学研究专著是清华大学刘兵教授的《克丽奥眼中的科学——科学编史学初论》。该书论及西方科学史的历史、科学史与科学哲学的关系、科学史的辉格解释，以及科学史的教学等问题，并引介了西方科学史研究的一些重要进路和方法，包括"科学革命"研究、女性主义科学史、科学史的计量方法、传记方法和格/群分析理论在科学史中的运用等⑤。第二部科学

---

① "科学元勘"一词在英文中对应的是"Science（and Technology）Studies"，意指以科学技术为对象的一种学术研究，它是一种元层次的探究，其中"元"相当于英文的"meta-"，"勘"相当于研究、探究；"科学元勘"不同于科学家所从事的一阶的对象性研究，因而英文的翻译一般不译成"科学研究"，以避免与科学家的工作混淆。这一译法和解释参考自：刘华杰. 关于"科学元勘"的称谓. 科技术语研究，2000，（4）：29-30.

② Thomas Sderqvist，ed. The Historiography of Contemporary Science and Technology. Amsterdam：Harwood Academic Publishers，1997：vii.

③ D. P. Chattopadhyaya . Anthropology and Historiography of Science. Athens：Ohio University Press，1990.

④ Jan Golinski. Making Natural Knowledge：Constructivism and the History of Science. Cambridge：Cambridge University Press，1998.

⑤ 刘兵. 克丽奥眼中的科学——科学编史学初论. 济南：山东教育出版社，1996.

编史学研究著作是中国科学院自然科学史研究所袁江洋研究员的《科学史的向度》，他将科学史研究分为历史、科学哲学、社会学和科学四种向度，并论及科学史家的信念集、大写和小写的科学史的关系问题等①。

此外，还有两部较为重要的科学编史学方面的译著，较早的一部是北京大学的吴国盛教授组织翻译并结集出版的 9 篇国际著名科学史家的经典论文，内容涉及西方科学史发展演变的概貌以及思想史学派的编史纲领②。另一部是中国科学院大学的任定成教授组织翻译出版的克拉夫的《科学史学导论》，该书的内容上文已有叙及。

除著作之外，邱仁宗、李醒民、邢润川、江晓原、刘凤朝、魏屹东等学者亦发表论文，探讨了科学史研究的学科框架、方法论原则、价值与意义、内外史研究的关系以及科学编史学的思想脉络等问题。

在上述研究中，就科学编史学的研究范围与内容，袁江洋曾给出相对明确的界定。他将科学编史学研究划分为狭义和广义两个层面。其中，狭义的科学史学指关于具体史学问题之解释及编史方法的探讨与相关的学术评论，广义的科学史学则包括科学史学史、科学史哲学和狭义科学史学三个相互渗透但侧重各异的研究维度③。刘兵认为："像对于科学史的历史研究，对于科学史家的人物研究，对于科学史方法论的研究，对于科学史观的研究，对于科学史思潮、流派的研究，等等，都属于科学编史学的范畴。"④

总体而言，无论是国际还是国内科学史界，科学编史学的研究都处于一个不太受重视的状况。正如查托帕迪亚雅所指出的："我们经常听到人们谈论科学哲学、科学史和科学方法论，等等，但是却很少听到人们谈论科学编史学。"⑤ 国内学者如刘兵也曾提及："在史学界，有时还可以看到这样一种观点，即认为编史学研究不是第一流的学者所从事的工作，仿佛其工作的价值要低于真正的史学研究（如从原始史料出发对'历史'的研究）。"⑥ 其原因可能在于科学史研究和科学编史学研究处于如表 1-1 所揭示的不同层次。在刘兵看来，"被研究者总是对于研究者和研究者的成果有所保留，甚至于不理解和反感"；他逐一反驳了之所以被研究者会有保留、不理解和反感的可能理由，并坚持强

---

① 袁江洋. 科学史的向度. 武汉：湖北教育出版社，2003.

② 吴国盛编. 科学思想史指南. 成都：四川教育出版社，1997.

③ 袁江洋. 科学史的向度. 武汉：湖北教育出版社，2003：180.

④ 刘兵. 科学编史学的身份：近亲的误解与远亲的接纳. 中国科技史杂志，2007，(4)：463-467.

⑤ D. -P. Chattopadhyyaya. Anthropology and Historiography of Science. Athens：Ohio University Press，1990：xiii.

⑥ 刘兵. 克丽奥眼中的科学——科学编史学初论. 济南：山东教育出版社，1996：3.

调:"任何学科,在发展到一定程度后,都可以有其独立性和自主性,也即有其自身特殊性的学术研究规范和学术评价标准。任何一阶的研究者都可以专业化,而不必按其上一阶之研究的标准来要求。……科学编史学家,也同样可以凭其自身特殊的训练和资格,从事以科学史和科学史家为对象的科学编史学研究。"①

作为科学史研究领域的一个重要分支,编史学研究的学术价值和意义是不言而喻的。刘兵教授发出的感慨和反驳,看起来多少有为从事科学编史学研究的学者正名的意思,同时却也深刻反映出国内科学编史学研究的边缘化现状。但尽管如此,在这个亚学科领域从事研究的国内外学者,对于科学编史学的研究性质和研究内容却也已形成了基本一致的认识。本书所做的科学编史学研究的性质类似于查托帕迪亚雅和戈林斯基的工作,重点在于对具体的科学编史纲领和编史进路进行史学考察和哲学反思,并在此基础上进一步讨论和分析有关的科学史元理论问题。期望这样一项研究,能为推动国内科学编史学的研究和发展尽一份绵薄之力。

第二节 女性主义科学史:一条重要的编史进路

熟悉西方科学史发展历史的学者大概都清楚,西方科学史学史上的每次重大变化都受到了哲学、社会学等领域新思潮、新观念的影响,在其影响下产生的科学观、科学史观和编史传统,往往直接形成了科学史研究的新领域和新方法,科学史学科本身也因此而得到重大发展。

20世纪初以来,受实证主义哲学的影响,科学史研究倾向于描述科学知识不断累积和科学真理不断战胜迷信的具体过程,强调揭示科学的内在发展逻辑和普遍规律。这类研究以萨顿(Geogre Sarton)的编年史传统为典型,他认为科学是实证知识不断积累的产物,科学史是最能反映人类进步的历史,并且强调一种基于科学普遍性的科学史的"统一性"②。受新康德主义哲学史方法的影响,以柯瓦雷(A. Koyré)为代表的"观念论"研究传统或者说"思想史纲领"则注重回到历史与境中理解科学,强调一种"反辉格式"的编史原则;但其与萨顿类似的地方在于仍以揭示科学内在的进步性为己任。20世纪30年代以后,受马克思主义历史观和默顿的科学社会学的影响,西方科学史研究开始

---

① 刘兵. 科学编史学的身份:近亲的误解与远亲的接纳. 中国科技史杂志,2007,(4):463-467.
② [美]乔治·萨顿. 科学的历史研究. 刘兵,陈恒六,仲维光译. 上海:上海交通大学出版社,2007:3-12.

注重探讨科学和其外在社会环境与条件之间的关系。至 20 世纪 70 年代，在轰轰烈烈的科学知识社会学的思潮影响下，西方科学史研究逐渐走上了"建构主义"（constructivism）道路，强调科学知识的社会建构本性以及社会学解释的合法性。同时，"女性主义"（feminism）①、"后殖民主义"（postcolonialism）等文化学术思潮也陆续登上科学史研究的舞台，二者都强调弱势群体对于科学史建构的意义，意在揭示科学及其发展历史过程中的权力政治。较之于实证主义、思想史和科学知识社会学的编史传统而言，女性主义是相对新颖且近几十年来在西方科学史领域影响日深的重要进路。目前，学术界对于女性主义科学史研究在分析视角、研究方法、编史原则、科学史观等方面的影响，均未有深入分析。

女性主义既被泛指为一种学术理论，也是一种运动实践。从根本上看，它包括男女平等的信念及一种社会变革的意识形态，旨在消除妇女及其他受压迫的社会群体在经济、社会及政治上遭受的歧视。然而，这里的"一种"学术理论和"一种"运动实践，都是统称意义上的。事实上，针对"妇女受压迫的性质及根源"、"应采取何种政治策略以促成社会变革"、"变革的性质和范围如何"等问题，女性主义的见解十分复杂多样。也为此，有学者认为，复数形式的"feminisms"也许能更准确地表述女性主义理论及主张的全貌②。不仅女性主义内部流派纷呈，即使在同一个流派内部，观点也往往并非完全一致，有时甚至存在矛盾和冲突。这里以激进女性主义为例，虽然作为一个整体，该流派的学者都认为性别歧视是首要的、流传最广泛的、或者说根基最深的人类压迫形式，主张要实现性别平等，就必须彻底铲除父权制，反对自由主义女性主义从教育、经济和法律层面进行的改良措施，但这并不意味着他们对于铲除性别歧视的最好方式的认识能达成一致。其中，激进自由派女性主义者（radical - libertarian feminists）认为，正是女性气质（feminine）的概念以及妇女的生育、性角色和责任，常常限制了妇女作为完整的人的发展，因而主张使用生育控制技术，追求"雌雄同体"（androgyny）的性别气质；而激进文化派女性主义者（radical - cultural feminists）却不认为解放了的妇女必须同时展示两性的

---

① "女权主义"与"女性主义"在英文原文中对应的都是 feminism 一词，国内学者有的将其译为"女权主义"，有的将其译为"女性主义"，也有学者建议将其译为"女权/女性主义"。因 feminism 一词在西方语境中既指女权运动，也指女性主义理论，除特指的女权运动之外，本文主要是对作为后者意义上的 feminism 进行研究，故在此采用"女性主义"的译法，该译法旨在强调 feminism 作为一种理论和思潮的学术价值与意义。

② 谭兢嫦，信春鹰主编. 英汉妇女与法律词汇释义. 北京：中国对外翻译出版公司，1995：129.

气质特点和相应的行为,妇女不应该努力像男人一样,而是更应该像女人,应该强调那些文化上与妇女相联系的价值和美德,生育不是妇女的负担,而是妇女的优势①。要言之,女性主义并非一种在运动目标、手段和方式上达成广泛共识的政治运动,它更多的是一种依据各种理论见解、采取各种途径实现性别平等的政治运动的集合。这在客观上为学术界理解女性主义及其学术价值增添了障碍,也使得研究者对它们的分析在观点分类、流派划分等方面常常面临困难。

女性主义学术研究产生和形成影响始于 20 世纪 70 年代,其背景是轰轰烈烈的第二次女权运动浪潮。这一时期,女性主义更为全面地追求和推动妇女在政治、经济、文化等方面获得与男性平等的地位。在范围广泛的政治运动中,开始派生出女性主义的学术研究,它从独特的立场出发,创造并使用了社会性别(gender)②的分析视角,对包括文学、艺术批评、历史学、自然科学各门学科里的有关理论和观点进行了重新检视,也为此形成了内容丰富、观点各异的女性主义理论。女性主义学术研究最初主要集中在人文领域,后随着妇女科学家人数的增多、妇女运动对妇女就业问题的重视、当代科学批判理论开始关注性别维度的缺失问题,女性主义科学哲学、科学史、科学社会学和科学技术与社会的研究也逐渐发展起来③。所有这些研究,构成了一股强大的女性主义学术思潮,在西方文化领域产生了广泛而深远的影响。

具体到女性主义科学史研究,最初主要缘于和医学、科学相关的妇女政治运动,包括妇女健康运动与妇女反核和平运动等。在这些政治运动中,各种妇女协会与联合组织纷纷成立,它们举办多种形式的讨论会,出版书籍、宣传册甚至举行大规模的群众集会。这些运动从性别角度和妇女的立场出发,对医疗制度、核武器、核战争等问题进行了深入的批判,并将其作为争取妇女解放的关键。其中,美国的妇女健康运动还主张打破医生对知识的垄断和对女性的控制。在这些女性主义学者看来,"医学知识在医生手里转化为权力,妇女获取医学知识是打破医学垄断,向他们的权威地位挑战和取得参与权利的重要步骤"④。这些运动除了在西方社会妇女解放的历史进程中具有里程碑式的意义之

---

① [美]罗斯玛丽·帕特南·童. 女性主义思潮导论. 艾晓明,等译. 武汉:华中师范大学出版社,2002:69-70.

② "社会性别"是女性主义科学史研究的一个核心概念和分析工具,也是整个女性主义学术研究的基本分析范畴. 对此,后文将做专门的阐述.

③ 刘兵. 克丽奥眼中的科学——科学编史学初论. 济南:山东教育出版社,1996:88-89.

④ 王政. 美国妇女健康运动起因与发展. 妇女研究论丛,1994,(1):57.

外，还产生了一个十分重要的影响，那便是促使人们对科学技术本身的性质及其意义产生了疑问。人们开始思考，科学的本质究竟是什么？科学和性别之间有无关联？科学能否被看成是"父权制"（patriarchy）表现极为明显而危险的领域？近代科学是否应被看成是父权制的重要方面？延伸到科学史领域，人们不禁也开始反思和自问，科学在历史上如何成为了男性主导的领域？女性的科学活动是否或者如何被男性史学家所忽略或边缘化？历史上，科学和性别之间究竟是如何相互作用和影响的？等等。一言以蔽之，女性主义科学史研究的兴起，便是试图回答这样的一系列问题，它的目的就是要揭示科学的男性主导性及其客观价值、工具理性、对自然的开发和剥削等将女性排斥在科学之外的具体过程和方式。

同其他女性主义研究类似，女性主义科学史研究也经历了一个不断完善和成熟的过程。早期的女性主义科学史主要致力于寻找科学史中被忽略的重要女性科学家，恢复她们在科学史上的席位。其目的是为了证明女性同样对科学发展做出了贡献，只不过这些成就往往都被科学史家忽视了，而科学史也只有补充进这些女性的贡献才能实现真正的完整。20 世纪 80 年代以后，随着女权运动和女性主义学术研究的深入开展，女性主义学者逐渐认识到这种研究没有解释男性主导科学的根源，默认了女性在科学领域的屈从地位，本质上是按"男性标准"进行的一种"补偿式"研究。为此，相关研究开始注重引入批判性的分析维度。其中，一大批女性主义学者如伊夫琳·福克斯·凯勒（Evelyn Fox Keller）、卡洛琳·麦茜特（Carolyn Merchant）、桑德拉·哈丁（Sandra Harding）、唐娜·哈拉维（Donna J. Haraway）等均从不同的角度出发，寻找并批判科学的"父权制"根源，揭示西方近代科学从其历史起源开始，便具有社会性别建构的性质。正是这种批判性的分析视角，帮助女性主义科学史在西方科学史研究领域占据了重要位置。20 世纪 90 年代初以来，"差异"问题日益成为西方女性主义学术界最为关心的内容。在此背景下，女性主义科学史研究在以社会性别为主要分析范畴的同时，也开始注意将女性主体置于具体历史与境中进行考察，将关注的视角转向了一些非欧美国家和地区，并在研究过程中强调这些国家与地区的文化特殊性和具体的历史情境。

需要提及的是，与女性主义的运动实践和学术研究的整体情况类似，女性主义科学史研究领域内部也并非铁板一块，不同的学者有不同的性别观和科学观，这直接反映到他们所做的经验研究和理论主张之中，这些可以从本书后面章节的内容中得以反映。然而，尽管不同时期、不同领域的女性主义学术有着不同的研究侧重，女性主义理论本身也在不断变化发展之中，但女性主义学术的根本目标仍在于实现本领域的性别平等。女性主义学术所持的基本立场都旨在消除学术领域的性别歧视，从各种不同的角度探讨性别不平等的根源，弘扬女性被遮蔽的价值，为女性主义政治运动提供理论基础和策略指导，从而实现妇女的真正解放。与此同时，即使女性主义没有将其作为直接的学术目标，随着研究的深入，女性主义也将会在更深刻意义上逐渐系统地改变对既有各学术领域基本问题和研究范式的评价，形成这些领域和学科的新的观念体系。

从总体上看，经过 40 余年的发展，女性主义科学史已在西方科学史与科学哲学领域产生深远影响，成为不可忽视的重要领域。尝试对这 40 余年女性主义科学史理论与实践的发展和意义进行编史学的考察、分析和总结，并将它与其他的科学编史进路进行比较，正是本书的研究目标。

第三节　国内外学术界对女性主义科学史研究的关注

任何的学术工作都是建立在前人已有研究的基础之上的，为此这里有必要对国内外相关学术界之于女性主义科学史的研究及其反映出来的立场和态度进行基本的综述和判断。整体而言，对女性主义科学史可能给予关注的领域主要有两大类：一类是以"女性"或"性别"作为研究对象的女性主义学术界，属于跨学科领域，涉及的学科面十分广泛；另一类是以"科学"为研究对象的女性主义科学元勘（feminist science studies）① 学术界，主要涉及科学史和科学哲学等学科。

一、妇女学/女性主义学术界

总体上，女性主义科学史尽管自 20 世纪 70 年代中期以来取得了丰硕的成果，已成为西方科学史领域的一个重要进路，但与其他女性主义学术研究（如女性主义文学批评、女性主义教育理论、女性主义史学研究等）相比，却仍属于女性主义学术思潮中较为边缘的分支。相应地，国外女性主义学术界对女性主义科学史研究的关注并不多。一般的女性主义学术综述性著作和论文对女性主义科学史研究进行介绍和总结的依然较少。例如，由苏巴德拉·钱纳（Sub-

---

① 如上文所提及的，science studies 被国内相关学者翻译为科学元勘，旨在表达对科学进行元层次研究的学术领域，它包括科学哲学、科学史、科学社会学和科学文化批判等研究。因此这里直接将 feminist science studies 翻译为女性主义科学元勘，类似地，它包括女性主义科学哲学、科学史、科学社会学和科学文化批判等研究。不过，在讨论的时候，根据习惯还是将科学哲学和科学史分开来谈。

hadra Channa）主编的四卷本女性主义学术丛书，可谓对女性主义学术研究进行了百科全书式的系统梳理，它总结了女性主义学术的理论、方法论等问题，还对女性主义关于婚姻、家庭和工作方面的研究以及女性主义文学批评研究等进行了专卷梳理和讨论，然而，女性主义科学史研究甚或是与自然科学相关的女性主义研究均不是其讨论的重点①。

　　在国内，妇女学界/女性主义学界的情况也大体类似。自 20 世纪 90 年代开始，鲍晓兰、李银河、王政和杜芳琴等一批知名学者开始陆续翻译和介绍国外女性主义的研究成果②。在大部分选译的论文中，涉及的内容主要为女性主义文学批判、法律、政治、经济方面的文献，而与科学相关的只有凯勒的《性别与科学：1990》被引译③。同时，诸如贝蒂·弗里丹（Betty Friedan）的《女性的奥秘》（1988）、西蒙娜·德·波伏娃（Simone de Beauvoir）的《第二性》全译本（1998）、凯特·米利特（Kate Millett）的《性政治》（2000）④ 等女性主义经典著作也陆续被译成中文出版。值得一提的是，21 世纪初，一批美国学者的女性主义史学著作被介绍给国内史学界，如伊沛霞（Patricia Ebrey）的《内闱：宋代的婚姻和妇女生活》（2004）、曼素恩（Susan L. Mann）的《缀珍录：18 世纪及其前后的中国妇女》（2005）、高彦颐（Dorothy Ko）的《闺塾师：明代的才女文化》（2005）⑤ 等。此外，文学批评方面的译著更是不胜枚举。然而，女性主义科学史和科学哲学方面的译著依然很少。目前可见的女性主义医学史与技术史译著仅有费侠莉（Charlotte Furth）的《繁盛之阴：中国医学史中的性（960—1665）》（2006）和白馥兰（Francesca Bray）的《技

---

　　① Subhadra Channa, ed. Encyclopaedia of Feminist Theory. Volume 1. Feminist Theory. New Delhi：Cosmo Publications，2004；Encyclopaedia of Feminist Theory. Volume 2. Feminist Methodology. New Delhi：Cosmo Publications，2004；Encyclopaedia of Feminist Theory. Volume 3. Family, Kinship and Marriage. New Delhi：Cosmo Publications，2004；Encyclopaedia of Feminist Theory. Volume 4. Feminism and Literature. New Delhi ：Cosmo Publications，2004.

　　② 鲍晓兰主编. 西方女性主义研究评介. 北京：三联书店，1995；王政，杜芳琴主编. 社会性别研究选译. 北京：三联书店，1998；[美] 罗斯玛丽·帕特南·童. 女性主义思潮导论. 艾晓明，等译. 武汉：华中师范大学出版社，2002. 等等.

　　③ [美] 伊夫琳·凯勒. 性别与科学：1990. 刘梦译//李银河主编. 妇女：最漫长的革命——当代西方女权主义理论精选. 北京：中国妇女出版社，2007：141－165.

　　④ [美] 贝蒂·弗里丹. 女性的奥秘. 程锡麟，朱徽，王晓路译. 成都：四川人民出版社，1988；[法] 西蒙娜·德·波伏娃. 第二性（全译本）. 陶铁柱译. 北京：中国书籍出版社，1998；[美] 凯特·米利特. 性政治. 宋文伟译. 南京：江苏人民出版社，2000.

　　⑤ [美] 伊沛霞. 内闱：宋代的婚姻和妇女生活. 胡志宏译. 南京：江苏人民出版社，2004；[美] 曼素恩. 缀珍录：18 世纪及其前后的中国妇女. 定宜庄，颜宜葳译. 南京：江苏人民出版社，2005；[美] 高彦颐. 闺塾师：明代的才女文化. 李志生译. 南京：江苏人民出版社，2005.

术与性别：晚期帝制中国的权力经纬》（2006）①。

　　除翻译和介绍国外的女性主义理论之外，国内的女性主义学者也开始展开本土化的探索工作，但大多集中在史学、哲学、社会学和文学领域。例如，在史学界，中国社会科学院历史研究所的定宜庄、天津师范大学的杜芳琴、大连理工大学的李小江、郑州大学的吕美颐、北京大学的邓小南等在进行妇女史的研究过程中，均关注社会性别分析范畴的意义②。在哲学界，清华大学的肖巍尤其关注女性主义伦理学问题，对西方女性主义关怀伦理学有较为深入的研究，华南师范大学的王宏维对女性主义认识论问题也有研究。此外，还有一些学者在女性主义哲学著作的有关章节中提及女性主义科学哲学③。在社会学界，中国社会科学院的李银河、中山大学的艾晓明、中国公安大学的荣维毅、全国妇联妇女研究所的刘伯红、江苏省社会科学院的金一虹等，就同性恋、家庭暴力、婚恋与家庭、女性社会保障等问题进行了很多社会学的调查与研究④。在文学界，首都师范大学的荒林等围绕女书、文学作品中的女性形象、女性主义艺术研究等主题出版了诸多著作⑤，并组织出版"以书代刊"形式的杂志《中国女性主义》（由广西师范大学出版社出版）。

　　与此形成对比的是，国内妇女学界/女性主义学界对国外女性主义科学批判和女性主义科学史研究方面的著作和论文的讨论则相对要少得多。但值得一

————————

　　① ［美］费侠莉. 繁盛之阴：中国医学史中的性（960—1665）. 甄橙主译. 南京：江苏人民出版社，2006；［美］白馥兰. 技术与性别：晚期帝制中国的权力经纬. 江湄，邓京力译. 南京：江苏人民出版社，2006.

　　② 主要著作有：杜芳琴. 中国社会性别的历史文化寻踪. 天津：天津社会科学院出版社，1998；杜芳琴. 妇女学和妇女史的本土探索：社会性别视角和跨学科视野. 天津：天津人民出版社，2002；李小江. 历史、史学与性别. 南京：江苏人民出版社，2002；杜芳琴，王向贤主编. 妇女与社会性别在中国1987—2003. 天津：天津人民出版社，2003；邓小南，王政，游鉴明主编. 中国妇女史研究读本. 北京：北京大学出版社，2011.

　　③ 例如：肖巍. 女性主义关怀伦理学. 北京：北京人民出版社，1999；肖巍. 女性主义伦理. 成都：四川人民出版社，2000；陈英，陈新辉. 女性世界——女性主义哲学的兴起. 北京：中国社会科学出版社，2012；曹剑波，宋建丽主编. 女性主义哲学. 厦门：厦门大学出版社，2013.

　　④ 主要著作有：李银河. 同性恋亚文化. 呼和浩特：内蒙古大学出版社，2009；李银河. 中国女性的感情与性. 呼和浩特：内蒙古大学出版社，2009；李银河. 中国人的性爱与婚姻. 郑州：河南人民出版社，1991；荣维毅，宋美娅主编. 反对针对妇女的家庭暴力——中国的理论与实践. 北京：中国社会科学出版社，2002；荣维毅，黄列主编. 家庭暴力对策研究与干预——国际视角与实证研究. 北京：中国社会科学出版社，2003；刘伯红主编. 女性权利——聚焦《婚姻法》. 北京：当代中国出版社，2002；金一虹. 父权的式微——江南农村现代化进程中的性别研究. 成都：四川人民出版社，2000；金一虹，保剑. 多学科视野下的女性社会保障研究. 广州：中山大学出版社，2011.

　　⑤ 主要著作有：任一鸣，荒林，魏亚琼等. 中国女性主义学术论丛（共12册）. 北京：九州出版社，2004；杜凡，刘世风，荒林，等. 新生代女性主义学术论丛（共15册）. 北京：九州出版社，2010.

提的是，国内科学哲学和科学史界关于"性别与科学"的研究自 20 世纪 90 年代中期以来取得了很多进展，为此，全国妇联妇女研究所组织编写的《中国妇女研究年鉴（2001—2005）》（2007），开始将"妇女与科技研究"作为一个子专题纳入"中国妇女/性别专题研究综述"之中①。这在一定程度上表明，国内妇女学界/女性主义学界开始关注"性别与科学"议题，若其能与国内的科学哲学、科学史学科实现跨学科的合作与融合创新，可以预期相关研究一定能产生更多的优秀成果。不过，仅就目前而言，妇女学界/女性主义学界关于女性主义学术研究的一般性回顾与总结，尤其是很多学者正在从事的女性主义文学批评、女性主义史学、哲学和社会学研究，仍为本书的研究提供了重要的研究与境和学术支持。

二、科学元勘领域

就女性主义科学哲学领域来看，在国外，相关的经验研究成果丰硕，但科学编史学层面的探讨较少。其中，凯勒、麦茜特、哈丁、南希·图安娜（Nancy Tuana）、海伦·朗基诺（Helen Longino）和哈拉维等女性主义科学哲学学者集中讨论了科学与社会性别的互动关系，试图从历史、哲学的角度消解科学的客观性和价值无涉观念，分析社会性别因素在科学发展过程中的作用，以及科学的意识形态对社会性别的塑造过程；提出女性主义的经验认识论、立场认识论和后现代女性主义认识论，并就科学客观性问题展开热烈的争论；讨论女性主义方法论在科学研究中的运用及其引起的问题；试图建立某种"女性主义科学"，以此改变既有的男性主导的科学中存在的性别偏见②。

其中，科学史的案例研究往往成为这些科学哲学家阐释和论证女性主义科学观与认识论的一个重要方式。例如，凯勒、哈丁和哈拉维等在从事相关研究时，采取的一个重要方式就是对科学史进行社会性别视角的案例分析，以此作为其科学哲学思想的支撑。可以说，这些学者所做的女性主义科学史研究比职业科学史家所做的相关研究要多，这一点同科学知识社会学视野中的科学史研究的情形十分类似。但也可能正因如此，这些学者在从事一阶的女性主义科学史案例研究之后，很少会注意从科学编史学的角度对现有的工作进行分析和总结，探讨这些成果对科学史研究可能产生的深远影响；他们的关注焦点在于探

---

① 章梅芳，刘兵. 妇女与科技研究综述//全国妇联妇女研究所. 中国妇女研究年鉴（2001—2005）. 北京：社会科学文献出版社，2007：152-161.

② 相关文献均属于本书的研究对象，在本书随后章节中将一一涉及，故在此不予专门标注，下文中有关国内学者的期刊文献在本书的后续章节中也会提及，在此亦不予标注。

索、说明和建构社会性别与科学的关系，而不在科学史本身的叙述、理解和建构等问题上。

在国内，科学哲学界直到 20 世纪 90 年代中后期才开始逐渐关注女性主义的科学批判思潮。其中，邱仁宗先生最先关注女性主义医学伦理议题①。1995年 2 月，在中国社会科学院哲学研究所举行了"女性主义哲学学术报告会"，邱仁宗、胡新和、徐向东、刘兵等 30 余位学者与会，并就女性主义认识论、女性主义伦理学、女性主义科学观、女性主义医学伦理观等论题展开了讨论和分析②。在此之后，一些女性主义科学史与科学哲学的经典著作被翻译出版，包括凯勒的《情有独钟》(1987)(台湾地区的学者将该书的书名译为《玉米田里的先知：异类遗传学家麦克林托克》(1995))、卡洛琳·麦茜特(Carolyn Merchant) 的《自然之死——妇女、生态和科学革命》(1999)、哈丁的《科学的文化多元性：后殖民主义、女性主义和认识论》(2002)，以及哈拉维的《类人猿、赛博格和女人：自然的重塑》(2012)③。相对于西方女性主义科学史与科学哲学的成果数量而言，国内对其经典著作的翻译出版仍显不足。

同时，国内学者围绕西方女性主义科学批判的介绍、评论与研究论文逐渐增多。其中，蔡仲、邢冬梅翻译出版了西方学界关于后现代主义科学观的争论文集，讨论了西方科学大战中的性别议题④。吴小英、董美珍的博士学位论文较早对女性主义科学观和认识论进行了整体探讨；洪晓楠指导郭丽丽对女性主义认识论和哈拉维科学哲学思想进行了专题研究；殷杰、李鹭探讨了生态女性主义科学观；王宏维的论文以及杨颖、罗沁涓、刘晨婷的硕士学位论文分析了哈丁的科学观和立场认识论；章梅芳的论文以及姜慧智、刘亚静的硕士学位论文则研究了凯勒的科学观；王娜的论文以及王玉林的硕士学位论文研究了朗基

① 邱仁宗先生主编的相关著作随后出版，例如：中国妇女与女性主义思想. 北京：中国社会科学出版社，1998；女性主义哲学与公共政策. 北京：中国社会科学出版社，2004；生命伦理学——女性主义视角. 北京：中国社会科学出版社，2006.

② 星河. 女性主义哲学学术报告会记略. 哲学动态，1995，(5)：5-7.

③ [美]伊夫琳·凯勒. 情有独钟. 赵台安，赵振尧译. 北京：三联书店，1987；Evelyn Fox Keller. 玉米田里的先知：异类遗传学家麦克林托克. 唐嘉慧译. 台北：天下远见出版股份有限公司，1995；[美]卡洛琳·麦茜特. 自然之死——妇女、生态和科学革命. 吴国盛，等译. 长春：吉林人民出版社，1999；[美]桑德拉·哈丁. 科学的文化多元性：后殖民主义、女性主义和认识论. 夏侯炳，谭兆民译. 南昌：江西教育出版社，2002；[美]唐娜·哈拉维. 类人猿、赛博格和女人：自然的重塑. 陈静，等译. 郑州：河南大学出版社，2012.

④ [美]索卡尔，德里达，罗蒂，等. "索卡尔事件"与科学大战——后现代视野中的科学与人文的冲突. 蔡仲，邢冬梅，等译. 南京：南京大学出版社，2002；[美]诺里塔·克杰瑞. 沙滩上的房子——后现代主义者的科学神化曝光. 蔡仲译. 南京：南京大学出版社，2003.

诺的科学哲学思想；李建会、苏湛、沈虹、杨艳、周丽昀、刘介民的论文以及
王安轶、王玲莉等人的硕士学位论文探讨了哈拉维的赛博格女性主义科学思
想。其中，已出版的专题著作有吴小英的《科学、文化与性别——女性主义的
诠释》（2000），章梅芳和刘兵主编的《性别与科学读本》（2010），董美珍的
《女性主义科学观探究》（2010），刘介民的《哈拉维赛博格理论研究：学术分
析与诗化想象》（2012）等①；其他涉及女性主义科学观和女性主义认识论的著
作主要有洪晓楠的《科学文化哲学研究》（2005），蒋劲松、吴彤主编的《科学
实践哲学的新视野》（2006）以及郭贵春和成素梅的《当代科学哲学问题研究》
（2009）等②。

总体而言，这些学者更多的是在关注后现代主义科学哲学发展的背景下开
展研究和讨论的，并且主要关注女性主义科学批判和科学观问题，而对女性主
义科学批判与科学史研究的关系以及具体的女性主义科学史案例研究分析很
少。但是，因为科学观与认识论是科学史研究的深层理论基础，是区分不同科
学史研究进路的关键，女性主义科学史家的科学史案例研究往往渗透着女性主
义对科学的基本看法和理解；科学哲学界的相关研究成果对于本书之于女性主
义科学编史纲领诸多方面的分析，尤其是女性主义科学观和科学史观的研究，
具有借鉴意义。

在国外科学史界，玛格丽特·罗西特（Margret．W．Rossiter）、卢德米
拉·约尔丹诺娃（Ludmilla Jordanova）、伦达·席宾格尔（Londa Schiebin-
ger）、费侠莉和白馥兰等积极将女性主义的学术立场和社会性别的分析视角引
入科学史的研究，并产生出大量的经验研究成果。其中，约尔丹诺娃还曾就社
会性别这一分析工具在科学史研究中的价值和意义问题展开过编史学层面的讨
论。她认为传统编史学带有强烈的科学主义成分，而从社会性别视角出发的相
关研究有助于解构这种科学主义，社会性别能被证明是一种很有力的分析工
具，用来提供批判性的认识③。此外，科学史家克里斯蒂（John R．R．Chris-

① 吴小英. 科学、文化与性别——女性主义的诠释. 北京：中国社会科学出版社，2000；章梅
芳，刘兵主编. 性别与科学读本. 上海：上海交通大学出版社，2010；董美珍. 女性主义科学观探究.
北京：社会科学文献出版社，2010；刘介民. 哈拉维赛博格理论研究：学术分析与诗化想象. 广州：暨
南大学出版社，2012.

② 洪晓楠. 科学文化哲学研究. 上海：上海文化出版社，2005；蒋劲松，吴彤主编. 科学实践哲
学的新视野. 呼和浩特：内蒙古人民出版社，2006；郭贵春，成素梅主编. 当代科学哲学问题研究. 北
京：科学出版社，2009.

③ Ludmilla Jordanova. Gender and the Historiography of Science. British Journal for the History
of Science，1993，26（4）：469-483.

tie）则讨论了女性主义科学史研究的学术缘起、发展脉络及相关代表学者的主要观点和思想，并对女性主义科学史研究的价值与意义给予了肯定①。同样，欧南（Dorinda Outram）则从对科学哲学的学术发展和在现实之中推进更多女性参与科学的角度，强调了女性主义科学史研究所具有的理论价值和实践意义②。除此之外，大多数的学者都是在展开具体研究之前，对女性主义科学史研究的情况做极其简要的说明。例如，席宾格尔在开展西印度群岛植物医疗史的研究之前，对女性主义发展的大致脉络做出简单勾画，认为女性主义科学史研究，如同女性主义的一般史学研究，已经发展成为一个严格的子学科③。

除女性主义科学史家的上述讨论之外，在现有的专门性的科学编史学著作中，关于女性主义科学史研究的介绍和讨论仍然较为少见。需要说明的是，这并不意味着女性主义科学史研究缺乏编史学价值和新意，而是因为作为科学史的一个亚学科领域——科学编史学本身的发展仍然较为缓慢。如本章第一节中所介绍的，针对具体编史进路或纲领的科学编史学著作还很少，较具代表性的只有查托帕迪亚雅和戈林斯基的研究成果。其中，戈林斯基在对建构主义科学史进行梳理和研究时，对女性主义科学史研究在理论视角和方法论上呈现出的新意和价值给予了肯定，认为它们对于弥补建构主义科学史的局限，推动其发展具有重要的理论借鉴意义④。但是，同样需要说明的是，目前尚未有专门的著作对女性主义科学史研究的编史理论、编史原则和编史方法等给予全面的讨论。

国内科学史界最早对女性主义科学史研究给予关注和重视的是清华大学的曹南燕和刘兵，他们总结了从妇女科学家的历史研究向女性主义科学史研究的编史转向，分析了一些具有代表性的工作的价值和意义⑤，并认为女性主义科学史研究本质上有一种科学批判的取向，它能提供给传统科学史以新的视角、问题和分析维度，它的最终目标似乎是建立"与社会性别无关"的新科学，它的目的不是狭隘的"女性"目的，而是更强调以边缘人的视角对占据主导地位

---

①　R. R. John. Christie, Feminism and the History of Science // R. C. Olby, et al., eds. Companion to the History of Modern Science. New York: Routledge, 1990: 100 - 109.

②　Dorinda Outram. The Most Difficult Career: Women's History in Science. International Journal of Science Education, 1987, 9 (3): 409 - 416.

③　Londa Schiebinger. Feminist History of Colonial Science. Hypatia, 2004, 19 (1): 234.

④　Jan Golinski. Making Natural Knowledge: Constructivism and the History of Science. Chicago: The University of Chicago Press, 2005.

⑤　刘兵，曹南燕. 女性主义与科学史. 自然辩证法通讯, 1995, (4): 44 - 51.

的科学建制进行批判、审视和重建①。刘兵、章梅芳从科学编史学层面对白馥兰的《技术与性别》和费侠莉的《繁盛之阴》进行了案例分析，认为女性主义的学术视角能为中国科学技术史的研究开辟新空间②。中国科学院自然科学史研究所的张柏春和北京航空航天大学的李成智在介绍国外技术史研究的新视界时，亦强调了白馥兰等的技术史研究所运用的人类学和社会性别视角的重要意义③。湖南科技大学的陈玉林在介绍和研究欧美技术哲学与技术史时，对女性主义技术史研究的理论价值亦有讨论④。不过，专门的研究仍不多见。

总之，在国外，一阶的女性主义科学史案例研究十分活跃，相关的著作和论文很多，从新的视角给科学史研究创造了新的发展空间；与性别和科学相关的主题也成为后现代主义科学批判思潮的一个重要分支。然而，尽管如此，在女性主义领域和科学元勘学界均缺乏对大量科学史案例研究的二阶分析和整合工作。即使在科学编史学领域，也只有少数学者开始关注女性主义科学史研究，尚未出现类似于针对建构主义科学史进行专题研究的那类编史学著作，并且现有的零散讨论大多仅限于对女性主义科学史研究发展脉络的回顾和总结，没能对其编史理论与方法论，尤其是它在整个科学史学史上的影响等问题进行专门探讨。

在国内，女性主义理论早在 20 世纪 80 年代初就开始被陆续引入学术界，到目前为止，文学界、史学界、哲学界和社会学界的一些妇女学/女性主义学者已逐渐认识到社会性别视角的价值与意义，并对相关西方女性主义理论进行了较为深入的研究，但他们往往很少关注性别与科学的议题。科学哲学界和科学史界，尤其是科学哲学界则对女性主义科学哲学思潮的关注较多，但他们关注的焦点主要集中在女性主义科学观和认识论问题上，对一些知名的女性主义科学哲学家主要包括哈丁、哈拉维、朗基诺和凯勒的学术思想进行了重点研究，但却未对这些科学哲学家以及其他女性主义学者的科学史案例研究给予重视。但在笔者看来，对西方女性主义科学史的理论与案例进行系统研究，恰是深入把握女性主义科学观和认识论，探讨女性主义科学哲学的独特性、价值与不足的重要切入口。通过对女性主义科学史研究的具体案例进行分析和总结，能更为具体鲜明地揭示出女性主义科学观的合理性和存在的问题，进而为人们

① 刘兵. 克丽奥眼中的科学. 济南：山东教育出版社，1996：104.

② 刘兵，章梅芳. 性别视角中的中国古代科学技术. 北京：科学出版社，2005.

③ 张柏春，李成智主编. 技术的人类学、民俗学与工业考古学研究. 北京：北京理工大学出版社，2009.

④ 陈玉林. 技术史研究的文化转向. 沈阳：东北大学出版社，2010.

考察后现代主义科学批判思潮中涉及的诸多问题提供一个可供参考的途径。

除此之外，另一个值得一提的现象是，与妇女学/女性主义学界的情况相比，科学元勘领域的学者研究女性主义科学哲学的落脚点仍在于科学观和认识论上，他们大多是在关于科学合理性问题的争论背景中介绍、分析和判断女性主义研究的价值和不足；尽管有关的学术文献仍在不断增多，但整体而言，女性主义科学哲学研究在国内科学元勘领域仍属边缘。反过来看，妇女学/女性主义学界的研究因其学术主旨的不同，更容易直接切入对社会性别问题的关照，在吸收和借鉴女性主义的理论视角后，重点便转入运用该视角对中国现实中的妇女问题，以及对中国妇女史和女性文学的再分析与批判，进而为与妇女和社会性别议题相关的跨学科领域的发展注入新的活力。

从这个意义上看，要在现实层面改变科学技术领域的社会性别不平等现状，就必须加强女性主义科学元勘和妇女学/女性主义学界的联系与合作。也为此，本书对女性主义科学史的编史学考察与研究，将同时考虑科学元勘和女性主义这两类既相互交叉又具有各自不同学术取向的跨学科领域的具体与境，并尽可能地探讨女性主义科学史对于科学史、科学哲学以及女性主义研究与实践的多重影响和意义。

第四节 本书的研究内容

通过对科学编史学的性质与内容、女性主义科学史研究的概况，以及学界对女性主义科学史的关注情况的上述把握和分析，本书对女性主义科学史所做的编史学研究拟包括以下几点内容：

第一，对女性主义科学史研究的学术渊源及其发展脉络进行历史维度的回顾和分析，尝试给出具体的历史分期。第二，深入比较和剖析不同时期西方女性主义科学史的理论基础及其变化，对其理论根基、经验案例、研究框架进行专题分析。第三，在综合分析大量案例的基础上，探寻西方女性主义科学史侧重的研究方法及其重要性，厘清围绕女性主义方法论问题的争论实质，明确西方女性主义科学史研究的方法论特征。第四，比较西方女性主义科学史研究与建构主义、人类学视野中的科学史研究的共性和差异，探讨女性主义科学编史纲领的基本特征及其独特性。第五，总结分析女性主义科学史在西方科学史与科学哲学传统中的地位与影响，分析其所面临的困境，并尝试对女性主义科学史的本土化探索提出发展思路。第六，对女性主义技术理论与技术史案例进行简要的专题讨论，以作为对女性主义科学编史学研究的一个必要补充。

根据此内容，本书的具体章节安排如下：

第一章，绪论：梳理科学编史学的学科性质、研究内容与学术意义，简要介绍西方女性主义科学史研究的兴起及其影响，考察国内外学术界对女性主义科学史进行编史学研究的一般状况。第二章，西方女性主义科学史的学术渊源与发展脉络：考察 20 世纪 70～80 年代以来西方女性主义科学史研究兴起的背景，发展的基本脉络与历史分期。第三章，性别与科学社会建构观下的女性主义科学史：在理论爬梳和案例分析的基础上，分析和总结 20 世纪 70～80 年代西方女性主义科学史的理论基础，并探讨社会性别理论与科学的社会建构论在女性主义科学史研究中结合运用的具体方式与影响。第四章，差异性与多元化视野下的女性主义科学史：分析 20 世纪 90 年代以来西方科学元勘领域和女性主义学术相关核心理论观念的变迁及其在女性主义科学史研究中的体现。第五章，女性主义科学史研究的方法论问题：总结和分析女性主义科学史研究的基本研究视角和常用的研究方法，探讨其方法论特征。第六章，女性主义科学编史纲领的独特性与学术影响：分析总结女性主义科学史编史纲领的基本内涵；探讨其与"建构主义"、"人类学"视野的科学史研究的编史学共性与差异，揭示其科学编史学基本特征、独特性及其深远的学术影响。第七章，女性主义科学编史纲领的学术困境与未来发展：分析女性主义科学史研究所面临的理论困境、后现代女性主义所做的回应，以及当下的新进展，对其今后可能的发展方向提一些设想，并就本土化探索的问题提出思考。第八章，女性主义技术理论与技术史研究：对西方女性主义技术理论进行概述，重点对其中的马克思主义/社会主义女性主义技术研究的学术渊源、核心思想与案例工作进行阐述，并结合具体的案例分析，对女性主义技术史研究的发展脉络做初步的梳理、分析和评价。

第二章 西方女性主义科学史的学术渊源与发展脉络

"我关于社会性别与科学的关系探索，来自于女性主义理论和科学的社会研究这两个学术领域各自独立发展成果的汇聚。"①

——伊夫琳·福克斯·凯勒（Evelyn Fox Keller）

女性主义科学史研究的兴起与发展同女权运动和女性主义学术思潮的发展紧密相关，并反映了西方科学史研究的发展趋向，对它进行编史学考察，离不开对女权运动、女性主义理论，尤其是女性主义科学元勘的基本认识，以及对西方科学史研究发展脉络的把握。从某种意义上也可以说，只有将女性主义科学史研究置于女权运动、女性主义学术思潮和西方科学史研究的变迁与境中，才能对它形成恰当的理解。

第一节 女权运动与女性主义理论

"女性主义"一词大约是在 1910 年进入英语词汇的，从各种有关辞典、百科全书、著作和论文的相关定义和解释来看，它既特指 19 世纪和 20 世纪试图消除妇女受限制状况的女权运动，在此基础上进一步被理解为解放所有妇女的政治和实践，乃至一种寻求世界重组的运动；同时它也指关于性别的政治、经济和社会平等的主张和理论，并在此基础上被进一步理解为一种思想的方式和分析的方式，乃至一种新的世界观。正如肖巍所言，它是政治、理论和实践三个层面的集合体②。目前，尽管不同学者从不同角度和立场给出了对"女性主义"的不同理解，关于"女性主义"至今尚未形成明确统一的定义，但从最广泛意义上看，"女性主义"基本上仍可划分为实践和理论，或者说女权运动与女性主义理论两大部分。其中，理论研究直接源于运动的发展，反过来它又进一步指导了实践（女权运动），并在实践中得到检验、批判和发展，最终成为全球性的政治社会文化思潮。

① Evelyn Fox Keller. Reflections on Gender and Science. New Haven and London：Yale University Press，1985：4.

② 肖巍. 当代女性主义伦理学景观. 清华大学学报（哲学社会科学版），2001，(1)：30 - 36.

一、女权运动浪潮

女权运动的历史在英国可追溯到 17 世纪的女性主义者玛丽·阿斯特尔 (Mary Astell)，她针对当时英国资本主义发展初期工厂内的性别分工问题，提出了一系列主张，被认为是那个时代最激进也最系统的女性主义者。在欧洲大陆，女权运动可以追溯到法国大革命时期。当时，法国出现了一些妇女俱乐部，其成员要求获得教育权和就业权。著名妇女活动家玛丽·古兹 (Marie Gouze) 代表她的俱乐部发表了第一个"女权宣言"，主张女性获得与男性同等的自由平等权利[①]。1792 年，英国女作家玛丽·沃斯通克拉夫特 (Mary Wollstonecraft) 发表《女权辩护》一书，为争取女性的教育权和社会平等而呼吁，被称为"妇女运动的鼻祖"，其著作也不断被再版[②]。

现代意义上的女权运动主要指 19 世纪下半叶以来的两次大的妇女运动浪潮。其中，第一次浪潮始于 19 世纪末左右，它在第一次世界大战期间达到顶峰，到 20 世纪 20 年代逐渐消退。这一时期的妇女除要求改善她们在教育、就业和家庭中的地位之外，最为重要的一个目标就是争取参政权。其中，新西兰、澳大利亚、芬兰、美国和英国的妇女先后在此阶段争取到了选举权。20 世纪 60～70 年代，在美国反战运动、黑人民权运动和学生运动创造的政治氛围中，第二次女权运动浪潮最早兴起于此。这次浪潮一直持续到 80 年代，规模宏大，波及各主要发达国家。到 70 年代末，仅英国就有 9 000 多个妇女协会，美国和加拿大也有许多妇女组织[③]。与第一次浪潮相比，这一时期的运动除了在政治、经济和教育方面继续争取与男性平等的权利之外，更寻求在思想和理论层面的突破，波伏娃的《第二性》和弗里丹的《女性的奥秘》成为这一时期女权运动的指导性文献，"女人不是天生的，而是社会制造的"、"个人的就是政治的"、"女性的特质是世界的唯一希望所在"等主张成为其时女权运动者的主导口号。尤为重要的是，这次运动浪潮还为女性主义的学术研究提供了沃土，各个流派的女性主义理论竞相争辉，成为这次浪潮的鲜明特色。

在很大程度上，第一次女权运动浪潮的理论依据源于自卢梭 (Jean - Jacques Rousseau) 就开始倡导的"天赋人权"的自由主义思想，它强调的是女性作为"人"生来所应获得的与男性平等的权利，主张在现有社会体制结构内部

---

① 李银河. 女性权力的崛起. 北京：中国社会科学出版社，1997：72 - 73.

② Mary Wollstonecraft. A Vindication of the Rights of Woman: With Strictures on Political and Moral Subjects. New York: Random House Inc. , 2001.

③ 李银河. 女性权力的崛起. 北京：中国社会科学出版社，1997：72 - 73，90.

进行改良，以提高妇女的社会地位。第二次女权运动浪潮则开始关注两性之间的种种差异，并且认为这种差异是造成性别不平等的原因，强调性别更多的是社会文化的范畴，看到了整个社会的父权制结构是女性受压迫的深层根源，甚至在此基础上还进一步强调女性的经验和生活方式的重要性。可以说，无论是在理论深度上还是在社会影响上，第二次女权运动浪潮都比第一次女权运动浪潮更为激进和深远。

近 10 余年来，随着女权运动和学术研究的深入，女性主义者更为广泛地致力于让女性在经济和政治领域里获得与男性平等的权利的同时，更为强调实现"差异的平等"，关注不同种族、不同阶级的妇女的权利。需要说明的是，国内外有些学者常常将在第二次女权运动浪潮及其学术研究的基础上发展起来的后现代女性主义，尤其是黑人女性主义和第三世界女性主义，称为第三次女权运动浪潮。我们在此不具体细分或明确界定哪些运动实践和学术工作属于"第三次浪潮女性主义"，但这并不妨碍本书在探讨女性主义科学史的发展脉络与理论变迁时，论述 20 世纪 90 年代后期以来女性主义学术的基本变化及其对女性主义科学史研究所产生的影响。

在女权运动浪潮中，人们为妇女争取受教育权、就业权，其中一些直接涉及对自然科学领域妇女受歧视状况的考察和关注，要求提高妇女在科学领域的地位。例如，最初引起女性主义学者关注的便是自然科学领域存在的种种"性别差异"，其最突出的表现是科学界的性别结构分层现象，主要表现为男女科学家在科学领域所占比例的差别，以及他们/她们在科学共同体中不同位置、不同层次上所占比例的变化。职称头衔越高，女性所占比例越小，形成以男性为顶端，女性为底层的金字塔形结构，这在科学界是普遍存在的现象。此外，女性在获得科研经费，争取职称头衔，参与科学管理与决策等方面也面临"玻璃天花板"，很难与男性平起平坐。也为此，整体而言，女性在科学共同体中的成就和声望远不能与男性相比①。在女权运动的背景中，女性主义学者对科学界性别差异的分析视角发生了转变。其中，最重要的就是突破了传统的生物决定论解释模式，认为不是女性的生理结构导致其天生不适合从事科学，不是女性出了问题，而是科学出了问题，是科学的体制结构把女性系统地排斥在该领域之外。

除此之外，还有一些妇女运动实践，如第一章中提及的妇女健康运动和反核和平运动，直接关乎身体与性别政治、性别与医疗卫生、科学与生态等主

① 吴小英. 科学、文化与性别——女性主义的诠释. 北京：中国社会科学出版社，2000：37，42－43.

题。这些运动一方面使得人们开始把科学领域中的性别歧视和性别不平等问题提高到学术研究的高度上，另一方面也使得他们从社会性别的视角出发去反思科学本身。这恰恰构成了女性主义科学批判和女性主义科学史研究的现实背景，同时也为女性主义的科学史研究提供了丰富的研究主题。反过来，女性主义科学史研究又能为相关的女权运动提供具体的数据资料和理论依据。这一点提醒我们，女性主义科学史研究并非价值无涉的研究，它有其独有的理论倾向和现实诉求，我们不能忽略女性主义科学史研究的现实与境。正如凯勒所说，女性主义理论本身就是一种"其他形式的政治学"，其目的在于通过分析和揭示社会性别意识形态在抽象框架中发挥的作用，从而促进日常生活世界的变革①。

二、女性主义理论思潮及其基本学术特征

如上文所述，第二次女权运动浪潮产生的一个重要影响是女性主义理论思潮的兴起。尽管从某种程度上看，很多女性主义学者拒绝被贴标签。但正因为女性主义理论并非铁板一块，在其内部各种思想和观点林立，有时甚至相互冲突；为帮助读者从总体上把握女性主义理论思潮的主要观点、立场和发展脉络，这里仍有必要借鉴学界的传统做法，将其大致划分为不同流派来进行介绍。一般而言，女性主义理论流派主要包括自由主义女性主义、激进女性主义、马克思主义和社会主义女性主义、精神分析和社会性别女性主义、存在主义女性主义、后现代女性主义、生态女性主义和多元文化与全球女性主义等多个流派②。

其中，自由主义女性主义旨在父权制的内部进行改良，要求公平的游戏规则，并提出相应的性别平等改良措施，为妇女争取平等的教育权等。其代表人物有沃斯通克拉夫特、米尔（J. S. Mill）、弗里丹、霍尔茨曼（E. Holtzman）等。从理论上看，这一流派的最大不足在于没有对父权制体系和结构本身提出批判，是在既有的框架内寻求解决性别平等问题的路径③。但从实践的角度来看，我们也不能因此完全否定他们积极推行的一些性别平等项目计划和促进性

---

① Evelyn Fox Keller. What Impact, If Any, Has Feminism Had on Science. J. Biosci, 2004, 29 (1): 7 - 13.

② ［美］罗斯玛丽·帕特南·童. 女性主义思潮导论. 艾晓明，等译. 武汉：华中师范大学出版社，2002：1 - 11.

③ Keith Grint , Rosalind Gill, eds. The Gender - Technology Relation: Contemporary Theory and Research. Bristol: Taylor & Francis，1995：6 - 7.

别平等的相关政策举措的现实意义。同样地，我们也不能完全否认很多学者致力于挖掘科学史上的杰出女性及其成就这类做法的意义，它们对于促进更多年轻女性参与科学仍然具有激励和示范作用。

与自由主义女性主义不同，激进女性主义认识到父权制是女性在各个领域受歧视的根源，主张彻底铲除父权制，从法律、政治结构和社会文化制度出发进行变革。其中，因对性和生育等问题的看法存在差异，激进女性主义内部又进一步分化为激进—自由派和激进—文化派。前者提出雌雄同体的观念，许可自恋、同性恋和异性恋，主张使用生育控制技术，代表人物有米利特和费尔斯通（S. Firestone）；后者则反对雌雄同体和异性恋，不赞同节育，认为生育是妇女的优势，代表人物为弗伦奇（M. French）和戴利（M. Daly）。这一流派较多关注生物科学和生育技术领域的社会性别问题，尤其产生很多技术史研究成果。

马克思主义女性主义则认为妇女受压迫的根源在于财产私有制和资本主义制度本身，主张妇女出去工作或家务劳动必须支付工资。代表人物有本斯顿（M. Benston）、科斯特（M. D. Costa）、詹姆斯（S. James）、伯格曼（B. Bergmann）和乐帕第（C. Lopate）等。社会主义女性主义则认为资本主义和父权制都是妇女受压迫的根源，强调多种因素的统一性和综合性对妇女造成的压迫。代表人物有米切尔（J. Mitchell）、杨（I. Young）和贾格尔（A. Jaggar）等。这两个流派的学术思路和基本观点对女性主义科学史尤其是技术史的研究产生过十分深刻的影响，很多女性主义技术史学者例如瓦克曼（Judy Wajcman）声称自己的研究最初就是受到了马克思主义劳动过程理论的影响[1]。

精神分析女性主义关注女性的性角色，并以俄狄浦斯情结为主要研究内容，来说明男女两性的社会性别身份的认同过程。代表人物有阿德勒（A. Adler）、霍尔内（K. Horney）、丁内斯坦（D. Dinnerstein）和乔多罗（N. Chodorow）等。社会性别女性主义则注重探讨与女性气质有关的美德和价值问题，认为女性气质是妇女的福音而非负担。代表人物有吉列根（C. Gelligan）和诺丁斯（N. Noddings）等。这两个流派在科学元勘领域的影响主要体现为关注科学参与社会性别身份建构的方式，以及对科学技术与两性气质之间关系的探讨。

存在主义女性主义认为妇女受压迫的根源在于她的"他者性"，女性只有

---

① Judy Wajcman. Reflections on Gender and Technology Studies: In What State is the Art. Social Studies of Science, 2000, (3): 448.

像男人一样超越所有那些限定她存在的定义、标签和本质，才能成为她想成为的人。代表人物为波伏娃。后现代女性主义则认为"他者性"存在变化和差异，女性因此不等待被定义和僵化，她们代表了自由的精神，能跳出传统主导文化强加于所有人的规范、价值和实践。代表人物有西苏（H. Cixous）、伊丽格瑞（L. Irigaray）和克里斯蒂娃（J. Kristeva）等。这两个流派在科学元勘中的影响主要表现为进一步解构了本质主义性别观和普遍主义科学观。

多元文化和全球女性主义认为女性的身份是破碎的，破碎的原因除了社会性别根源，还有文化、民族、种族等因素存在，殖民者将人为建构的自我概念系统灌输给被殖民者，损害了他们原有的积极自我。代表人物有斯佩尔曼（E. Spelman）、胡克斯（B. Hooks）、沃克（A. Walker）、本奇（C. Bunch）、摩根（R. Morgan）和米斯（M. Mies）等。生态女性主义则更为强调"联系"，认为避免自我毁灭的唯一方式在于加强我们之间以及我们与自然世界之间的联系。其内部又分化为自然或文化的生态女性主义、精神的生态女性主义、社会建构的生态女性主义和社会主义生态女性主义、第三世界生态女性主义等多个分支。代表人物有格里芬（S. Griffin）、沃伦（K. J. Warren）、麦茜特和席瓦（V. Shiva）等。这两大流派在科学元勘中的贡献主要在于对科学的情境性特征和地方性知识概念的重视与强调，以及对后殖民主义视角的整合等。

到目前为止，西方女性主义理论尚未定型。从总体看，一个最重要的方向是在肯定社会性别分析范畴重要意义的基础上，日益关注女性主体身份的多重性与复杂性，注意社会性别与阶级、种族等方面的交互作用。也正是在这一意义上，有学者认为，将追求多样性和差异的压力与追求整体性和同一性的压力协调在一起，是目前西方女性主义面临的最大挑战[①]。

但是，尽管女性主义理论思潮流派纷呈，这些流派分别是从各自的学科与境出发，从不同的角度关注不同的性别问题，同时对很多问题的看法还存在激烈的内部冲突，但它们之间仍然具有诸多共同点，正是这些共同点构成了作为一个整体的女性主义学术的基本特征。首先，从基本术语上来看，"生理性别"、"社会性别"、"男性气质"、"女性气质"、"二元对立"、"父权制"、"多样性与同一性"等是所有女性主义学术研究都在争论的重要概念，其中"社会性别"更是成为女性主义学术研究的基本范畴。其次，女性主义理论在不同时期、不同领域有不同的发展路径和具体追求，但女性主义学术的最终目标仍在

---

① ［美］罗斯玛丽·帕特南·童. 女性主义思潮导论. 艾晓明，等译. 武汉：华中师范大学出版社，2002：10.

于实现本领域里的性别平等。从各种不同角度探讨本领域性别不平等的根源，恢复并弘扬被贬低和忽视的女性价值，挑战各领域的制度框架，建立女性主义的认知模式、文化图式和方法论，从而变革本领域的性别不平等状况，为女权运动实践服务，为实现妇女的真正解放服务，这些构成了女性主义学术的基本目标。女性主义学者从不讳言其学术所内含的政治意涵与目标，这一点既构成我们考察任何领域的女性主义研究的基本背景，同时更是女性主义学术存在与发展的意义所在。作为女权运动浪潮和女性主义理论思潮影响下的产物，女性主义的科学批判和科学史研究同样也共享这些基本的女性主义学术概念和学术目标。

第二节　现代科学批判思潮与女性主义科学元勘

随着女权运动和女性主义理论思潮的深入与发展，女性主义学术研究进一步在范围广泛的各个学科开展起来①。在 20 世纪 60 年代末，美国的大学首先出现了系统性的有关妇女问题和女性主义问题的课程。到 1980 年，已有两万多的相关课程在全美大学开设。与此同时，在各个西方国家，各种妇女研究和性别研究中心纷纷成立，相关的教育和研究计划也逐渐完善。《征兆》（Signs）、《女性主义研究》（Feminist Studies）、《妇女研究国际季刊》（Women's Studies International Quarterly）等跨学科的妇女研究杂志也纷纷问世。女性主义科学元勘直接源于这一大的背景，它是女权运动和女性主义理论思潮深入到文化、科学领域的必然结果。同时，它的兴起还同整个西方 20 世纪 20~30 年代以来的科学批判传统有着密不可分的关联。

一、现代科学批判思潮的兴起

自 17 世纪科学革命以来，科学在西方社会扮演越来越重要的角色，18 世纪的工业革命和 19 世纪科学技术的高速发展，使得整个社会形成了对科学技术的依赖和崇拜，关于科学和技术的乐观主义思想盛行。然而，进入 20 世纪以来，尤其是在二战以后，过去几百年来科学技术所取得的巨大进步和广泛应

---

① 广义的女性主义学术研究可泛指女性主义理论思潮（feminist theory），狭义的女性主义学术研究包括各个学科领域开展的妇女研究（women's studies）、女性主义研究（feminist studies）以及社会性别研究（gender studies）等。关于后者，目前国内尚无统一的名称。例如，中山大学和天津师范大学等成立了妇女研究中心，大连大学成立了性别研究中心，还有一些学术机构探讨建立跨学科的"妇女学"（women's studies）等。

用所造成的负面影响开始受到关注。一方面，社会和人文学者开始揭示和讨论现代工业社会中误用、滥用科学技术所造成的人与自然以及人与人之间关系的恶化，包括环境污染、资源枯竭、核武器潜在的和已造成的巨大危害，现代技术高度发展所造成的人的异化，生物技术所带来的社会伦理难题，等等。另一方面，20世纪初以来，随着相对论、量子力学等科学领域的巨大发展，促动了科学元勘领域对传统的科学观产生质疑和反思，进而在科学观、认识论和方法论的层面对传统科学元勘的分析路径和研究成果提出了挑战。这两个方面的进展，构成了除女权运动和女性主义理论思潮之外的另一个重要的学术背景，它们共同推进了女性主义与科学元勘的结合，产生了女性主义科学元勘这样一个分支领域。正如吴小英所总结的，女性主义科学批判以女性主义理论和现代科学批判传统为来源，以妇女运动为社会基础，以性别问题、科学问题以及性别与科学的关系问题为对象，在对传统科学从实践到理论、从社会结构到社会功能、从认识论到形而上学基础的全面讨伐的基础上，建构以女性经验为基础的女性主义科学图式①。

换句话说，从学术定位上看，女性主义科学元勘既是女性主义学术研究的一部分，同时也是科学批判思潮的分支之一。从女性主义学术研究的角度而言，它通过对自然科学的反思拓展了社会性别研究的范围，进一步充实了女性主义理论；从科学元勘的角度而言，它从社会性别的视角重新诠释了科学的形象，充实了对科学的批判。正如凯勒所认为的，女性主义科学元勘是两个明显独立的学术领域的一种结合，即女性主义理论与科学的社会研究。科学的社会研究改变了我们对于科学与社会之间关系的认识，但是却没有考虑到社会性别在其中发挥的作用；女性主义理论研究改变了我们对于性别与社会之间关系的思考，但是却很少对科学有所关注。尽管从各自的角度来看，这两个领域都很具有生命力，但其中任何一个在我们的理解中都存在批判的鸿沟，而这一鸿沟可以通过另外一者得到填补②。

二、女性主义科学元勘的发展

具体而言，女性主义学术与科学批判思潮的结合，首先体现为来自不同流派的女性主义学者对科学技术展开了各种不同维度的分析和研究。

例如，自由主义女性主义推动了很多学者对当下科技领域性别不平等现象

---

① 吴小英. 科学、文化与性别——女性主义的诠释. 北京：中国社会科学出版社，2000：25.

② Evelyn Fox Keller. Reflections on Gender and Science. New Haven and London：Yale University Press，1985：5.

的社会学调查与分析，并有针对性地提出和实施性别平等项目（如专门针对女性的教育和培训计划等）。这些项目的主旨就是为了促进更多的女性参与科学和工程技术，期望通过让更多的女性参与科学，进而改变科学领域的性别不平等状况。它对女性主义科学史的影响在于，促使一些学者开始到科学史中寻找和挖掘重要但却被忽视的女科学家，将她们填补到现有的科学史名人清单中，从而强调女性对科学的贡献。

激进女性主义对女性主义技术批判的影响较深，诸多关于当代和历史上生育技术的案例研究，或多或少均涉及对"女性与技术"、"身体与技术"以及"社会性别与技术"等问题的深入探讨，围绕这些问题，女性主义学者对包括生育技术在内的一般技术形成了多种不同的立场和态度。马克思主义/社会主义女性主义则将关注的焦点集中在生产技术领域的劳动性别分工，以及家用技术对女性的影响等问题上，其发展也经历了从探讨"女性与科学"、"女性与技术"等议题到强调"科学、技术与社会性别"相互形塑的基本变化。

精神分析女性主义关于俄狄浦斯情结的分析以及客体关系理论，在很多女性主义学者关于科学客观性的分析中有所体现。其中，凯勒便以客体关系理论为依据，对传统科学观所体现出的"静态客观性"展开了深入批判，提出基于主客体互动和共情为原则的"动态客观性"[1]。而社会性别女性主义对女性气质价值的探讨，则为露丝·金兹伯格（Ruth Ginzberg）等学者关于具有女性气质的科学传统的寻找和挖掘提供了潜在的理论依据[2]。

生态女性主义对女性主义科学批判所产生的最深刻的影响在于，其强调了科学技术与人类对妇女的统治和它们对自然的统治之间的联系，认为揭示这种联系对于女性主义、环境运动和环境哲学是至关重要的。正如伯克兰（J. Birkeland）所强调的："生态女性主义是一种价值系统，是一种社会运动和实践，它提供了一种用以揭示男性中心主义与环境解构之间关系的政治分析方法。"[3]事实上，一些女性主义学者包括麦茜特和凯勒便将研究的焦点聚于17世纪科学革命所造成的自然观念和社会性别观念的转变及其隐含的内部关联上。

存在主义和后现代主义女性主义对女性"他者"地位、其身份的破碎性与流变性的揭示，在其科学批判中表现为对基于生物决定论和女性经验的两种本

---

① Evelyn Fox Keller. Reflections on Gender and Science. New Haven and London：Yale University Press，1985：115 - 126.

② Ruth Ginzberg. Uncovering Gynocentric Science. Hypatia，1987，2（3）：89 - 105.

③ Janis Birkeland. Ecofeminism：Linking Theory and Practice// G. Gaard, ed. Ecofeminism：Women，Animals，Nature. Philadelphia：Temple University Press，1993：13 - 60.

质主义进行了深刻批判，对一系列的二元划分概念进行消解，在认识论上反映为对经验论和立场论的反思，在科学观上表现为对科学普遍性的严重质疑。多元文化和全球女性主义或后殖民主义女性主义则更注重强调女性身份的差异性和知识的地方性特征，它促使很多女性主义学者开始关注非西方社会科学技术的性别政治问题，以及科学与性别、种族、民族等多种范畴之间的复杂关系。

实际上，这些不同流派的女性主义学者在对科学技术展开研究时，虽然侧重点可能不同，但在分析思路和观点上往往会形成交集。因此，也有一些学者以研究内容作为划分标准，对女性主义科学元勘进行了总结。例如，女性主义学者罗塞（S. V. Rosser）曾将女性主义科学元勘划分为六个方面：①科学教学与课程设置的改革，旨在科学的课程和方法中纳入更多关于女性的信息，以吸引和培养更多的女性进入科学领域。②科学中妇女的历史，旨在寻找以往科学史中被忽略的女性，承认和肯定她们在科学中所做的贡献。③科学中妇女的当前地位，即运用量化统计等社会学研究方法考察女性在科学领域的现状。④女性主义科学批判，旨在揭示科学实验和科学理论对于女性本质的错误规定，认为这些为证明女性社会地位低劣提供依据的科学研究是"坏"科学。⑤女性气质的科学（feminine science），旨在探讨女性从事科学研究的方式同男性是否存在差异，强调女性的文化视角和经验对于科学研究的独特影响。⑥女性主义科学理论，主要探讨社会性别意识形态是否会影响科学的方法和理论，是否存在性别中立的科学以及科学的客观性等问题[①]。

类似地，哈丁也曾将女性主义对科学的研究划分为五种：①平等研究，旨在解释妇女在教育、就业方面受到的历史性阻碍，探讨女性受歧视的心理、社会机制。②通过对生物学、社会科学和技术的运用与滥用的研究，揭示科学服务于男性中心主义、种族主义，以及对同性恋的排斥和阶级压迫的方式。③分析科学研究的问题、方法是否负载理论，探讨是否存在客观的、价值无涉的科学。④运用文学批评、历史解释和心理分析的方法解读科学文本，尤其是通过隐喻分析等揭示科学的客观性神话。⑤女性主义认识论研究[②]。

然而，从基本观点和思路来看，罗塞和哈丁的分类有部分交叉重复之处。例如，罗塞的①～④实际上都是在没有挑战科学的父权制结构的前提下所开展的研究，而哈丁所列出的③～⑤都可以统一纳入罗塞所说的⑥。结合流派划分

---

① Sue V. Rosser. Feminist Scholarship in the Science: Where Are We Now and When Can We Expect a Theoretical Breakthrough? Hypatia, 1987, 2 (3): 5 - 17.

② Sandra Harding. The Science Question in Feminism. Ithaca and London: Cornell University Press, 1986: 20 - 24.

和上述两种分类方式，我们按照研究思路的基本变化，将女性主义科学元勘分为三大类。第一，在不挑战现有科学体制和科学结构的情况下，对历史上和现实中科技领域的性别问题进行考察与批判，尤其基于对当下现实状况的分析，试图给出改变科技领域性别不平等状况的政策建议；第二，对科学与性别的父权制结构提出社会和文化角度的反思，研究科学与社会性别观念及意识形态之间的相互建构关系，较多注重对科学技术展开社会史和文化史的深度解构与重新书写；第三，重点从哲学层面，对传统的科学客观性概念、科学的认识论和方法论展开深入的概念批判和理论分析。这三类研究亦常常互为交叉，相互影响，其中科学史的案例分析常常贯穿于每一类研究之中。

20 世纪 90 年代以来，随着上述多个方面工作的深入，女性主义学者开始总结女性主义对科学研究产生的影响，反思什么是女性主义的独特内容，追问如果没有女性主义，使用其他的分析工具是否也能改变女性在科学领域的现状，提出与性别相关的研究课题等问题。其中，凯勒通过分析生物学领域发生的具体变化，表明女性主义确实对科学形式和内容的变革发挥了重要作用[①]。席宾格尔则通过对科学中妇女的历史和社会学研究，以及对性别在科学文化和科学内容中的影响的考察，表明女性主义对科学产生了影响[②]。尽管如此，她们并非完全令人信服地表明女性主义对于科学，尤其是对科学的研究方法、研究内容和科学理论产生的直接影响。这说明女性主义科学批判仍有很长的路需要走。也正因为看到这些问题的存在，2003 年席宾格尔撰文指出，未来十年女性主义科学元勘在很多方面还值得进一步深入。例如，人文主义学者、社会科学家和自然科学家要更进一步地合作；人文学者和科学家应为学习科学的学生提供科学元勘方面的基本训练，其中女性主义分析必须作为一个重要的组成部分来教授；女性主义分析应易于被更多的男性接受；应说服类似于 NSF（National Science Foundation）的机构进行政策改革，使得社会性别的分析成为基础研究的一个必要的组成部分[③]。

从对科学元勘的广义理解出发，女性主义科学史研究属于女性主义科学元勘的一部分，这一点从罗塞的分类也可看出。然而，女性主义的科学史并非仅仅指对"科学中妇女的历史研究"。实际上，当女性主义学者致力于变革科学教育制度和课程设置，揭示生物学和医学对女性本质的错误规定，讨论社会性

---

① Evelyn Fox Keller. What Impact, If Any, Has Feminism Had on Science? J. Biosci, 2004, 29 (1): 7-13

② Londa Schiebinger. Has Feminism Changed Science? Cambridge: Harvard University Press, 1999.

③ Londa Schiebinger. Introduction: Feminism inside the Sciences. Signs, 2003, 28 (3): 859-866.

别意识形态对科学发展的影响，反思科学的客观性神话，并探讨女性从事科学研究的方式同男性是否存在差异，以及女性主义科学是否存在时，往往都离不开从历史的维度对社会性别与科学的关系进行分析。例如，在探讨社会性别意识形态对科学的深刻影响方面，麦茜特、凯勒和哈丁等都是通过科学史的案例分析来说明近代科学诞生的父权制根源。在这个意义上，女性主义科学史案例贯穿了整个女性主义科学元勘的各个方面，它在研究主题、科学观、性别观、科学史观等方面经历的变化，同整个女性主义科学元勘的发展直接相关。

第三节　西方科学史研究的新趋势及其提供的学术土壤

一方面，女性主义科学史研究直接源于女权运动和女性主义理论，并同西方科学批判思潮紧密相关，属于女性主义科学元勘的一部分；另一方面，它同时也反映了西方科学史研究领域的某些发展趋势。关于后者，本书认为以下两条线索是十分清晰的：一是科学史领域里传统"内史论"不断受到挑战的趋势；二是科学史学者对传统"学科专业化历史"研究的反思趋势；这二者均为女性主义科学史研究在科学史领域的发展提供了良好的学术土壤，同时也解释了女性主义学术研究在科学史领域发展迅速的部分原因。

一、科学史研究中"内外史"划分的形成与消解

科学史中的"内史论"与"外史论"已经是科学史界和科学哲学界十分熟悉的概念。一般而言，科学史的"内史"（internal history）指的是科学本身的内部发展历史。"内史论"（internalism）强调科学史研究只应关注科学自身的独立发展，注重科学发展中的逻辑展开、概念框架、方法程序、理论的阐述、实验的完成，以及理论与实验的关系等等，关心科学事实在历史中的前后联系，而不考虑社会因素对科学发展的影响，默认科学发展有其自身的内在逻辑。科学史的"外史"（external history）则指社会等因素影响科学发展的历史。"外史论"（externalism）强调科学史研究应更加关注社会、文化、政治、经济、宗教、军事等环境对科学发展的影响，认为这些环境影响了科学发展的方向和速度，在研究科学史时，把科学的发展置于更复杂的背景中考察①。

20世纪30年代之前的科学史研究，包括萨顿（G. Sarton）的编年史研究在内，基本上都属于"内史"范畴。30～40年代，因为格森（B. Hessen）和

---

① 刘兵. 克丽奥眼中的科学. 济南：山东教育出版社，1996：24.

默顿（R. K. Merton）等的工作，"外史论"在科学史界逐渐开始引起人们的注意。二战后期，直接源于坦纳里（P. Tannery）、迪昂（P. Duhem）的法国传统的观念论纲领开始流行。正如科学史家萨克雷（A. Thackray）所说，由于观念论的哲学性历史占主导地位，在50～60年代的大部分时期，人们很自然地注意远离任何对科学的社会根源的讨论。即使出现这种讨论，那也是发生在一个明确界定的领域，并由社会学家而非科学史家进行①。在这一时期，柯瓦雷（A. Koyré）关于伽利略和牛顿的经典研究奠定了观念论科学史的主导地位。然而，20世纪60年代后期到70年代初，"外史论"在另一种意义上又重新产生了影响，显示出较为活跃的势头，这与科学哲学中历史学派的出现不无关系。自20世纪80年代以来，随着科学知识社会学的发展，对科学的社会学分析开始兴起，其中，不但科学的形成过程和形式，连科学的内容也被纳入社会学分析的范围。在科学知识社会学看来，科学知识的内容是社会建构的产物，科学的发展受到各种外在因素的影响，科学既是一种知识现象，更是一种社会和文化现象。

随着建构主义、人类学等思潮和学科的影响，在科学史研究中，对科学知识内容本身进行社会史的考察日益成为某种趋势。这在一定意义上意味着传统的"内史"与"外史"的划分被消解，因为连科学知识的内容本身都是社会建构的产物，独立于社会因素影响之外的、纯粹的科学"内史"便不复存在；原来被认为是"内史"的内容实际上也受到了社会因素无孔不入的影响，从而，"内史"与"外史"的界限相应地也就被消解了。正如巴恩斯所说，柏拉图主义对于科学而言是内在的还是外在的，柯瓦雷本人的观点也含糊不清②。我们也可以说，这使得传统的"外史"研究逐渐在另外一种意义上得到进一步的深化和发展，开始成为西方科学史研究的主流。

女性主义科学史研究的兴起同科学史领域的这一发展趋势相契合，它利用科学知识社会学所不具备的社会性别分析视角，参与了对这种另类"外史"的研究。从基本的科学观角度来看，女性主义科学史研究同建构主义科学史研究的共同之处在于都更为关注科学与社会、文化、意识形态的关系问题，甚至都承认科学内容的社会建构性，并在具体的研究中，均考虑到知识的社会与境等。与此同时，在建构主义科学史研究中，夏平（S. Shapin）等学者通过具体的案例分析，对以实证主义科学观为根基的传统科学史研究形成了冲击，预示

---

① 吴国盛编. 科学思想史指南. 成都：四川教育出版社，1997：55.

② ［英］巴里·巴恩斯. 科学知识与社会学理论. 鲁旭东译. 北京：东方出版社，2001：150.

着某种具有批判性质的编史纲领的形成。这一点在女性主义科学史研究中也有同样的表现，可以说，女性主义科学史从社会性别视角出发进一步丰富了这一批判性质的编史纲领。这在更宽泛的意义上体现出女性主义与建构主义在科学编史学层面上的共通性，对此，在本书随后的章节中将会做进一步的具体分析。

二、科学史研究中"专业化"编史主线的消解

类似于"内史"和"外史"的划分，"专业史"和"综合史"的划分对于科学史学者而言也是较为熟悉的编史学主题，只不过进行专门讨论的学者相对较少。一般而言，"专业史"研究指的是集中研究和讨论某门自然科学学科发展的历史，如物理学史、天文学史、数学史、生物学史等，国内往往称其为"学科史"研究；"综合史"研究则是将科学作为整体来探讨其发展，强调不应仅仅把科学看成是一系列的科学学科，而更应把它作为人类一般历史的一个内在组成部分来看待，国内往往也称其为"科学通史"研究。本书在此并非要讨论"专业史"和"综合史"的划分问题，而是要分析"专业史"研究背后隐含着的编史依据或者说编史原则问题，以及这一编史原则和女性主义科学史研究的关系。

传统的"专业史"研究往往都暗含着这样一种科学观或者说科学史观，即专业化程度的高低往往被作为判断科学发展成熟与否的标志。进一步看，专业化程度的高低又是以专业学科的产生、专业领域科学共同体的形成、正规研究机构的建立、研究刊物的发行等为标志。以往学者对科学史学科本身的发展历史进行分析时，也大抵是按照这条线索来展开的。基于这样一种科学观，"专业化"程度的不断提高便成为传统"专业史"研究的主要编史原则；根据这一编史原则，专业史研究的主要内容相应地集中在以科学机构、科学共同体、科学刊物为标志的学科发展上，那些不以科学机构为依托、在私人领域进行的科学实践便很少被关注。而在女性主义学者看来，恰恰是在这些不被关注的领域里，女性发挥着重要作用。

并且，从科学史和社会学研究来看，各门自然科学专业化程度的提高过程，恰恰是妇女在该领域逐渐被边缘化的过程。19世纪末以来，科学开始从业余的、以家庭为基本背景的、以私人赞助为主的旧传统中脱离出来，成为某种与家庭和私人化相对立的范畴。20世纪的科学则实现了完全的专业化，人类进入了"大科学"时代。与此同时，家庭和婚姻的观念也发生了巨大变化，它们不再被看成是与财产、司法等直接相关的组织，而成为私人情感的空间和摆脱

外界压力的庇护所。伴随着这种变化，18世纪以来社会对母子情感纽带的强调，开始自然演化为将女性和家庭紧密联系在一起的观念。科学被定义为公共领域的事业，女性被认为是属于家庭内的角色，而公共和家庭在此时已被看成是两极对立的范畴，最终，女性离专业化的科学越来越远。科学史的研究也表明，18到19世纪很多女性的科学研究都是在私人赞助和家庭背景下进行的，她们常常是以科学家的妻子或姐妹的角色出现在科学史上。19世纪末至20世纪初虽然也有一些女科学家在自然科学领域从事研究，但这些女性往往都被局限在低薪金、低权威的职位上[1]。

尽管"专业化"是个很有争议的概念，但它至少意味着存在专业的研究机构，能提供全日制的研究岗位和相应报酬，有正式的教育和考试制度，其成员已获得相应的科学研究资格，其事业开始由国家财政资助，而非如19世纪之前那样主要靠私人赞助等。很显然，从上述自然科学专业化与女性被边缘化的同构过程，我们可以看到，大多数女性的工作和科学成就往往很难被纳入这一模式的科学历史中。从更深层面上来说，如果科学史被看成是走向"专业化"的历史，属于私人的、个体的、家庭内的那些实践活动，也即与女性生活和经验主要相关的那些领域就没有了被研究的空间；甚至在描述男科学家的科学生涯时，与女性和家庭有关的那些因素都被认为与男科学家对科学本质的解释毫无关系[2]。例如，在绝大多数的科学家传记中，那些与科学家个人相关的私人、情感的内容常常被忽略，或者一笔带过，或者与他们的科学研究分开来写。从深层次的原因来看，是撰写者都不认为这种私人的、情感的、日常生活的内容会与科学产生交集。而这除了给科学传记的撰写带来写作上的瓶颈之外，也使得女性的科学实践活动很难进入科学史家的视野。

正是在这个意义上，笔者认为传统的以专业化程度的不断提高作为基本编史线索的科学史研究，对于认知和解释女性在科学领域的位置和贡献而言，存在着障碍。所幸的是，20世纪80年代以来，这种科学史研究观念开始受到来自一般史和文化史研究观念的挑战[3]；一旦"专业化"的主题受到挑战，其他

---

①　Margaret Rossiter. Women Scientists in America：Struggles and Strategies，1880—1940. Baltimore：Johns Hopkins University Press，1982.

②　Dorinda Outram. The Most Difficult Career：Women's History in Science. International Journal of Science Education，1987，9（3）：410 - 411.

③　Dorinda Outram. Politics and Vocation：French Science 1789 - 1830. British Journal for the History of Science，1980，13：27 - 43.

观点和综合史研究的发展道路就会被扫清[①]。与此同时，建构主义科学史和人类学视角的科学史研究对地方性知识、日常生活技术等内容的关注在某种程度上也有利于消解这种"专业史"的编史原则，体现了科学史研究的新取向。这一挑战和取向既为女性主义科学史研究的发展提供了土壤，同时更是与女性主义科学史研究的深层内核相契合。凯勒曾说过："女性主义对于传统的科学元勘所做的一个独特贡献在于，它在两层意义上鼓励使用传统上属于女性的那些专门的知识技能：一是将它看成是女性的视角，二是将它作为考察隔离女性视角、拒绝其合法性的多种二分法根源的批判性工具。女性主义通过纳入女性和她们的实践经验，纳入所有与女性相关的人类经验领域，即私人的、情感的和性的，来致力于拓宽我们对于历史、哲学和科学社会学的理解。"[②] 可以说，女性主义科学史研究通过将私人的、情感的内容纳入科学史考察的范围，与综合史、建构主义科学史、人类学视野下的科学史一起，进一步强化了对"专业化"这一狭隘编史线索的消解。

第四节　女性主义科学史研究的基本内容与发展脉络

根据上文的分析，女性主义科学史研究大致上可看成是女权运动和女性主义理论思潮以及科学批判思潮共同影响下不断融合发展的产物，它同时亦构成了女性主义学术和科学元勘领域的一个组成部分。它以科学与社会性别的互动关系为研究主题和关注焦点，并以社会性别为基本的分析视角，对科学史进行了新的解读和诠释。

一、女性主义科学史研究的基本内容

整体而言，女性主义科学史研究贯穿整个女性主义科学元勘的各个方面，它的研究内容大致可归纳为以下几个方面：①寻找被以往科学史研究忽略的女科学家，承认她们对科学发展做出的贡献，恢复女性在科学史上的地位与影响。②分析女性在科学领域居于屈从地位的原因，运用社会性别的分析范畴对女性在科学领域中屈从地位的形成过程给予分析。③揭示科学发展对社会性别观念及意识形态的影响，考察科学对妇女本质的定义、定位及其对社会性别意

---

① Dorinda Outram. The Most Difficult Career: Women's History in Science. International Journal of Science Education, 1987, 9 (3): 411.

② Evelyn Fox Keller. Reflections on Gender and Science. New Haven and London: Yale University Press, 1985: 9.

识形态的建构与强化。④考察社会性别观念与意识形态对科学的建构作用，甚至深入具体的科学方法和研究规范，揭示社会性别对科学发展造成的影响。⑤研究某种具有女性气质的科学技术的历史。⑥考察非西方社会的科学中的性别政治，分析社会性别与阶级、种族等多种复杂范畴与科学相互建构和影响的过程与方式。

需要说明的是，①研究基本属于"补偿式"的妇女史研究，尚未引入社会性别的基本分析视角，没有对科学和性别的本质提出反思，与传统的妇女史研究未形成明显差异，不能很好地体现女性主义科学史研究的独特性，因此不作为本书考察的重点。②研究大多从具体的女科学家的科学实践活动入手，分析社会性别意识形态和科学意识形态对女性从事科学研究的共同影响，主要从社会学和教育学的角度进行，研究目的类似于③④工作。鉴于此，本书主要以③~⑥这四个方面的研究作为考察的重点，在讨论相关问题时兼顾①②研究。

目前来看，女性主义科学史在后四个方面的研究焦点主要集中在"近代科学起源与社会性别意识形态"、"生物学和医学等对女性本质的规定"、"'助产术'（midwifery）"等'女性主义科学传统'"，以及"非西方科技传统中的性别政治"等主题上。

具体而言，近代科学起源或者说"科学革命"时期的这段历史，历来是西方科学史研究的焦点主题之一，实证主义的科学史、观念论的科学史，以及科学知识社会学的科学史研究进路分别建构出不同的关于"科学革命"的历史图景。女性主义科学史研究则从社会性别视角出发，揭示科学从其历史起源开始便具有父权制的社会根源，重新构建了关于"科学革命"的不同理解。本书在随后的章节中将会重点分析麦茜特和凯勒的经典案例研究工作。

关于"生物学和医学对女性本质的规定"的研究旨在说明，科学的发展强化了既有的社会性别意识形态，使得女性更加处于屈从的位置。在此方面，席宾格尔、托马斯·拉克尔（Thomas Laqueur）和内莉·欧德苏瑞（Nelly Oud-shoorn）等，对西方医学和生物学自古希腊到 20 世纪的发展及其对性别差异与性别本质的建构过程进行了历史考察；玛丽安·劳（Marian Lowe）和露丝·布莱尔（Ruth Bleier）等学者则尤其对 20 世纪以来的神经内分泌学和社会生物学（sociobiology）中宣扬的生物决定论进行了批判，这种生物学认为基因决定行为，它为女性的社会屈从地位提供了生物学基础[①]。

---

① 相关文献将在随后的章节中具体提到，故在此不一一列出。

在对西方近代科学的内在父权制特征进行批判的同时，女性主义学者亦积极寻求历史上不同于这一科学传统的其他另类科学传统或科学研究方式，这在某种意义上或多或少表达了一些女性主义学者试图建立某种"女性主义科学"的愿望。例如，一些学者通过对历史上女科学家的科研工作展开研究，表明对某种不同于主流科学研究方式的关照和重视，如凯勒对诺贝尔奖获得者麦克林托克（Barbara McClintock）的研究（不同于其他学者，凯勒一再表示她对麦氏的研究，目的并不是为了寻求一种另类的"女性主义科学"，具体在后文中再作讨论）。此外，"助产术"常常成为女性主义学者关注的另一重点，金兹伯格、席宾格尔、费侠莉和白馥兰等都展开过相关研究。其中，金兹伯格还将助产术和产科学（obstetrics）作为不同的范式进行了比较，分析了助产术作为一种"女性主义科学"被遗忘的原因。

需要说明的是，关于"非西方科学技术中性别政治"的研究所涉及的主题亦较多集中于医学和技术领域，但这类研究不再单纯关注性别问题，亦考虑到非西方科学技术中性别与种族、民族等多个维度的交互作用，在研究视角上有了新的突破。除这几个较为集中和突出的主题之外，西方女性主义学者还对20世纪以来的科学技术与医学发展中的性别问题进行了研究，"身体与性别"、"日常技术与性别"等成为其中的研究焦点。在女性主义学者看来，日常生活中的技术比所谓的高精尖技术离普通公众的生活更近，对社会的影响力更强，以日常生活中的技术为研究对象，更能揭示技术与社会性别之间的复杂关系。实际上，这些观念在更深的层次上，体现出女性主义对传统的西方中心主义和精英主义史学的质疑与批判。这与他们对非西方科学技术史和西方历史上被忽视的科学技术传统的重视是一脉相承的关系。

通过这些工作，女性主义科学史研究者对科学史中的科学事件、科学史上的伟大转折、某段具体的科学史，以及不被重视的科学传统等进行了重新审视，给予其价值和意义以新的解读和评价，甚至在此基础上对其进行重新建构，对科学史的学术发展产生了重要影响。细心的读者也许能发现，女性主义科学史较多关注的场域是生物学和医学，对其他更"硬"的学科如数学、物理学和天文学的研究相对较少。实际上，这的确成为女性主义科学元勘遭遇科学家、科学哲学家和科学史家批评的重点之一。对此，本书在随后的章节中将会给予具体讨论。

二、女性主义科学史研究的发展脉络

如上文所述，女性主义科学史是女性主义理论思潮与科学批判思潮相互融合的产物，是女性主义理论在科学元勘领域的延伸。它的发展历程从总体上反映了女性主义学术演变的一般脉络。以基本理论视角的转变为划分标准，各个学科领域的女性主义学术研究均大致经历了三个基本阶段，虽然女性主义科学史的兴起和发展在整个女性主义学术领域里略显滞后，但它同样经历了三个基本阶段。在此，需要说明的一点是，尽管我们做出如此划分，但这并不意味着各个阶段的工作之间毫无关联，也不意味着同样的工作不可以同时在一个以上的阶段里出现。

具体而言，20世纪60～70年代是第一个阶段。这一阶段的女性主义研究大多将关注焦点集中在"妇女"问题上。这些研究揭示了妇女在历史学、文学、社会学、人类学、艺术乃至科学等领域里的缺失状态，并试图通过挖掘这些领域中那些"被遗忘的妇女"的成就和贡献，从而恢复作为整体的妇女在这些领域的地位和影响。这类研究通常被划归为"第一代"女性主义学者的主要目标，其性质属于在既有各种学科框架内的"填补"工作。

具体到科学史，20世纪80年代之前的主要研究内容是寻找科学史中被忽略的杰出女性，以证明女性在科学史上的重要地位。其中，关于富兰克林（R. Franklin）、居里夫人（M. Curie）和梅特纳（L. Meitner）等伟大女科学家的研究往往都被用来说明女性对主流科学做出的伟大贡献。这些研究没有对科学的本质和相关价值标准提出质疑，只是在关于男性精英的科学史中补充了女性精英的故事。这类研究在80年代之后依然有很多。例如，玛格丽特·艾丽斯（Margaret Alice）便致力于寻找和挖掘西方自古代到19世纪科学历史上的伟大女性人物，恢复她们在科学史上的"席位"，认为科学史可以通过加入女性的成就而得到完善①。实际上，即使到了今天，关于杰出女科学家的研究也仍然是女性主义科学史关注的主要内容之一。这类工作虽然在科学观和科学史观上没能对传统科学史研究的范式提出反思，但在实践意义上却对女性参与科学具有重要的激励意义。

20世纪70年代末至整个80年代，可看成是女性主义学术发展的第二个阶段。在此过程中，"第二代"女性主义学者开始将目光对准了各种学科本身，开始质疑和反思各学科领域的基本假设。这些假设通常包括什么是值得探讨的问题，应该采取怎样的数据处理方法，应该如何处理与研究对象的关系，如何对研究问题进行概念化，应对研究结论采取怎样的解释等等，它们构成了各个

① Margaret Alic. Hypatia's Heritage: A History of Women in Science from Antiquity to the Late Nineteenth Century. Beoston: Beacon Press, 1986.

学科的基本范式。在与社会性别意识形态及其观念框架共谋的过程中，这些范式或明或暗地制造了女性在学术实践和文化层面被排挤的现实。为此，女性主义学者认识到，将妇女和少数群体的成就与贡献填补到既有学科领域，并不能从根本上改变性别不平等的现状；只有从根本上重构这些学科的基本范式，才能真正为妇女提供认识论上的平等地位。可以说，这一时期的女性主义研究实现了从"妇女研究"到"社会性别研究"的飞跃。

具体到科学史，20世纪80年代之后，多数女性主义科学史家开始注意到"补偿式"科学史研究的缺陷，并寻求在此基础上的超越。其中，玛格丽特·罗西特将视角转向普通女性科学家，在恢复她们在科学界的地位的基础上，分析了她们居于低等职位、不被承认的原因，认为女性的屈从地位必须被当成重要的问题来研究，她最终揭示了美国科学是具有有限适应性的男性统治的建制①。罗西特的工作代表了一种编史学的转向，可视为是从传统的妇女科学史研究向典型的女性主义科学史研究发展中的一种过渡形式。其工作的关键之处在于，引入了一种批判性的分析维度，而正是这一点造就了女性主义科学编史纲领在科学史研究领域的重要位置。此外，唐娜·哈拉维通过对美国纽约自然历史博物馆非洲展厅进行分析，揭示了非洲游猎迷人故事背后潜藏着的一种极端的男性运动英雄崇拜，认为对这种男性气质的崇拜包含了对自然和女性的拷问意识②。这一研究的意义在于通过对故事背后潜藏着的意识与主旨的分析，揭示出父权制的实现途径，表明批判性的女性主义科学史研究很明显不需要将自身局限在科学中的女性主题上，而应该从各种角度深入分析科学中随处存在（不管其是否直接涉及女性）的父权制现象。这实际上体现了桑德拉·哈丁于80年代后期提出的主张：女性主义科学元勘应从关注"科学中的女性问题"（the woman question in science）转向研究"女性主义视野中的科学问题"（the science question in feminism）③。它意味着这一时期的女性主义科学元勘已从传统的妇女研究中脱离出来，社会性别理论和批判性的分析视角已经逐渐在其科学元勘中得以确立。

20世纪90年代初期至今，是女性主义学术发展的第三个阶段。在后殖民

---

① Margaret Rossiter. Women Scientists in America: Struggles and Strategies, 1880 - 1940. Baltimore: Johns Hopkins University Press, 1982.

② Donna J. Haraway. Teddy Bear Patriarchy: Taxidermy in the Garden of Eden, New York City, 1908 - 1936. Social Text, Winter 1984—1985, 11: 20 - 64.

③ Sandra Harding. The Science Question in Feminism. Ithaca and London: Cornell University Press, 1986: 15 - 29.

主义等文化思潮的影响下，尤其是随着多元文化和全球女性主义理论的深入发展，女性身份的差异性问题日益受到重视。"第三代"女性主义学者开始将目光进一步拓展到社会性别之外，考察社会性别与种族、民族、阶级等多种复杂因素之间的互动关系及其在各学科领域的体现，强调从跨文化研究的高度揭示社会性别与学科发展之间复杂、多元的互动关系。这一时期的研究，体现了女性主义学者对性别和学术之"差异性"和"多元性"的体认，以及在此基础上的理论突破。

　　具体到科学史，真正将社会性别与种族、民族等其他范畴综合运用到研究中，较之于女性主义的其他学术分支相对略晚一些，大致要到 20 世纪 90 年代中后期才陆续出现一批经典研究成果。女性主义科学史研究开始将社会性别视角与阶级视角、种族视角结合起来，考察科学中性别与种族、阶级之间的交错关系。在此过程中，非欧美国家和地区的科学史开始成为研究的对象。例如，白馥兰[①]从文化人类学、女性主义、后殖民主义等多重理论与研究视角出发，对中国古代的房屋建筑技术、纺织技术和生育技术进行了考察，揭示中国古代"女性技术"中的社会性别意识形态。费侠莉[②]则分别从医学史、社会性别、身体的文化观念三条主线出发，以身体的文化观念为前二者的连接点，以文本、语言与实践为基本的分析基础，勾勒出中国古代医学与性别互动关系的生动图景，揭示出在特殊的中国古代与境中，中医身体这一变化多端的概念发挥的作用及它的历史性问题，包括揭示它在隐喻上的矛盾之处。

　　费侠莉和白馥兰的工作在某种意义上代表了女性主义科学史研究的另外一种进路；相对于传统的女性主义科学史研究而言，它更侧重于对非西方科学知识的尊重和重视，强调非西方科学领域性别差异的建构过程。其意义和价值在于，一方面超越了传统女性主义科学史研究以西方近代科学为主流话题的范围，强调了聚焦非西方科学知识体系的科学史研究的合法性；另一方面超越了传统女性主义科学史研究对西方中产阶级妇女在科学领域地位与作用的关注，强调非西方社会妇女与其自身知识文化系统的互动关系。然而，从总体上来看，目前西方女性主义科学史研究仍然主要关注西方科学技术与性别的互动关系问题，现有的亚洲、非洲和拉丁美洲地区的女性主义学术研究又主要集中在女性主义文学批评、女性主义社会学研究方面，较为关注当地突出的与女性相

---

① Francesca Bray. Technology and Gender：Fabrics of Power in Late Imperial China. Berkeley：University of California Press，1997.

② Charlotte Furth. A Flourishing Yin：Gender in China's Medical History，960—1665. Berkeley：University of California Press，1999.

关的问题，如非洲的割礼、日本二战时期的妇女身体政治、泰国的性观念等。

以上大致勾勒出女性主义科学史研究的基本发展脉络。本书随后的研究将以女性主义科学史研究的上述发展脉络为主线，分阶段地对女性主义科学史研究进行考察，在不同阶段将按上文的研究内容分类对涉及的科学史案例进行考察，并以"近代科学起源中的男性中心主义偏见"、"生物学和医学对性别差异的规定"以及相关的中国科技史案例为重点进行二阶的案例研究，用以说明女性主义科学史研究的独特性和学术意义。

最后，需要对本书的研究范围做两点补充说明。第一，尽管女性主义学者大多都将早期的"补偿式"妇女史研究纳入到女性主义科学史研究的范畴之内，但笔者认为对既有科学和社会性别意识形态的关系提出批判性的思考是女性主义科学史研究区别于传统科学中妇女史研究的关键，因而本文将不把纯粹意义上的"补偿式"妇女史研究作为女性主义科学史研究的主要形态进行分析。第二，20世纪90年代以来，针对科学认识论问题的种种争论，尤其是针对学界对新本质主义性别观和相对主义问题的诘难，第二代女性主义科学元勘学者做了很多的努力。其中，以哈拉维为代表的学者试图在科学的社会建构论之外给出能同时克服本质主义和相对主义困境的认识论出路，这些当下正在进行的研究将在科学哲学和科学史领域产生重要影响。但是，比较而言，纵观席宾格尔、凯勒等代表性学者的科学史研究工作，目前尚未体现这种新的女性主义认识论转向。换言之，在这种新的认识论视野中产生的女性主义科学史研究的成果还不多见，为此本书亦暂不将其纳入考察的范围。不过，相比之下，相关的技术史研究却开始展现出新的发展趋势，体现出女性主义新的认识论主张与追求的可行性和合理性，对此，本书将在第八章中对相关的具体研究做简要考察。

第三章 性别与科学社会建构观下的女性主义科学史

> "科学是一种文化建制，它由实践于该种文化之中的政治、社会和经济的价值观念所建构。女性主义学者并非最先反思科学传统形象的群体，但却最先认真考察了性别偏见影响科学性质和实践的多种方式。"[①]
>
> ——南希·图安娜（Nancy Tuana）

本书第二章已经从女性主义和科学史研究的现实背景出发，分析了这两者结合的历史与境及其合理性。在此基础上，需要进一步追问的问题是：在这种历史与境中，女性主义科学史学者究竟如何在理论上将女性主义和科学史研究关联起来？他们又如何在具体的案例研究中体现出这种关联？换言之，女性主义科学史研究的理论基础是什么？这一理论基础是否经历了变革和完善？这一理论基础及其变化在具体的科学史研究中又是如何体现出来的？这构成了本书第三、四章将要回答的主要问题。

第一节 理论基础：科学的社会性别建构

探讨女性主义和科学史研究二者结合起来的理论依据问题，实际上就是分析性别和科学这二者关联的问题。换言之，女性主义科学史研究的理论基础就在于科学和性别之间的关联，而这两者的关联在更深层次上依据的理论前提则是：性别的社会建构（社会性别理论）与科学的社会建构（科学的社会建构理论）。社会性别理论和科学的社会建构理论分别蕴涵着女性主义研究和科学批判浪潮的深层背景，它们发展于各自的学术传统，却在女性主义科学史研究和女性主义科学哲学研究中实现了某种结合。

一、性别的社会建构

从女性主义研究的背景来看，性别社会建构理论的形成直接体现在女性主义研究最为重要的学术概念——"社会性别"一词的出现及其在女性主义科学

---

① Nancy Tuana, ed. Feminism and Science. Bloomington and Indianapolis: Indiana University Press, 1989: xi.

史研究中的广泛使用上。社会性别既是当代女性主义理论的核心概念，又是女性主义学术研究的主要内容。它的出现与女性主义对性别差异的解释，以及对本质主义的批判紧密相关。

早期女性主义学者的一个首要任务是揭示妇女在社会和政治思想史中的缺席状态，改变各个领域存在的性别歧视现象。在 20 世纪中叶的主流话语中，生理性别的差异（sex difference）被认为是两性差异的基础。20 世纪 60 年代末以后，对妇女本身的研究和对两性生理差异的研究开始让位于对两性性别标签的研究[①]。在一些社会学的研究中，学者们发现人们给两性设定的形象不同，对他们的行为所给出的要求和规范不同，对他们的社会价值和个体价值的期许也不同。例如，在一些学者所做的相关美国大学生问卷调查中发现，给定的 300 个形容词被分别归类于男性和女性，其中"温柔"（gentle）被认为是女性应具有的积极特性，而"有事业心"、"独立"（independent）、"逻辑能力强"、"理性"则都被认为是属于男性的积极特征。与此类似的很多研究同样表明，"温柔体贴"、"善解人意"、"善于照顾他人"、"善于表达"等都被期望为女性应具有的特性，相反，男性则被期望为"控制的"、"统治的"形象；女性的恰当位置被认为是在家庭内，而男性的恰当位置则被认为应该属于公共领域，女性必须由男性来珍惜和保护；等等[②]。

随着这类关于男女两性性别角色定型的研究的开展和深入，女性主义学者普遍认识到妇女扮演的性别角色，并非如以前社会学家和心理学家所说的由生理因素决定，相反，它是社会文化不断规范的结果；人的性别意识不是与生俱来的，而是在对家庭环境和父母与子女关系的反应中形成的；性别意识和性别行为也都是在社会文化制约中培养起来的；生理状况不是妇女命运的主宰，男女性别角色是可以在社会文化的变化中得到改变的[③]。也就是说，女性主义学者开始普遍认为，性别的差异更多的是体现在社会文化维度上而非生理特征上，男性和女性都是由社会塑造出来的，而非生来如此。基于这些认识，美国女性主义学者最先对传统的关于性别和性别差异的"生物决定论"进行了严肃的批判，并对早期女性主义中的本质论倾向进行了反思，开始对两个基本的学

---

① Evelyn Fox Keller. Feminist Perspectives on Science Studies. Science Technology and Human Values, 1988, 13：（3/4）：235 - 249.

② John Archer，Barbara Lloyd. Sex and Gender. Cambridge：Cambridge University Press，2002：21 - 38.

③ 王政. "女性意识"、"社会性别意识"辨异//杜芳琴，王向贤编. 妇女与社会性别研究在中国 1987～2003. 天津：天津人民出版社，2003：89 - 90.

术概念"生理性别"（sex）和"社会性别"（gender）进行了区分。

初期的女性主义学者并没有立即援用 gender（原指语法中的词性区分，例如阴性词、阳性词等）一词来表达性别的社会文化属性，而是使用"性别角色"（sex role）一词来指称社会对女性的规范。但因为 sex role 仍与 sex（生理性别、性）有明显联系，需要一个没有传统文化包袱的词来表达女性主义学者的新认识，所以在 20 世纪 70 年代上半叶，他们开始使用 gender 一词来指称有关女性的社会文化含义①。在这一新概念引入之后，"生理性别"在女性主义学者那里通常指的是婴儿出生后从解剖学的角度来证实的男性或女性；而"社会性别"则被认为是由历史、社会、文化和政治赋予女性和男性的一套属性②，是"在社会文化中形成的男女有别的期望特点以及行为方式的综合体现"③，也即社会文化建构起来的一套强加于男女的不同看法和标准以及男女必须遵循的不同的生活方式和行为准则等。相应地，与"生理性别"相对应的是"男性"（male）和"女性"（female），而与"社会性别"对应的则是"男性气质"（masculine）和"女性气质"（feminine）④，也即"社会性别"代表的是男性和女性的文化与社会特征。

社会性别概念的引入，标志着女性主义研究进入一个新的阶段。它使得女性主义学者不再陷入关于性别差异的生物决定论的困境，转而关注造成这些差异的社会文化成因；不再执着于区分男女两性的性别差异，转而考察这些差异的内涵和被建构起来的过程⑤。例如，早期存在主义女性主义学者波伏娃就首先明确表达了"女人不是天生的，而是被造就的"的基本主张。在《第二性》中，她阐述了女性从男性中分离出来，以至演变为比男性低劣的性别的社会过程，认为女性的身体和心理都是被建构出来的，妇女面临的社会和文化也是被建构起来的，这两个方面相互作用共同强化了妇女的从属地位，在此过程中，女性的主体性被剥夺，逐渐沦为他者⑥。可以说，对于女性主义学者而言，社会性别概念最重要的意义就是：既然性别和性别差异是社会建构的产物，我们

---

① 王政．"女性意识"、"社会性别意识"辨异//杜芳琴，王向贤编．妇女与社会性别研究在中国 1987~2003．天津：天津人民出版社，2003：90.

② ［美］凯特·米利特．性的政治．钟良明译．北京：科学文献出版社，1999：40-50.

③ 王政．"女性意识"、"社会性别意识"辨异//杜芳琴，王向贤编．妇女与社会性别研究在中国 1987~2003．天津：天津人民出版社，2003：89.

④ Suzanne Kessler，Wendy Makenna. The Primacy of Gender Attribution//Philip E. Devine，Celia Wolf - Devine，eds. Sex and Gender：A Spectrum of Views. Belmont，CA：Wadsworth /Thomson Learning，2003：46.

⑤ Evelyn Fox Keller. Gender and Science：Origin，History and Politics. Osiris，1995，10：26 - 38.

⑥ ［法］西蒙娜·德·波伏娃．第二性（全译本）．陶铁柱译．北京：中国书籍出版社，1998.

通过多重途径改变这种建构，实现两性平等便成为可能。正是在这个意义上，哈拉维认为社会性别"是一个挑战性别差异本质化的概念"①；凯勒亦认为它"是一个争取缩小性别差异的概念"②。

20 世纪 80 年代以来，多数女性主义学者都将性别的社会建构观视为其研究的基本出发点或者理论预设。正如有的学者所言："我们使用社会性别概念，而不是生理性别概念，这样做的目的旨在强调我们的学术立场：社会建构对于男性或女性的所有方面都是最基本的。"③ "作为研究和教授性别差异理论已数年的学者，我把性别差异作为社会建构的产物来看待，并致力于寻找社会性别与权力的交互作用使得社会对于两性的生理差异的政治、经济和科学的理解逐渐变为自然的、不变的观念的方式和途径。"④

类似地，社会性别概念对于科学史学者而言也意味着某种基本的学术立场或研究进路。在科学史家约尔丹诺娃看来，社会性别概念在科学史研究中的应用还意味着某种比较的、文化史研究的形式，它同强调科学的地方性、社会性与文化性本质的科学史研究进路存在紧密关联⑤。

就科学中妇女史的研究而言，正是基于"社会性别"概念的引入和性别的社会建构理论，才使得它不再局限于对被以往研究所忽略的伟大女性科学人物的挖掘和承认，而是日益关注科学中存在的种种关于性别的刻板形象，开始思考科学中性别差异的形成过程；并且进一步分析科学在社会性别意识形态的发展和变革过程中起到的影响和作用，探讨科学作为一种社会建制具有什么样的社会性别结构和文化特征等问题。例如，女性主义科学史家席宾格尔发现，18 世纪的社会性别意识形态将科学家的美德规定为理想的女性气质美德的反面。甚至直到当前，成功的科学家气质仍被期望是竞争型的，而一般被认为属于女性的那些美德，如谦逊和情感细腻等，则被认为不利于提高科学家的可信度⑥。

---

① Donna J. Haraway. Simians, Cyborgs, and Women: The Reinvention of Nature. New York: Routledge, 1991: 131.

② ［美］伊夫琳·凯勒. 性别与科学: 1990. 刘梦译//李银河主编. 妇女: 最漫长的革命——当代西方女权主义理论精选. 北京: 中国妇女出版社, 2007: 141 - 165.

③ Suzanne Kessler, Wendy Makenna. The Primacy of Gender Attribution//Philip E. Devine, Celia Wolf - Devine, eds. Sex and Gender: A Spectrum of Views. Belmont, CA: Wadsworth /Thomson Learning, 2003: 46.

④ Myra J. Hird. Sex, Gender and Science. Basingstoke, Hampshire: Palgrave Macmillan, 2004: 1.

⑤ Ludmilla Jordanova. Gender and the Historiography of Science. British Journal for the History of Science, 1993, 26 (4): 472 - 473.

⑥ Londa Schiebinger. Has Feminism Changed Science? Cambridge, Mass.: Harvard University Press1999: 90.

对此，克里斯蒂娜·罗林（Kristina Rolin）认为席宾格尔所要强调的是：关于科学家形象的刻板规定造成了科学领域里的男女不平等，这意味着男女行为的性别差异不是不可避免的或本质化的，完全忽略这种科学领域中存在的性别差异将使得无形的权力结构始终无法被揭示①。的确，席宾格尔本人也指出，以往的研究考察了科学领域中成功女性的经济、教育背景等统计学特征，但却很少关注她们在科学文化中是如何被表征的②。也就是说，席宾格尔从性别的社会建构观这一基点出发，发现了男女两性及其社会性别属性与科学之间的微妙联系，女性主义科学史研究不是仅仅通过填补更多的女性就能实现性别平等的目标，科学的发展也不仅仅是通过吸收更多的女性，就能自动地改变发展的内容和方向。

也正是在这个意义上，凯勒强调："大量的妇女进入科学确实能至少在某些学科上改变科学的内容，但其改变的方式并非大多数人认为的那样。妇女在科学中的出席改变了科学的内容，并不是因为妇女将传统的女性气质或女性主义价值观带到科学实践中，而是因为她们的存在有助于为她们所在的各个领域的每一个人去除传统的社会性别标签。"③同样为此，凯勒在写作《对社会性别和科学的反思》一书时，在导论中就首先表明她的女性主义科学哲学和科学史研究的前提之一是"性别是社会建构的范畴"④。

在为科学史研究提供了新的理论基点之外，性别的社会建构观念也预示着对传统妇女史研究方法论的某种变革，这主要体现在社会性别作为女性主义科学史研究的基本分析范畴的使用上。这一分析范畴的引入从全新的角度重新定义和建构了科学史。正如历史学家琼·凯利－加多（Joan Kelly－Gadol）所言，社会性别应与阶级一样，成为分析范畴、手段和方法⑤。历史学家琼·斯科特则在对社会性别概念进行梳理的基础上，对其作为历史学研究的一个有效

①　Kristina Rolin. Three Decades of Feminism in Science：From 'Liberal Feminism' and 'Difference Feminism' to Gender Analysis of Science. Hypatia，2004，19（1）：293.

②　Londa SchiebingeR. Has Feminism Changed Science？Cambridge，Mass.：Harvard University Press1999：91.

③　Evelyn Fox Keller. Making a Difference：Feminist Movement and Feminist Critiques of Science//Angela N. H. Creager，et al.，eds. Feminism in Twentieth－Century Science，Technology，and Medicine，Chicago：The University of Chicago Press，2002：105.

④　Evelyn Fox Keller. Reflections on Gender and Science. New Haven and London：Yale University Press，1985：3.

⑤　[美]琼·凯利－加多. 性别的社会关系——妇女史在方法论上的含义//王政，杜芳琴主编. 社会性别研究选译. 北京：三联书店，1998：91.

分析范畴的价值和意义进行了具体分析①。类似地，科学史家约尔丹诺娃指出，"社会性别"之所以重要在于它是一个基本的分析范畴，它表达了人们理解自身及其周围世界的方式；它无论是对于人们对西方文化做一般理解，还是对科学史研究而言都具有特殊的重要性②。关于社会性别概念的进一步拓展及其作为一个基本分析范畴在女性主义科学史研究方法论方面的重要意义，本书将在随后章节中做进一步的阐释。

二、科学的社会建构

女性主义科学史研究的另一理论前提是科学的社会建构观念，从科学元勘领域的发展背景来看，这一观念直接源于科学的社会建构理论的形成与发展。

科学的社会建构理论根源于 20 世纪以来后现代社会理论、科学社会学、科学哲学领域对现代性和科学的反思与批判。如本书在第二章所述，20 世纪以来科学在理论和应用方面都进一步取得突飞猛进的发展，给人类带来了巨大利益，这进一步强化了自启蒙时代以来的科学主义信念，科学在现代文化中几乎处于惟我独尊的霸主地位；但当科学日趋成为个别权力集团操纵的工具时，当科学被奉为能解决任何问题的上帝时，当科技理性被披上了意识形态的外衣开始排斥和打压其他的知识和信念系统时，当科学技术的滥用引发了全球性的环境危机和生态危机时，对科学技术的反思就被提上了议事日程。

具体而言，早在 20 世纪 20～30 年代法兰克福学派便率先展开了对科学技术理性的社会批判，自此对科学的深刻怀疑便一直持续不断，甚至越演越烈，最初是针对科学技术的应用，后来是针对科学知识本身。法兰克福学派代表人物马尔库塞（H. Marcuse）等对现代工具理性、工业文明和资本主义进行了持久的意识形态批判，呼吁人们打破理性和科技的奴役。20 世纪 60～70 年代以来，在激荡的社会运动、政治思潮和文化批判思潮中，来自不同学术领域的学者对现代主流文化和意识形态进一步提出了质疑。其中，最有影响的反思和批判来自法国后结构主义的后现代社会理论和源于英美后经验主义的后现代科学哲学。后现代理论大师德里达（J. Derrida）、福柯（M. Foucault）和利奥塔（J. F. Lyotard）均致力于对整个西方传统知识系统、道德政治观念、语言体系和生活方式进行全面反思，认为以往所有的社会理论，以及与之相连的思维

---

① Joan W. Scott. Gender: A Useful Category of Historical Analysis. The American Historical Review, 1986, 91: 1053-1075.

② Ludmilla Jordanova. Gender and the Historiography of Science. British Journal for the History of Science, 1993, 26 (4): 473.

模式、推理逻辑、语言策略、真理标准和道德规则，都是现代社会所制造的文化产品。福柯更是明确表示，对知识与社会的相互关系的研究同对道德与权力关系的研究之间存在内在关联。而且，这种关联是内在的，因为现代知识领域的科学话语同现代社会政治领域的权力运作，在策略上是相互勾结的。现代科学知识一方面以客观真理的身份在社会中得到普遍传播，一方面又作为政治权力控制社会的基本手段起着规范化和合法化的功能①。

与此同时，科学知识的社会建构性也逐渐成为后现代科学哲学和科学社会学研究领域的中心话题。启蒙时代以来，哲学家大多把科学知识视为"自然之镜"（mirror of nature），是对外部世界的真实描述，是不以科学家的个人品质和社会属性为转移的客观知识。然而 20 世纪的科学发展，尤其是相对论和量子力学的发展促使人们对科学知识的真理观提出反思。自 60 年代以来，以库恩（Thomas S. Kuhn）、费耶阿本德（P. Feyerabend）和罗蒂（R. Rorty）为代表的科学哲学家开始对传统的认识论和科学真理观进行了批判，科学知识不再被看成是真理的表征，而只不过是一种社会建构的叙事和神话。科学社会学的理论和实践在 20 世纪 70 年代也发生了重大转变，科学知识社会学开始逐渐取代传统科学社会学和知识社会学，而占据重要地位。在以默顿学派为代表的传统科学社会学看来，科学是一种有条理的、客观合理的知识体系，是一种制度化了的社会活动，科学的发展及其速度会受到社会历史因素的影响，科学家必须坚持普遍性、公有性、无私利性等社会规范的约束②。在以迪尔凯姆（E. Durkheim）和曼海姆（K. Manheim）等为代表的早期知识社会学看来，对数学和自然科学知识仍然不能做社会学的分析，因为它们只受内在的纯逻辑因素的决定，它们的历史发展在很大程度上取决于内在的因素③。而在科学知识社会学看来，科学知识并非由科学家"发现"的客观事实组成，它们不是对外在自然界的客观反映和合理表达，而是科学家在实验室里制造出来的局域知识。通过各种修辞学手段，人们将这种局域知识说成是普遍真理。科学知识实际上负载了科学家的认识和社会利益，它往往是由特定的社会因素塑造出来的。它与其他任何知识一样，也是社会建构的产物④。科学知识社会学学者通过大量

① 赵万里. 科学的社会建构——科学知识社会学的理论与实践. 天津：天津人民出版社，2002：15 - 16.

② R. K. Merton. The Sociology of Science：Theoretical and Empirical Investigations. Chicago：University of Chicago Press，1973：267 - 278.

③ 赵万里. 科学的社会建构——科学知识社会学的理论与实践. 天津：天津人民出版社，2002：9.

④ 赵万里. 科学的社会建构——科学知识社会学的理论与实践. 天津：天津人民出版社，2002：2.

的案例研究，证明了独立于环境或超文化的所谓的理性范式是不存在的，因而对科学知识进行社会学的分析不但可行而且必须，布鲁尔对数学和逻辑学进行的社会学分析便充分说明了这一点①。

可以说，上述西方后现代社会理论和科学哲学、科学社会学对科学客观性和中立性理论的集体反思，既构成了女性主义科学元勘的深层与境，也构成为其具体研究的理论基础之一。因为承认科学从形式到内容都是社会建构的产物，便为考察社会性别意识形态和科学的互相影响与建构打开了通道。具体而言，科学的社会建构理论在两层意义上为女性主义科学元勘奠定了基础，一是对科学客观性和价值中立性观念进行社会性别维度的反思与批判，二是对科学的内容进行社会性别视角的社会学分析。正如凯勒所言："科学是我们对于特定群体的一系列实践活动及其描绘的知识整体的一个命名，它不仅仅是指那些由逻辑证据和实验证实的苛刻要求来定义的内容。女人、男人和科学是在相互交织的认知因素、情感因素和社会因素的复杂动态关系中被共同造就的。""性别和科学都是社会建构的范畴，这是对社会性别与科学进行反思的基本前提。"②

在女性主义学者看来，科学元勘对于科学客观性的批判大多在两个层面进行：一是认识论层面，二是形而上学的层面。在认识论层面，传统客观性概念意味着我们的理论反映了实在本身，它们不会受到人类利益、欲望或主观意识的污染；在形而上学层面，传统的客观性观念意味着在认识者（knower）和世界（world）之间存在鲜明的界限，认识者完全独立于世界之外③。在这两个层面，女性主义学者都展开了历史维度和哲学维度的批判，否定了传统的科学客观性形象，坚持科学的社会建构性质。第一个层面，以女性主义学者伊丽莎白·安德森（Elizabeth Anderson）为例，她在评价朗基诺的认识论时就曾明确指出："女性主义认识论必须解释如下问题：具体的科学理论和实践如何是男性中心主义的？这些男性中心主义偏见的特征如何在科学的理论研究以及理论知识的应用中得到表达？这些特征又如何影响到对科学研究的评价？"④ 显然，这一观点所暗含的一个基本立场便是科学的社会建构性质。因为只有在假

---

① ［英］大卫·布鲁尔. 知识和社会意象. 艾彦译. 北京：东方出版社，2002：133－249.

② Evelyn Fox Keller. Reflections on Gender and Science. New Haven and London：Yale University Press，1985：3－4.

③ Sara Worley. Feminism, Objectivity, and Analytic Philosophy. Hypatia, 1995, 10（3）：138－139.

④ Elizabeth Anderson. Feminist Epistemology：An Interpretation and a Defense. Hypatia, 1995, 10（3）：51.

定科学社会建构论的前提下，才有可能对其所内含的男性中心主义的社会性别观念与意识形态展开分析。反之，如果假定科学具有内在的客观性和独立性，这就意味着它的发展不受包括社会性别观念与意识形态在内的社会因素的影响。关于第二个层面的分析，尤其以凯勒的科学客观性理论最为典型。她通过对科学客观性概念的历史批判和心理学分析，指出传统的科学客观性以主客体完全分离为前提，以忽视情感、关系和爱为代价，宣扬了以理性、分离和控制为基调的男性中心主义偏见，而她所主张的"动态客观性"则以尊重客体本身的独立性、整体性及其与主体之间的关联为前提，真正将他者视为类似于己的主体，通过关联、情感和爱而非分离、控制和统治，来获得对他者的认识①。比较而言，类似于凯勒的客观性论述，更突显出女性主义学术的独特性，这一点实际上构成了女性主义在科学客观性问题上区别于科学知识社会学的一个重要方面。

为此可以说，女性主义的科学元勘不仅以科学的社会建构理论为前提，同时亦从特殊维度出发对科学的社会建构理论进行了补充和完善，进一步深入反思和批判了传统的科学客观性观念。正如女性主义学者图安娜所说："科学是一种文化建制，它由实践于其中的那种文化的、政治、社会和经济的价值观念所建构。女性主义学者并非最先反思科学传统形象的群体，但却最先认真考察了性别偏见影响科学性质和实践的多种方式。"② 女性主义科学元勘的实际研究也表明，它始终致力于阐明的都是：近代科学从其理论到实践，从其历史到现实都充满着男性中心主义的偏见；科学与社会性别意识形态、社会性别权力关系紧密纠缠、互相建构，科学远非客观中立的真理表达。并且，在女性主义学者看来，这种客观性概念还与社会对男性气质的理解之间具有惊人的一致性。传统的科学客观性概念实际上只是一种修辞策略，一种权力手段，它具有分离、控制、支配和统治的色彩，巩固了知识与权力之间不利于自然和女性的结合。也正是在此意义上，凯勒指出，设想仅用"客观"一词来描述被看作是绝对观念的东西，就会发现在科学史上，"客观的＝男性的"是一个有效的等式③。

---

① 有关凯勒的科学客观性思想的详细分析，参见：章梅芳．爱、权力与知识：凯勒的客观性研究评析．自然辩证法研究，2008（3）：73－78.

② Nancy Tuana，ed. Feminism and Science. Bloomington and Indianapolis：Indiana University Press，1989：xi.

③ Evelyn Fox Keller. Reflections on Gender and Science. New Haven and London：Yale University Press，1985：75.

作为女性主义科学元勘的一部分，女性主义科学史研究同样以科学的社会建构理论为基础，同时致力于从历史的维度解构科学的男性中心主义偏见及其客观性神话。女性主义科学史学者围绕西方近代科学开展的科学史研究，在很大程度上，都采取了一种批判性的基本立场，对社会性别意识形态作用于科学发展，以及科学发展引起的社会性别意识形态的变革，进行了深入考察和反思。其中，大多数的女性主义科学史学者将科学和男性气质之间的关联追溯到17世纪近代科学诞生之时。例如，凯勒通过对培根（Francis Bacon）的科学话语进行分析，表明近代科学从诞生开始就预示着对女性气质的抛弃。麦茜特通过对自然观念进行社会性别视角的历史考察，表明近代科学对女性和自然的奴役。哈丁则明确表明，所谓价值中立、性别无涉的纯粹科学只不过是父权制文化从封建教会时期转向资本主义发展时期的一种观念上的人为建构，它并不具有建构者所认定和宣称的普遍性，它本身就代表着一种价值取向①。

在女性主义科学史研究者看来，近代西方科学"进步"的历史是它与父权制意识形态相互结合、加强的历史，传统的科学编史学将科学看成是脱离社会情境的、纯粹的、抽象的、价值中立的智力活动，因而无法揭示社会、经济、政治、性别等对科学的影响。从这个意义上可以说，女性主义科学史研究是以科学的社会建构理论为基础，致力于从社会性别视角考察社会性别意识形态对于科学形式和内容的建构过程。科学史家多琳达·杜特姆（Dorinda Dutram）曾指出："20世纪60年代以来，虽然英美的科学史研究开始挑战科学的客观性、价值无涉性和进步性观念，开始把科学作为一个政治范畴来进行历史考察；但是基于将科学看成是社会的、政治的建构产物这一新观念的科学史研究，仍然很少关注女性对于自然知识的贡献。"② 如果说建构主义科学史研究将科学知识的内容纳入到所谓的"外史"考察的范围，从科学观的层面消解了传统的"内史"与"外史"研究的界限，从历史的维度深刻说明了科学从其形式到内容本身的社会建构性质；那么女性主义科学史研究的兴起则从社会性别的维度进一步巩固了这一编史进路，弥补了建构主义科学史研究社会性别维度的缺失，分析了社会性别意识形态对科学的建构方式及过程，重新关注了女性及其文化经验在科学史中的作用与地位。

值得一提的是，正是因为女性主义科学史和科学知识社会学视野下的科学史研究共享基本的建构主义科学观，使得二者在科学编史学层面表现出了诸多

---

① 吴小英. 科学、文化与性别——女性主义的诠释. 北京：中国社会科学出版社，2000：76.

② Dorinda Outram. The Most Difficult Career：Women's History in Science. International Journal of Science Education，1987，9（3）：410.

共性。也正是因为这些共性，使得女性主义科学史研究的独特性与特殊的编史学地位被忽视或贬低。因而，在本书的随后章节中，将对女性主义科学史和建构主义科学史在科学客观性问题上的基本态度及相关的科学编史学共性与差异，做进一步的具体讨论。

三、科学的社会性别建构

性别的社会建构和科学的社会建构是女性主义科学史研究的理论前提，它们表达了女性主义将性别与科学关联起来的深层内涵。在传统的科学史学者看来，科学和性别之间没有必然的关联，这既因为性别被看成是某种生来如此的、本质不变的东西，也因为科学被看成是具有独立发展规律的客观真理。换句话说，只有承认性别是社会建构的产物，科学作为一种社会活动、一种体制或者说一种权力系统，它对性别的建构作用才可能被关注，对科学中妇女历史的考察才可能摆脱仅仅关注女科学家主题的局限。同样的，承认科学是社会建构的产物，性别作为一种社会权力关系系统、一种制度体系，一种话语结构、一种意识形态，它对科学的建构作用才可能被研究，科学的历史才可能不被看成是性别无涉、价值中立的历史。女性主义科学元勘学者恰恰是从反思和批判传统性别观和科学观的基础上构建了性别与科学的理论关联。这一理论关联，可简化表达为"科学的社会性别建构"，它直接构成了女性主义科学史研究的理论基础。这一理论基础扩展到科学史研究，又可具体化为两个方面的内容，即解析并批判主流科学中的男性中心主义编码和承认女性气质的科学传统的重要性。

1. 解析并批判主流科学中的男性中心主义编码

科学史家约尔丹诺娃对科学的社会性别建构问题有过深入的分析，她认为"科学知识是关涉社会性别的"这一命题至少包含两个方面的涵义："第一，追求知识的形式充满了社会性别的假定。例如，把自然比喻为女性，自然知识的生产就可解释为具有性寓意的过程，她或者需要被劝诱，或者需要被强制放弃挣扎，让自身的秘密被刺穿。……如果认为知识的获取是一种对女性自然的英雄式的征服过程，知识的追求者必然被认为具有某种男性气质。第二，科学知识在内容上依据其解释自然的目标，不断调节着社会性别关系。数个世纪以来，科学总是表达着种种社会差异的本质，并试图去解释这一本质。换句话说，对各种社会范畴及其差异的解释一直是科学和医学的核心任务。"[1]

---

① Ludmilla Jordanova. Gender and the Historiography of Science. British Journal for the History of Science, 1993, 26 (4): 478 - 479.

可以说，约尔丹诺娃提到的这两点表达了女性主义学者对性别与科学互动关系的一般看法，它既构成了女性主义科学史研究的两块基石，同时也成为女性主义科学史研究的主要内容。其中，对知识追求形式中社会性别假定的考察与揭示，最为集中地表现为对西方近代科学男性中心主义偏见的解析和批判。这类研究的出发点正是"科学具有社会性别建构的性质"这一基本理论预设。从众多的已有研究来看，这方面的工作主要集中在近代科学起源问题上，它们通过对一系列性别隐喻在科学发展中的影响进行考察，揭示出社会性别意识形态对科学发展的深层作用机制。值得提及的是，之所以大量的工作都是通过隐喻分析来进行的，是因为性别隐喻表达着人们对于性别的基本认识和关于性别的基本思维方式。对此，本书在随后的案例分析和方法论讨论中将给予分析。

科学的发展渗透着社会性别意识形态的影响，不断地被社会性别意识形态所塑造；反过来，这种性别化的科学又对社会性别意识形态进行不断的阐释和建构。这正是约尔丹诺娃所提到的"科学是关涉社会性别的"这一命题的第二个方面的涵义，它形成了科学与社会性别深层关联与互动的第二个方面，相关的历史研究也成为女性主义科学史研究的另外一类重要内容。这类研究集中考察的是关于性别差异的科学理论的发展历史，研究的焦点往往集中在生物学史和医学史上，研究的目的在于揭示这类科学研究对于社会性别意识形态的迎合、说明与强化的过程。研究焦点之所以集中在生物学史和医学史上，是因为关于性别差异的种种理论主要与这两个学科相关，同时也因为女性主义的社会性别理论尤其重视对性别差异问题上的生物决定论的批判。

值得注意的是，无论是第一个方面还是第二个方面的研究都是在社会和文化象征的意义上来说明科学和性别的互动关系的，也即此处的性别指的是社会性别而非生理性别，科学指的是社会建构的产物而非自然的镜像反映。换句话说，它们是在关于性别和科学的意识形态特征与文化特征的意义上阐述二者的关系。对于第二类的工作而言，科学将性别差异本质化，恰恰说明了性别是社会建构的产物，甚至身体本身都是社会建构的产物。就第一类的工作而言，考察社会性别偏见对科学形式和内容的影响，则阐明了科学是社会建构的产物。

2. 重新评估由女性气质表征的科学传统

科学的社会性别建构既表现为主流科学的男性气质化以及科学对社会性别意识形态的说明与建构，同时也表现为对非主流的、被认为具有女性气质的科学传统以及由女性气质表征的那些研究方法的排斥。这两个过程是同时进行的，它们是社会性别意识形态和科学相互选择和强化的结果。这一点在约尔丹诺娃的分析里没有提到，但寻找和肯定被边缘化的、具有女性气质的科学传统、被边缘化的科学研究方法与研究风格，分析其被边缘化的原因，却成为另外一类女性主义科学史研究的主要内容。与此同时，在解构主流科学中存在的男性中心主义偏见的各种形式，揭示科学与社会性别互相建构之外，女性主义元勘学者也开始致力于建立女性主义的知识图式、文化模式和研究进路，发展某种女性主义科学。这类研究恰恰为到科学史中寻找和重新肯定具有女性气质的那类科学的历史研究提供了理论依据。

早在 20 世纪 70 年代末、80 年代初，哈拉维、海因（H. Hein）和菲（E. Fee）等科学史和科学哲学学者就开始强调发展一种女性主义科学理论的重要性。然而，对于什么是女性主义科学、如何构建女性主义科学等问题，不同流派的学者给出的答案各不相同，至今仍未有统一的定义和途径。其中，布莱尔认为，女性主义科学的一个核心理念应该是抛弃传统的客观与主观、理性与情感、自然与文化的二元论，因为这些二元对立概念及划分方式直接影响到人们的世界观①。凯勒倡导一种性别无涉（gender‐free）的科学，这种科学并不是男性视角和女性视角的并置或者互补，也不是用其中一种取代另一种。而是要变革关于男性与女性、心灵与自然的特定划分②。哈丁提出的女性主义"后续科学"（successor science）作为一种新的科学运动（the New Science Movement），旨在强调个人经验作为科学知识的来源，对政治和智识的进步概念进行重新定义，把一切关于种族的、阶级的、性别的、文化中心主义的等级制度和思想看成是社会建构的产物加以变革③。而对于朗基诺而言，女性主义科学中的"科学"不是内容而是实践，不是产品而是过程，不是一种女性主义科学而是像女性主义者那样实践科学（doing science）④。

尽管不同的女性主义学者具有不同的女性主义科学观，无法一一贴上标签，但从总体上看，女性主义科学元勘学者关于女性主义科学的构想大致可以分为以下几种。第一种是在对具有性别偏见的"坏科学"进行具体批判的基础上，期望通过严格遵守和执行科学的标准和规范，建立一种客观的、好的科学，这一科学能揭示自然的规律和真相。这一类型的构想主要由科学家和自由主义女性主义者所持有，它反映了对理想科学及其客观性的古老追求，尚未触

---

① Sue V. Rosser. Feminist Scholarship in the Science: Where are We Now and When Can We Expect a Theoretical Breakthrough? Hypatia, 1987, 2（3）：13.

② Evelyn Fox Keller. Reflections on Gender and Science. New Haven and London: Yale University Press, 1985：178.

③ Sandra Harding. The Science Question in Feminism. Ithaca and London: Cornell University Press, 1986：240.

④ Helen E. Longino. Can There Be a Feminist Science? Hypatia, 1987, 2（3）：53.

及传统科学认识论的根基。这类观点在很多女性主义学者看来是成问题的，如朗基诺就认为，以"价值无涉"为基础的"女性主义科学"主张是不可靠的，女性主义科学必须承认价值负载性①。第二种是在批判主流科学文化对于女性独特才能的忽视的基础上，期望在女性气质和科学之间建立关联。在此，女性气质指称的是其所属男权文化对于女性的规定，以这种女性气质作为特殊优势构建的女性主义科学，无疑同现有的男性中心主义科学一样，是偏颇狭隘的。尤其需要说明的是，这种类型的科学观往往是在生物决定论的意义上讨论女性气质，认为女性因其生来的性别决定了她具有男性所不具有的认知优势。这种观点由于采取本质主义的立场，已遭到大多数的女性主义学者批评。其中，哈丁尤其对这种观点引起的后果进行了分析，认为这会唤起一种横向歧视的幽灵，把合格的女科学家的就业机会限定于化妆品、家政学等领域②。第三种是强调女性作为边缘人群和弱势群体的生活经验与独特视角，强调知识的情境化、地方性和价值负载性，试图在消除传统的价值中立观念以及二元论思维模式的基础上，建立一种具有"强客观性"或者"动态客观性"的科学。可以说，凯勒、哈丁和朗基诺等的女性主义科学观基本都属于这一类型。问题是，由于这种科学观既挑战了科学的客观性、普遍性和价值中立观念，又忽略了女性主体身份、经验视角的差异性和多样性，而同时遭受到来自传统科学观和后现代科学观的双面夹击。其中，后现代女性主义正是基于女性身份的破碎性、非本质性和多元化，而拒绝构建某种新的女性主义科学模式。

这些关于女性主义科学的构想和理解往往体现到女性主义科学史研究上，影响着他们的研究选题和分析角度。很明显，这些学者在批判主流科学中的性别偏见的同时，尤为强调对历史上和现实中的女性智识资源加以挖掘和肯定，并对其重要性加以说明。例如，哈丁曾感叹道："为什么不能像对待已成为现代科学技术思想基础的男性生活所产生的资源那样，对妇女生活所产生的资源进行分析呢？为什么这种分析不能得到比我们中许多人、女性主义者和前女性主义者等所给予的更高的赞赏呢？这个问题不仅涉及如何认识妇女过去的成就，也不仅涉及如何认识前现代社会里妇女的知识，它还涉及以妇女的生活为出发点的研究可以增加人类关于自然规律及其潜在因果趋势的知识提供的资源

---

① Helen E. Longino. Can There Be a Feminist Science? Hypatia, 1987, 2 (3): 54 - 56.

② ［美］桑德拉·哈丁. 科学的文化多元性——后殖民主义、女性主义和认识论. 夏侯炳，谭兆民译. 南昌: 江西教育出版社，2002: 129.

问题，这种规律和趋势在性别关系出现的任何地方和每个地方都存在。"①

　　基于类似的困惑和目的，其他的女性主义科学史家也在思考历史和现实中是否存在女性主义科学的痕迹甚至范例的问题。他们追问，如果存在，它们为何没有被主流文化所认识？如何去解读这些科学形式？为解答这些问题，他们根据自身对女性主义科学形式的理解，或者发掘并考察了被传统科学史研究所忽略的问题域，或者重新解读了科学史。例如，凯勒对女科学家麦克林托克的案例研究、哈拉维对灵长类动物学的研究、席宾格尔和金兹伯格对助产术的研究、费侠莉对中国古代妇科的研究、白馥兰对中国古代生育技术的研究等都表达了她们对"女性主义科学"的某种理解。其中，金兹伯格在她对助产术的案例研究中明确表达了如下观点：就像其他的女性主义传统一样，女性主义的科学实践可能在整个历史中都存在，只是男性中心主义的记录者没有注意和记录它们，因为它们在传统上未能被冠以"科学"的称号而被我们所忽略②。为此，同其他的女性主义学者开始恢复我们的艺术、政治、精神和社会传统一样，她相信我们现在也能用女性主义的视角去恢复科学传统中的这部分内容。

第二节　案例研究：科学中的性别政治

　　女性主义科学史研究正是立足于科学的社会性别建构这一基本观念，并围绕上述两个大的方面展开研究的。具体来说，解构科学知识追求形式中充满的社会性别假定，分析社会性别意识形态之于科学发展的影响；揭示科学和医学对于社会性别关系和社会性别意识形态的说明、建构与强化作用；考察被认为具有女性气质的科学传统的历史；这三个相互关联的方面构成了女性主义科学史的三大研究方向。

　　如上文提到的，科学中的男性中心主义编码具体表现为主流科学的男性中心主义偏见以及社会性别观念和意识形态对科学的建构。这两个方面往往紧密交错，无法分出究竟是社会性别意识形态影响科学理论和科学研究在先，还是科学理论建构社会性别观念在先。在女性主义科学史案例中，这两个方面也都是互相交错的。但为使线索清晰和叙述方便，本书仍根据不同侧重有所区分地讨论有关案例。在此，关于近代科学起源和科学革命的大量研究，以及关于生物学和医学中性别差异理论的大量讨论，是女性主义科学史解析西方主流科学

---

　　①　［美］桑德拉·哈丁. 科学的文化多元性——后殖民主义、女性主义和认识论. 夏侯炳，谭兆民译. 南昌：江西教育出版社，2002：123.

　　②　Ruth Ginzberg. Uncovering Gynocentric Science. Hypatia，1987，2（3）：89－90.

中男性中心主义编码的两条主线。

一、近代科学起源与社会性别

"科学革命"历来是科学史研究的重要主题,柯瓦雷的科学思想史进路、默顿的科学社会史进路以及科学知识社会学的批判编史学进路都对这段历史进行了不同的解读。麦茜特、凯勒、哈丁和哈拉维等一批女性主义科学史学者和科学哲学家则对近代科学起源进行了社会性别视角的考察,揭示出近代科学的父权制根源。她们尤其强调了社会性别意识形态和性/性别隐喻在科学发展中的影响与作用,认为这种影响是从最为根本的思维方式上进行的,它使得人们发现科学并非像其维护者所宣扬的那样是客观的、价值中立的,从而改变了我们对近代科学革命的历史图景的传统认知。

案例1　麦茜特的《自然之死》

麦茜特是加州大学伯克利分校自然保护与资源研究系环境史、环境哲学和环境伦理学教授,同时她也是一位杰出的生态女性主义者。她的《自然之死——妇女、生态和科学革命》一书既被认为是生态伦理学研究的经典之作,更被认为给女性主义科学史研究提供了一个利用社会性别视角梳理和分析人类自然观念演变史的范例。也正因如此,女性主义科学史学家常常把女性主义科学史研究的形成标志追溯到这一著作的出版①。

之所以说麦茜特的自然观念史研究是女性主义科学史研究的案例,一是因为自然观念史关乎人类与自然的关系,科学又往往扮演着人类与自然关系中介的角色,因而自然观念史的研究属于科学史的范畴;二是因为女性主义科学史研究所关注的不仅仅是科学中的妇女,也关注科学中的自然观念,以及这一观念与社会性别意识形态的关联。正如麦茜特自己所言:"广义的女性主义历史学要求用平等主义的眼光看待历史,重新审视的目光不只是妇女的,而且也是社会和种族群体的,是来自自然环境的,……性差异以及与性相联系的语言对文化意识形态、对运用阳性、阴性和阴阳同体比喻的影响,将在新历史中有重要的位置。"② 实际上,在很多学者看来,麦茜特关于近代自然观的研究相比其他相关研究的一个重要特点就在于社会性别分析视角和历史研究的性质③。

---

①　Londa Schiebinger. Introduction:Feminism inside the Sciences. Signs, 2003, 28 (3):859.

②　[美] 卡洛琳·麦茜特. 自然之死——妇女、生态和科学革命. 吴国盛,等译. 长春:吉林人民出版社, 1999:3.

③　Margaret Jacob. Science and Social Passion:The Case of Seventeenth - Century England. Journal of the History of Ideas, 1982, 43:37.

在该书中，自然观念与社会性别意识形态的关系，以及科学在其中扮演的角色，是整个研究关注的焦点。麦茜特在隐喻的基础上将自然、女性和科学三者关联起来，通过对自然隐喻和性别隐喻及其变化的分析，揭示出科学革命对女性自然的扼杀，以及科学中的性别政治内涵："古代将自然等同于一个哺育着的母亲，这个等同将妇女史与环境及生态变迁史联系了起来。女性的地球位于有机宇宙论的中央，这个宇宙论却被'科学革命'和近代早期欧洲兴起的市场取向的文化所渐渐破坏。"① 具体而言，麦茜特首先通过对文艺复兴时期的田园诗、柏拉图（Plato）的《蒂迈欧篇》（Timaeus）、赫尔墨斯（Hermes）的《炼金术大全》以及帕拉塞尔苏斯（Paracelsus）等的文献进行文本分析，论述了古代西方"将自然看成是养育者母亲"的自然观；随后，她从生态视角出发，揭示了人们操纵自然的经验导致有机论自然观被摧毁并为机械论自然观让路的过程；与此同时，她集中分析了文艺复兴时期包括新柏拉图主义自然巫术、康帕内拉（T. Campanella）与布鲁诺（G. Bruno）的自然主义、帕拉塞尔苏斯的生机论等在内的多种有机论自然观，以及无序自然观的出现、女巫迫害事件等内容。其中，她尤其从社会性别视角对培根的《新大西岛》进行了解读，认为培根认可了对自然和女性的控制与剥削，并分析了机械主义哲学与社会秩序观念中蕴涵的对女性和自然的控制观念。整个分析紧紧围绕社会性别这一维度展开，阐明了在近代科学革命中有机论自然观被机械论自然观取代的过程。

在笔者看来，作为女性主义科学史著作，该书最为重要的一点是使人们开始理解一般意识形态（特别是社会性别意识形态），在不同视角和进路的科学形式之间发生竞争时，所发挥的选择作用。通过对哈维（W. Harvey）的血液循环理论以及培根的《新大西岛》进行分析，麦茜特深刻揭示了社会性别偏见对于科学理论的影响，以及在有机论和机械论的竞争中，近代科学站到与资本主义工业生产模式相适应的价值观念一边，扼杀隐喻中与阴性相关的自然，并代之以一种阳性化自然的历史过程。

麦茜特认为，虽然一些史学家把哈维关于生殖的思想解释为精液和卵的合作，假定卵子有新的、体面的地位，但密切注意他的语言就会发现，他的科学著作深受文化上的性偏见的影响②。例如，她发现在《论动物生殖》中，哈维

① ［美］卡洛琳·麦茜特. 自然之死——妇女、生态和科学革命. 吴国盛，等译. 长春：吉林人民出版社，1999：3.

② ［美］卡洛琳·麦茜特. 自然之死——妇女、生态和科学革命. 吴国盛，等译. 长春：吉林人民出版社，1999：174.

关于鸡的生育理论虽然将动力因指派给了母鸡，但却依然主张母鸡所下的蛋只有得到雄性权威力量的受精时才能完善，精子的动因高于卵子，是完善的行动者；哈维虽然认识到盖伦派医生关于女性精子存在的看法有误，但对其进行的解释却基于这样的文化假定：精子太精细、有活力、有能量，以至于不能来自于黑暗的、不完善的女性器官；虽然不同意亚里士多德和盖伦认为生殖发生于女性和男性混合作用的观念，哈维却得出没有接触就能怀孕的结论，认为男性的精子能带来影响女性的神性的能力，就像从上天来的光线，来自火石的火星或天然磁石的磁力①。对此，麦茜特提出："哈维的生物学建立在他那个时代文化变迁的较广的脉络之中，他认为质料和女性在生殖中起被动作用，这与女性在工业生产领域的被动倾向，以及17世纪新机械论哲学对物质被动性和惰性的重申相一致。哈维的生物生殖理论同基于作为新的资本主义生产模式一部分的控制自然和控制妇女的新科学价值观是相容的。"②"他的结论和亚里士多德关于性别的思想相一致，它们都受到相应时代保守社会价值观的强化。远不是为生殖中男女本原的平等而战，哈维的理论落入男性占优势的传统窠臼"，"反映了他那个社会对性别的文化偏见。"③

如果说哈维的生物学理论落入了传统社会性别观念和文化偏见的窠臼，培根作为"现代科学之父"则为这些观念和偏见提供了更强的支撑，同时还开辟了可以控制自然和女性的新哲学。传统的科学史常常将培根描述为现代科学的首倡者，归纳方法的奠基人，麦茜特却从自然和女性这些被忽视的维度来分析培根，发现培根的思想和主张浸透了男性中产阶级企业家阶层的价值观念。通过对《新大西岛》的社会性别视角解读，麦茜特认为培根的语言、风格和隐喻折射了其在迫害女巫案件上的基本立场，或者说这些社会事件影响了培根的哲学和行文风格。她例举了培根对于新科学目标和方法的形象描述，认为这些描述所表达的科学与自然的关系与当时的女巫审讯十分类似。如培根所说的："在神恩和至圣天道所恩准的此项伟大抗辩和诉讼中，我所意愿者就是运用质询考察自然和技艺。""正如人不被弄上十字架，你永远也不会知道或证明他所欲所想，不把变幻无常的希腊海神束紧捆牢，他也从来不会改变形状。故此，

---

① ［美］卡洛琳·麦茜特. 自然之死——妇女、生态和科学革命. 吴国盛，等译. 长春：吉林人民出版社，1999：173 - 177.

② ［美］卡洛琳·麦茜特. 自然之死——妇女、生态和科学革命. 吴国盛，等译. 长春：吉林人民出版社，1999：172.

③ ［美］卡洛琳·麦茜特. 自然之死——妇女、生态和科学革命. 吴国盛，等译. 长春：吉林人民出版社，1999：178.

自然也只在审讯和技术（机械装置）的逼迫下，才最能显现自身。"① 在麦茜特看来，培根的这些类比把自然看成了罪犯或奴隶，它必须在强制中被机械技术所穿透，暴露自身的秘密。而当培根用女性来表达自然时，这种强制的方法将会非常便利地使得对自然的开发成为可能。正像女人的子宫屈从于产钳，自然的子宫蕴含着可以用技术来强取的秘密。麦茜特发现，在培根对新方法和新工具的倡导中，"大胆的性意向包含着现代实验方法的主要特征——强制自然于实验室中，用手和心来解剖它，进入自然最隐秘之处——这些语言今天仍以赞赏的方式在使用，如科学家的'不可动摇的事实'、'透彻的理智'或'精辟入里的论证'等。在自然为她羞涩的长袍被撕碎而感到的悲哀中，强制地进入自然变成了语言上的赞许，使得为人类的善而剥夺和'强奸'自然合法化"②。总之，麦茜特发现在培根那里，"审讯女巫作为审讯自然的象征，法庭作为此种审讯的样板，力学装置的刑讯作为政府无序的工具，这一切对科学方法作为力量是基本的"，为此"对培根也像对哈维一样，性的政治学帮助组构经验方法的本质，而经验方法本身将产生似乎缺乏文化和政治设想的新知识形式，以及新的客观性的意识形态"③。

可以说，麦茜特的研究对近代科学起源进行了全新的解读。正如有学者所言，她的研究提供了很多新的、重要的切入点，为科学史研究开辟了至今仍被忽视的一些问题领域④。我们知道，以往对于科学革命的研究往往集中在哥白尼革命等方面，言说了近代科学的诞生及随之而来的社会进步的历史，麦茜特则从社会性别视角和生态视角出发，以隐喻分析为主要方法，解析了社会性别意识形态在近代科学诞生中的影响，表达了对科学革命的新理解，即就妇女和自然而言，"科学革命"并没有从古代的假定中解放出来，没有带来精神启蒙和客观性，反而给对自然和女性的奴役与控制提供了新的科学理论依据和技术手段。正如刘兵和曹南燕所言："在麦茜特看来，对于那些近代科学奠基者们的贡献，需要进行重新的评价。性别和与性别相联系的语言对文化意识形态的

---

① ［美］卡洛琳·麦茜特. 自然之死——妇女、生态和科学革命. 吴国盛，等译. 长春：吉林人民出版社，1999：186.

② ［美］卡洛琳·麦茜特. 自然之死——妇女、生态和科学革命. 吴国盛，等译. 长春：吉林人民出版社，1999：189.

③ ［美］卡洛琳·麦茜特. 自然之死——妇女、生态和科学革命. 吴国盛，等译. 长春：吉林人民出版社，1999：190.

④ Marcia L. Colish. The Death of Nature：Women, Ecology, and the Scientific Revolution（Book Review）. The Journal of Modern History，1982，54：68.

影响及对世界图景的形成的影响，在这样的历史研究中也是占有重要地位的。"① 克里斯蒂则进一步明确指出："麦茜特的工作，为合理解释近代科学革命的性别策略提供了一种可能性，或者说是提供了一套关于科学革命中性别政治的十分合理的解释。"②

然而，也有学者对麦茜特的研究提出异议，认为她的工作仅局限于对西方自然观的分析，没有考察欧洲以外的地区，而且没有对把自然看成是稳定的、生态平衡的、依赖性的、整体的自然观提出适当反思③。还有的学者认为，她的研究在对机械论自然观与 20 世纪生态危机之间的关系进行论述等方面仍须完善④。这些问题的确客观存在，而且在笔者看来，麦茜特在女性、自然、有机论、生态平衡、性别平等之间等式关系的阐释方面还存在一些悬而未决的难题，尤其是很难彻底摆脱本质主义的困境。然而尽管如此，麦茜特的这项工作对于科学史研究而言依然意义深远，它不仅为研究科学革命的学者，也为从事社会性别研究的学者提供了借鉴。更为重要的是，它对"科学革命"的重新诠释，挑战了传统的进步主义科学史观和辉格史的解释进路。

案例 2　凯勒关于培根隐喻的研究

同麦茜特类似，著名女性主义科学史家、科学哲学家凯勒也从社会性别的视角入手，对培根著作中的性/性别隐喻进行了解读。有所不同的是，凯勒对培根的很多著作中的语言进行了全面分析。她认为培根提供给我们的模型比科学的捍卫者通常认识到的要更接近科学动力的实质，也比大多数科学批判者（包括麦茜特在内）所认为的要更加复杂⑤。

凯勒首先分析了培根关于三种类型或等级的野心的划分。她发现在培根那里，依靠技艺和科学去建立和拓展人类对宇宙的权力与统治被认为是最高贵的野心。对培根而言，科学的目标就是"归还和再授予人类自诞生之时便具有的主权和权力"。既然如此，科学又是从何种资源中获得这一权力的？它将采取何种形式呢？凯勒发现，培根对这些问题的回答是隐喻式的——通过对性/性

①　刘兵，曹南燕. 女性主义与科学史. 自然辩证法通讯，1995，(4)：47.

②　J. R. R. Christie. Feminism and the History of Science// R. C. Olby, et al., eds. Companion to the History of Modern Science. New York：Routledge，1990：105.

③　Shelly Errington. The Death of Nature：Women, Ecology, and the Scientific Revolution (Book Review). Signs，1982，7 (3)：703 - 704.

④　Margaret. J. Osler. The Death of Nature：Women, Ecology, and the Scientific Revolution (Book Review). Isis，1981，72 (2)：287 - 288.

⑤　Evelyn Fox Keller. Reflections on Gender and Science. New Haven and London：Yale University Press，1985：34.

别隐喻频繁而生动的使用。她认为，虽然在描述自然的过程中借助于性/性别隐喻的做法很常见，但需要明白的是，培根使用的性/性别隐喻深深隐含了控制和统治的观念①。

培根曾说过："让我们在心灵和自然之间建立纯洁而合法的婚姻"；"我亲爱的男孩，我对你所做的计划是将你和事物（things）之间建立一种纯洁的、神圣的、合法的婚姻。通过这一结合，你将实现对普通婚姻所希望和祈祷的一切更多的超越，从而获得一种智慧，这一智慧是被祝福的英雄和超人的种族特性。"② 对此，凯勒认为，培根所指的"事物"一词并非中性。因为在其他地方（甚至在同一著作的其余部分），培根做了更直率的表达。也即自然本身就是新娘，她要求被科学的心灵所驯服、塑造和征服。例如："我到达真理，引导你，使得自然和她所有的子孙被捆绑起来为你服务，成为你的奴隶。"③ 科学知识及其带来的技艺发明，并非"仅仅对自然的路线进行温柔的导引，它们拥有征服和压制她的权力，动摇她的根基"④。"事物的本性，在实际的、机械的技艺拷打下，比在自然状态下，更愿意泄漏自身的秘密。"⑤ 在凯勒看来，所有这些隐喻都说明："培根的科学观毫无疑问地会导致人类对自然的主权、统治和控制。""培根语言中的性形象既不同柏拉图语言中的性形象那样一贯，也不如柏拉图那样有清晰的表达，但是……他提供的语言，却使得随后的数代科学家从中提炼出了进行合法的性统治的更为一贯的隐喻。"⑥

然而，凯勒同时也注意到培根隐喻中的另一面，即培根的规则不仅仅是进攻性的（agressive），同时亦是回应性的（responsive）。例如，培根曾写道："人类只不过是自然的仆人和解释者：他所做的和所知的仅仅是他在事实上或思想上观察到的自然秩序；除此之外，他一无所知，什么也做不了。因为因果

---

①　Evelyn Fox Keller. Reflections on Gender and Science. New Haven and London：Yale University Press，1985：35.

②　Benjamin Farrington. Temporis Partus Masculus：An Untranslated Writing of Francis Bacon. Centaurus：International Magazine of the History of Science and Medicine，1951，1：201.

③　Benjamin Farrington. Temporis Partus Masculus：An Untranslated Writing of Francis Bacon. Centaurus：International Magazine of the History of Science and Medicine，1951，1：197.

④　J. Spedding, et al.，ed. The Works of Francis Bacon. Stuttgart：F. F. Verlag，1963：506.

⑤　E. H. Anderson，ed. Francis Bacon：The New Organon and Related Writings. Indianapolis：Bobbs Merrill，1960：25.

⑥　Evelyn Fox Keller. Reflections on Gender and Science. New Haven and London：Yale University Press. 1985：34.

链不会因任何因素而松散或断裂，只有遵从自然，才能命令自然。"① 对此凯勒分析认为，培根所说的科学目的并非去强暴自然而是通过听从真正自然的(truly natural) 指令去控制自然。也就是说，引导、塑造甚至猎取、征服和压制女性化的自然是很"自然"的事情——只有通过这种方式，真正的"事物本质"(nature of things) 才能被揭示。凯勒认为，正是在这里，培根哲学中的经验主义的一面得到了表达。实验表达了一种行动精神，一种去致力于"发现"(finding out) 的"行动"(doing) 的精神。科学通过听从自然的指令进行控制，但这些指令却包含着被统治的要求甚至需求②。

这些隐喻所表达的两个方面的含糊性，在有限与境下似乎成为了矛盾。凯勒通过对以往被忽视的培根的另一著作（The Masculine Birth of Time）③的解析，对这一矛盾进行了合理的解释。在这部著作中，凯勒发现，培根认为心灵必须处于合适的状态，以保证获得真理，孕育科学。而接受上帝的真理，心灵必须是纯净、顺从和开放的，只有如此，它才能分娩出具有男性气质的阳性科学。换言之，在与上帝的关系中，如果心灵是纯净的、接受的和顺从的，它在对自然的关系上就能被上帝转变为强有力的、阳性的一方。清除污染，心灵能为上帝受孕，且在此过程中被阳性化，获得了性能力，在与自然的联合中便能生育出阳性子孙④。可见，在培根那里，心灵和自然都被划分为两类，就心灵而言，一半是与上帝或神性自然打交道的心灵，一半是与物质自然打交道的心灵，前者在上帝面前具有谦卑的女性气质，后者在物质自然面前则具有强有力的控制气质。就自然而言，一半是与女性气质的心灵打交道的神性自然，一半是与男性气质的心灵打交道的物质自然。这种对科学心灵双重气质的肯定，使得培根同彻底的机械论者保持了一定的距离。正是在这个意义上，凯勒认为"培根本人在某些方面可能是介于赫尔墨斯传统和机械论传统之间的过渡性人物"⑤。

不仅如此，凯勒还借鉴弗洛伊德关于俄狄浦斯情结的分析，对这种心灵和

---

① E. H. Anderson, ed. Francis Bacon: The New Organon and Related Writings. Indianapolis: Bobbs Merrill, 1960: 29.

② Evelyn Fox Keller. Reflections on Gender and Science. New Haven and London: Yale University Press. 1985: 36 – 37.

③ 该书的零散文字写于 1602 年或 1603 年，在培根生前未公开发表，后由 Farrington 于 1951 年翻译出版。

④ Evelyn Fox Keller. Reflections on Gender and Science. New Haven and London: Yale University Press, 1985: 38.

⑤ Evelyn Fox Keller. Reflections on Gender and Science. New Haven and London: Yale University Press, 1985: 53.

自然的双重属性进行了强有力的剖析。弗洛伊德认为，在成长的过程中，孩子还被认为既希望同母亲取得认同，也希望与父亲取得认同。对男孩而言，通过将自己认同为能创生的父亲，他既能确认自身的独立性，同时也能维护早期想要同母亲认同的矛盾愿望；通过假定自己为父亲，他能满足自己实现无所不能的、自足的愿望。凯勒认为，培根的隐喻浓缩了对母性的挪用（appropriation）与抛弃（denial）的双重冲动，十分类似于俄狄浦斯的抱负。通过同男性气质的父亲的认同，科学同男孩一样进入了男性的世界①。在这一解释与境下，凯勒认为培根隐喻的性侵略性质假定了一些防御性的特征。在她看来，虽然在这一隐喻中，最为显著的是对女性气质的抛弃，这一抛弃常常被看成是科学事业的一般特征。但是，当我们认真分析这一隐喻时，就会发现在简单抛弃的背后，实际上事先预留了一种女性模式，它的存在使得更为急迫的、侵略性的抛弃成为必要。也就是说，培根主张的科学家的侵略性的男性姿态，现在也许应该被看成是被一种需要推动着，这一需要就是去否认所有科学家包括培根本人私下都知道的事实：在某种程度上，科学心灵必须是一种雌雄同体的心灵②。

可以说，凯勒通过对培根隐喻的解读，较为成功地阐释了近代科学自诞生开始便以男性气质为主导的事实，尤其指出了以往关于培根科学观的研究对培根隐喻中性辩证关系的忽略，通过挖掘新的文献，将培根隐喻相对完整地呈现在读者面前，强调了培根隐喻预示的科学的进攻性和回应性的并存；再现了培根隐喻中预设的科学心灵中女性气质的一面，以及这一面同时被挪用和抛弃的实质。

在此我们可以看到，凯勒的观点同麦茜特的看法略有区别。麦茜特认为科学革命最核心的影响在于将女性排斥到自然之外，将自然看成是纯粹的机器。凯勒则认为"科学革命的真正影响与其说是女性被排斥到自然之外，不如说是把上帝从女性和物质自然中剥离出来了"③。简而言之，凯勒强调女性原则在新科学中的丧失，而非自然的女性形象的丧失。麦茜特更多的是从自然史的角度出发，说明养育的女性自然形象被近代科学所抛弃，而凯勒则更多地从科学史的角度出发，说明近代科学在研究方法和原则方面丧失了传统科学所内含的女性原则与女性气质。

---

①　Evelyn Fox Keller. Reflections on Gender and Science. New Haven and London：Yale University Press，1985：40－41.

②　Evelyn Fox Keller. Reflections on Gender and Science. New Haven and London：Yale University Press，1985：41－42.

③　Evelyn Fox Keller. Reflections on Gender and Science. New Haven and London：Yale University Press，1985：54.

这一微妙区别的意义在于，凯勒的研究向我们展示了与女性气质更为接近的私人化领域中的情感与知识能被纳入科学史研究的范围。这一点在凯勒关于"动态客观性"概念的基本定义和对"女性主义科学"的理解中均有深刻体现。此外，凯勒的工作对于科学史而言的另一重要意义在于，它向我们展示了从社会性别视角说明科学与社会意识形态相互建构过程的可能性，这种研究取向同建构论的科学争论研究一样，都值得我们借鉴。此外，它同样为我们提供了可供研究的问题集合。正如朗基诺所提到的，它能为我们恰当理解16～17世纪自然观和社会性别观念的变革提供研究进路[①]。尽管很多科学家对于她和麦茜特的隐喻分析提出了很多质疑（在本书随后章节将做专门讨论），但这并不影响整个研究的解释框架和积极意义。从科学编史学的角度来看，这项研究提供了关于16～17世纪科学发展的全新理解。正如有学者所言，尽管对凯勒关于俄狄浦斯情结的分析，以及将这种分析同对科学的社会性别建构关联起来仍然不太能让人理解，但凯勒的研究毫无疑问提供了关于科学史的新诠释和科学史研究的新思路[②]。

二、生物学、医学与社会性别

除对科学革命进行新的解读之外，西方女性主义科学史集中研究的另一主题是：西方生物学和医学中的性别差异理论与生育理论。通过历史的考察，他们深入揭示了医学和生物学对社会性别意识形态迎合、建构与强化的作用机制。

案例3　席宾格尔对古希腊时期至18世纪末解剖学与医学史的研究

伦达·席宾格尔是斯坦福大学历史系的科学史教授以及妇女与社会性别研究中心主任，她的主要研究领域是科学史和医学史，尤其注重将社会性别作为一个新的分析工具来使用，以开辟新的科学史研究领域。

在《头脑没有性别吗？——近代科学起源中的妇女》一书中，席宾格尔对古希腊至18世纪的身体观念史和解剖学史以及贯穿其中的性别问题进行了考察。首先她将研究对象划分为三个阶段：古希腊时期人们的身体观和性别观、16～17世纪解剖学的发展及性别观的变化、18世纪解剖学和医学的发展及性别观的变革。通过比较考察和连续性分析，席宾格尔呈献了一幅解剖学、医学与社会性别观念共生变革的历史关系画卷。

在古希腊的宇宙论中，女性被看成是不完美的男性，这种不完美是基于女

① Helen E. Longino. Science, Objectivity, and Feminist Values. Feminist Studies, 1988, 14 (3): 565.

② Ruth Schwartz Cowan. Hermaphroditically. Isis, 1986, 77: 676.

性身体比男性身体具有较少的热。这种观念直接源于古希腊的四元素说,在古希腊人看来,天地万物皆由火、气、水、土四种元素构成,同时天地万物又具有四种基本属性:热、冷、干、湿。水湿且冷,土干而冷,火干且热,气湿而热。四元素配合四种基本属性,使得古希腊人能解释一切事物。在生物学领域里,四元素平衡论衍生出能够合理解释疾病与健康的理论——四体液说①。席宾格尔从社会性别视角对古希腊的这一宇宙论图式和医学图式进行了新的解读,认为古希腊医学和生物学并非从身体器官的角度来言说性别差异,而是从宇宙论的层面来阐述性别差异和性别等级区分。详见图3-1②。

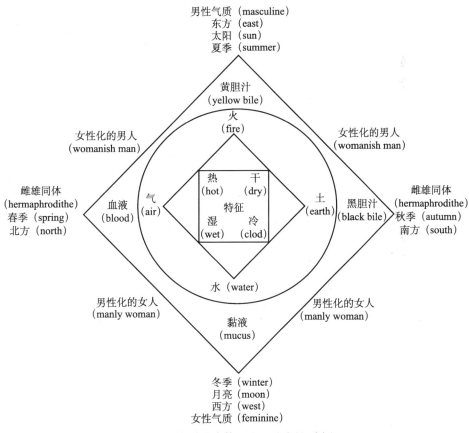

图3-1 古希腊身体观中的社会性别内涵

① 四种体液分别指黏液(mucus)、血液(blood)、黑胆汁(black bile)和黄胆汁(yellow bile),它们分别对应着水、气、土、火四元素,黏液冷且湿,血液热而湿,黑胆汁冷且干,黄胆汁热而干,假设一种或多种体液过多会引起某些症状,便可解释所有的疾病。

② Londa Schiebinger. The Mind Has No Sex? Women in the Origins of Modern Science. Cambridge:Harvard University Press,1989:162.

席宾格尔通过这一图式表明，古希腊人观念中的性别气质不是由男性或女性的身体特征来界定，而是由四种属性组合的形式决定的。其中，发育完全的女性被认为是湿且冷的，发育完全的男性被认为热且干。带有雌雄同体性质的人湿且热或冷且干，这种人的性别特征被认为很模糊，当热占主导地位时，他们被看成是"女性化的男人"（womanish man），但冷占主导时，他们被看成是"男性化的女人"（manly woman）。通过对上一图式的分析，席宾格尔发现，自古希腊开始，性别差异便反映了一系列的二元对立划分原则，这一原则贯穿到对两性身体和整个宇宙的认知之中。更为关键的是，围绕四种属性的种种二元对立关系还被赋予了不同的等级。热且干的事物（例如男性），被认为优于冷而湿的事物（例如女性），热被认为是生命中不朽的基石。在此，古希腊的宇宙论图式和医学图式结合起来，阐明了性别差异和性别等级区分的社会性别观念[①]。

就对男女身体器官的认识来看，古希腊的生物学和医学不但没有对男女的身体器官做细致区分，甚至男女两性在生殖器官上的外在差异也被解释为由人体含"热"的多少来决定[②]。在盖伦医学中，男性和女性之间最为重要的差异在于他们含"热"程度的不同，随着含"热"量的变化，女性可能会转变为男性，相反男性不能转变为女性（因为事物总是朝着完善的方向发展）[③]。可以说，古希腊宇宙论和医学、生物学的结合，体现在古希腊社会性别观念和宇宙论对古希腊医学和生物学的塑造（shape）上；同时这种生物学和医学对男女身体的解读也响应、说明并进一步固化了古希腊的社会性别差异与等级观念。

古希腊的社会性别观和身体观在漫长的中世纪持续产生着深远影响，直到18世纪中期之后才开始受到挑战。席宾格尔认为，公元16～17世纪，虽然出现了早期女性主义思想萌芽，但相关学者依然是从古希腊医学、经院哲学以及近代哲学思想中寻找消除性别差异的根据。例如，17世纪著名的荷兰学者安娜·范·舒尔曼（Anna van Schurman）便利用经院哲学的推理方式来为女性争取受教育权利提供学术依据。当时的另外一名学者雅克·杜·博斯克（Jac-

---

① Londa Schiebinger. The Mind Has No Sex? Women in the Origins of Modern Science. Cambridge: Harvard University Press, 1989: 161 - 163.

② 在盖伦看来，男性和女性的生殖器官并无本质差异，只不过男性的生殖器官是外在的、完善的，而女性的则是向内生长的、残缺的（盖伦认为，女性的子宫颈是朝内生长的阴茎，子宫底是逆位的阴囊）。这一观念又被称为"单性模式"的身体观念。从古希腊到18世纪初，西方性医学论述的主要框架是"单性模式"，即就身体而言，男、女身体被刻画为基本相似，男、女并非两种本质截然不同的生理类别。

③ Londa Schiebinger. The Mind Has No Sex? Women in the Origins of Modern Science. Cambridge: Harvard University Press, 1989: 163 - 164.

ques Du Bosc）则利用四体液说来说明女性更适合从事艺术和科学。其他的学者例如玛丽·勒·雅尔·德·古尔奈（Marie le jars de Gournay）同样也援引了盖伦、柏拉图、亚里士多德的理论作为论证性别平等的依据。此外，还有学者从基督教神学中寻找依据，例如玛格丽特·布菲（Marguerite Buffet）便依据基督教神学的权威力量论证灵魂没有性别区分，认为尽管女性可能在本质上劣于男性，但在灵魂上却是平等的。对此，席宾格尔认为，这些早期的女性主义者是在传统权威的基础上得出新结论，却没有挑战这些权威赖以建立的世界观及其支撑的社会等级制度与等级观念①。

与此同时，席宾格尔通过对培根、笛卡儿（René Descartes）、洛克（J. Locke）和莱布尼兹（G. W. Leibniz）这些新科学方法论先驱者们的认识论进行分析，认为虽然他们都很少直接讨论性和性别气质的问题，既没有批判亚里士多德对女性的偏见，也没有确立自身关于女性本质和地位的立场，但笛卡儿的身心二元论以及洛克的经验认识论却为当时的其他学者提供了追求性别平等的依据。例如前耶稣会士（ex‐Jesuit）普兰·德·拉·巴尔（Poullain de la Barre）就抛弃了经院哲学，转而利用笛卡儿的新思想去批判性别不平等。同笛卡儿一样，普兰认为心灵同身体是截然二分的，性别差异只限于生育器官的不同，而这一不同不会影响到男女的心智，从事科学仅仅要求可靠的感觉和正确的方法，而在感觉和方法上，女性和男性没有任何差异，为此女性也能学习和研究数学、逻辑学、物理学和哲学等。此外，18 世纪中叶的另外一位学者，席宾格尔猜测可能是朱迪思·德雷克（Judith Drake），也基于笛卡儿的理性主义和洛克的经验论，批判了性别在灵魂上存在差异的观点②。

普兰和朱迪思等早期女性主义者基于身心二元论和经验论，明确提出了"心灵没有性别之分"的主张，同时还寄希望于生物学的研究能为他们的这一主张提供新的证据。然而席宾格尔发现，尽管 16～17 世纪的新解剖学对性器官的认识发生了变化，对于女性在生育中的作用也给予了关注③，但对于非生

---

①　Londa Schiebinger. The Mind Has No Sex? Women in the Origins of Modern Science. Cambridge：Harvard University Press，1989：170.

②　Londa Schiebinger. The Mind Has No Sex? Women in the Origins of Modern Science. Cambridge：Harvard University Press，1989：176‐177.

③　在 1590 年代，当时的解剖学家便开始对传统的盖伦医学图景提出了质疑，例如赫凯·库克（Helkiah Crook）便认为盖伦将男女看成类似的观点十分荒唐，女人并非"发育不完全的男人"。在当时，女性子宫的独特性和作用开始得到重视。同时，在 17 世纪中叶，关于男女在生育中不同作用的辩论十分激烈，1698 年，伦敦的一位医师詹姆斯·凯尔（James Keill）便报道了当时的一些情况。类似于詹姆斯·德雷克（James Drake）的很多医师都主张在生育过程中，女性发挥着和男性同等重要的作用。

育器官例如大脑、骨骼等的研究，以及对于男女在其他方面的差异观念依然没有与传统决裂。即使是维萨留斯（A. Vesalius）和哈维关于性别差异的讨论也都集中在两个方面：一是身体的外形差异，二是生殖器官的差异①。通过对早期女性主义者、近代认识论和新解剖学的考察，席宾格尔试图表明的是：一方面，公元16～17世纪的哲学思想和新解剖学关于男女身体差异仅体现在生殖器官上的观点，都间接支撑了早期女性主义者"心灵无性别区分"的主张；另一方面，古老的性别差异观念却依然存在，尤其是大多数解剖学家仍然坚持的是"心灵存在性别差异"的看法。这样一来，在新的解剖学理论和古老的性别差异观念之间便出现了偏差和矛盾。正如席宾格尔所言，"心灵存在性别差异"的观点同后盖伦时期医学思想不相一致②。

要解决社会性别观念和生物学解释之间的矛盾，要么改变社会性别观念，要么改变生物学，18世纪中叶至19世纪初的生物学家和解剖学家选择了后者。他们开始对盖伦医学和16～17世纪的解剖学提出全面挑战。这种挑战意味着，要让新的解剖学更好地说明和支持当时的社会性别观念。席宾格尔通过对18世纪50～90年代的解剖学史进行考察，充分证实了解剖学对于社会性别观念的这种说明和支撑关系。其中，解剖学的新发展尤其为当时社会对母性的重视提供了生物学依据。

如果说公元16～17世纪解剖学的变革仅仅体现在对妇女生殖器官作用的重新评估上，18世纪中叶之后关于性别差异的解剖学研究则远远超出了这个范围，将性别差异深入到骨骼的根本差异上。席宾格尔发现当时很多解剖学家开始呼吁对两性身体差异进行全面的解剖学研究。其中，一位德国解剖学家雅各布·阿克曼（Jakob Ackermann）就在他长达两百多页的著作中详细比较了男性和女性在骨骼、头发、嘴、眼睛、血管、汗腺、大脑等各个方面的差异，并呼吁解剖学家们去发现"性别差异的本质"③。在当时的解剖学家看来，作为身体最坚硬的部分，骨骼决定着肌肉和身体其他部分的生长，因而说明骨骼的性别差异，能为性别差异的论证提供基石，为此他们尤其对男女的骨骼差异进行了深入研究和描述。

---

① Londa Schiebinger. The Mind Has No Sex? Women in the Origins of Modern Science. Cambridge：Harvard University Press，1989：184.

② Londa Schiebinger. The Mind Has No Sex? Women in the Origins of Modern Science. Cambridge：Harvard University Press，1989：188.

③ Londa Schiebinger. The Mind Has No Sex? Women in the Origins of Modern Science. Cambridge：Harvard University Press，1989：189.

为更好地说明这种变革的社会根源及其负载的社会性别观念和价值诉求，席宾格尔集中对比分析了当时著名解剖学家的解剖学思想及其提供的男女骨骼图。其中，解剖学家伯纳德·阿尔比努斯（Bernard Albinus）提供的男性骨骼图、玛丽·蒂鲁克斯·阿尔科维尔（Marie Thiroux d'Arconville）提供的女性骨骼图、塞缪尔·托马斯·范·泽默林（Samuel Thomas von Soemmering）提供的女性骨骼图在当时具有典型性。

阿尔比努斯分别从正面、侧面和背面三个角度描绘了男性的骨骼，他声称，为了说明男性身体骨骼的一般尺寸，他考察了很多男性躯体，他的男性骨骼图是最为标准和完美的骨骼图。实际上，这一骨骼图确实影响了半个多世纪之久①。在阿尔比努斯的骨骼图中，男性的骨骼被描绘成最具力量和灵活性的形象，而大腿骨骼也按照传统的美好男性形象的要求被描绘得很长②。作为女性解剖学家的阿尔科维尔提供了当时最受欢迎的女性骨骼图，在该图中女性的颅骨相对于其整个身体的比例远远小于男性头骨相对于其整个身体的比例；相反，女性的盆骨比例却十分夸张地大于男性的；而且，女性的肋骨被描绘得惊人地狭窄③。与此同时，泽默林提供了另外一个很有社会影响的女性骨骼图，在这张骨骼图中女性颅骨所占整个身体的比例比阿尔科维尔提供的骨骼图表明的要大，肋骨和盆骨的比例差距也比阿尔科维尔的骨骼图中显示的要小。泽默林自认为他所提供的并非个别女性的骨骼图，而是对女性整体骨骼描绘得最完美、最详细、最精确的图谱。尽管如此，阿尔科维尔的骨骼图在当时明显更受欢迎，尤其是在英国；相反，泽默林的骨骼图则被认为缺乏精确性④。

通过对阿尔比努斯的男性骨骼图同阿尔科维尔的女性骨骼图进行比较，席宾格尔发现女性的颅骨被认为比男性的小，而盆骨却被认为很大，这与当时的社会性别观念完全一致。也即颅骨被认为是智力的标志，盆骨则是女性气质的衡量标尺，宽大的盆骨被认为是理想的女性身体形象。尽管泽默林将女性的颅骨占身体的比例描绘得甚至比阿尔比努斯的男性颅骨占身体的比例还要大，在当时却没有受到普遍认可，在后来甚至还被认为是发育不完全的表现。此外，

① Londa Schiebinger. The Mind Has No Sex? Women in the Origins of Modern Science. Cambridge：Harvard University Press，1989：191.

② Londa Schiebinger. The Mind Has No Sex? Women in the Origins of Modern Science. Cambridge：Harvard University Press，1989：202.

③ Londa Schiebinger. The Mind Has No Sex? Women in the Origins of Modern Science. Cambridge：Harvard University Press，1989：197.

④ Londa Schiebinger. The Mind Has No Sex? Women in the Origins of Modern Science. Cambridge：Harvard University Press，1989：200.

泽默林的骨骼图同阿尔科维尔的骨骼图相比,从实际的女性形象来看,尽管前者更合理,但却不如后者受欢迎。这些都说明一个问题,即解剖学对社会性别差异观念的迎合和支撑。正如席宾格尔所言,尽管阿尔比努斯作为一位解剖学家获得很高的声望,实际上他在骨骼研究和描绘中却丧失了客观性,迎合了当时社会关于男性刻板形象的预设[①]。这一点尤其体现在解剖学家对骨骼描绘对象的选择上,渗透了社会关于性别形象的审美标准和差异规范。例如,尽管泽默林自认为他的女性骨骼图更为精确,其选择模特的标准仍然是各个部位都最完美、最具女性气质的女性,他的图谱同样强化了当时社会对母性这一女性气质的重视[②]。

至此,席宾格尔考察了自古希腊至 18 世纪医学与解剖学同社会性别差异观念的互动关系史,描述了两者之间经历的"宇宙论层面达成一致——宇宙论层面一致、解剖学层面矛盾——更近代科学意义上的一致"这样一条历史脉络,阐明了医学和解剖学对于男女身体本质及其差异的建构过程,以及这一建构对当时社会性别观念的迎合、支撑与强化。

尤为突出的是,席宾格尔还进一步对 18 世纪医学之于这种解剖学的认可情况,以及当时"性别互补论"的社会性别观念进行了深入的解析。她发现,启蒙思想家卢梭将女性看成是男性的补充,而非与男性平等的人类,生物学上的性别差异能广泛地规定男女在社会上的角色差异[③]。而且,卢梭的这种"性别互补论"在 18 世纪十分流行,它要求女性不与男性在公共领域展开竞争,而应在私人领域扮演好妻子和母亲的角色,家庭领域是积极的女性气质得以展现的恰当场所。甚至在互补论者看来,只要两性以及两性气质分别归属于不同的领域,互相补充,就能避免关于性别平等的空泛争论[④]。为此,席宾格尔得出结论认为,18 世纪关于性别差异的解剖学研究之所以如此兴盛的原因是政治性的。因为 18 世纪法国启蒙思想家们所面临的一个困境是,妇女应处于屈从地位的古老观念与人人平等的人权原则之间存在矛盾,他们必须依据科学理论来裁决当时关于性别平等的争论,期望科学能为性别关系提供本质性的解释。

---

① Londa Schiebinger. The Mind Has No Sex? Women in the Origins of Modern Science. Cambridge: Harvard University Press, 1989: 202.

② Londa Schiebinger. The Mind Has No Sex? Women in the Origins of Modern Science. Cambridge: Harvard University Press, 1989: 203.

③ Londa Schiebinger. The Mind Has No Sex? Women in the Origins of Modern Science. Cambridge: Harvard University Press, 1989: 216.

④ Londa Schiebinger. The Mind Has No Sex? Women in the Origins of Modern Science. Cambridge: Harvard University Press, 1989: 226.

在他们看来，如果要把女性排斥在政治之外，就必须找到男女之间的"本质差异"，以使这种排斥合法化。简而言之，要把社会不平等纳入到自由主义思想的构架中，就必须为人类因年龄、性别、种族的不同而体现出的差异性提供科学证据①。

席宾格尔关于 18 世纪 50～90 年代解剖学史的考察，深刻说明了科学对这种新的政治和社会性别意识形态需求的迎合与支撑。尽管当时的解剖学事实并非全然有利于说明性别差异的本质化，也有一些医生反对将两性差异夸大化的做法，但是大多数的解剖学家仍然坚持两性在身体结构和骨骼上的种种差异，以为"性别互补论"提供生物学的说明。而"互补论者"正是通过将解剖学提供的性别差异理论同关于公共与私人、理智与情感等一系列的二元划分理论结合起来，将女性和女性气质排斥在科学之外，巩固科学和男性气质之间的关系。这里存在一个循环的相互强化的关系式，科学定义了性别差异，性别差异反过来又定义了科学。正如席宾格尔所认为的，科学往往总是相对于一定的对立面来得到定义的，在与女性气质的对立关系中，"科学与非科学的定义本身又由关于性别差异的科学定义所确保。"②

可以说，席宾格尔通过对这段历史的深入分析，实现了她的研究初衷。正如她本人所希望做到的：揭示生物科学对女性身体、性和性别的解读与误解，并阐明关于女性本质的这些科学解释被用来排斥妇女参与科学的过程③；从全新的社会性别视角增进人们对生物学和社会性别观念相互作用及伴随的革命的理解④。然而，也有一些学者认为席宾格尔的研究虽然提供了关于科学的详尽的社会史考察，但很多内容只是浅尝辄止⑤；或者说席宾格尔的研究十分有意义，但具体的分析显得有些肤浅⑥。但在笔者看来，这从某种程度上恰恰意味着相关研究仍有继续深入的必要性，也说明她的工作开辟了一片广阔的问题

---

① Londa Schiebinger. The Mind Has No Sex? Women in the Origins of Modern Science. Cambridge：Harvard University Press，1989：214 - 216.

② Londa Schiebinger. The Mind Has No Sex? Women in the Origins of Modern SciencE. Cambridge：Harvard University Press，1989：236.

③ Londa Schiebinger. The Mind Has No Sex? Women in the Origins of Modern Science. Cambridge：Harvard University Press，1989：8.

④ Londa Schiebinger. The Mind Has No Sex? Women in the Origins of Modern Science. Cambridge：Harvard University Press，1989：160.

⑤ Diana E. Long. The Mind Has No Sex? Women in the Origins of Modern Science（Book Review）. The American Historical Review，1991，96：1500.

⑥ Anita Guerrini. The Mind Has No Sex? Women in the Origins of Modern Science（Book Review）. Isis，1991，82：133.

域。正如有学者所言，席宾格尔的研究提供了关于"近代西方科学是价值负载的，它充满了男性中心主义的意识形态"这一观念的丰富而详尽的案例支撑，它为类似的研究开辟了方向[①]；尽管解析近代科学史上权力、利益和知识之间的复杂关系还需要做更深入的研究，但席宾格尔以案例研究取代理论空谈，这无疑为相关工作提供了一条正确的研究进路[②]。

案例4　骨骼、种子、基因及荷尔蒙

实际上，对生物学和社会性别观念互相作用的过程进行历史考察是众多女性主义学者关注的焦点，生物学原理常常被用来例证所有的不平等和歧视[③]。除席宾格尔之外，托马斯·拉克尔、图安娜和由斯科特·吉尔伯特（Scott Gilbert）领导的"生物与社会性别研究小组"在此方面也开展了深入研究。这些工作集中在以下几个方面：骨骼研究、生育理论、受精理论、社会生物学和神经内分泌研究，它们都说明了社会性别意识形态等对科学实验、科学方法和科学理论的深刻影响，以及生物学和医学反过来通过不断变革性别差异理论和生育理论来迎合和巩固社会性别意识形态的历史事实。

其中，美国史学家托马斯·拉克尔在《制造性——从希腊人到弗洛伊德的身体和社会性别》一书中所做的研究，可以被看成对席宾格尔工作的有益补充。拉克尔认为，自古希腊到17世纪西方的身体观念和生殖观念中的"单性模式"表明在当时，男性是所有事物的衡量标准，女性作为独立的个体是不存在的。而18世纪"单性模式"理论逐渐遭受的批评与挑战，以及解剖学家积极寻找身体上的性别差异，尤其是突出骨架中头颅的性别差异这一做法，都表明这一时期的生物医学实际上充当了仲裁者的角色，直接介入了有关女性权力和能力的政治社会争论[④]。荷兰学者欧德苏瑞在《超越自然的身体：性荷尔蒙的考古学》一书中进一步对拉克尔的研究给予了正面回应。她认为"单性模式"将女性身体仅视为是男性身体的变体，体现出一种彻底的父权思想，反映的是占统治地位的男性公共世界的价值观。18世纪以后"单性模式"向凸显性别差异的生物学与医学叙述的转向，又反映了生物学和医学对当时女性所扮演

---

① Sander L. Gilman. The Mind Has No Sex? Women in the Origins of Modern Science (Book Review). The Journal of Modern History, 1991, 63: 756－757.

② Lorraine Daston. Presences and Absences (Book Review). Science, Dec. 15, 1989, 246: 1503.

③ James A. Doyle, Sex and Gender: The Human Experience. Dubuque: Wm. C. Brown Publishers, 1985: 46.

④ Thomas Laqueur. Making Sex: Body and Gender from the Greeks to Freud. Cambridge: Harvard University Press, 1990: 28－29.

的社会角色的一种折射①。

除此之外，美国宾夕法尼亚州立大学哲学系教授图安娜对自亚里士多德到17世纪的生育理论的历史进行了考察，认为她的这项研究能为"社会性别/科学系统"作用于科学研究过程的种种方式提供生动的说明。其中，她对亚里士多德关于女性在生育中仅占次要作用的医学理论进行了批判，她认为亚里士多德的结论源自于"女性比男性劣等"这一性别偏见。值得提及的是，她揭示出亚里士多德关于性别的基本理论与他关于生育的理论之间的逻辑矛盾。例如，在亚里士多德看来，快速发育是热超量的一种表现，而当他注意到女性往往比男性发育要早时，他并没有得出结论认为，女性的热量比男性的热量高，而是辩解为快速发育正是女性缺乏热的表现，因为劣等事物总是更快地发育完全。图安娜认为，亚里士多德理论中的这些不一致表明，在亚里士多德那里，女性比男性劣等并不是需要论证的前提，而是他的生物学理论潜在的信念基础②。她对17世纪预成论生育理论（the theory of preformation）中的卵原论和精原论的竞争也进行了考察，揭示出精原论之所以取代卵原论的原因仍在于"女性比男性劣等"观念的影响。当时，精原论所面临的问题比卵原论多得多。例如，每次受孕只有一个精子得到结合，其他的精子都浪费了，这挑战了上帝造物的全能观念。但是，精原论在当时仍然长期占主流地位。为此，图安娜认为，自古希腊到18世纪的生育理论不管其形式如何，其中内涵的"女性比男性劣等"的性别偏见却一直没有改变过，它直接影响到科学观察的过程、对数据的解释和理论的辩护与证明③。

那么19世纪和20世纪的生育理论是否有所转变？是否开始强调女性在生育中的作用？"女性比男性劣等"的观念是否有所改变？由斯科特·吉尔伯特领导的"生物与社会性别研究小组"正是基于这一出发点，对19世纪和20世纪的受精理论进行了历史考察，发现关于两性在生育中的作用的观点在实质上仍然没有改变。通过对盖迪斯（P. Geddes）、汤姆森（J. A. Thomson）和麦克朗（C. E. McClung）等生物学家的著作进行文本分析，他们发现无论是在《性的进化》还是在《副染色体——性决定的吗?》的文本中，都以新的隐喻

---

① Nelly Oudshoorn. Beyond the Natural Body: An Archaeology of Sex Hormones. New York: Routledge, 1994.

② Nancy Tuana. The Weaker Seed: The Sexist Bias of Reproductive Theory// Nancy Tuana, ed. Feminism and Science. Bloomington and Indianapolis: Indiana University Press, 1989: 153.

③ Nancy Tuana. The Weaker Seed: The Sexist Bias of Reproductive Theory// Nancy Tuana, ed. Feminism and Science. Bloomington and Indianapolis: Indiana University Press, 1989: 168.

（被动的卵子、勇猛的精子）表达出亚里士多德关于两性在生育中不同作用的古老观念。同时，吉尔伯特等还进一步考察了直到 20 世纪 70 年代的生物学教材，发现麦克朗关于精子是"申诉人"、"英雄"，而卵子是"被告"、"被动期待者"的隐喻表达在当时十分流行。甚至这一关于"精子是英雄，通过千军万马的斗争获得作为奖赏的卵子"的神话故事，在 20 世纪 80 年代的关于受精理论的历史论文中仍有表达。随后，他们又揭示出这一神话以新的形式在分子生物学中的延续，尤其是关于细胞质和细胞核的研究中依然浸透着社会性别偏见。通过对这些历史文本进行隐喻分析，他们想要表明的是，所有这些叙事都符合社会关于男性气质与充满能量、女性气质与被动无助相互联系的刻板印象；这些刻板印象通过科学的语言得到宣传，给学生传达了关于性别本质的错误理解，然而却被宣称是客观的①。在他们看来，这些男性中心主义假设使得生物学集中研究特定的问题，并在相互竞争的理论之间做出排他性选择②。正如凯勒在研究细胞黏液模型聚合理论中领跑者概念的作用（The force of the pacemaker concept in theories of aggregation in cellular slime mold）时所指出的那样："作为科学家，我们的使命是去理解和解释自然现象，但是理解和解释这两个词有多种不同的含义。在我们寻求熟悉的说明模式的热烈愿望中，我们会冒风险，或者注意不到我们的预先设定与自然现象内在可能性范围之间的分歧。简而言之，我们可能会将我们喜欢听到的、特殊的故事强加给自然。"③

此外，女性主义科学哲学家朗基诺和露丝·德尔（Ruth Doell）还从方法论的角度出发，对进化论和神经内分泌学中的男性中心主义偏见进行了全面解构，从这两个学科中研究问题、资料数据、理论假设、证据与假设的差异等几个方面入手，揭示出了"男性中心主义偏见在科学研究内容和过程中的多种表达方式"④。她们认为，进化论的研究为行为或行为差异提供了普遍性依据，因为在进化论看来，在物种的整个发展历史中，社会性别和性别角色都保持了基本的稳定；而神经内分泌学则为行为模式提供了生物决定论的解答，因为它认

① The Biology and Gender Study Group. The Importance of Feminist Critique for Contemporary Cell Biology//Nancy Tuana, ed. Feminism and Science. Bloomington and Indianapolis：Indiana University Press，1989：183.

② The Biology and Gender Study Group. The Importance of Feminist Critique for Contemporary Cell Biology//Nancy Tuana, ed. Feminism and Science. Bloomington and Indianapolis：Indiana University Press，1989：173.

③ Evelyn Fox Keller. Reflections on Gender and Science. New Haven，London：Yale University Press，1985：157.

④ Helen Longino, Ruth Doell. Body, Bias, and Behavior：A Comparative Analysis of Reasoning in Two Areas of Biological Science. Signs，1983，9（2）：206.

为特定的行为或行为特征取决于先天的荷尔蒙①。

20 世纪 70 年代发展起来的社会生物学是达尔文生物遗传学理论的延伸，它同样遭遇到女性主义学者的社会性别解构。作为社会生物学领军人的美国生物学家威尔逊（E. O. Wilson）明确将社会生物学定义为：一切社会行为的生物学基础的系统研究，它集中研究各种动物社会（后来也涉及人类社会）的群体结构、社会等级、通信交流等背后的生理学内容②。这种生物学自产生以来引起了很大的关注和争论，支持者认为社会生物学理论是生物学的一场革命，反对者则认为，它试图依据遗传基因规定动物和人类的行为模式，为种族歧视与性别歧视提供理论依据。对此，女性主义学者玛丽安·劳通过对社会生物学的基本假定和研究方法进行全面分析，认为社会生物学为性别不平等提供了生物决定论的解答，而一旦社会认为群体差异是由生物学决定的，这些信念必然会阻碍为这些群体争取平等地位和权利的种种社会措施③。女性主义脑神经科学家布莱尔则认为，社会生物学的许多研究都来自男性科学家的基本假定，他们运用自己的经验、价值观和信念及语言来看待和分析动物，就像他们对待女性、他文化、他文明和他时代一样④。

上述案例研究从总体上展现了，自古希腊到 20 世纪 80 年代这一大跨度的历史时段中，西方性别差异理论所经历的从宇宙论层面的讨论，到细胞生物学、神经内分泌学的精致研究的漫长发展过程。尽管不同学者考察的焦点和时间段不同，但他们都围绕着关于身体和生育的生物学与医学史展开研究，得出的共同结论是：尽管有关生物学和医学的基本概念、术语、方法在变化，但"女性比男性劣等"、"男性主动、女性被动"、"男性是英雄、女性是奖赏"等社会性别意识形态却始终在生物学和医学发展过程中起作用；生物学和医学中充满了社会性别偏见，这些偏见体现在科学研究的基本假设、问题选择、数据解释等各个程序之中，科学并非其捍卫者所宣扬的那般客观中立；生物学、医学、身体和社会性别观念不断地在建构，而且这种建构既是相互的，也是长期的。

三、麦克林托克、助产术与"女性主义科学"

在女性主义学者看来，科学性别化的另一重要表征是，科学中带有女性气

①　Helen Longino, Ruth Doell. Body, Bias, and Behavior: A Comparative Analysis of Reasoning in Two Areas of Biological Science. Signs, 1983, 9 (2): 223.

②　[美] 威尔逊. 新的综合——社会生物学. 阳河青编译. 成都：四川人民出版社，1985：7.

③　Marian Lowe. Sociobiology and Sex Differences. Signs, 1978, 4 (1): 123.

④　Ruth Bleier. Bias in Biological and Human Sciences: Some Comments. Signs, 1978, 4 (1): 159.

质的科学研究方法和研究风格被边缘化，非主流的"女性主义科学传统"被科学史研究所忽视。女性主义科学史学者基于对女性主义科学的种种设想和理解，或者回到历史中寻找这种科学，并重新承认其重要性，赋予它和主流科学同等的位置，或者从主流科学中找出那些具有特色的研究方式，并肯定其作用。在这一方面，凯勒、金兹伯格和席宾格尔等做出了重要贡献，她们的工作分别代表了对女性主义科学的不同理解。其中，凯勒通过当代史案例分析，表明了她对"科学中的差异"（difference in science）的强调；金兹伯格则明确以"女性主义科学传统长期存在"为研究基点，对不同的历史文本进行了比较解读；席宾格尔虽未明确提出"女性主义科学"设想，但亦对以女性气质为主的科学传统进行了历史追溯。

案例 5　凯勒关于麦克林托克的传记研究

凯勒关于诺贝尔生理和医学奖获得者麦克林托克的当代科学史案例研究早在 20 世纪 80 年代就有了中译本[①]，且刘兵、曹南燕两位教授对这一案例做过一些介绍和分析，认为凯勒的目的在于揭示科学方法的多样性和差异性[②]。鉴于此，这里仅以凯勒对"女性主义科学"问题的看法为出发点，围绕凯勒的研究初衷、有关论著出版后产生的影响和争论，以及她本人对这些问题的回应，对此案例做进一步的补充说明和分析。

历史上得到主流科学承认的女科学家并非只有麦克林托克一个，为什么凯勒选择她而不是居里夫人作为研究对象？这和麦克林托克在研究中展现出来的研究方法的独特性有关，也和凯勒所要彰显的科学研究形式与研究风格的多元化与多样性，以及科学实践和科学话语的开放性和渗透性的研究目的有关。正如凯勒自己所言："正是同时处于成功与边缘的双重身份，使得麦克林托克的科学生涯在科学史和科学哲学上具有了意义。她的成功无可争辩地确证了其作为科学家的合法地位，同时她在科学领域的边缘化又为考察科学知识增长过程中异端思想的角色和命运提供了机遇。这种双重性表明，在不同程度上，价值观、方法论风格和研究目标的多样性总是存于科学之中的；与此同时，它还表明了容纳这种多样性所面临的压力。"[③] "实际上，我不是将麦克林托克的科学生涯故事作为罗曼史来读的，既不是将它看成是'经过多年忽视之后，偏见或冷漠最终被勇气和真理击溃的神话'，也不将它看成是特定科学家的英雄故事，

---

① ［美］伊夫琳·福克斯·凯勒. 情有独钟. 赵台安，赵振尧译. 北京：三联书店，1987.

② 刘兵，曹南燕. 女性主义与科学史. 自然辩证法通讯，1995（4）：49.

③ Evelyn Fox Keller. Reflections on Gender and Science. New Haven and London：Yale University Press，1985：160.

其'远在自身所处时代之前'，意外发现了接近于被今天我们称之为'真理'的东西。相反，我将它看成是关于科学话语的故事——是关于这样一个过程的故事：通过这一过程，共同的科学话语被建立起来、并被有效限制，同时保持充分的渗透能力，使得在一个时代不能被理解的特定工作能被另外的时代所接受。"[1] 然而，实际的情况是，当凯勒将关于麦克林托克的传记发表之后，便立即经历了"作者的死亡"，不同的人对这一著作给予了不同的解读。

新的"女性主义科学"的倡导者认为，作为典范的麦克林托克通过"对有机体的情感"恢复了女性气质对于科学的价值，多年的斗争使她终于赢得了主流科学的承认[2]。与此同时，主流科学的捍卫者则认为麦克林托克"对有机体的情感"是所有优秀科学家所具备的品质，这并不意味着女性气质的独特性，而且麦克林托克只是一位个性很奇特的女性，不能作为一般女性及女性气质的代言人，因而根本就不存在主流科学之外的另外一种科学[3]。就连麦克林托克本人也坚持认为，科学始终是客观的、价值中立的，与性别无关的事业[4]。凯勒作为引发争论的研究者，对此给出了明确的回应。

对于前一种解读，凯勒认为将麦克林托克的故事看成是"女性主义科学"的范例的想法是成问题的。首先，这些观点忽视了科学家的社会化过程[5]。因为"科学是由过去和现在的实践者定义的，在此意义上，任何人想要被科学共同体接受，就必须符合其现存的规则。相应的，吸纳一个新成员，即使是来自彻底不同文化中的人，科学也不会因此发生即刻或者直接的变化。成功的科学家，首先必须是充分社会化的。为此，期望女科学家和她们的男同事们之间存在尖锐差异，这是不合理的，而且这一观点确实会让大多数的女科学家感到害怕"[6]。

① Evelyn Fox Keller. Reflections on Gender and Science. New Haven and London：Yale University Press，1985：161.

② Evelyn Fox Keller. The Gender/Science System：or, Is Sex to Gender As Nature Is to Science? Hypatia，1987，2（3）：41.

③ Stephen Jay Gould. Triumph of a Naturalist：A Feeling for the Organism：The Life and Work of Barbara McClintock by Evenly Fox Keller，（Book Review）. The New York Review of Books，1984，31（5）：3-7.

④ Evelyn Fox Keller. The Gender/Science System：or, Is Sex to Gender As Nature Is to Science? Hypatia，1987，2（3）：41.

⑤ Evelyn Fox Keller. The Gender/Science System：or, Is Sex to Gender As Nature Is to Science? Hypatia，1987，2（3）：42.

⑥ Evelyn Fox Keller. Reflections on Gender and Science. New Haven and London：Yale University Press，1985：173.

但是，历史建构的关于"女性气质"和"科学"的看法，在总体上仍然是对立的。对于后一种解读，凯勒认为要回答他们的疑问，"讨论的角度首先必须从生理性别走向社会性别，其次必须从性别的社会建构走向科学的社会建构。这样问题便可转换为：不是为什么麦克林托克在她的科学实践中要依赖于直觉、情感、关联和关怀的感觉，而是为何这些资源被主流科学所批判？如此，答案就包含在问题之中：对这些资源的批判正是源自于日常将这些资源命名为女性气质的内容，而科学则命名为与此相反的男性气质建制。麦克林托克故事中隐含的科学与社会性别的相关性，便从社会性别在麦克林托克个人社会化过程中发挥的作用问题，转变为社会性别在科学的社会建构中产生的影响问题"①。

从凯勒的回应中，我们可以发现，她真正强调的是科学中的差异（difference in science）而非"不同的科学"（different science），她对主流科学捍卫者和对"女性主义科学"倡导者的批判，反映了她的某种折中态度。这一点在她1985 年的著作以及随后的论文中都有所体现。一方面，她坚持科学和性别的社会建构性，认为这是女性主义科学元勘的基础；批判科学的客观性、价值中立性等观念，并运用"客体关系理论"构建了"动态客观性"这一重要概念；通过麦克林托克的案例说明直觉、情感、对差异的尊重等独特的方法被主流科学排斥的情形；另一方面，她又强调科学家共同体社会化过程及现状，认为科学实践和科学话语的开放性能限制科学中的男性中心主义偏见。她的这种矛盾性或者说在"女性主义科学"问题上的保守性，可能与她作为女性科学家的身份有关。正如她本人所言："因为我是个科学家，不能支持抛弃全部科学的观点"②。也正因为凯勒对待"女性主义科学"的这种保守态度，使得她在主流科学家那里能得到比哈丁等女性主义学者更多的支持，这或多或少反映了女性科学家的现实生存策略。

然而，尽管凯勒关于麦克林托克的当代科学史案例研究，并非代表了对女性主义科学传统的某种历史追溯，但由于她的工作直到目前为止仍被很多女性主义者认为提供了关于"女性主义科学"的范例，而且她本人又在近 20 年后发表的一篇论文中表达出对"女性主义科学"所持的某种乐观态度（在这篇论文中，她分类总结了女性主义理论在生物学领域产生的积极影响，认为该领域

① Evelyn Fox Keller. The Gender/Science System: or, Is Sex to Gender As Nature Is to Science? Hypatia, 1987, 2（3）: 42.

② Evelyn Fox Keller. Reflections on Gender and Science. New Haven and London: Yale University Press , 1985: 177 - 178.

女性科学家人数的增加使得"女性气质"的认知方式在科学领域得以彰显)①。与此同时，她的观点在当时确实代表了作为女性科学家的女性主义科学史与科学哲学研究者对待"女性主义科学"的某种基本态度；因而，本书将其放在这里做专门的分析。

案例6 金兹伯格对"女性主义科学"传统的分析与比较研究

金兹伯格是美国卫斯理公会教徒大学哲学系教授，长期从事女性主义科学哲学研究。她于1987年发表的题为"揭示女性中心主义的科学"（Uncovering Gynocentric Science）一文，较早表达了对"女性主义科学"传统进行历史追溯的主张。文中，金兹伯格对以女性气质为主的科学传统存在的可能性、被忽视的原因进行了详细分析，并给出了具体的案例讨论。

在金兹伯格看来，"女性主义科学"指称的是一种以女性气质为中心的科学（gynocentric science），这种科学以一种关联（interconnection）认识论为核心。她援用郝纳尼·凯·特拉斯克（Haunani‐Kay Trask）对大量女性主义著作的分析，认为"他们的工作强调了两个主题：爱（养育、照料、需要、敏感、关系）和权力（自由、表达、创造、产生和变革）"。这些主题被特拉斯克定义为"生命力量"的双重表达，体现为一种"女性主义爱欲"（the feminist Eros）。金兹伯格将这种"女性主义爱欲"看成是界定以女性气质为中心的科学的认识论的显著标志②，并致力于从历史中寻找这种"女性主义科学"传统。

虽然金兹伯格的认识论观点与朗基诺等的相关理论类似，但她对于"女性主义科学"如何实现等问题的看法，却与她们十分不同。如上文已提到的，布莱尔曾困惑：我们的历史、语言、概念框架、文字都是由男性创造的，如此一来，该如何去定义非男性中心主义的科学？③ 朗基诺则表明："是否存在一种'女性主义科学'？如果这意味着在原则上存在着像女性主义者那样去实践科学的可能性，那么答案是肯定的；如果意味着我们在实践中已能像女性主义者那样实践科学，答案则是：我们首先必须变革我们的现状。"④菲甚至认为，一个充满男性中心主义偏见的社会必然会发展出一种男性至上主义的科学，从我们的社会去构建一套女性主义科学观念，"如同让一位中世纪的农民去想象遗传

---

① Evelyn Fox Keller. What Impact, If Any, Has Feminism Had On Science? J. Biosci, 2004, 29 (1)：7‐13.

② Ruth Ginzberg. Uncovering Gynocentric Science. Hypatia, 1987, 2 (3)：91.

③ Ruth Bleier, ed. Feminist Approaches to Science. Elmsford, NY：Pergamon, 1986：15.

④ Helen E. Longino. Can There Be a Feminist Science? Hypatia, 1987, 2 (3)：62‐63.

学理论或者太空船的生产"①。显然，布莱尔、朗基诺和菲均否认了在历史和现实中已存在"女性主义科学"范例的可能性。在她们那里，"女性主义科学"更多体现为一种女性主义追求的理想目标，一种新的认识论诉求。与她们不同的是，金兹伯格希望做的恰恰是从女性的科学实践中去寻找"女性主义科学"的痕迹。她认为，如果说有女性主义科学存在，那么它不会是现在才开始存在的，女性主义的科学实践在整个历史中都存在②。对于那些希望寻找女性主义科学概念的人，金兹伯格的建议是："它早已存在于我们的身边，我们现在的任务是去研究它，而不是仅在理论上探讨它的性质。"③

如果说这种"女性主义科学"一直存在，那么它们为何没有被主流文化认同？为何没有成为传统科学史和科学哲学关心的主题？对此，金兹伯格给出了五条原因分析：第一，由于我们所受的训练所致，它教导我们"科学"是由那些获得科学家头衔的人来从事的工作。第二，具有女性气质的科学之所以很容易被忽视，是因为妇女的工作在男性中心主义西方文化的历史记载中总是不可见的。第三，这种具有女性气质的科学在整个历史中以口授相传而非书面记载的传统为主。第四，与第三条相关，妇女的知识及其证明和传播，都未被结构性地组织起来。第五，人们做出具体实际的努力去压制和抵抗女性气质的科学，认为它们是错误的、迷信的，甚至与危险或邪恶相关联。这在迫害女巫事件等事例中得到了鲜明的例证。金兹伯格认为，强制性的力量和暴力在确立西方男性气质科学传统的过程中的影响，不容低估④。

尽管金兹伯格所列的第二、三条原因有些重复，且这两条与其说是原因，不如说是科学史没有记载具有女性气质的科学传统的事实。但从总体来看，这五条原因所围绕的一个最为核心的内容始终在于传统文化对于科学的定义，它自动地将金兹伯格所说的女性主义科学传统排斥在主流科学之外。换句话说，要对具有女性气质的科学传统进行史学梳理，且为这种梳理争取科学史研究的合法性，必然要求对这种狭窄的科学观提出挑战。也正是在这个意义上，金兹伯格认为，我们不能把研究视野局限在那些被官方正式定义为"科学"的历史上，科学至少部分上是政治的术语，我们必须超越"官方正式的"历史去纠正那些压制女性的政治因素。在金兹伯格看来，作为典型的被压迫群体，很多女

① Sue V. Rosser. Feminist Scholarship in the Science：Where Are We Now and When Can We Expect a Theoretical Breakthrough? Hypatia, 1987, 2 (3)：12.

② Ruth Ginzberg. Uncovering Gynocentric Science. Hypatia, 1987, 2 (3)：90.

③ Ruth Ginzberg. Uncovering Gynocentric Science. Hypatia, 1987, 2 (3)：103.

④ Ruth Ginzberg. Uncovering Gynocentric Science. Hypatia, 1987, 2 (3)：94 - 95.

性的活动存在于西方主流文化之外。但这并不意味着这些活动就没有发生或没有价值，也决不必然意味着它们就不是科学，这仅仅只能表明它们不是主流文化成员所感兴趣的主题①。

为此，金兹伯格寻找并列举了她所定义的"女性主义科学"的范式。她认为，有很多理由表明女性关于事物和养育的知识包含了相对精致的植物学和生态学理论，这些知识毫无疑问都是在妇女作为食物、营养和健康专家的实践中积累起来的。在其文化中，食物的生产和准备远非一种社会娱乐而是维持生命不可缺少的工作。关于区分可食植物和不可食植物的知识、关于食品防腐和防毒的知识，关于种植和轮作的知识都毫无疑问是女性气质科学的一部分。此外，药物学也被金兹伯格认为是另一个具有女性气质的科学领域，她指出，近代药物学之父帕拉塞尔苏斯就曾将他全部的药物学知识归功于当时社会的智识妇女。与此同时，金兹伯格还认为对具有女性气质的科学的研究，并不仅限于重视久远年代的东西。在20世纪，那些具有男性气质的社会科学纷纷获得了科学的地位，而存于妇女社会网络中的智慧却被贴上了"蜚短流长"（gossip）的标签。她认为，如果把妇女之间的"蜚短流长"，如花园聚会、咖啡聚会或者庭院栅栏边的聊天等，都作为具有女性气质的社会科学传统的一部分来研究，会非常有趣②。

在所有这些"女性主义科学"传统中，金兹伯格尤其对"助产术"传统进行了个案分析。她的目的在于通过对关于分娩的、具有女性气质的解释范式和具有男性气质的解释范式进行比较考察，为具有女性气质的科学传统平权。现代科学意义上的产科学大多认为，助产术是一种与它解决类似的科学问题，但却不具竞争性的、不发达的、较少成功的、较不科学的方法。另一种带有较少偏见的描述是，助产术和产科学分别代表着两种相互竞争的范式，它们与库恩所说的任何相互竞争的范式一样，不仅研究问题的清单不同，而且理论、方法论和评估标准也不同③。金兹伯格所持的是后一种观点。她回顾了人类分娩的历史，列举了以往的一些研究，表明在非洲国家和地区，由助产妇帮助分娩的产妇的死亡率远比同时期白人产妇的平均死亡率低得多。她认为，这至少说明助产术并非如现代产科学所言的那样较少成功。与此同时，金兹伯格通过对西方医院采用的分娩方式——切会阴卧位（lithotomy position）和传统助产妇采用的蹲坐式分娩姿势（squatting position）的比较分析，发现前种姿势是基于

①　Ruth Ginzberg. Uncovering Gynocentric Science. Hypatia, 1987, 2 (3)：90.
②　Ruth Ginzberg. Uncovering Gynocentric Science. Hypatia, 1987, 2 (3)：92-93.
③　Ruth Ginzberg. Uncovering Gynocentric Science. Hypatia, 1987, 2 (3)：100.

医生的立场思考问题，它意味着医生便于对分娩过程进行控制，而后一种姿势则考虑到了分娩妇女的生理需要。对此，她认为这表明了女性气质科学和男性气质科学的某种不可通约性。这种不可通约性尤其体现在助产妇和产科医生所持的不同分娩观念上。金兹伯格认为，如果说具有女性气质的科学"因为其认识论相关的爱欲（erotic）本质和立场，更少地脱离我们生活的其他方面，更少地个人崇拜，更多地具有整体性、养育性，更加关注与其他客体之间的关系，且也许更辩证"的话，那么这些特征应该在工作于该范式的科学家身上有鲜明的体现。另一方面，男性气质标准如抽象性、还原性，以及压制个人情感以提高"客观性"等也必然在男性气质科学家的实践中有明显反映。为此，她对比分析了助产术和产科学两个不同范式里科学家的医学话语。

作为女性气质科学的助产术话语：

我想强调良好的、连续的胎教的重要性。没有良好的健康知识，家庭内分娩对于母亲和婴儿而言，都将增加危险。

想要健康怀孕和顺利分娩，你就必须观察生理、心理和精神各个方面的变化，并学会去平衡你体内的各种力量（也即创造生命的力量）。

你必须能够去聆听你的身体，感觉它告诉你的正在发生的变化及其结果。

伴随着怀孕的过程，发生了很多事情，这是一个逐渐训练身体和心理的缓慢过程。

饮食很重要，食物必须新鲜、经过精细加工、营养丰富等。

简而言之，如果你能正确地做到上述方面，你的身体将很健康，且你能感受到这种健康。

——助产妇拉文·朗（Raven Lang，Midwife）

作为男性气质科学的产科学话语：

一旦病人认真地选择了她的医生，她就必须让他全权负责她怀孕和分娩的一切过程，因为他具有良好的知识，不管发生了什么，他都经历过类似的病例，他的背景经验能确保孕妇的健康。

大多数的产科医生愿意检查怀孕初期的病人状况，很多妇女都带有不必要的担心来期待这一初次诊断。也许有过此经验的朋友告诉她们，这是次很令人尴尬的检查和提问。病人总是倾向于忘记她的医生已经检查过成千上万的病例，他在检查过程中早已学会对他的病人不带个人感情。

在初次诊断中，产科医生通常对妇女进行全身检查。他必须确定病人的身体条件，以判断她承受怀孕和分娩压力的能力。

——纽约西奈山医学院产科学与妇科医学系退休教授艾伦·古特马赫
(Dr. Alan Guttmacher, Professor Emeritus of the Department of Obstetrics
and Gynecology at New York's Mount Sinai Medical School)①。

金兹伯格所展示的这两类科学传统之于分娩的不同看法，表明了两类范式
在研究立场、研究方法、研究者与研究对象的关系等方面的不可通约性。这种
不可通约性彰显了女性气质的重要性，表明了女性主义基于女性生活经验和边
缘立场确立女性主义科学的设想。这里非常值得注意的一点是，金兹伯格并没
有从本质论的意义上来肯定这种女性气质的重要性，她的"女性主义科学"并
非基于女性因生理性别而具有的性别特质，而是基于女性的边缘立场。也正因
如此，她提醒我们，如果历史地追溯出男性气质的科学和女性气质的科学这两
条不同的科学传统，我们一定不能认为这两种不同科学传统的实践者之间存在
严格的性别界限。确定一个科学家隶属于女性气质科学传统还是男性气质科学
传统的关键因素是他或者她实践的认识论基础、方法论、问题选择以及所属的
科学共同体，而不是他们的生理性别②。但依然存在的一个问题是，这种文化
意义和边缘群体立场意义上的性别气质在被强调了之后，是否又将面临着被重
新本质化的危险？如果是，它将是一种文化意义上的本质主义。

案例7 席宾格尔对西方助产术传统的历史梳理

席宾格尔没有明确提出"女性主义科学"的概念，但却同样承认妇女在主
流科学之外的多个领域发挥着重要作用，反对以往科学史家忽视这些领域的做
法，主张至少在助产术、养育学和家政经济学这三个领域，女性做出了很大贡
献。她认为，如果科学史家能将注意力从对工业、国家或军事发展影响重大的
那些方面转向这些领域的话，他们会发现女性在科学技术史上占据了重要位
置③。在肯定这些具有女性气质的科学传统的历史重要性的问题上，席宾格尔
和金兹伯格是一致的，这是她们研究的共同出发点和归宿。所不同的是，金兹
伯格重在通过对历史文本的比较分析，揭示产科学和助产术这两种范式的差异
性和各自的独特性，强调二者的不可通约；而席宾格尔则致力于追溯这两种不
同范式相互竞争，以至一方被另一方排斥和取代的历史过程。

---

① Ruth Ginzberg. Uncovering Gynocentric Science. Hypatia，1987，2 (3)：100 - 102.

② Ruth Ginzberg. Uncovering Gynocentric Science. Hypatia，1987，2 (3)：94.

③ Londa Schiebinger. The Mind Has No Sex? Women in the Origins of Modern Science. Cambridge：Harvard University Press，1989：102 - 103.

1550 年之前，西方男医生和助产妇和平相处，直到 17、18 世纪随着传统技艺的逐渐专业化，他们之间的关系才开始紧张起来。由男性主导的医疗职业的专业化主要是通过限制医疗服务对象的范围，切断同理发师职业的关联①，创办医疗科研机构和教育机构等步骤来实现的。当时很多传统医疗技艺者，包括牙医、药剂师都投入到这一过程，唯独由妇女主导的助产术没有走上这条道路。但席宾格尔认为这并非助产妇不愿意，而是她们的努力常常被男性主导的医疗传统扼杀。其中，1616 年和 1687 年助产士提出建立助产妇培训与科研机构的申请，都遭到男性主导的内科医师大学的否决，而以失败告终②。她发现，这一情况的出现与 16 世纪后半叶，男性开始进入助产领域有关。随着男性在解剖学领域取得的进步，他们对分娩的机制有新的理解，同时加上产钳等医疗器械的发明，男性在助产领域的优势逐渐明显。更为重要的是，他们常常不愿与助产妇分享新知识、新技术和新发明，再加上当时的助产妇无权进入大学学习，也无法建立自己的医科大学③，因而逐渐被排斥在主流医学之外。然而，这并不表示助产妇们没有抗争，在为建立机构而斗争的同时，她们在整个 18 世纪仍然试图维护自身在助产领域的传统优势。只不过，在男性主导的医疗体系的强势限制下，她们到 18 世纪末最终失去了垄断地位④。

可见，席宾格尔从医疗机构和组织的建立、医疗技术与工具的使用权限等方面的比较研究出发，阐明了助产术传统遭受排斥以至被边缘化的过程。然而，这只是这一过程的一个方面，另一方面是社会的接受过程。也即，当时的社会是如何接受男性助产士以及男助产士所带来的新助产技术和助产方法？上文已经提到，18 世纪"性别互补论"十分流行，分娩和助产一直被定义为女性的垄断领域，而且当时的助产妇也确实利用了这一理论来论证男性从事助产工作不符合他们应有的位置，但是这种性别互补观念为何忽然不起作用了？另一个问题是，当一个社会长期习惯于某种医疗传统时，为何能很快接受新的范式？这是否说明这个新的范式确实具有某种优势，而这一优势是否源于其在科学知识和方法上的先进性？席宾格尔对此没有做深入分析。

---

① 在近代医学专业化之前，理发师往往兼职外科医生，他们能够治疗一些骨折、脱臼、跌打损伤之类的外科病，被称为是理发师-外科医生（barber‑surgeon）。

② Londa Schiebinger. The Mind Has No Sex? Women in the Origins of Modern Science. Cambridge：Harvard University Press, 1989：105 - 109.

③ 当时只有法国的助产妇得以成立了一所机构（Hôtel Dieu），但是所授的教程仍是传统的助产方法和技巧。

④ Londa Schiebinger. The Mind Has No Sex? Women in the Origins of Modern Science. Cambridge：Harvard University Press, 1989：109.

关于第一个问题，笔者认为，男性在建立医疗组织和机构、形成医疗共同体、逐步走向专业化的同时，便不断脱离了传统助产术所属的私人领域，而一旦一个领域的工作成为公共事业时，便符合了当时"性别互补论"关于内外二元划分的主张和思维模式，成为男性主宰的领域。第二个问题涉及的实际上是相对主义的问题。席宾格尔强调由于助产妇得不到新的医疗知识和技术的资源，因而在同男性助产士和产科医生竞争过程中日益处于劣势，实际上还是承认这两种范式在知识内容上有进步与落后之分。但我们必须看到，当时的竞争并非自由竞争，除男性主导的医疗传统的强势进攻与助产术所受的种种限制之外，当时的社会需求和国家导向也在其中发挥了重要影响。席宾格尔也提到，黑死病和其他灾难造成了西方人口大缩减，加上战争的需求，这些都导致鼓励人口增长政策的出台，而传统的助产妇常常被认为在流产和避孕方面具有独特的知识，因而成为被这种生育鼓励政策排斥的对象①。可见，不同范式之间的竞争往往同文化、社会和政治的各种因素交错在一起，在某种程度上成为权力斗争的结果。然而，随着取得优势一方逐渐成为主流范式，这种斗争的过程和历史便逐渐被自然化和本质化，被看成是先进的科学技术知识不断取代落后的科学技术知识的历史。

这里值得注意的一点是，金兹伯格和席宾格尔等对这种边缘化的女性主义科学传统的追溯和承认，在或明或暗地支持了范式的不可通约性和科学的文化多元性观念的同时，都对传统科学史提出了一个根本性的挑战，即要求进一步拓展科学的范畴，变革现有的科学概念。这一要求潜在地在后殖民主义理论、人类学与科学实践哲学那里得到了某种回应。其核心思想是，对主流科学普遍性的消解和对科学知识地方性的强调，以及由此带来的对各种地方性知识体系的平权主张。因为对历史上以女性气质为中心的科学形式进行科学史的研究，类似于对其他任何的非西方、非主流的科学知识形式进行的科学史考察，都意味着对主流科学之外的智识形式与内容给予类似于主流科学那样的科学史研究的合法地位。例如，哈丁曾注意到，妇女的知识常常被描述为一种民间信仰，仅仅是地方性的知识，或者是原始民族的自然知识②。金兹伯格在寻找和考察那些被正式定义为"科学"之外的妇女活动时也发现，以女性气质为中心的科学常常被称为"技艺"（art），如助产术、烹饪技艺和家政技艺等。一旦这些

---

① Londa Schiebinger. The Mind Has No Sex? Women in the Origins of Modern Science. Cambridge：Harvard University Press，1989：111.

② ［美］桑德拉·哈丁. 科学的文化多元性——后殖民主义、女性主义和认识论. 夏侯炳，谭兆民译. 南昌：江西教育出版社，2002：144.

"技艺"成为男性从事的活动时，它们便相应地被冠以"产科科学"、"食品科学"和"家庭社会科学"之名。[①] 基于这些认识，女性主义科学史所要做的就是回到历史中，寻找主流之外的科学知识实践活动，为它们获取与主流科学类似的地位而论争，并且宣扬这种以女性经验和立场为来源、以女性气质为中心、以"女性主义爱欲"为认识论基础的女性主义科学的优越性。也可能正因如此，女性主义在发展到一定的阶段必然与后殖民主义理论、人类学观念等结合，对非西方非主流的科学史进行社会性别视角的考察。

第三节 小结与讨论

20 世纪 70 年代到 80 年代上半叶的女性主义科学史研究主要仍局限于西方科学史领域，基于女性主义的社会性别理论和宽泛意义上的科学社会建构论观念的结合，它主要以解构和批判西方科学中的男性中心主义，进而揭示科学和社会性别相互建构的实质和过程为研究主题。同时，还有一些学者在此基础上，通过对历史上被忽略的、具有女性气质的知识传统进行追溯和分析，阐明"女性主义科学"存在的可能性，以及女性气质和女性原则对于科学发展的重要意义。

其中，关于近代科学起源与社会性别意识形态之间关系的研究占据十分重要的位置，是这一时期女性主义科学史研究的一个核心领域。麦茜特、凯勒、哈丁等人均在此方面做出过杰出贡献，她们的研究侧重从社会性别视角出发，利用对科学文本和科学话语中的性/性别隐喻进行分析，阐明近代科学在研究选题、实验方法、研究程序等各个方面都渗透着社会性别意识形态的影响，认为近代科学的诞生有其独特的父权制根源。

此外，对西方生物学和医学与社会性别意识形态相互迎合和建构的关系进行历史追溯与分析，构成了这一时期女性主义科学史研究的另一个重要方向和问题领域。席宾格尔、图安娜、吉尔伯特生物与社会性别研究小组等，在此方面做过大量的研究，侧重展现科学对于女性及女性气质的定义和强化，阐明科学对社会性别意识形态的建构和固化作用，认为科学具有性别统治功能。

比较而言，凯勒、金兹伯格、席宾格尔等通过女科学家研究和对具有女性气质的知识传统的研究，尝试恢复女性气质和女性原则在科学中的重要作用，阐明"女性主义科学"存在的可能性的研究类型在这一时期女性主义科学史研

---

① Ruth Ginzberg. Uncovering Gynocentric Science. Hypatia, 1987, 2（3）：91.

究中并不占主导地位，但它们却为 20 世纪 90 年代以来关于非西方、非主流科技传统的研究提供了理论基础。

从总体上来看，这一时期女性主义科学史研究的核心主题是：科学和社会性别的相互建构。它的关注焦点是西方近代科学与西方社会性别意识形态的关系，尤其致力于阐明西方科学是父权制体系的一个组成部分。这些研究的意义在于从全新的视角给出了关于西方近代科学的别样诠释，为人们反思传统的科学客观性概念、价值中立观念提供了案例启发与研究思路；缺陷在于没能关注西方之外地区的科技知识与社会性别的问题，没有意识到在科学中性别偏见与种族偏见、欧洲中心主义是紧密交错在一起的。而且，关于女性气质科学传统的分析在认识论基础上仍不充分。

第四章　差异性与多元化视野下的女性主义科学史

"性别特征总是被用来解释所谓的种族优越性，而种族归属总是被用来解释所谓的性别优越性。"①

"欧洲中心主义也是男性中心论的内容之一。"②

——桑德拉·哈丁（Sandra Harding）

20 世纪 70～80 年代的女性主义科学史研究，是在社会性别理论和科学社会建构论的理论背景与基础上展开的，它反映了性别观从"生理性别"到"社会性别"的转变、科学观从"自然的镜像"到"社会建构的产物"的变革，以及二者在科学史研究中的结合。20 世纪 90 年代以来的女性主义科学史伴随着女性主义学术和科学元勘理论的发展，进一步在扩展的理论基础上展开了很多具体研究，为科学史学科提供了更为广阔的研究视角与问题领域。

第一节　理论基础的进一步拓展：差异性与多元化

20 世纪 90 年代以后，女性主义学者日益关注妇女身份的差异性问题，强调社会性别只是影响女性主体身份的一个方面，其他范畴如种族、阶级、民族等也同时参与了对主体身份的塑造。在此背景下，女性主义被认为不能只集中研究西方白人中产阶级妇女的问题，还应关注黑人妇女和第三世界妇女，考察种族、阶级等因素和社会性别对妇女产生的共同影响。另一方面，科学元勘学者开始进一步拓宽科学的社会建构观念，随着后殖民主义思潮影响的深入、地方性知识概念和科学的文化多元性观念的形成，西方主流之外的科学传统逐渐取得了科学史研究的新的合法性地位。以此为依据，女性主义科学史研究对西方主流科学中社会性别与其他因素同科学之间的复杂关系进行了史学反思，同时还对非西方社会"科学与性别"的关系主题进行了历史考察。

---

① ［美］桑德拉·哈丁. 科学的文化多元性——后殖民主义、女性主义和认识论. 夏侯炳，谭兆民译. 南昌：江西教育出版社，2002：108.

② ［美］桑德拉·哈丁. 科学的文化多元性——后殖民主义、女性主义和认识论. 夏侯炳，谭兆民译. 南昌：江西教育出版社，2002：104.

一、女性身份的差异性：性别、阶级和种族

随着女性主义思潮的深入，女性身份的多样性和女性群体内部的差异性问题逐渐受到关注，传统的"中产阶级白人妇女"的女性主义理论开始遭遇来自黑人妇女和广大第三世界妇女的挑战，很多中产阶级白人女性主义者也开始反思自身理论的局限，逐渐形成了黑人女性主义、第三世界女性主义、多元文化与全球女性主义、后殖民女性主义等新的女性主义流派。

黑人女性主义者最先也最为系统地对传统女性主义理论表达了不满。早在1983年，艾丽斯·沃克（Alice Walker）首先提出"有色人种女性主义"这一概念。在后来的有色人种女性主义尤其是黑人女性主义看来，有色人种妇女和其他少数群体妇女看待世界的方式不一样，她们的看法不同于白人妇女和其他有特权的妇女。其中，黑人女性主义者的核心主张是：社会性别、种族、文化及其结构和制度是不可分离的[1]。对她们而言，种族歧视、性别歧视和阶级压迫是相互交错、无法分割的，不可能仅仅只思考她们作为妇女所受的压迫。为此，传统的白人女性主义理论对于这些妇女的解放而言，没有太大的意义。正如杰玛·唐·奈恩（Gemma Tang Nain）所认为的，传统女性主义是一种白人的意识形态和实践，它是反男性中心主义的，但却同黑人反种族歧视的斗争不兼容，甚至会削弱和分化反种族歧视的斗争，它甚少关注黑人妇女；而且更为关键的是传统女性主义关于生育、父权制和家庭的研究，以及围绕流产、男性暴力甚至强奸等问题的社会运动，在应用于黑人妇女时都是成问题的[2]。

同黑人女性主义类似，第三世界女性主义理论同样谴责了传统女性主义对种族、阶级、阶层等维度的忽视，尤其反对将适合中产阶级白人妇女的观点和理论推广到第三世界，进一步强调种族主义、殖民主义和帝国主义与性别歧视的交错关系。正如鲍晓兰教授所言，西方女性主义学者要与第三世界国家妇女对话，首先应该反思和批评自身的殖民主义和帝国主义倾向，以平等的态度对待第三世界妇女运动和理论。不要把自己的想法和利益强加给第三世界妇女[3]。也正因如此，第三世界女性主义理论所面临的重要任务就是去解构关于第三世界女性的研究中体现出的欧洲中心主义倾向，并充分表达对第三世界女性的关

---

① ［美］罗斯玛丽·帕特南·童. 女性主义思潮导论. 艾晓明，等译. 武汉：华中师范大学出版社，2002：320.

② Gemma Tang Nain, Black Women, Sexism and Racism: Black or Antiracist Feminism? Feminist Review, 1991, (37)：2-3.

③ 鲍晓兰. 西方女性主义研究评介. 北京：三联书店，1995：33-34.

注，进而基于第三世界的本土情境，分析第三世界妇女的身份认同、性别与种族歧视等问题。在对西方中心主义的批判这一点上，第三世界女性主义同后殖民主义思潮产生了共鸣，相互吸取了大量的智力资源。

类似的，多元文化与全球女性主义也将女性自我身份破碎的根源追溯到文化、种族和民族等因素，而不是后现代女性主义所主张的性、心理和语言文字。它们既受益于多元文化主义思潮的影响和支持，同时也得益于黑人女性主义者和第三世界女性主义者对传统女性主义的批判。其中，多元文化主义提倡的是多样性价值，并以此为核心原则，坚持认为所有文化群体都应该得到尊重和同等对待①。尽管这一思潮在整个 90 年代遭遇了很多批评，但却深受多元文化女性主义者的认可，他们由此批判了传统女性主义对社会性别之外其他范畴（例如，种族、阶级、阶层、民族等）的忽视。正如伊丽莎白·斯佩尔曼所言，一个有效的女性主义理论必须认真对待妇女之间的差异，它不能宣称所有的妇女都"正如我一样"②。

尽管黑人女性主义、第三世界和后殖民女性主义、多元文化与全球女性主义所关注的对象和侧重略有差异，但它们都对传统女性主义理论与实践提出了批判，都反对"女性本质主义"（female essentialism）和"女性沙文主义"（female chauvinism），主张不存在适合于所有女性的、铁板一块的女性概念，强调女性身份的差异性和多样性，强调社会性别与其他范畴的交错关系；反对将西方中产阶级白人女性主义的理论和观念无限推广到其他种族、民族、阶级的妇女身上。20 世纪 90 年代之后，差异性与文化多元性已成为女性主义研究争论最为激烈的话题，如何在理论上协调文化多元性、女性身份差异性观念同传统女性主义所持有的女性身份同一性观念之间的矛盾，如何在实践中处理性别平等、种族平等、阶级平等之间的冲突，是当下女性主义理论与实践所面临的主要课题。

这种对女性身份差异性的普遍关注，促使女性主义学术在内容上日益增多地以黑人妇女和第三世界妇女为研究主题，并致力于解构西方话语中黑人妇女和第三世界妇女的刻板形象，以及这一形象与阶级歧视、种族歧视和民族歧视的关系；在研究方法上，开始强调社会性别范畴和其他分析范畴的综合运用。

以女性主义文学批评领域为例，女性主义学者苏珊·斯坦福·弗里德曼

---

① ［美］罗斯玛丽·帕特南·童. 女性主义思潮导论. 艾晓明等译. 武汉：华中师范大学出版社，2002：317.

② ［美］罗斯玛丽·帕特南·童. 女性主义思潮导论. 艾晓明等译. 武汉：华中师范大学出版社，2002：318.

(Susan Standford Friedman) 在对女性主义文学批评进行回顾总结时强调，未来女性主义文学批评应该探讨社会性别与社会身份其他组成部分的相互交叉、相互作用关系。她通过对一些文学文本进行解读，发现种族、阶级、社会性别、国籍、性行为等互相冲突的系统，常常造成了女性社会身份中的种种矛盾。弗里德曼这篇文章被认为在女性主义文学批评史上占有极其重要的位置，正是因为她指出了女性主义文学批评的某些盲目性，这些盲目性使得文学批评同多元文化主义、后殖民主义、文化研究和人类学等领域的理论进展相脱节[①]。

与此同时，作为学术研究的女性主义也不能因社会性别范畴的普遍运用，而塑造出这样一种自然假定：社会性别是女性主义研究唯一关键的理论视角[②]。在此，女性主义史学家琼·斯科特关于社会性别在史学研究中的意义讨论，深刻体现了社会性别理论在20世纪80～90年代所经历的重要发展。80年代，斯科特较早地强调社会性别这一范畴在历史研究中的重要意义，并因此成为女性主义史学的倡导人物之一[③]；90年代初，她便开始研究多元文化主义和身份政治的问题，认为身份是一种历史指称，这种指称是模糊的、呈文化多元性的，提醒人们关注女性身份的多重性、差异性、历史性和情境性[④]。90年代中期之后，她进一步明确强调，不同民族、种族、地区、阶级的妇女所受的压迫不同，她们之间的差异与共性同样多，女性主义学者为实现女性主义政治目的，忽略了妇女之间的差异性，制造了本质先于存在的妇女共同身份。她指出了性别、阶级和种族之间的交错关系，认为划分出群体的女性主义史学，在确立了主要分析范畴（阶级、种族或性别）之后，还必须使它与历史的特定时空和环境相关联。同阶级具有历史性和相对性一样，社会性别也是如此，不能脱离历史来看待性别差异，差异并非一成不变的、稳定的、永恒的范畴[⑤]。

总之，自20世纪80年代末90年代初以来，女性主义学术研究日益关注女性身份的多样性与差异性问题，第三世界妇女和黑人妇女问题开始受到更多的重视。绝大多数的女性主义者均认识到："在任何社会中，不是所有妇女都被

---

① ［美］苏珊·斯坦福·弗里德曼. 超越女作家批评和女性文学批评——论社会身份疆界说以及女权/女性主义批评之未来//王政，杜芳琴主编. 社会性别研究选译. 北京：三联书店，1998：423－456.

② Linda Fisher. Gender and Other Categories. Hypatia，1992，7（3）：173.

③ Joan W. Scott. Gender：A Useful Category of Historical Analysis. The American Historical Review，1986，91：1053－1075.

④ Joan W. Scott. Multiculturalism and the Politics of Identity. October，1992，61：12－19.

⑤ ［美］琼·斯科特. 女性主义与历史//王政，杜芳琴主编. 社会性别研究选译. 北京：三联书店，1998：359－376.

同一种方式建构。……尽管女人在不同的能动机制（agencies）下被建构和处理为有别于男人的，但'女人'所构成的范畴并不是同质的，无论是作为社会能动者（social agents），还是社会客体（social object）。"① "离开族裔、民族、'种族'关系，便无法分析性别，反过来也是一样。"②

　　女性主义对妇女身份多样性与差异性的认识，以及对单一社会性别分析范畴的反思，构成了这一时期女性主义科学哲学与科学史研究的重要理论基础，使得它们开始关注科学机构和科学文本中非西方中产阶级有色人种女性，分析科学中性别偏见和种族偏见的交错关系，并强调利用和整合社会性别视角之外的其他分析视角。其中，关于科学中非西方妇女的身份政治问题，女性主义科学史家伊夫琳·哈蒙兹（Evelynn Hammonds）和印度女性主义科学哲学家巴努·苏布拉马尼亚姆（Banu Subramaniam）曾进行过一次对话。她们一个是黑人妇女，一个是第三世界妇女，都十分关注后殖民主义科学元勘。在对话中，她们对传统女性主义科学元勘之于种族问题的忽视进行了批判。她们指出，无论是科学中的妇女史研究还是女性主义科学批判，都对种族问题关注不够。第三世界妇女和黑人妇女在科学元勘和女性主义研究中都被边缘化了③。并且，巴努还以自己到美国从事科学研究的经历为例，说明有色人种妇女和第三世界妇女在西方社会所遭遇的种族歧视与性别歧视，她发现自己的身份总是成为她在项目组社会关系中的焦点问题④。

　　在科学史研究中，哈拉维作为较早关注性别与种族交错关系的科学史家之一，通过对灵长目动物学的科学史考察，充分阐明了20世纪科学文化话语中的社会性别、种族和阶级问题。她认为，在20世纪70～80年代，那些主导着科学话语重构工作的绝大多数白人女性主义者，并没有为"女性主义科学"的理想提供支持，相反却再一次体现出科学叙事对于作者本身"历史"位置的依赖，这一"历史"位置存在于科学、种族和性别的特定认知结构与政治结构中⑤。对此，凯勒认为，哈拉维的工作是对"性别可以脱离种族政治和阶级政

　　① 伊瓦-戴维斯. 妇女、族裔身份和赋权：走向横向政治//陈顺馨，戴锦华选编. 妇女、民族与女性主义. 北京：中央编译出版社，2004：42.

　　② 沃尔拜. 女人与民族//陈顺馨，戴锦华选编. 妇女、民族与女性主义. 北京：中央编译出版社，2004：92.

　　③ Evelynn Hammonds，Banu Subramaniam. A Conversation on Feminist Science Studies. Signs，2003，28（3）：931.

　　④ Evelynn Hammonds，Banu Subramaniam. A Conversation on Feminist Science Studies. Signs，2003，28（3）：923－924.

　　⑤ Donna J. Haraway. Primate Visions：Gender，Race，and Nature in the World of Modern Science. New York：Routledge，1989：303.

治得到理解"这一观念的一个生动批判。在她看来，哈拉维的研究清晰地表明，20世纪灵长目动物学对于自然的建构，同它对性别的建构一样，都深深暗含在20世纪的种族和殖民政治之中①。除此以外，席宾格尔在17～19世纪关于性别差异的医学和生物学话语中，也找到了对种族差异的建构，以及这种建构与性别差异建构之间的微妙关联。她发现，解剖学家们往往以头盖骨和盆骨作为标准建立一套性别和种族差异的等级体系。其中，就头盖骨而言，欧洲的男性象征着最为充分的发育类型，它依次高于非洲男性、欧洲女性和非洲女性②。在这个等级体系中，非洲女性被认为是智力最不发达的类别，性别和种族的交叉关系表现得十分鲜明。

如果说哈拉维和席宾格尔的科学史研究致力于从社会性别、种族等多重维度去考察科学话语中的非西方妇女及性别问题的话，费侠莉和白馥兰则更为强调对非西方主流科学中的性别问题进行考察。她们关于中国古代社会性别与医学、社会性别与技术的历史研究将关注的焦点直接对准了第三世界科学技术中的妇女及性别问题。而且在她们看来，中国的社会性别关系和社会性别制度有其独特性，在运用社会性别分析范畴的同时，应注意中国传统文化与境③。但无论是哪一种研究，都建基于对社会性别视角单一性的反思，以及对女性身份多样性与差异性的基本认识。

二、科学的文化多元性：地方性知识与解殖

如果说女性主义学术对女性身份差异性的强调和对社会性别分析范畴唯一性的反思，从女性主义角度构成了女性主义科学史研究新的理论基础，社会建构论、科学实践哲学，尤其是文化人类学和后殖民主义思潮日益强调的科学文化多元性观念和"地方性知识"概念，则从科学元勘角度为非西方、非主流女性主义科学史研究提供了坚实的理论支撑和广阔的研究空间。从根本上说，对非西方、非主流科学史的关注，同对科学中女性和社会性别主题的关注，尤其是对非西方女性和社会性别问题的关注，具有深刻的内在关联。

社会建构论和传统女性主义科学理论虽然没有明确提出科学的文化多元性观念和"地方性知识"的概念，它们在主张科学知识的社会建构性的同时，也

---

① Evelyn Fox Keller. Gender and Science：Origin，History，and Politics. Osiris，1995，10：37.

② Londa Schiebinger. The Mind Has No Sex？Women in the Origins of Modern Science. Cambridge：Harvard University Press，1989：211.

③ Charlotte Furth. A Flourishing Yin：Gender in China's Medical History，960 - 1665，Berkeley：University of California Press，1999：5 - 9.

隐含着某种文化相对主义（cultural relativism）的立场。正如美国文化人类学家梅尔维尔·海尔什科维奇（Melville J. Herskovits）所言，文化相对主义的核心就是尊重差别并要求相互尊重的一种社会训练。它强调多种生活方式的价值，这种强调以寻求理解与和谐共处为目的，而不去评判甚至摧毁那些与自己文化不相吻合的东西①。也就是说，文化相对主义立场的核心在于反对关于科学与文化的欧洲中心主义观念，主张科学的文化多元性，强调对差异的尊重。尽管因否定科学的价值中立性和客观真理性，文化相对主义遭遇到众多学者的批判，但科学史研究却可以从它的核心思想中吸取养分。因为由这一观念引发的对传统科学观的反思，将使得非西方、非主流科学史研究取得某种新的合法性。在传统科学哲学和科学史中，"科学"指称的是起源于古希腊的欧洲近代科学，这一立场将使得西方学者无法指称非西方其他文明中的科学技术传统。在这种情况下，传统的非西方科学史研究往往采取辉格史的研究进路，以西方近代科学为参考系来考察自身的科学技术史。而基于文化相对主义立场和文化多元性观念，非西方科学的差异性本身就构成了其科学史研究的合法性基础②。

伴随着文化人类学和后殖民主义所强调的"地方性知识"概念的出现，非西方科学史研究的合法性更进一步得到了理论充实。在文化人类学和后殖民主义看来，任何知识包括科学知识都是地方性和情境性的。"承认他人也具有和我们一样的本性是一种最起码的态度。但是，在别的文化中间发现我们自己，作为一种人类生活中生活形式地方化的地方性的例子，作为众多个案中的一个个案，作为众多世界中的一个世界来看待，这将会是一个十分难能可贵的成就。"③而"假如人类相信有一种并且是惟一一种普遍有效的科学技术传统，那将是多大的悲剧！"④与此同时，科学实践哲学也对传统科学哲学所强调的去情境化、去地方性的科学知识普遍性观念提出了批判，取而代之的是对知识的地方性情境的强调，"地方性知识"的观点已成为科学实践哲学的一个基本观点⑤。科学实践哲学把科学活动看成是人类文化和社会实践的特有形式，它暗

---

① Melville J. Herskovits. Cultural Relativism：Perspectives in Cultural Pluralism. New York：Random House，1972：32.

② 从这个意义上结合本书第三章的讨论，我们也可以认为，对非西方、非主流科学史研究的重视内在地包含于女性主义科学理论之中。

③ ［美］克利福德·吉尔兹. 地方性知识——阐释人类学论文集. 王海龙，张家瑄译. 北京：中央编译出版社，2000：19.

④ ［美］桑德拉·哈丁. 科学的文化多元性——后殖民主义、女性主义和认识论. 夏侯炳，谭兆民译. 南昌：江西教育出版社，2002：8.

⑤ 吴彤. 科学实践哲学发展述评. 哲学动态，2005，（5）：42.

含着对科学技术进行文化研究的重视，这一点在科学实践哲学代表人物约瑟夫·劳斯（Joseph Rouse）的著述中得到了充分的阐释。有所不同的是，相对于科学实践哲学，人类学和后殖民主义中的"地方性知识"观念更多地隐含着对关于知识（包括科学知识）的西方中心主义态度的解构，它们试图基于非西方中心主义或者说非欧洲中心主义的立场来考察知识、文化及其历史，并赋予非西方的知识和文化与西方的知识和文化同等重要的地位。文化人类学和后殖民主义对西方科学唯一性和普遍性神话的解构，"把科学的内涵扩展到包含各种社会生产中关于自然秩序的系统知识"①，进一步使得非西方、非主流科学史研究具备了天然的合法性。因为既然普适的、唯一的、标准的科学体系是不存在的，近代西方科学也是地方性的知识体系，我们不需要拿它作为参照对象，就可以找到被研究的合法性。

这种科学的文化多元性观念和"地方性知识"概念在 20 世纪 90 年代以来的科学史研究中已有所体现，尤其是在东亚科学史研究中逐渐得到重视。在 1998 年，著名的科学史杂志《俄赛里斯》（Osiris）曾推出一组《超越李约瑟》的论文，收录了莫里斯·洛（Morris F. Low）、白馥兰、金永植（Yung Sik Kim）和刘易斯·佩尔森（Lewis Pyenson）等著名科学史家的论文。这些论文就中国、韩国、日本和印度尼西亚等国家与地区的科学、技术和医学史问题进行了广泛的编史学讨论，主张非西方科学史研究应超越李约瑟，并积极反思和批判传统科学史以西方科学为参考系的编史进路，强调人类学和后殖民主义等研究视角在科学史研究中的运用②。此外，第八届东亚科学史国际会议也充分强调了非西方科学史研究的重要性，会议论文集反映出科学史界（更多的是西方科学史界）对后殖民主义、女性主义和文化人类学等新的编史进路的关注③。

可见，对科学文化多元性和知识地方性概念的重视、引入和发展，是 20 世纪 80 年代末以来的科学哲学和科学史研究的一个总体背景与发展趋势。它使得女性主义科学史研究因认识到女性内部身份差异性，而对非西方科学技术

---

① ［美］桑德拉·哈丁. 科学的文化多元性——后殖民主义、女性主义和认识论. 夏侯炳，谭兆民译. 南昌：江西教育出版社，2002：15.

② Morris F. Low. Beyond Joseph Needham：Science. Technology, and Medicine in East and Southeast Asia. Osiris，1998，13：1-8；Francesca Bray. Technics and Civilization in Late Imperial China：An Essay in the Cultural History of Technology. Osiris，1998 ，13：11-33；Yung Sik Kim. Problems and Possibilities in the Study of the History of Korean Science. Osiris，1998，13：48-79；Lewis Pyenson. Assimilation and Innovation in Indonesian Science. Osiris，1998，13：34-47.

③ Yung Sik Kim ，Francesca Bray. Current Perspectives in the History of Science in East Asia. Seoul：Seoul National University Press，1999.

传统中妇女与性别问题给予关注时，拥有了丰富的理论资源；并促使关于这些地区科学技术中妇女史的研究展现出新的局面。然而，20 世纪 80 年代末以来的女性主义科学史研究并非全部都转向非西方科学史，大量的工作仍在研究西方科学史。其中，正如上文所说，西方科学技术文本中关于非西方女性的描述和建构、西方科学殖民政治与性别政治的关系等问题成为研究的重点。这两部分的研究构成了 20 世纪 80 年代末 90 年代初以来女性主义科学史研究的重要内容。这些研究虽然共享了社会建构论、科学实践哲学、文化人类学中的科学文化多元性观念，但在理论上同后殖民主义思潮有着更为直接和密切的关系。

后殖民主义作为一种带有鲜明政治性和文化批判色彩的学术思潮，是多种文化政治理论和批评方法的集合性话语。它主要研究殖民时期之"后"，宗主国与殖民地之间的文化话语权力关系，以及有关种族主义、文化帝国主义、国家民族文化、文化权力身份等新问题①。它自 20 世纪 80 年代以来开始广泛影响到女性主义研究的各个领域，并出现了后殖民女性主义（postcolonial Feminisms）流派，涌现出莫汉蒂（Chandra Talpade Mohanty）、斯皮瓦克（Gayatr Chakravorty Spivak）以及哈丁等后殖民女性主义学者。后殖民主义与女性主义之所以产生共鸣并相互融合，在于它们之间有很多相似之处。从性质上来看，二者都属于广义的后现代思潮的一种，具有鲜明的政治性和文化批判色彩；从关注的对象上看，都致力于为非主流弱势群体（殖民地国家和地区、女性）争取权力，尤其是当女性主义开始关注第三世界和有色种族妇女时，二者更是找到了结合的交点。正如有学者所言，在白人男性心目中，妇女与殖民地民族之间存在着一种内在相似性。她们/它们都处在边缘、从属的位置，都被白人男性看作是异己的他者，正是这种相似性，使得女性主义与后殖民主义有了一种天然的亲和力，二者之间展开了频繁的交流和对话②。

20 世纪 90 年代以来，越来越多的女性主义者强调女性主义科学哲学和科学史研究必须借鉴和利用后殖民主义的理论资源。正如奥费利娅·舒特（Ofelia Schutte）所言，西方女性主义者要充分认识到她们为妇女争取社会、政治、经济和性别权力与解放的声音只是众多争取声音中的一种，西方思想和文化只是众多思想和文化中的一种，就必须站在后殖民主义的历史与境中看待问题，否则很难摆脱将自身的位置视为普遍性标准的基本假定③。桑德拉·哈丁则更

---

① 王岳川. 后殖民主义与新历史主义文论. 济南：山东教育出版社，1999：9.

② 罗钢，刘象愚主编. 后殖民主义文化理论. 北京：中国社会科学出版社，1999：前言 6-7.

③ Ofelia Schutte. Cultural Alterity：Cross-Cultural Communication and Feminist Theory in North - South Contexts. Hypatia，1998，13（2）：65.

是明确将女性主义理论置于后殖民主义研究的广阔背景之中，认为在促成后库恩时期科学元勘、传统女性主义科学元勘和后殖民主义科学元勘之间的进一步对话方面，后殖民女性主义科学技术元勘将扮演十分重要的角色[①]。

在哈丁看来，在概念框架上，后殖民女性主义科学元勘同传统女性主义科学元勘存在以下根本差异：第一，传统女性主义科学元勘对相关论题的思考，都是从欧洲女性后裔的生活及最占优势的西方制度、概念框架和实践活动开始的；而后殖民女性主义分析的逻辑起点，则是关于非西方文化中妇女生活及妇女在全球政治经济中现实地位的女性主义话语。第二，与传统女性主义研究不同，后殖民女性主义科学元勘是从欧洲科学和其他科学的不同历史地理背景中开始的，它不再局限于欧洲或美洲科学技术传统的小圈子，不再限制在欧洲中心主义框架内认识问题。第三，后殖民女性主义研究的主要部分是从不同于传统女性主义研究的制度背景中涌现出来的，这种制度上的起因将决定它优先考察哪些问题。第四，后殖民女性主义研究更关注性别与阶级、民族、种族、殖民主义的交错关系，以及性别关系的变动不居；更关注与技术相关的科学而非"纯科学"[②]。在研究方向上，哈丁将后殖民女性主义科学元勘总结为两个方面：一是分析性别歧视与北方"东方研究"的种族主义和帝国主义科学议程交叉的情况；二是针对二战后的"发展"理论、政策和实践进行再思考。其中，前一个方面更多地与历史研究相关。哈丁强调，史学家南希·L. 斯特潘（Nancy Leys Stepan）和后殖民批评理论代表人物爱德华·赛义德（Edward Said）的"东方研究"均表明："性别歧视和种族偏见并不是作为两种平行的话语而存在的，性别歧视和种族偏见不只是碰巧同时成为占统治地位的制度及其概念框架的特征的。相反，它们每一个都被用来建构另一个——至少从 19 世纪初以来是如此，当时性别差异开始作为科学严密观察的一个目标加入到种族差异中去。"[③] 在哈丁看来，包括席宾格尔和哈拉维等科学史家所做的相关案例工作在内的所有这些后殖民女性主义研究均"撕下了由男子中心论和欧洲中心主义计划、它们的制度、文化和实践共同建构的、有政治目的的科研项目的假面

① ［美］桑德拉·哈丁. 科学的文化多元性——后殖民主义、女性主义和认识论. 夏侯炳，谭兆民译. 南昌：江西教育出版社，2002：105.

② ［美］桑德拉·哈丁. 科学的文化多元性——后殖民主义、女性主义和认识论. 夏侯炳，谭兆民译. 南昌：江西教育出版社，2002：112 - 119.

③ ［美］桑德拉·哈丁. 科学的文化多元性——后殖民主义、女性主义和认识论. 夏侯炳，谭兆民译. 南昌：江西教育出版社，2002：106 - 107.

具"①。

如果说本书在上一章讨论的是传统女性主义科学史研究，它的核心在于解构西方科学中的男性中心主义偏见，阐明科学和社会性别的相互建构关系；这一章将要讨论的是多元文化和后殖民主义背景下的女性主义科学史研究，它的核心则在于解构科学中男性中心主义偏见和欧洲中心主义倾向，阐明性别、种族、殖民与科学之间的相互建构关系，以及非西方、非主流科学传统中性别与科学的问题。

第二节　案例研究：科学中种族政治、殖民政治与性别政治的交错

在十分广泛的意义上，女性身份的差异性和科学的文化多元性构成了 20世纪 80 年代末 90 年代初以来女性主义科学史研究的理论基础。在此理论与境中，女性主义科学史研究的内容可总结为以下两个方面：一是对西方科学话语和科学文本中性别问题与种族、殖民问题交错关系的解构，二是对非西方、非主流科学中社会性别与科学相互建构关系的揭示。

一、西方科学与殖民科学中的性别、种族和殖民问题

如上文所言，目前的女性主义科学史研究大多仍然集中在对西方科学话语与科学文本的社会性别分析与后殖民解构上。其中，哈拉维、席宾格尔等学者尤其致力于揭示西方近代科学中男性中心主义和欧洲中心主义的交缠关系。限于篇幅，本书仅以席宾格尔的研究为例，展开具体说明和分析。

案例 8　解剖学中的性别政治与种族政治

席宾格尔是较早对科学中性别和种族两个维度同时给予关注的女性主义科学史家之一，近些年来，她尤其重视殖民地科学史研究和社会性别研究。上文的有关讨论已表明，席宾格尔的 18 世纪解剖学史研究在揭示科学中性别偏见的同时，也关注到其中涉及的种族问题。1990 年后，她明确地对这一时期解剖学中的种族与性别问题进行了联合考察。

18 世纪对于欧洲而言是航海发现和殖民统治的伟大时代，大量的动物、植物和奴隶从非洲涌入，这使得自然史家们面临着对这些新事物进行分类的任务。他们必须将这些事物规范到欧洲的普遍性原则中，性别和种族成为其中最

---

① ［美］桑德拉·哈丁. 科学的文化多元性——后殖民主义、女性主义和认识论. 夏侯炳，谭兆民译. 南昌：江西教育出版社，2002：109.

为核心的分类原则。席宾格尔发现，尽管当时的解剖学者（尤其是约翰·布鲁门巴赫（Johann Blumenbach））曾对性别和种族的模糊性和多样性给予了肯定，但更多的学者仍致力于固化种族和性别的差异。

以"胡须"这一体表特征为例，席宾格尔阐明了相关科学研究和叙事中所隐含的性别歧视与种族歧视，以及二者的某种关联性。她发现，在18世纪乃至19世纪的解剖学和哲学文献中，"威严的胡须"（that majestic beard）常常被看成是属于欧洲男性的"荣誉徽章"（badge of honor），表征着智慧和权位。反之，当时的人类学家将女性没长胡须看成是她们缺乏贵族气质的确证。同样，美洲土著男性居民不长胡须，也被很多自然史家认为是他们属于下等人类甚至特殊物种的标志①。不过，当时也有类似于布鲁门巴赫的解剖学家致力于表明印第安男性也长胡须，并以此来反驳上述观点。但是，在席宾格尔看来，无论是哪一派观点，关于"胡须"的生物学争论都表明，性别歧视和种族歧视对科学研究选题的影响，以及当时科学界对女性和有色人种的歧视。换句话说，如果妇女和美洲土著在欧洲大学取得了解剖学的教席，同样的问题就不会再被提出；接受过大学教育的人类学家们，乃至布鲁门巴赫更不用去努力证明美洲土著人也长胡须②。

此外，席宾格尔还对18世纪性别和种族在生物学中的交错关系进行了考察。她发现布鲁门巴赫和布丰（Georges-Louis Leclerc de Buffon）等环境论者曾对人类鼻子、嘴唇、肤色、头发、头骨等种族特征进行过分析，并且常常将不同种族的这些特征归结于妇女的影响。例如，布丰认为埃塞俄比亚人之所以长着粗鼻子和厚嘴唇，原因在于埃塞俄比亚的妇女常常要将孩子背在背上干重活，小孩的鼻子长期在母亲背上磕碰导致扁平。此外，他们还对妇女之于不同种族（包括德国人、比利时人、希腊人、土耳其人等）头骨特征的塑造作用进行了分析，认为母亲无疑在塑造孩子头骨特征方面扮演着十分关键的角色。甚至，在当时的解剖学家泽默林看来，身体差异是解释黑人和女性智力与道德劣等的依据，黑人的身体决定了他们的大脑能力很低，女性的身体也决定了女性的大脑能力很低，道德和智慧这些属性同身体的骨头一样是天生和持久的③。

---

① Londa Schiebinger. The Anatomy of Difference：Race and Sex in Eighteenth-Century Science. Eighteenth-Century Studies，1990，23：391.

② Londa Schiebinger. The Anatomy of Difference：Race and Sex in Eighteenth-Century Science. Eighteenth-Century Studies，1990，23：391-392.

③ Londa Schiebinger. The Anatomy of Difference：Race and Sex in Eighteenth-Century Science. Eighteenth-Century Studies，1990，23：399.

在席宾格尔看来，并非所有学者都坚持类似于泽默林的生物决定论主张，但他们的相关分析却又暗含着这样的观念预设：所有的孩子（非洲的、中国的和塔希提岛的）都生就了欧洲人的完美特征，直到外界因素导致了这些特征的变形①。结合"胡须"案例，席宾格尔试图说明的是，即使在布鲁门巴赫这些非生物决定论者那里，欧洲男性的特征仍然被看成是人类特征的完美表达，也即是最为优越的种族和性别所应具有的特征的表达。正如她本人所言："以往的历史学家都试图单独研究种族和性别问题，但是 18 世纪的很多解剖学家往往既关注种族差异也关注性别差异。而且，这些历史学者研究性别问题和种族问题所采取的分析模式往往十分相似，这种相似性源自于自然史都是从欧洲男性的立场出发来书写的事实。欧洲男性统治了学术界，规定了合法知识的范围和获取这些知识的人的范围。"②

席宾格尔的贡献还在于向我们表明，18 世纪的解剖学在当时关于种族和性别平等的争论中扮演了仲裁者的角色，它使得关于性别和种族的差异观念被本质化③。当然，通过仔细分析，我们也发现席宾格尔的工作还存在一些问题。例如，她只是平行地关注到欧洲科学在对性别差异进行建构的同时也对种族差异进行了建构，却并未真正深入分析二者的交错关系；她只是说明了解剖学史中既存在性别歧视也存在种族歧视，而没有分析解剖学文本中对非西方女性的描述情形，因此其研究并没有展现出鲜明的非欧洲中心主义与非男性中心主义的综合书写立场。不过，这或许与当时的欧洲中心主义与男性中心主义偏见严重得以至于根本就找不到对非西方女性的描述有关。正如席宾格尔本人所言："当时解剖学者提供的女性骨骼图描绘的全部是欧洲女性，他们首先关注的是欧洲女性和欧洲男性的差异；而对于种族类型的区分研究又首先关注欧洲男性和其他种族男性之间的差异，不同种族女性的多样性往往被认为不重要或只是被单独研究。"④

案例 9　系统性无知与植物政治

上述案例讨论的是席宾格尔对欧洲科学中性别政治与种族政治的双重解

①　Londa Schiebinger. The Anatomy of Difference：Race and Sex in Eighteenth－Century Science. Eighteenth－Century Studies，1990，23：393.

②　Londa Schiebinger. The Anatomy of Difference：Race and Sex in Eighteenth－Century Science. Eighteenth－Century Studies，1990，23：388.

③　Londa Schiebinger. The Anatomy of Difference：Race and Sex in Eighteenth－Century Science. Eighteenth－Century Studies，1990，23：405.

④　Londa Schiebinger. The Anatomy of Difference：Race and Sex in Eighteenth－Century Science. Eighteenth－Century Studies，1990，23：396.

构，除此之外，她还直接对宗主国和殖民地之间的科学知识交流与统治关系进行了考察，更为鲜明地揭示出欧洲科学的男性中心主义和欧洲中心主义偏见。

席宾格尔认为，尽管早期女性主义科学史家的工作增进了我们对于美国和欧洲科学的性别理解，但是很少有工作关注殖民地科学或者后殖民科学。基于此，她本人在此方面开展了研究，尤其详细考证了18世纪欧洲宗主国博物学家和科学家对西印度群岛"地方性知识"的不同解读，并分析这些解读由于深受欧洲社会性别文化和社会性别制度影响，进而导致欧洲对这些地方性知识实体的系统无知的过程。她所致力于解答的是如下问题：18世纪欧洲及其殖民地的社会性别关系如何影响到博物学家在西印度群岛的异域环境中搜集实践知识？当博物学家们探索其他地域及其知识传统时，他们自身的文化背景如何有意无意地指导他们的工作？①

席宾格尔言说的是"凤凰木"（Peacock Flower）②的历史故事。她关注凤凰木不仅是因为它们格外美丽，生长在迷人的地域；更因为来自不同文化（法国、英国和荷兰）的博物学家都分别认识到它们是在西印度得到广泛使用的流产药物。航海者们发现美洲印第安人或者奴隶妇女能有效地利用这种植物，并记载了他们的有关知识。其中，牙买加男医生汉斯·斯隆（Hans Sloane）、德裔女博物学家玛丽亚·西比拉·梅里安（Maria Sibylla Merian）以及米歇尔·德库尔蒂（Michel Descourtilz）等人便较早发现并描述了凤凰木可以导致流产的功能。席宾格尔正是通过比较关于凤凰木流产功能的不同描述，分析欧洲社会对外域"地方性知识"的基本态度及其与欧洲社会性别文化的关系。

她发现尽管这些博物学家都记载了凤凰木用于流产的知识，但却分别将它置于不同的社会与境中理解。其中，德库尔蒂和梅里安都将它放在殖民斗争的背景中考察。德库尔蒂认为凤凰木的重要性在于为苏里南奴隶妇女的身体和精神提供了解脱，梅里安则更明确地将流产看成是奴隶妇女进行政治抵抗的一种形式。但是，斯隆却将其放在医生与寻求流产的妇女之间日益增多的冲突的背景下考察。基于他在牙买加的实践，斯隆描述了奴隶妇女假装生病，以获取流产药物的做法，他指责这些妇女欺骗了信任她们的医生。甚至他还将流产药物

---

① Londa Schiebinger. Feminist History of Colonial Science. Hypatia，2004，19（1）：238.

② "凤凰木"英文名称分别有：Royal Poinciana，flame tree，Peacock Flower，Golden Phlanix Tree，拉丁文名为 Delonix regia，中文别称有"火树"、"红花楹"等。属苏木科（Caesalpiniaceae）、豆科（Leguminosae）或苏木亚科（Caesalpiniaceae），为落叶乔木，高可达 20 米，树冠宽广。夏季开花，总状花序，花大，色艳红且带黄晕，有光泽。荚果木质，长可达 50 厘米。枝叶繁盛，树形优美，花红叶绿，满树如火，富丽堂皇。由于"叶如飞凰之羽，花若丹凤之冠"，得名"凤凰木"；另译名为"孔雀花"。

的使用归因于"女黑奴"的性放纵，而非她们不堪忍受残酷折磨。很多这一时期的医生和旅行者都坚持这一看法。例如斯隆的同乡爱德华·朗（Edward Long）、18世纪70年代随亲属前往安提瓜岛的苏格兰妇女珍妮特·肖（Janet Schaw），以及牙买加的长官爱德华·特里劳尼（Edward Trelawny）等都指责这些黑人女奴的流产行为。在这些人眼中，黑人女奴是"年轻的黑人荡妇"（young black wenches），她们之所以使用流产药物，目的在于保证性交易不受阻碍。此外，英国医生爱德华·班克罗夫特（Edward Bancroft）还认为，这些"年轻的黑人荡妇"不愿放弃通过性交易获得收入的生活方式，因而实施流产，这导致了从非洲连续进口奴隶的自然需要的增长。换句话说，黑人女奴必须为欧洲从非洲进口奴隶的需要负责①。

席宾格尔的比较分析表明，18世纪来自欧洲的博物学家和医生更多地对殖民地妇女所拥有的流产知识采取鄙视和指责的态度，甚至将其污名化。在此，席宾格尔特别提及的是，梅里安是当时为数极少的欧洲女博物学家，她对殖民地女性采取的是同情立场。这里暗含了对全球女性主义所主张的"姐妹情谊"的强调，但这并不意味着席宾格尔否认了女性内部的多样性与差异性。事实上，她并不愿意在斯隆和梅里安之间做过多比较，因为在她看来不应在作为个体的男性与女性之间进行过于尖锐的性别区分。而且，她还特别地提到，很多欧洲妇女（例如种植园主的夫人或者统治者的妻子）并未对殖民地女性给予任何特殊的同情②。这表明，席宾格尔确已关注到女性内部因阶级、种族因素造成的巨大差异。

不仅如此，这些博物学家和医生还拒绝将与凤凰木相关的流产知识传入欧洲。18世纪，凤凰木因其艳丽动人逐渐成为欧洲人喜爱的装饰品，其种籽和活的植株都常常被带到欧洲，甚至早在1666年之前，它就被栽种在欧洲的主要种植园里。但是席宾格尔发现，尽管凤凰木本身很容易移植到欧洲，但关于它用作流产药物的知识却非如此；尽管梅里安的相关著作早在1705年就已出版，关于凤凰木的流产知识也未因此而得到传播。甚至欧洲药物医学权威、植物学教授赫尔曼·布尔哈弗（Hermann Boerhaave）在1727年还提出，这种植物"没有知名的特性"。斯隆在返回伦敦之后，成为知名的开业医生，甚至作为伦敦皇家学会的主席和监督1721伦敦药典（Pharmacopoeia）的皇家医生，他也没有在实践中介绍凤凰木的流产功能③。

---

① Londa Schiebinger. Feminist History of Colonial Science. Hypatia，2004，19（1）：243.
② Londa Schiebinger. Feminist History of Colonial Science. Hypatia，2004，19（1）：246.
③ Londa Schiebinger. Feminist History of Colonial Science. Hypatia，2004，19（1）：245.

那么，为什么这些博物学家和医生会对殖民地流产知识与实施流产的黑人女奴采取鄙视和指责的态度？为什么他们没有介绍凤凰木的流产功能，这一殖民地的地方性知识为什么没能在欧洲传播开来？席宾格尔认为，这些均与欧洲自身的生育文化和性别文化紧密相关。她从社会性别视角出发，并以科学史家罗伯特·普罗克特（Robert Proctor）的比较无知学[①]为方法论工具，对阻碍殖民地流产药物使用知识传入欧洲的文化、经济和政治原因进行了如下分析：

首先，她认为是 17～18 世纪欧洲的生育文化和人们对流产的基本认识造成了这种无知。虽然在 19 世纪之前的欧洲，孕早期流产在技术上仍不违法，但孕早期流产也并不被广泛赞许，只能秘密进行。如此一来，人们很难就西印度群岛流产药物的使用和安全性问题展开公开讨论。其次，这一时期由助产妇负责的分娩工作开始转向由男性职业产科医师接替。流产传统上属于助产妇的职业领域，男性产科医师在寻求职业化地位时，往往注意与助产妇的流产实践保持距离。在这一时期，寻找安全的流产药物不是欧洲医学共同体优先考虑的主题。再次，整个 18 世纪的欧洲政治经济学家均认为，确切的自然知识是聚积国家财富和权力的关键，科学研究与经济利润和国家财富直接挂钩。流产药物及其知识因与性相关而被视为成问题的，它无法引起科学研究的兴趣，也不能带来经济利润。最后，这一时期重商主义盛行。人口众多被视为国家的财富、王权的荣耀、乃至帝国的命脉。在此背景下，植物学探索者们、贸易公司、科学机构和政府部门都不可能有兴趣去扩大欧洲在反生育方面的药典储藏[②]。

如果说席宾格尔的解剖学史研究阐明的是，社会性别观念和意识形态对与之相契合的科学研究选题与内容的正向选择、塑造与限定；那么她的这一案例研究，尤其是上述前两点的原因分析则表明，社会性别观念和意识形态对与之无关或冲突的那类科学研究选题与内容的反向排斥作用。正如席宾格尔本人所认为的，这一事例表明的性别政治不是关于有知实体的描述，而是关于无知实体的描述[③]。博物学家们辛苦地搜集医用植物的"地方性知识"，但却没能做出将这些知识介绍进欧洲的系统尝试；危险的药物依然被认为是危险的，因为它们没有得到严格的科学实验论证。可以说，欧洲的社会性别观念、科学观念和

---

① 英文简称"Agnotology"，主要是关于文化诱导无知（culturally - induced ignorance）的研究，致力于解释"我们不知道什么"、"为什么我们不知道"而非传统认识论研究所关注的"我们如何知道"的问题。

② Londa Schiebinger. Feminist History of Colonial Science. Hypatia，2004，19（1）：246 - 247.

③ Londa Schiebinger. Feminist History of Colonial Science. Hypatia，2004，19（1）：237.

国家政治经济导向共同造就了系统的无知，这一无知反过来又塑造了现实的血肉之躯，19世纪的大部分欧洲妇女逐渐失去了对自身生育的控制。简而言之，妇女关于生育和流产的知识，在产科专业化的过程中、在国家政治经济扩张的需要中、在对科学与政治之间关联的认识中、在重商主义传统中，被系统忽略了，其最终的结果使得由妇女掌握的这些知识领域进一步被边缘化、神秘化，乃至消失。

进一步来看，欧洲社会因其自身因素导致的对殖民地知识的系统排斥，至少在两个方面表明欧洲科学知识普遍性的丧失。一是欧洲科学也存在系统的无知，它在取得普遍性地位的过程中，直接忽略了其他地方性知识；二是欧洲科学普遍化的过程并非基于科学知识的客观性和真理性，而是文化与政治斗争的结果。从这两点意义上看，席宾格尔为哈丁的科学文化多元性观念及"地方性知识"概念提供了一个有力的案例支撑。

遗憾的是，席宾格尔在此没有考虑欧洲科学在殖民过程中扮演的角色，没有关注殖民科学对殖民地女性所造成的深刻影响，或者说对殖民地女性性别身份的重新建构。相比之下，美国科学史家刘易斯·佩尔森关于科学殖民史的研究十分成功，然而，他的工作又缺乏社会性别的分析维度，没有关注与社会性别相关的问题[①]。

案例10　亚细亚的新身体与殖民医疗

如上文所言，席宾格尔的研究尽管同时涉及欧洲和殖民地的科学知识与社会性别问题，但她的立足点仍是欧洲知识和欧洲妇女；佩尔森尽管关注到殖民地科学知识，但却缺乏社会性别的研究视角。傅大为通过对台湾地区在日本殖民统治时期的身体性别政治与殖民医疗问题进行历史研究，弥补了上述不足。

傅大为是"国立阳明大学"STS研究所教授，研究领域主要为中国古代科技史、性别与医疗、妇女与医疗史。其著作《亚细亚的新身体：性别、医疗与近代台湾》立足于台湾近代化的历史背景，集中对殖民医疗之于台湾身体的建构和规训进行了解读，讲述了一部围绕科学殖民、身体建构和性别政治展开的历史。正如他本人所言："台湾近百多年来的近代化过程、它与台湾近代医疗史的关系、它与台湾妇女'近代身体'的交缠、乃至与台湾'近代性/别'的互动，正是该书的主题。"[②]

从清末到20世纪70年代，台湾医疗先后经历了清末传道医学、日本殖民

---

①　Lewis Pyenson. Science and Imperialism//R. C. Olby, et al., eds. Companion to the History of Modern Science. London：Routledge，1990：920-933.

②　傅大为. 亚细亚的新身体：性别、医疗与近代台湾. 台北：群学出版有限公司，2005：18.

统治时期医疗和现代医疗几个不同的阶段。其中，每一阶段的医疗近代化历程都尤其与女性身体的重新建构和规训相关，并同时对原有的女性传统技艺形成威胁。傅大为对这几个阶段做了较为系统的研究，尤其对 20 世纪 20～70 年代台湾妇产科医疗史经历的大转换进行了深入分析。因在台湾现代医疗中，直接的殖民化特征逐渐削弱，笔者将以傅大为对前两个阶段的研究为重点展开讨论。

关于清末传道医学，傅大为重点研究了驻扎在淡水地区的加拿大长老教会海外宣教师马偕的宗教医疗工作与身体规训。通过对马偕的日记、回忆和照片等材料进行分析，傅大为认为他所有的医疗工作都是围绕宗教传道进行的，施行的是一种基督教宗教仪式医疗，这种医疗为台湾人提供了一种全新的身体规训方式，并为随后台湾近代化过程中殖民医疗的不断入侵提供了初步基础[①]。这其中，傅大为尤其对马偕创办的传道学校——"牛津学堂"和"女子学校"进行了比较分析，他发现马偕表示牛津学堂可以比得上任何一所西方的学院，但女子学校则只教导各年龄层的妇女圣经学、罗马拼音书写与唱圣歌；牛津学堂的目的是训练"学生"成为有效率的工作者、流利的言说者、技巧的辩论者与成功的牧师，女子学校的目的则是训练"女子"成为圣经女职和牧师的助手，进入当地妇女圈导读圣经，她们可能是牛津学堂学生或女子学校宣教师的妻子和亲戚。在马偕看来，这在台湾传统父权的家庭文化中，更容易在两所学校的学生之间复制位阶的差异[②]。通过这些比较分析，傅大为展示的是传道医学进入台湾的策略和它对台湾社会性别观念的复制与固化的过程。在此，医疗策略与社会性别观念的强化，都与殖民背景紧密相关。可以说，马偕的传道医学利用殖民背景和科技文明身份，对台湾人的身体进行新的规训。正如傅大为所言：马偕"站在西方文明的高处，对台湾传统汉人文化、还有传统汉医肆意批评、嘲弄与鄙视。而这些批评观点，还有文字论述所附带的权威性，无疑与当年台湾的半殖民情境，互为表里"[③]。

关于日本殖民统治时期的医疗，傅大为重点考察和分析的是近代男产科医师传统逐渐取代产婆传统的过程。1895 年，台湾地区进入日本殖民统治时期，日本殖民医学中的妇产科开始缓慢进入台湾，逐渐与台湾助产婆传统技艺形成竞争。最初，无论是日本的男产科医师还是在日本接受过训练的台湾男产科医师在同"传统"女病患的身体首度遭遇时，双方信任的医病关系都很难建立起

①　傅大为. 亚细亚的新身体：性别、医疗与近代台湾. 台北：群学出版有限公司，2005：55.
②　傅大为. 亚细亚的新身体：性别、医疗与近代台湾. 台北：群学出版有限公司，2005：70.
③　傅大为. 亚细亚的新身体：性别、医疗与近代台湾. 台北：群学出版有限公司，2005：46.

来。当时，台湾的传统产婆和日本殖民统治时期训练出来的新式产婆在民间很受欢迎，近代的妇产科医师只能通过"合作与并存"而非"入侵或取代"的方式来实现扩张。然而到了 20 世纪 70 年代，近代以男医师为绝对优势的妇产科，最终发展成为台湾主流西医的四大科之一。傅大为认为，通过对这半个多世纪经历的"性别/医疗大转换"进行历史研究与原因分析，可以全面了解殖民背景下西方近代医学取代殖民地传统医学的策略和过程，以及这一策略和过程中的性别政治。

在对大转换问题展开具体讨论之前，傅大为首先通过文本分析和访谈等方式考察了这一转换的前期过程。例如，他通过对日本或台湾地区近代学者与医师的相关文献以及新闻报章进行分析发现，台湾传统产婆总是不断地被污名化（这些文献总是强调台湾新生儿如何被无知愚昧的产婆草率处理与伤害，将新生儿死亡的原因归结为传统产婆的无知）。然而，在同时期台湾民间留传的"歌仔册"（闽南语俗曲唱本，其中有很多关于产婆的描绘）中，产婆的人品和技术都得到了极高的评价，这与近代化主流的批评形成鲜明对比。傅大为的这一比较研究揭示了主流医疗和民间医疗的区别，以及女性在二者之中地位和形象的差异，差异的背后既包含了性别歧视，也充斥着殖民的动机。此外，通过对早期男性妇产科医师的医疗实践进行分析，傅大为进一步解构了早期男性妇产科医师与女性身体"首度遭遇"时的性别、殖民策略：他们一边透过长期连续而多样的"基础调查"，全面了解和掌握台湾妇女的身体状况；一边通过训练更多的新式产婆成为代理人进入民间，用暂时避开性别问题的方式排挤台湾传统产婆（例如，总督府强行压制传统产婆，同时大力发展受西医训练的新式产婆）。对此，傅大为认为，日本医疗透过殖民政权的强力规划，已为随后的性别/医疗大转换打下了基础[①]。

在此基础上，傅大为进一步对这一大转换做出了四点具体分析：第一，早期开业医生的合作策略。通过对当时各大报刊的报道进行文本分析，并对在世早期开业医师进行访谈，傅大为发现即使到了 20 世纪 50 年代，开业医师仍然常常请产婆帮忙，正是通过与产婆的合作，他们才逐渐进入了妇产科领域。第二，产钳的性别政治。通过对大量产婆的访谈，他发现日本殖民统治时期台湾妇产科医师对产钳等技术拥有的垄断权比当年英国医师所拥有的更大，产婆被明确规定不准使用产钳，这使得她们在和妇产科医师竞争时处于劣势地位。第三，战后妇产科堕胎技术的发展有利于妇产科医师。也即在妇产科医师和助产

---

① 傅大为. 亚细亚的新身体：性别、医疗与近代台湾. 台北：群学出版有限公司, 2005：84-117.

士彼此竞争，获取"家庭与妇女"信任的历史过程中，借着堕胎的特殊医疗技术，妇产科医师开始大幅领先。此外，傅大为还对族群因素与"助产所"的可能影响进行了探讨①。

仅从早期传统产婆被不断污名化，大力发展新式产婆并遏制传统产婆，以及控制产钳等新技术等做法中，傅大为已向我们展现日本殖民医疗中殖民政治与性别政治的交错关系。除此之外，他还对台湾近代殖民医疗教育中性别与殖民的双重政治进行了解构，揭示出殖民医疗教育在台湾经历的特殊的性别化过程。通过详细考察并比较分析台湾地区和日本以及印度、美国等地的医疗教育，傅大为发现在台湾的日本殖民医疗教育性别化更为明显。例如，台湾地区的殖民医学教育五十年一贯，不收女生，且很少听到当地人的批评其或是在台日本殖民者自己的抱怨。傅大为认为："在这个意义下，透过殖民官方的制度安排，具体建立了男女分明的知识位阶高低，而透过医疗专业所建立、展现的近代社会与近代性，本身就是个在公共领域中'性别化'的历程，例如医师的知识与治疗专业，对比于看护妇、产婆的服从性与照顾性工作。"② 在他看来，台湾总督府所构想的"近代文明人"是个男人，而台湾医学校第一任校长山口秀高所期待于台湾留日高知识分子的理想——所谓的"文明绅士"，基本也是个男人。而且，"文明"、"文明绅士"的概念又集合了启蒙、武力与资本、殖民等多种元素，白人、文明国家对落后国家的殖民和控制被赋予了天然的正当性。正是在此意义上，傅大为认为台湾殖民医疗建构的"文明化与性别化是同时进行、共同演化的"③。在此，需要提及的是，有关学者认为傅大为的研究同法农（Frantz Fanon）的"赢了女人，其他的便随之而来"的殖民理论产生了矛盾，似乎日本殖民统治在近代台湾唯独"放过"了女性④。对此，傅大为的回应是，尽管法国在阿尔及利亚的殖民统治中首先致力于帮助女性摘掉面纱，且创办了很多女子学校，但在整个西方殖民史中，殖民事业始于殖民地女性问题的仍然很少。相反，殖民政权很少去挑战殖民地的父权体系，而更多是以高阶位的身份来教导后者，通过与后者结盟来实现殖民目标⑤。

从总体上来看，傅大为的研究展现了后殖民（或用他本人所言的更为广泛的"后启蒙"）立场和性别研究的成功结合，以及后殖民视角与社会性别视角

---

① 傅大为. 亚细亚的新身体：性别、医疗与近代台湾. 台北：群学出版有限公司，2005：117 - 152.
② 傅大为. 亚细亚的新身体：性别、医疗与近代台湾. 台北：群学出版有限公司，2005：158.
③ 傅大为. 亚细亚的新身体：性别、医疗与近代台湾. 台北：群学出版有限公司，2005：155.
④ 姚人多. 回首新身体的来时路：评《亚细亚的新身体》. 台湾社会学，2005，(9)：205 - 214.
⑤ 傅大为. 赢了女人、输了历史：简短回应姚人多. 台湾社会学，2005，(10)：177 - 183.

的综合运用。他对西方近代医疗和台湾传统妇产科医疗采取的是基本平权的态度，认为这二者的竞争与取代过程在很大程度上是殖民权力和政治运作的结果。关于殖民权力与政治运作的观点，在上文的叙述中已有鲜明体现；关于平权观念，正如他本人所言："基于一个'后启蒙'的立场，我们不特别去欢呼近代医疗，不去再一次重复'进步医学'的老生常谈，而是要在西方与台湾、在地与殖民、近代与前近代、男人与女人这些相对的组合中，不预设任何的优势位置，以取得一个适切的平衡，同时也在一个多元的情境中相互攻错，以造成一个互动的对话。"① 此外，傅大为对女性内部的身份差异性也有充分的认识。例如，在讨论传道医学时，他就发现"有专业背景的海外女宣教师，无论在海外教会中的关系与地位、或在知识与技术等方面，都比马偕的在地圣经女职或在台湾女性圈中热心传道的在地女教徒，要高不少"②。在讨论男性妇产科医师与台湾女性身体的"首度遭遇"时，他发现"在男性医师的指导下，台湾许多女性新式产婆，比女医师更早很多，……，成为代表科学、医术、甚至文明的女人，她们也成为对立于传统台湾妇女权威的近代新女性权威"③。可见，在特定的殖民背景中，传统产婆、新式产婆与女医师之间同样存在竞争关系。遗憾的是，虽然傅大为对台湾传统产婆和日本殖民统治时期的新式产婆做了概念区分，但对二者的共存与竞争关系未做更清晰深入的梳理。另外，无论是对传统产婆还是新式产婆以及更晚期助产士的妇科医疗小传统，也缺乏较为系统的考察。最后值得提及的是，傅大为很重视访谈和口述史研究。尽管访谈对象现今的看法与当时的看法可能因各种因素出现偏差等，但口述史与访谈方法对于女性主义科学史研究而言，仍然具有十分重要的借鉴意义。对此，本书将在第五章做进一步讨论。

如果说席宾格尔、哈拉维和傅大为关注的是西方科学与殖民科学中的性别政治问题，重点在于解构科学与种族、性别、殖民的交缠关系；另一类的研究则直接将关注点聚焦到非西方、非主流的那些女性知识传统上，考察非西方社会性别与科学技术之间复杂的互动关系。

二、中国古代医学史与技术史：东方科学中的性别政治

20世纪90年代以来，亚洲妇女与性别关系逐渐成为女性主义学者关心的重要主题，中国、日本、韩国及泰国等国家和地区的性别问题更是引起广泛讨

---

① 傅大为. 亚细亚的新身体：性别、医疗与近代台湾. 台北：群学出版有限公司，2005：152.
② 傅大为. 亚细亚的新身体：性别、医疗与近代台湾. 台北：群学出版有限公司，2005：72.
③ 傅大为. 亚细亚的新身体：性别、医疗与近代台湾. 台北：群学出版有限公司，2005：117.

论。其中，婚姻、家庭、经济、法律是主要的研究议题，相比较而言，与科学相关的性别研究仍处于边缘①。

在少数关于科学的社会性别研究中，科学教育、女科学家和工程师的科研地位与现状等问题是被关注的主要对象，而关于这些国家和地区科学与性别关系史的描述和反思较少②。在此少数研究中，女性的民俗医疗、宗教医疗和技术传统等几个方面受到了相对较多的关注。例如，美国自然历史博物馆人类学系教授劳雷尔·肯德尔（Laurel Kendall）自 1985 年以来，通过对韩国萨满医生、产婆和其他从事仪式医术的妇女活动进行历史考察，尤其以韩国女萨满及其所主持的 Kut 仪式为例，展示了韩国女性在私人领域的重要位置和强势力量③。尽管从某程度上看，她更多的是基于一位人类学家的立场研究这些地区的妇女医疗传统，但社会性别是其中一个重要的研究维度。并且，女性身体的医疗规训和女性的医疗传统本身就是女性主义科学史研究（尤其是医学史和

---

① 关于这些国家和地区的一般性别研究的英文文献十分丰富，例如：Jane M. Atkinson，S. Errington，eds. Power and Difference：Gender in Island Southeast Asia. Stanford：Stanford University Press，1990；Yoshie Kobayashi. A Path Toward Gender Equality：State Feminism in Japan. New York and London：Routledge，2004；Peter A. Jackson. An Explosion of Thai Identities：Global Queering and Reimagining Queer Theory. Culture，Health，and Sexuality，2000，2（4）：405 - 424；Soh Chunghee. Women in Korean Politics. Boulder，Sanrancisco and Oxford：Westview Press，1993；Cho，Hyoung ，Chang，Pilwha，eds. Gender Division of Labour in Korea. Ewha Womans University Press，1994. 等等. 关于中国妇女史 的研究文献也是 汗牛充栋，例如：Judith Stacey. Patriarchy and Socialist Revolution in China. Berkeley：University of California Press，1983；Birge Bettine. Chu Hsi and Women's Education// Wm. Theodore de Bary ，John W. Chaffee，eds. Neo - Confucian Education：The Formative Stage. Berkeley：University of California Press，1989；Robertson Maureen. Voicing the Feminine：Constructions of the Gendered Subject in Lyric Poetry by Women of Medieval and Late Imperial China. Late Imperial China，1992，13：63 - 110；和已经翻译成中文的 Patricia Ebrey. The Inner Quarters：Marriage and the Lives of Chinese Women in the Sung Period. Berkeley：University of California Press，1993；Dorothy Ko. Teachers of the Inner Chambers：Women and Culture in Seventeenth - Century China. Stanford：Stanford University Press，1995；Susan L. Mann. Precious Records：Women in China's Long Eighteenth Century. Stanford：Stanford University Press，1997. 这些文献均属海外中国妇女史研究的经典之作，对中国尤其是古代妇女生活各个层面的内容进行了社会性别视角的解读，很多中国妇女史的本土化研究在此影响下启动。

② 例如，Pauline W. U. Chinn Asian and Pacific Islander Women Scientists and Engineers：A Narrative Exploration of Model Minority，Gender，and Racial Stereotypes. Journal of Research in Science Teaching，2002，39：302 - 323.

③ Laurel Kendall. Shamans，Housewives，and Other Restless Spirits：Women in Korean Ritual Life. Honolulu：University of Hawaii Press，1985；

Laurel Kendall. The Life and Hard Times of a Korean Shaman：of Tales and the Telling of Tales. Honolulu：University of Hawaii Press，1988；

Laurel Kendall，Korean Shamans and the Spirits of Capitalism. American Anthropologist，1996，98：512 -527.

身体文化史）的一个重要方面。在此，女性主义科学史研究因其研究对象的民俗性和地方性特征，而与人类学研究产生共鸣。这一点在关于其他地区女性宗教医疗传统的研究中均有体现，如威廉·韦德诺加（William Wedenoja）对牙买加女性民俗医疗中医病关系的深入分析①、巴巴拉·凯赖斯克·哈尔彭（Barbara Kerewsky - Halpern）对塞尔维亚女性医疗者历史和地位的重新关注②、琼·科斯-基奥伊诺（Joan Koss - Chioino）对波多黎各女性宗教医疗者及其医患关系的研究等③。除此之外，也有一些学者对东方的农业和技术史进行了社会性别视角的考察④。

这类研究的价值在于启发人们从社会性别、跨文化、人类学和后殖民的多重视角考察知识、技术和生产活动的历史，以及这些知识技术与活动对社会群体身份的塑造，尤其是性别身份的塑造过程。在此，本书将重点对两个相关的中国古代医学史与技术史研究案例展开分析。

案例 11　费侠莉关于中国古代妇产科医疗史的研究

费侠莉是美国南加州大学历史系退休教授，她的核心研究领域为中国史，尤其是晚清以来的中国文化史与思想史，曾是《剑桥中国史》第 9 卷的撰写人之一。20 世纪 90 年代以来，她的研究主题逐渐转向中国医学史与身体性别史，焦点放在宋代至明代数百年来的演变与发展上。近年来她与香港大学人文社会研究所的梁其姿教授主编了《东亚华人的健康与卫生：漫长二十世纪的政策与公共议题》（Health and Hygiene in Chinese East Asia：Policies and Publics in the Long Twentieth Century）一书，汇集了中国医疗史研究领域知名学者的研究成果，其中亦涉及医学与性别、殖民的复杂关系议题⑤。

在此笔者着重探讨的是她在《繁盛之阴》一书中所做的中国妇产科医学史

---

① William Wedenoja. Mothering and the Practice of "Balm" in Jamaica//Carol Shepherd McClain, ed. Women as Healers：Cross - Cultural Perspective, New Brunswick and London：Rutgers University Press, 1989：76 - 97.

② Barbara Kerewsky - Halpern. Healing with Mother Metaphors：Serbian Conjurers'Word Magic// Carol Shepherd McClain, ed. Women as Healers：Cross - Cultural Perspective. New Brunswick and London：Rutgers University Press, 1989：115 - 133.

③ Joan Koss - Chioino. Women as Healers, Women as Patients：Mental Health Care and Traditional Healing in Puerto Rico. Boulder：Westview Press, 1992.

④ Saito Osamu. Gender, Workload and Agricultural Progress：Japan's Historical Experience in Perspective//René Leboutte, ed. Proto - industrialization：Recent Research and New Perspectives：In Memory of Franklin Mendel, Geneva：Librairie Droz, 1996：129 - 151. Emiko Ohnuki - Tierney. Rice as Self：Japanese Identities through Time. Princeton：Princeton University Press, 1993.

⑤ Angela Ki Che Leung , Charlotte Furth, eds. Health and Hygiene in Chinese East Asia：Policies and Publics in the Long Twentieth Century. Duke University Press, 2010.

研究。在此项研究中，费侠莉首先基于对中国古代身体观的一般分析，提出"黄帝身"（The Yellow Emperor's Body）概念，并以此为基础对公元 10 世纪到 17 世纪 700 年间的中国妇产科史进行了深入研究，主要关注妇产科知识传统及其变迁的制度与境，揭示出中国古代医学话语建构女性社会性别的多种方式；最后，她还将关注点从描述性的文献转向临床实践的记录和叙述，考察了家庭背景下男女医生的病患关系，以及社会性别、阶级和家族关系对明代社会男女医疗者多元化实践的塑造。其中，身体观及其社会性别内涵的变化、男医生和女医生的医疗实践关系及其变化是全书的基本主线。为此，笔者就费侠莉关于"黄帝身"概念及其社会性别内涵、宋明妇科身体观的变革及社会性别内涵的相应变化、宋明时期妇产科医疗实践中的性别分工及其变化这三个方面的研究，展开具体分析和讨论。

第一，"黄帝身"概念及其社会性别内涵。

"黄帝身"并不是中医经典文献中现有的词汇，而是费侠莉对中国古代医学身体观的一种提炼和概括。对她而言，"黄帝身"概念包含两层含义。首先，在观念上中国的医学经典不将"身"看成是研究的客体，而将其作为一种功能整体。这一身体包括心理和情感，打乱了英语语言中"心身二分"的二元论。这种身体观重视过程胜于结构，消解了被今天我们认为是正常身体的那种生物学身体的解剖学基础。根本上看，"黄帝身"概念是一个隐喻，它打通了医学经典理论与需要解释的人类身体，更多是指能生成生命（generation）的身体，而非现实的妊娠（gestation）身体。其次，《黄帝内经》中的身体是阴阳和谐的身体，黄帝本人的身体就是中国古代身体的典范。因为吸收和利用了作为汉代官方哲学的阴阳五行宇宙论，《黄帝内经》被本质化为一个基本的信仰体系，既能解释经历健康与疾病的自然身体，也能解释宇宙论层面的基本问题。中国古代身体是宇宙论意义上而非生物学意义上的身体，这种宇宙论如同今天的科学一样，其价值还在于知晓事物的运行方式，社会性别关系便被内化在这种身体观之中①。

如果说费侠莉关于中国古代身体观上述两个方面的解析没有超出现有中医史研究的基本结论，她运用社会性别视角对"黄帝身"概念中一系列基本概念及其背后蕴涵的社会性别差异和社会性别关系的分析则十分新颖。

中国古代关于身体的概念是阴阳合成、化生万物，女子以血为本，男子

---

① Charlotte Furth. A Flourishing Yin: Gender in China's Medical History, 960 - 1665. Berkeley: University of California Press, 1999: 21.

以气为本，阴阳互相补充、动态平衡，共同决定体内的病变与健康。其中，阴主要与脏相对应，与内在的生命力相关，而阳主要与腑相对应，与外界的交换过程更为相关。作为一个整体来看，十二经脉都是按照阴阳来区分内外的，而关于身体的性别划分也是如此，女性的身体与特性被赋予阴的一切特征，相反男性的身体与特性都被归为阳性。基于此费侠莉认为，阴阳之间的关系能很好地用来解释性别关系，阴阳的概念及其相互关系是中国古代医学身体与性别关系的主要体现。在费侠莉看来，与西方的身体观不同，中国的"黄帝身"更多的是一种阴阳动态平衡的雌雄同体，它没有形态学上的生理性别区分，只有社会性别的区分①。也就是说中国古代医学没有从生理结构和形态上对两性身体做解剖学意义上的区分，而是以阴阳概念为基础对它们做社会性别意义上的区分。从这个意义上，费侠莉认为中国古代的身体观是一种雌雄同体的身体观，但这并不意味着中国古代的身体观不包含任何的性别差异和性别等级区分，在这种雌雄同体的身体里依然存在着阴阳之间的等级和包含关系。

费侠莉通过对中医理论中几对关键概念的分析，揭示出了这种等级包含关系。首先是气和血的概念。费侠莉认为，《黄帝内经》是这样将阴阳、气血与社会性别关联起来的：天地构建了天上人间一切事物的模式，阴阳又建立了男女的血气功能。男对应于阳和气，女对应于阴和血。其中，血常常跟随着气，它不能独立运行；相反，气甚至能同时带动阴阳，参与到宇宙创生中，在宇宙等级体系中占据最高位置。其次是精和血的概念。这对概念在较低层次上指代身体的性能力，在较高层次指代生育能力，在最物质的层面，分别指男人的精液和女人的经血，涉及男女对于生育的具体贡献成分②。费侠莉绘制了一幅气、精、血在各个层次上的等级包含关系图，清楚表明了它们之间的关系及其与性别的关联，详见图4-1③。

可以说，"黄帝身"概念是费侠莉整个中医史研究的基础和主线。遗憾的是，这一概念本身还很模糊，它以忽略差异性和多样性为前提，形成了关于中国古代身体的一般看法。正如有学者所言："费侠莉建构了一个抽象身体的概

---

① Charlotte Furth. A Flourishing Yin：Gender in China's Medical History，960－1665. Berkeley：University of California Press，1999：19－20.

② Charlotte Furth. A Flourishing Yin：Gender in China's Medical History，960－1665. Berkeley：University of California Press，1999：26－48.

③ Charlotte Furth. A Flourishing Yin. Gender in China's Medical History，960－1665. Berkeley：University of California Press，1999：49.

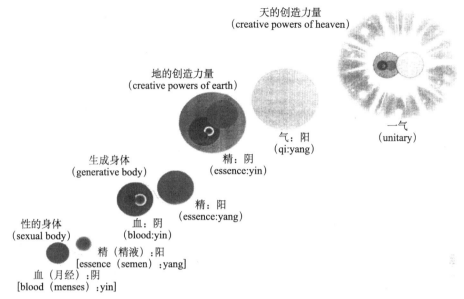

天的创造力量
(creative powers of heaven)

地的创造力量
(creative powers of earth)

一气
(unitary)

气：阳
(qi:yang)

生成身体
(generative body)

精：阴
(essence:yin)

精：阳
(essence:yang)

性的身体
(sexual body)

血：阴
(blood:yin)

精（精液）：阳
[essence（semen）:yang]

血（月经）：阴
[blood（menses）:yin]

图 4-1 "黄帝身"中的阴阳等级序列

念，确立的是一个规范化的身体，但她忽略了早期文献中的模糊和矛盾之处。"[①] "从雌雄同体的经典理想出发，费侠莉建构了一个具有启发性的分析工具，但是她基于这一理想，假定了某种整体性和一致性，而非反映了当时中国社会的实际情况。"[②] 然而尽管如此，这一概念仍基本表达了中国古代的身体观念，以及它同西方身体观念的根本差异。例如，图 4-1 所展现的中国身体观中的阴阳互补、等级、包含关系，与席宾格尔所提供的古希腊身体观中的社会性别内涵（图 3-1）相对照，清楚表明了东西方身体观的异同。一方面，西方早期的身体观是单一性别模式，而中国的身体则是雌雄同体的；另一方面，二者却又都包含了深层的社会性别差异观念和社会性别等级观念。

席宾格尔在探讨古希腊的身体观之后，对该身体观在公元 16~18 世纪经历的变革及其与社会性别的关系进行了梳理。类似的，费侠莉在对中国古代身体观给出基本的概括和总结之后，亦对这一身体观在随后历史中经历的种种变化及其与社会性别的关系进行了考察。

第二，宋明妇科中的社会性别意识形态及身体观的变革。

---

① Vivian Lin. A Flourishing Yin: Gender in China's Medical History, 960 - 1665（Book Review）. Culture, Health & Sexuality, 2000，2：489.

② Marta Hanson. A Flourishing Yin: Gender in China's Medical History, 960 - 1665（Book Review）. Social History, 2001，26：375.

宋代妇科的身体气血论将男子对应于气，女子对应于血，认为气高于血，统领血，甚至在具体的生育过程中，血仍听从于气。由于血为女子之本，女病的治疗主要就是调血以及抑气助血。费侠莉认为，气血论是宋代妇科的基本理论，它反映了医学话语中隐含的社会性别关系，尤其是它将男子与气、阳对应，将女子与血、阴对应，同时强调气、阳高于血、阴，尽管血在生育中极其重要，但不能独立运行①。对比图4-1所展示的气血关系，我们知道身体气血论所蕴含的身体观念依然是传统的雌雄同体身体观。然而，费侠莉进一步对《太平圣惠方》和《备急千金药方》中妇科论述所做的比较分析，却表明基于身体气血论发展起来的宋代妇科，尤其是它对女病治疗的特殊性的强调，开始对雌雄同体的身体观提出了初步挑战。例如，她发现尽管《太平圣惠方》中关于大量疾病的讨论没有做性别区分，但有三种综合病症却被认为存在性别差异，被划归"妇科"，一是"中风"，二是"虚损（劳）"，三是"积聚"。而且，就陈自明和齐仲甫而言，他们一般都采取男女有别的治疗策略，男子调气，女子调血，重视女子"别方"。为此，费侠莉认为自孙思邈开始，关于"别方"和"女病难医"之类的观念，已表明医者开始对女性身体本身的特殊性有所强调，这意味着雌雄同体的"黄帝身"观念已遭遇挑战②。

更为重要的是，费侠莉将宋代的月经理论纳入医学史研究的范围，揭示出其中的社会性别意识形态以及对传统身体观的进一步挑战。宋代之前，医学文献只把女子月经作为不洁的败血来看待，宋代开始认真地按照阴阳、寒热、虚实来区分月经失调症状，同时还将其与月亮潮汐的周期隐喻暗合起来。例如，巢元方强调任、督二脉在月经中的作用，陈自明利用阴阳五行经脉理论解释月经现象，既强调经脉网络的主要作用，也注意经脉与器官、生育之间的关系。对此，费侠莉认为，人们越来越认识到月经可以作为身体疾病的表征发挥很大作用，它不但可以作为其他疾病的表征，也对确保女子生育能力和一般健康有很大作用，所以调经成为妇科的重要内容之一。尤其从社会性别意识形态来看，月经规律作为理想的、正常状态的内在身体过程，是女子独特性得以显示的最重要的身体指标，这种独特性在宋代妇科"杂病"和"别方"中得到了进

---

① Charlotte Furth. A Flourishing Yin: Gender in China's Medical History, 960 - 1665. Berkeley: University of California Press, 1999: 70 - 74.

② Charlotte Furth. A Flourishing Yin: Gender in China's Medical History, 960 - 1665. Berkeley: University of California Press, 1999: 74 - 87.

一步的体现①。

　　明代以来，宋代妇科与宋代官方医学一起被逐渐边缘化，国家支持的宫廷医生已渐渐失去地位，宋代宫廷妇科只留存了郭、薛、程、陈几个姓氏的医学世系。在妇科内部，身体观再次经历了重要变革，从宋代的"别方"、气血论重新转向了更为传统的、雌雄同体的"黄帝身"理论。

　　费侠莉通过分析明代薛己对陈自明的妇科文献所做的脚注，发现薛己与陈自明在关于妇女疾病的根源与医治措施上的看法存在根本差异。陈重视血、肾、气血运行等；薛则重视脾胃、身体器官及脏系统的新陈代谢。此外，薛还对"血"的性质提出了新的看法，认为调节脾胃是通血的关键。他还用"肝火"来解释月经失调、"中风"、"虚劳"等杂病，在思想上受朱震亨的影响较大②。朱震亨的"相火论"认为，正常的相火为人身之动气，相火妄动则为危害生机之盗贼，为保护阴精，就必须"去欲主静"，节饮食，戒色欲，养心收心，不使相火妄动。其医疗策略以滋阴为主，但阳在其身体建构中仍占主导位置。正因如此，费侠莉认为，尽管朱震亨极其重视阴的方面，但并不表示他对传统雌雄同体观中的阴阳等级关系有所否定，他建构的身体仍然是"男性"的身体③。

　　从薛己和朱震亨的医学理论中，我们发现明代以来宋代妇科身体气血论（尤其是对女病特殊性和"别方"的强调）逐渐被抛弃，这与现实的医疗实践产生了某种矛盾。晚宋以来，男医生与女患者之间的距离日益明显，隔衣诊脉、弦丝诊脉的故事留传甚广。那么，现实医患关系上更为严格的性别区分为何没有促使明代妇科更注重气血论和其他基于性别区分的身体观？为何没有利用医学的身体性别区分来验证和巩固现实中的社会性别隔离制度，而是转向更为经典的"黄帝身"观念？关于前一个问题，费侠莉没有做深入分析，仅认为这表明了明代文化模式与医学话语内部相互联系的复杂性。而后一问题正是费侠莉在整个研究中致力于回答的一个关键问题：宋代之后妇科气血论衰落，雌雄同体的"黄帝身"概念替代了气血区分的身体观，伴随着的却是对妇女身体约束的加强；这与西方现代生物医学史上的情况正好相反，在西方恰恰是男女

---

　　①　Charlotte Furth. A Flourishing Yin: Gender in China's Medical History, 960 - 1665. Berkeley: University of California Press, 1999: 74 - 77.

　　②　Charlotte Furth. A Flourishing Yin: Gender in China's Medical History, 960 - 1665. Berkeley: University of California Press, 1999: 144 - 145.

　　③　Charlotte Furth. A Flourishing Yin: Gender in China's Medical History, 960 - 1665. Berkeley: University of California Press, 1999: 151.

有别的身体观促使着对妇女约束的加强。简言之，费侠莉的问题是：我们如何去理解身体性别以可塑的雌雄同体观念为基础，社会性别却以固定的等级划分为基础这二者之间的矛盾和冲突？对此，费侠莉尝试给出了以下解释：首先，中国的身体分为"生成身体"与"妊娠身体"两个层次。在"生成身体"中，男女是同质的，类似于阴阳五行宇宙万物的生命创造过程；而"妊娠身体"则更多地与物质的、肮脏的女性身体相关，它在价值评判上是低于"生成身体"的。其次，中医中雌雄同体的身体本质上是男性的，男性虽不参加妊娠，但其在父子关系中的重要性却不容忽视①。

　　显然，费侠莉认为中国古代的生育观念更重视"生成"而非"妊娠"，雌雄同体身体内的阴阳关系实际上也还有等级之分，因而男性与女性在医学、身体上的区分同社会家庭内的性别等级划分之间是对应的，而非矛盾的。然而，如果基于后殖民主义的立场来看待这一问题，会发现费侠莉对该问题的重视与解释隐约暗含了这样的前提假定：生理性别与社会性别之间应存在某种直接的对应关系，也即社会性别的等级关系必须依赖于生理性别上的等级划分。费侠莉的这一"悖论"是以西方自然和文化二分的认知模式为参照标准提出来的。这个问题可以转换表述为：为何中国古代没有类似于近代西方生物医学的生理性别区分，也能建构出有等级区分的社会性别关系图式？研究中国古代科学史的学者，看到这个转换过的问题，自然会联想到李约瑟难题。这两个问题在某种程度上有相似之处，也同样都可以被消解。费侠莉最后也提到，通过对中国古代身体观的研究，她发现中国古代医学文化与西方生物医学文化如此不同，但却同样可以为社会性别等级区分提供医学基础，分析这一现象能为西方女性主义身体研究提供了新的进路②。然而，即便考虑到上述问题对于西方学者而言确实具有困惑性，费侠莉的讨论也相对有限。她只是从医学理论的角度提供部分解释，而没能充分考虑当时中国的社会文化与境，尤其是社会性别制度和观念。尽管她认为朱震亨身体观与节欲观和随之而来的对妇女进行道德约束的加强、节妇形象的出现等现象之间有着深刻关联，医学参与了对节妇这一文化身份的建构，但她却没能进一步解释既然朱震亨的身体观与当时"节欲"的社会性别观念存在紧密关联，为何在当时社会里，受身体的文化约束与道德上的自我约束双重枷锁的仅仅是女性这一显而易见的事实。可以说，费侠莉虽然从

---

　　① Charlotte Furth. A Flourishing Yin: Gender in China's Medical History, 960 - 1665. Berkeley: University of California Press, 1999: 310 - 311.

　　② Charlotte Furth. A Flourishing Yin: Gender in China's Medical History, 960 - 1665. Berkeley: University of California Press, 1999: 312.

社会性别视角出发，特别地对中国妇科身体观中的社会性别内涵给予了深刻揭示，这些都是传统科学史研究所不曾注意的方面和主题，但她在将妇科医学理论发展及其与社会性别内涵变革之间的关系置于中国的社会性别文化与境中考察的方面，仍不够充分。

第三，宋明妇产科医疗实践中的性别分工及其变化。

除追溯中国古代身体观及其社会性别内涵这条主线之外，费侠莉还对宋明妇产科临床实践中的性别分工及其变化做了深刻分析。

通过比较研究《十产论》等主流妇产科文献和陈茂先医案、谈允贤医案等临床医学记录，费侠莉发现，在宋代产科中男女医疗者之间尚存在较大的协商。一方面，稳婆①在分娩中的重要位置开始逐渐被作为精英的男医生所取代；但另一方面，如同经验医术不能和仪式医术完全分离一样，男医生也不能与女医疗者完全分开。通过研究，费侠莉认为当时男女医疗者的竞争与合作关系主要表现为以下几个方面：第一，在医学危急状态下，产科男医生常常与稳婆合作，相互学习；第二，在有医承关系的家庭里，医学世家中的女医生往往比较有优势；第三，产科内的性别分工还没有与社会上的地位区分直接关联起来。更为重要的是，在家庭空间内男性往往是因为尽孝道而涉猎产科领域，他们著书立说以期对稳婆进行指导，同时也从稳婆那儿学习相关知识。很多关于稳婆的记载表明，她们的知识自成体系。费侠莉认为，分娩的知识多为家庭内的技艺，男性著书是为了巩固家长制，控制社会舆论手段，尤其是对印刷术进行掌控②。

实际上，在宋代产科中儒医尚未成为医学典范，他们与针灸者、巫医、道士并存，女性医疗者包括稳婆在内都较少受到非议和批判。然而到了明代，医学地位分层日趋明显，宗教性质的医学与其他医疗实践模式分野突出，更多儒医进入了产科领域，并开始对巫医、医工、稳婆的实践进行排斥；印刷术的发展也挑战了家庭内的医学实践（在家庭内妇女能与男性一起控制资源），它一方面使得医学秘传口授的传统被打破，增加了透明度，另一方面也使得文学技巧发挥优势，使女医疗者在与男医生的竞争中处于更加不利的位置。

其中，费侠莉尤其对明代各种不同风格的文献中关于"三姑六婆"的消极

---

① 稳婆，旧时民间以替产妇接生为业的女性，或为宫廷或官府检验女身的女役。因历史时期和南北地域及民族文化的不同，有"隐婆"、"产婆"、"收生婆"、"接生婆"及"老娘婆"等多种称呼，属江湖"三姑六婆"之列。

② Charlotte Furth. A Flourishing Yin：Gender in China's Medical History，960 – 1665. Berkeley：University of California Press，1999：116 – 125.

描述和评论给予了关注。她首先对儒家绅士之于底层女性医疗者的污名化问题进行了分析。通过文本考察，她发现这些绅士都将女性医疗者看成是低等阶级的外人，将其归为"三姑六婆"之类。例如，萧京把那些将女性医疗者引入家庭来治病的人视为傻瓜和白痴，并对女医疗者的形象进行了刻薄的描写，认为不许女性医疗者进门的古家训很有道理。吕坤认为女子与儿童的医疗全由底层女性医疗者掌握会造成灾难性的后果，鼓励传统男医生的妻子们学习相关医术，以提高为妇女治病的女医疗者的行医标准。对此费侠莉认为，这些绅士提到的女医疗者都是为妇女儿童提供服务的底层人，但她们不一定都是稳婆或者专治妇科疾病。然而，不管她们的社会功能是什么，女性医疗者在修辞的意义上都被这些文献统称为"婆"或者"老媪"，这些俗称定位了她们的平民化社会地位和低级医技，甚至低级医德①。除此之外，费侠莉还对文学作品和地方志等材料中关于女医疗者形象的描述进行分析，同样发现在这些文献中蕴含着精英阶层男性的写作立场。总之，无论女性医疗者的医技、年龄、医治对象身份有何不同，她们都共有"婆"的刻板形象，"婆"被认为是闯入上层社会特权家庭空间的"内奸"，是滑稽的，或者略有颠覆性的力量②。

通过对这些文献的分析，费侠莉向我们表明，明代以来女性在妇产科医疗中的优势地位已逐渐被男医生取代，而且在此过程中，男医生同上层社会男性精英与家长之间建立了某种共谋关系，他们利用文字和修辞技巧共同参与了对女医疗者的系统排斥。在此，值得提及的一点是，费侠莉还注意到了这些"婆"与上层医学世家的女儒医之间的区别。通过对谈允贤医案的分析，费侠莉不但揭示了女儒医与男儒医在医治对象、医治疾病范围、医治技术、医治理论、书写重点、病患关系上的差异；而且更强调谈允贤仍属于女医疗者中的特例，作为上层社会医学、儒学世家的女医生，她与其他底层女性医疗者虽不存在多大的医术差异，但却存在很大的阶级差异③。可见，费侠莉已关注女性内部的身份差异性问题。

综上所述，我们不难发现在费侠莉的中国妇产科史中，社会性别意识形态的影子无处不在，它既表现为中医身体观中的性别等级差异，也体现在妇产科

---

① Charlotte Furth. A Flourishing Yin: Gender in China's Medical History, 960 - 1665. Berkeley: University of California Press, 1999: 272.

② Charlotte Furth. A Flourishing Yin: Gender in China's Medical History, 960 - 1665. Berkeley: University of California Press, 1999: 277.

③ Charlotte Furth. A Flourishing Yin: Gender in China's Medical History, 960 - 1665. Berkeley: University of California Press, 1999: 278 - 285.

理论与实践中的性别分工上；既体现在医学文本和其他文献对女医疗者的污名化描述上，也体现在妇产科医学传统中十月怀胎理论对稳婆、巫医等宗教仪式医学的排挤上。对中国古代妇产科中的上述种种社会性别意识形态的分析，充分展现了对非西方、非主流科学知识系统进行社会性别研究的学术意义。正如有关学者所言："费侠莉的研究对于医学史以及中国快速发展的妇女研究而言都做出了重要贡献。"① 她"为以后多年的'社会性别与中医'的研究提供了学术标准。"②"对中医和中国古代社会性别关系感兴趣的科学史家、人类学家与社会学家都能从这一研究中受到启发。"③"它不仅值得研究中国历史和中医传统的学生一再研读，也值得那些希望理解一切文化、历史和医学知识的积累与传播的学者一再研读。"④

值得我们思考的是，通过粗略地对中国医学史研究现状的考察，我们发现妇产科史在整个中医史研究中仍处于边缘位置，在极少数妇产科史著作中，女性医疗者的医学知识与实践又被进一步边缘化。或许有些读者会产生疑问：费侠莉关注的这些问题是否属于科学史的研究范围？在我们看来，基于女性主义和后殖民主义的科学文化多元性观念，这些考察的内容和分析解释无疑都属于科学史的范畴。反过来说，对这些内容的关注和分析，恰恰需要我们超越传统的科学观和编史框架。正如费侠莉所言，我们必须超越类似于李约瑟的"大公的"、"普适的""实证主义"的科学观及其编史框架，给出更为宽泛的医学定义⑤。实际上，通过对公元16～17世纪的中医文本进行分析，费侠莉已表明医学并非是仅由精英医生主宰的社会实践，疾病的管理更多的是一种家庭技艺，或者一种文人的业余学习，或者是一种低贱的技巧，一种以仪式为基础的宗教实践。其中，女性医疗者扮演着极其重要的角色。遗憾的是，费侠莉在此也仅限于考察文学作品和男医生的作品对这些女医疗者形象的描述，而没有对她们的具体实践进行分析。而且，正如相关学者所提到的，费侠莉所提供的大多是男性对于妇女的描述（除谈允贤医案之外），而这些男性往往都代表着上层社

①　Robin D. S. Yates. A Flourishing Yin: Gender in China's Medical History, 960 - 1665 (Book Review). The Historian, 2000, 63: 174.

②　Louise Edwards. A Flourishing Yin: Gender in China's Medical History, 960 - 1665 (Book Review). Asian Studies Review, 2001, 25: 525.

③　Rita S. Gallin. A Flourishing Yin: Gender in China's Medical History, 960 - 1665 (Book Review). Journal of the Royal Anthropological Institute, 2002, 8: 783.

④　Delia Davin. A Flourishing Yin: Gender in China's Medical History, 960 - 1665 (Book Review). American Historical Review, 2000, 105: 1712 - 1713.

⑤　Charlotte Furth. A Flourishing Yin: Gender in China's Medical History, 960 - 1665. Berkeley: University of California Press, 1999: 3.

会精英和家长的立场①。但同样需要说明的是，关于民间女性医疗者的医疗实践的记录亦是最难见到的，她们由于社会阶层和知识水平等多种原因而无法留下多少文字的记载，也因此而在科学史上更多地表现为集体的失忆状态。实际上，这亦是当历史研究从精英史转向平民史时，常常会遇到的一个史料难题。

案例12　白馥兰关于中国古代技术史的研究

如果说费侠莉从社会性别视角出发对中国古代医学史进行了重新研究，描绘了一幅全新的医学史画卷，白馥兰则从社会性别视角出发对中国古代的技术史进行了深入的研究，阐述了中国古代建筑技术、纺织技术、生育技术与社会性别的相互关系史。

作为中国科学技术史研究专家，白馥兰已广为中国学者熟悉。她的研究领域是经济史、农业史、技术文化史、社会性别研究、人类学研究和身体的文化史研究。在社会性别研究方面，白馥兰一直寻求新的研究方式将技术与社会性别结合起来，关注技术与社会性别相互关系的动态发展史。其中，《技术与性别：晚期帝制中国的权力结构》一书便实现了这种结合，该书将社会性别纳入中国技术史研究，同时也将技术史纳入中国妇女史研究的范畴。在此，需要说明的是，本书将白馥兰的中国古代技术史案例纳入讨论范围，一是因为我们往往很难在科学和技术之间划分出清晰的界限；二是因为这项工作是从社会性别视角出发所做的关于非西方科学技术史研究的一个十分突出的范例。

在展开具体研究之前，白馥兰首先强调她所考察的技术不是引起社会变革的那些伟大的技术发明与创造，而是发生在日常生活范围内的技术实践活动；并非某种单项的技术实践，而是在一个特定的社会中存在的那些构成社会系统的重要技术系列，这些技术能提供关于特定类型群体的丰富信息②。基于社会性别的分析视角，白馥兰关注的焦点集中在与妇女及社会性别关系相关的技术系列上，她援用刘易斯·芒福德（Lewis Mumford）的术语，称该技术系列为"女性技术"（亦被译为"妇术"）（gynotechnics），这样的技术系统塑造人们关于妇女的想法和观念，因而也形成了关于一般社会性别制度和等级关系的看法。白馥兰强调，妇女与技术的关系常常被以往的中国史研究所忽略，集中考察这些直接影响妇女生活和身份的技术，不仅能揭示其中的妇女的思想和经验以及女性气质，也能从中推知男性气质和两性差异的结构，进而推知整个中国

① Marta Hanson. A Flourishing Yin: Gender in China's Medical History, 960 - 1665 (Book Review) . Social History, 2001, 26: 375.

② Francesca Bray. Technology and Gender: Fabrics of Power in Late Imperial China. Berkeley: University of California Press, 1997: 3 - 7.

社会变化着的组织制度的情况。而她将要考察的"女性技术"系列中的每一种都为中国封建社会晚期的社会性别观念和等级制度的基本组分提供了物质形式，例如社会性别与等级空间、社会性别与等级工作、社会性别的生产与等级和地位的关联等[1]。在此，白馥兰重点考察了中国古代建筑技术、纺织技术和生育技术这三大"女性技术"。其中，因关于生育技术史的研究同费侠莉、傅大为的研究在主题和思路上颇为类似，本书在此仅就白馥兰的建筑技术史与纺织技术史案例做进一步的具体分析。

第一，建筑技术与社会性别。

白馥兰认为，一座房子就是一座文化的庙宇，人们居住其中，被教授或灌输着为其文化所特有的基本知识和技巧。孩子在成长过程中，能将由高墙、楼梯和接待客人的规范、礼节、传达信息的惯例以及日常工作所标志的性别之间、代际之间和阶层之间的等级关系内在化。换言之，建筑是一种将仪式、政治和宇宙论关系转换为日常生活所体验的、自然化的空间术语[2]。在此前提下，白馥兰研究的主题并非传统建筑史所关注的建筑本身，而是房屋住宅内的空间建构。在她看来，实际的房屋建造者如砖匠和瓦匠都是男性，但女性也参与了对家庭空间的建构过程。一间房屋如果没有妇女的，诸如烹饪、织布和小孩喂养之类的日常生活，就不可能转变为一个家[3]。在这个意义上，她将房屋建筑技术作为中国"女性技术"系列的一个重要部分，考察中国房屋建筑中的社会性别意识形态，以及女性在此空间内发挥的作用。

透过众多的关于住宅建筑的历史文本，白馥兰首先对中国封建社会晚期的房屋材料要求、美学设计、建筑风格等方面的标准化问题进行分析，尤其对其中反映出来的性别差异和阶级差异进行了深入讨论。例如，在探讨住宅内部的家具摆放问题时，白馥兰尤其讨论了椅子的摆放及其蕴涵的社会性别等级观念。她发现，到了宋代，在富人家庭中开始使用椅子，但当男性在场时，女性一般不能使用，除非她们是家族首领的妻子，否则只能坐板凳；而当仅有女子在场时，也只有地位高的妇女才能坐椅子。而且，椅子的形状是圆是方、有没

---

[1]　Francesca Bray. Technology and Gender：Fabrics of Power in Late Imperial China. Berkeley：University of California Press，1997：51 - 52.

[2]　Francesca Bray. Technology and Gender：Fabrics of Power in Late Imperial China. Berkeley：University of California Press，1997：51 - 52.

[3]　Francesca Bray. Technology and Gender：Fabrics of Power in Late Imperial China. Berkeley：University of California Press，1997：55.

有扶手，这些都有等级区分①。随后，白馥兰还对房屋内部空间发生的社会活动进行了深入考察，揭示出祖先祭祀活动、婚礼仪式、家内空间划分与分配等方面体现出的社会性别意识形态。例如，在关于祖先祭祀的文本中，白馥兰尤其关注到祭祀中的性别分工问题。她在朱熹的《朱子家礼》中发现，祭祀时男性家庭成员一般被要求站东边，女性家庭成员则被要求站西边，男主持扶男祖先牌位，女主持扶女祖先牌位，男主持倒酒，女主持进茶，两主持必须坚持到仪式最后。但是，这种祭祀中的性别平等只局限于结发妻子，男主人的其他妾室不能参与家族祭拜仪式②。在此，白馥兰不仅揭示了两性之间的等级区分，也表明了女性内部的身份差异。在婚礼仪式方面，白馥兰注意到司马光的著作曾提及，新郎必须引领新娘接见父母、亲人，以及引领她到家中各处，体现出男性对女性的主导地位③。除了在祖先祭祀、婚礼仪式等方面体现出父权制的意识形态之外，最为明显的父权制编码体现在住宅空间的划分和分配上。白馥兰认为，家庭内的关系主要是通过代际、长幼和性别等级来固定，这之中的权力关系可以通过穿着和行为举止来表达，也可以用空间的划分和分配来体现，甚至不同家庭成员或其奴仆通往房屋内空间的路径等都体现了不同的权力关系结构。例如，中国的一般家庭生活都是围绕家中长辈的房间来开展的，儿媳每天都必须向父母请安。一般几对夫妇分别都有自己的睡房，睡房更多地属于妇女的空间，她们的丈夫白天一般不在此活动，也并非每晚都在此居住。仆人一般被安排在最远的后院或者房子的前面，且在分配他们的住房时，还会充分考虑到性别隔离④。

宋代以来，性别隔离的教条在新儒家哲学的详细阐述和规定下，逐渐成为整个社会各个阶层的正统思想。白馥兰详细考察了包括《清俗纪闻》在内的很多文本，发现几乎所有社会阶层的女性都必须接受住宅空间上的隔离，"男主外、女主内"的性别分工规范进一步被强化。例如，根据司马光的描述，内闱一般位于整个住宅的后方，用一个内门与住宅的其他部分隔离开。在很多大的住宅中，内闱是独立在后院的建筑，或者虽是主屋的一部分但其入口是后门。

---

① Francesca Bray. Technology and Gender：Fabrics of Power in Late Imperial China. Berkeley：University of California Press，1997：81.

② Francesca Bray. Technology and Gender：Fabrics of Power in Late Imperial China. Berkeley：University of California Press，1997：102.

③ Francesca Bray. Technology and Gender：Fabrics of Power in Late Imperial China. Berkeley：University of California Press，1997：116.

④ Francesca Bray. Technology and Gender：Fabrics of Power in Late Imperial China. Berkeley：University of California Press，1997：122－125.

南方城市商人家庭的内闱一般是通过门帘进出，但到了晚上两重门都要关上并上锁。在贫贱人家的房舍中，一般在厨房门上挂门帘，有男客到来时，女子就到门帘之后。除活动空间的隔离之外，在家庭活动中，妇女也受到类似的限制。例如，在《清俗纪闻》中提到，男孩女孩十二三岁的时候跟随自己的父母兄妹一起吃饭，一旦进入青春期，男孩就必须独立入席。新娘不能与公公坐一桌，妻子不能与丈夫的兄弟坐一桌，大多数时候男子在外屋吃饭，女子在自己的房间吃饭。司马光甚至主张，只有年长夫妇才能一起吃饭，他们必须先吃，男女分别用自己的桌子，按年龄顺序排座位[①]。通过对这些文本的分析，白馥兰认为，妇女的性别隔离是中国古代建筑空间内社会性别意识形态体现最为明显的地方，而且这一做法和考虑是因为人们往往把妇女看成社会秩序的潜在威胁，男女分工有别的教义被用来作为男性牵制与控制女性的依据。在儒家的道德著作和通俗谚语中，妻子就常常被描述成长舌妇，喜欢挑拨兄弟关系，是家庭不睦的根源，因此必须受到严格的父权控制[②]。

值得提及的是，白馥兰在对中国古代富裕家庭小姐闺房的家具和摆设进行分析时，还比较考察了性别化色彩同样明显的男性书房。相对女性的闺房而言，上层绅士所属的空间为书房。书房里的所有物品都是男性气质的，它们的质地和布局反映了书房主人的鉴赏力，是上层社会有地位、受过教育的文人的一种象征，希望提升社会地位的人都要盖自己的书房并认真装饰它。甚至江南"富农"的房子也包括有类似于商人家庭的客厅、书房和内闱，他们似乎认为商人理所当然必须拥有书房，就像女性必须居于内闱一样。白馥兰认为，这里存在一个十分重要的关联，也即在男人对于书房主人地位的渴望之中，实际蕴涵了上流社会妇女对内闱所持有的类似理解[③]。也就是说，与妇女被隔离的闺房类似，书房也在文化上象征着男人的上层社会地位，内闱和书房在此意义上具有某种一致性，都富有特殊的社会性别内涵。

如果说白馥兰对中国封建社会晚期住宅建筑的空间结构设计、划分分配、性别隔离、空间内的仪式活动等进行的研究，体现了建筑技术文化和社会性别意识形态之间的相互呼应与建构关系；那么，她关于纺织技术的社会性别研究

---

① Francesca Bray. Technology and Gender：Fabrics of Power in Late Imperial China. Berkeley：University of California Press，1997：129－131.

② Francesca Bray. Technology and Gender：Fabrics of Power in Late Imperial China. Berkeley：University of California Press，1997：128.

③ Francesca Bray. Technology and Gender：Fabrics of Power in Late Imperial China. Berkeley：University of California Press，1997：137－139.

则突出反映了女性在此建筑空间内发挥的重要作用。

第二，纺织技术与社会性别。

男女之间的区别不仅仅体现在居住空间的划分上，还反映在他们/她们所从事的工作上。白馥兰认为，以往的中国妇女史研究过多强调女性被压迫的形象，往往忽视了"工作"在古代中国社会性别角色定义上的重要性；只有考虑到"妇女的工作"和它所经历的历史变化，我们才能理解中国的"家庭生活"或社会性别区分的独特性及意义。因为从根本上说，在每个人类社会，"工作"在社会角色和等级结构的建构（无论是性别的，还是阶级的）中都是最为基础性的因素[①]。

在中国古代，"男耕女织"是被赞颂的典型的生活方式，它表达了最经典的劳动性别分工模式，表明妇女的传统工作是纺织品的制造。宋代之前，织布技术及其管理技巧基本属于妇女的知识领域，通过交纳纺织品作为税收，妇女为家庭生活和国家经济发展都做出了贡献。然而宋代以后，伴随着纺织生产的逐渐商业化和专业化，新的劳动分工使得妇女对经济发展的贡献逐步被边缘化，直至明代末期，基本的手工织物之外的所有纺织品的制造都成为男性的工作。白馥兰认为，这一变化打破了妇女与国家之间存在的物质相互依赖性，从根本上修改了对妇女的社会性别角色的重新定义，它使得生育和母亲被认为是妇女最根本的任务与角色[②]。她所要考察的正是宋代之前妇女在纺织领域的领先状况及其在明清时期逐渐被边缘化的历史过程。

白馥兰首先考察了几个世纪以来支撑中国古代"男耕女织"这种劳动性别分工的国家财政制度。她认为，尽管妇女是在家中做自己的工作，但是织物却通过国家财政制度将她们与国家紧密联系在一起，通过对国家财政政策和制度的考察能揭示这种劳动性别分工形成的原因，以及女性在纺织工作方面的重要作用[③]。通过史料考察，白馥兰发现从周代到一条鞭法实施之前，农民家庭上缴税收的内容既包括男性的劳动成果——谷物，也包括妇女的劳动成果——织物，而且这二者被认为具有相同的价值。非农家庭的缴税原则与此类似，妇女也必须进行纺织工作以缴税，如果不能纺织则需去市场购买织物以缴纳税收。

---

① Francesca Bray. Technology and Gender: Fabrics of Power in Late Imperial China. Berkeley: University of California Press, 1997: 175.

② Francesca Bray. Technology and Gender: Fabrics of Power in Late Imperial China. Berkeley: University of California Press, 1997: 183.

③ Francesca Bray. Technology and Gender: Fabrics of Power in Late Imperial China. Berkeley: University of California Press, 1997: 186.

即使是在 1581 年一条鞭法规定可以用现金来缴纳税收之后，国家也仍然继续征收织物，有很大的织物需求，只不过妇女作为织物生产者与国家作为消费者之间的这种直接的象征性联系被打破了[①]。可见，税收制度强化了一种普遍性的劳动性别分工，所有的妇女都必须在"内"从事织物生产，男性农民则在"外"耕种。这种国家经济、财政制度在强调妇女对于家庭经济的贡献和履行国家义务的重要性的同时，也维持并巩固了妇女在纺织生产方面的优势地位。

实际的情况也说明，宋代之前女性在纺织生产领域一直占据主导位置。通过全面考察，白馥兰认为中国封建社会纺织生产单位不外乎以下四种：一是农民家庭，主要靠家庭内的劳动力；二是较大的乡村或者城市的上层家庭，由女主人组织家庭成员、仆人和雇佣的女工人进行生产；三是国家制造，由官府组织长期或短期的雇佣工人（男女均有）进行生产；四是城市工厂生产，它们往往拥有较高级的工具，能织出好的图案花纹，生产较为专门化。其中，宋代之前绝大多数的普通织物都由农民或者地主家庭的妇女生产，乡村的纺织生产属于妇女领域，技术知识和生产责任都由妇女管理和控制。而且，尽管她们生产的大多数是简单织品，但这些织物却不仅是最基本的物质生活品，也是价值得到高度认可的国家税收来源和可市场化的商品。农民和地主家庭的妇女为普通的穿衣需要生产了大量的低价布料，同时也生产了流通循环中高价布料的主要部分[②]。除此之外，女性在内闱空间生产出来的织物还能将家庭与邻里、亲族联系在一起，是形成和强化社会关系的重要纽带。例如，在很多重大仪式和社会交换中，包括在婚礼和葬礼仪式中都不能缺少织物。而且，妇女在纺织技术的学习过程中，还被灌输了勤劳、节俭、规矩和自律等基本的妇女美德和规范。纺织技术水平高的妇女常常被看成是具有这些美德的代表，纺织与社会性别规范之间因此产生了某种深刻关联[③]。

然而，到了宋代，最为贵重的丝绸织物是由国家工厂和日益增多的私人城市工厂生产的。这些工厂里的工人大多是没有自由的底层匠人和妇女，纺织在此既可以是妇女的工作，也可以是男性的工作。尤其是伴随着纺织工业的商业化和专门化，逐渐形成了新的劳动性别分工，妇女的地位不断被边缘化。

----

① Francesca Bray. Technology and Gender：Fabrics of Power in Late Imperial China. Berkeley：University of California Press，1997：186 – 187.

② Francesca Bray. Technology and Gender：Fabrics of Power in Late Imperial China. Berkeley：University of California Press，1997：191 – 205.

③ Francesca Bray. Technology and Gender：Fabrics of Power in Late Imperial China. Berkeley：University of California Press，1997：187 – 189.

白馥兰认为，妇女在纺织生产领域逐渐被边缘化的一个重要原因是宋代新贵族阶层织物需求的变化。宋代文人作为新贵族阶层为获得合法性，对物质文化风格进行了重新塑造。他们为抵抗传统贵族的华丽丝绸服饰，主张使用素雅的纱料，然而产品的简单性却使得生产过程的复杂性大为增加，这对妇女十分不利。因为纱的制造，无论是素色的还是带图案的，都需要较为复杂的织布机，一般的农民家庭无法购买。地主家庭虽可能购买，但较为复杂的织物包括纱类，绝大多数均是由国家工厂和日益增多的城市私人作坊生产。由于中国的习俗和社会性别观念不允许妇女站到公共场合与男性一起竞争工作，如果妇女带有小孩，就更没有人会愿意雇佣她们。并且男性往往比妇女更有可能获得复杂织物的技术培训机会，他们或通过师徒传承或在工厂里习得相对高级的纺织技术。这些都导致在国家工厂里的纺织生产由男性组织，妇女逐渐沦为次要的辅助角色，私人作坊雇佣的外人也多为男性，妇女最终失去了在复杂织物生产上的主导地位[①]。

虽然白馥兰没有进一步展开讨论，但可以看到，依然是传统的社会性别隔离制度和妇女的生育角色导致她们无法外出就业并获得相关技术，最终促使这些原本由妇女主导的行业随着工厂化进程的推进，逐渐被男性所掌控。男性掌握了技术之后，女性的作用便日益降低，最后女性又被定义为不善技术的人群。这是一个循环，社会性别制度限制了劳动性别分工，劳动性别分工最终又巩固了原有的社会性别制度[②]。

除此之外，宋代以后棉花纺织的兴起和丝织业的衰落也是造成女性在纺织生产领域被边缘化的原因之一。明清时期除长江中下游之外，其他地区的丝织业逐渐衰落。与此同时，丝绸生产也不再是妇女的领域，她们开始沦为虽不可缺少但作用很小的辅助角色，负责制作纱线，由其丈夫织布并将成品送到市场销售。在白馥兰看来，这种劳动分工类似于一种共生关系，相互依赖，但如同作坊主和雇佣工人一样，内在隐含的等级关系十分鲜明。而且，妇女对于织物生产的贡献以及销售带来的收入都不再是单独的，而是附属于家庭所有。她们曾经负责整个的丝织品生产过程，现在她们既非管理者也非纺织者，而是低等的纺纱者和缫丝者。简言之，宋代之后，在商业和家庭的劳动分工中，妇女都

---

① Francesca Bray. Technology and Gender: Fabrics of Power in Late Imperial China. Berkeley: University of California Press, 1997: 207 - 209.

② 刘兵，章梅芳. 性别视角中的中国古代科学技术. 北京：科学出版社，2005: 112.

被严格局限在低等报酬和技术要求低的纺织任务上①。而且，这些变化在明清时期关于纺织生产的文学作品中深有反映。在宋代文献中，纺织被理所当然地视为妇女的工作；元代男性就已开始成为纺织文献中的主角，而到了明代，在记录当时最先进的制作和生产方式的《天工开物》中，更是描绘了男性操作纺织机器，从事纺织生产的情形②。

根据白馥兰的研究可以发现，自宋到清代纺织工业里发生的复杂变化基本改变了妇女作为织者的身份，她们不再拥有先进技术，对纺织生产所做的贡献也被贬值和边缘化，或者被纳入男性为首的家庭生产的价值之内。更为重要的是，白馥兰在此基础上，还进一步对这一变化之于中国社会性别观念和女性社会性别角色的影响进行了分析。正如上文提到的，纺织技术不仅具有经济价值和社会价值，同时也具有伦理道德内涵。白馥兰发现，明清时期很多通俗的百科全书和农业著作都将纺织描述成令人尊敬的、妇女的日常家庭职业。而在现实中，很多上层社会家庭的妇女已经很久没有纺织，而是到市场购买衣物。在白馥兰看来，这并不表明当时人们依然重视妇女作为纺织技术主导者的身份和角色，相反他们是把妇女的纺织活动视为实践家庭孝道的需要。妇女劳动的最终成果是温暖而又精美的衣料，可以为家内长辈添置新衣。纺织在此被看成是性别中立的孝顺美德的体现，同时更是勤劳节俭的妇女美德的象征。这一点不但对于穷困家庭是如此，对于上层社会家庭亦是如此。实际上，当时的很多上层社会家庭要求女儿通过纺织，学习和体会劳动的价值与节俭勤劳的美德。甚至到了清代，国家管理者还相信那些妇女从事纺织的地区一定在道德上优于那些妇女不从事纺织的地区，很多官员都试图将长江下游地区的先进纺织技术带到其任职的地区推广，即使当地人有时会拒绝学习这些技术③。

与此同时，白馥兰还将这种劳动性别分工的变化纳入妇女法律定位和亲族关系构成的实践背景考察，认为这些背景因素构成的矩阵网络将妇女劳动角色变化的结果结构化了。具体而言，伴随着宋代新贵族阶层的出现，新娘的财富转变为嫁妆，新儒家将女儿成功地排除在家庭财产继承和家谱记录之外。在此背景下，妇女生产能力和生产性角色形象的削弱，为日益增强的将妇女视为生

---

① Francesca Bray. Technology and Gende：Fabrics of Power in Late Imperial China. Berkeley：University of California Press，1997：235 - 236.

② Francesca Bray. Technology and Gender：Fabrics of Power in Late Imperial China. Berkeley：University of California Press，1997：239 - 241.

③ Francesca Bray. Technology and Gender：Fabrics of Power in Late Imperial China. Berkeley：University of California Press，1997：244 - 250.

育角色的观念提供了肥沃的土壤，而这些生育性的角色是婴儿养育者和管理者而非家庭经济的生产者。也就是说，当妇女的生产性工作的价值被遮盖，其生育性的角色便成为主要的刻板形象，这无论是在上层社会哲学中还是在普通人的生活实践中都是如此①。

可以说，白馥兰对于中国古代妇女纺织生产史的考察一方面所要强调的是，中国古代妇女并非仅仅是作为牺牲者的刻板形象，她们在隔离空间内仍然通过纺织生产为国家和家庭经济的发展，以及社会和家庭的稳固做出了贡献；另一方面，她也通过考察宋代之后女性在纺织生产领域地位的变化，表明在商业化和工业化过程中，劳动性别分工方面经历的变化进一步强化了女性在亲族关系和法律关系网络中的特定地位，促使了新的女性社会角色和社会规范的形成。正如白馥兰所言，妇女工作的物质价值的贬值和妇女作为国家税收积极贡献者地位的丧失，为人们接受"男性统治、女性服从"的一般教条、"妇女的生育工作比生产工作更重要"等观念提供了基础②。

总体来说，白馥兰从全新的角度解读了中国古代建筑技术和纺织技术史，描绘了一幅完全不同的景象。她扩展了技术的概念，摆脱了以近代技术作为参考标准的辉格式研究，对非西方国家及其妇女的技术实践活动给予了认真的分析。有学者认为，读完白馥兰的著作之后，人们将不再把妇女从中国的历史中剥离，或者说不会将中国从技术的历史中剥离，她的工作改变了人们研究历史的方法和道路③。基于人类学与女性主义的独特技术观，白馥兰的技术史研究不仅对社会性别研究，也对技术史和技术哲学研究有重要的贡献。正如有学者所言："白馥兰的工作彻底将社会性别纳入对国家、社会和文化的历史考察之中，提出了十分有趣的方法论问题，她的工作不仅对于中国学者十分重要，对于研究社会性别、现代性、技术以及其他问题的学者也同样十分重要。"④

当然，白馥兰的研究亦存在一些不足。首先，她主要从文化史和社会史维度考察"女性技术"，这种考察虽然包含了极为重要的社会性别分析视角，但

---

① Francesca Bray. Technology and Gender：Fabrics of Power in Late Imperial China. Berkeley：University of California Press，1997：263.

② Francesca Bray. Technology and Gender：Fabrics of Power in Late Imperial China. Berkeley：University of California Press，1997：272.

③ Suzanne Cahill. Technology and Gender：Fabrics of Power in Late Imperial China（Book Review）. American Historical Review，2000，105：1710 - 1711.

④ Rebecca E. Karl. Technology and Gender：Fabrics of Power in Late Imperial China（Book Review）. Radical History Review，2000，77：142.

白馥兰并未完全成功地将技术和社会性别这两个维度紧密结合起来①。其次，"女性技术"这一概念具有模糊性，选取住宅建筑、纺织和生育三大技术领域的标准没有说清楚。也就是说为何要选择这三类技术，除了认为它们构成了中国家庭生活空间之外，白馥兰没能给出更为认真的讨论和辩护。并且，她更多的是在"女性所从事的技术活动"的意义上使用"女性技术"一词，这使得她的研究易于陷入"本质主义"性别观和技术观的陷阱。再次，尽管白馥兰注意到了妇女群体内部的差异性，尤其是阶级差异，但她的研究仍然主要关注上层社会家庭的妇女，而且主要是作为母亲和妻子角色的妇女的生活②。这一点与费侠莉的情况类似，都提到了下层妇女被压迫的情况，而较少从正面积极肯定她们的作用和价值。当然，如上文所提到的，这在很大程度上与资料缺乏有关。但问题是，消解中国传统女性作为父权制牺牲者的一般形象之后，这种在女性内部关注点上的偏重，是否又可能形成或巩固关于下层妇女牺牲者角色的刻板印象呢③？此外，还有学者指出，白馥兰在强调中国与西方在一些基本概念的差别之后，往往又忽视了中国内部的阶级或者地区的概念差异性等等④。然而，尽管如此，对待白馥兰和费侠莉等学者的类似研究，既要看到其不足的一面，更应看到其合理和有启发性的一面，并在今后的研究中注意并克服她们的局限性，发挥本土化的优势。

第三节　小结与讨论

20世纪90年代以来，因逐渐认识到女性身份的差异性和科学的文化多元性，女性主义科学史研究的理论视角与案例研究均有了进一步的拓展。

首先，席宾格尔、哈拉维、哈丁等学者开始对西方科学史中社会性别与科学及其他范畴（尤其是种族和殖民）之间更为复杂的互动关系给予关注，注重分析西方科学中社会性别意识形态、种族意识形态与殖民主义之间的交错关

---

①　Antonia Finnzne. Technology and Gender: Fabrics of Power in Late Imperial China (Book Review). Anthropological Forum, 1999, 9: 218 - 219.

②　Hugh D. R. Baker. Technology and Gender: Fabrics of Power in Late Imperial China (Book Review). The Journal of the Royal Anthropological Institute, 2000, 6: 331.

③　就此相关问题，笔者曾与白馥兰教授有过交流和讨论。她认为这项研究的确对下层妇女的技术实践关注不够，这与资料的匮乏和文化背景的差异有关。也为此，她期望中国学者能利用本土优势，更多地展开关于底层妇女的科学技术与医学实践活动的类似研究。

④　Rebecca E. Karl. Technology and Gender: Fabrics of Power in Late Imperial China (Book Review). Radical History Review, 2000, (77): 147.

系。他们的研究表明，在科学中，性别政治、种族政治与殖民政治之间具有一致性，甚至欧洲中心主义本身就是男性中心主义的一种表现形式。值得提及的是，傅大为通过对我国台湾地区近代化医疗性别史的研究，进一步以后殖民主义视角阐明了殖民主义与性别政治之间的某种同一性，以及医学科学在其中扮演的重要角色。

其次，费侠莉、白馥兰、肯德尔等学者还更为直接地关注非西方国家和地区的"科学/社会性别系统"，注重分析非西方、非主流科学知识传统中的社会性别政治问题，尤其是具有女性气质的知识传统及其被边缘化的历史过程。她们的研究表明，西方与非西方在社会性别和科学两个方面都存在差异，社会性别与科学都是具体情境化与多元化的。更为重要的是，拓展了社会性别视角和科学的文化多元观，非西方、非主流的科学史研究可以不依赖西方科学与社会性别的评价标准而得到诠释，具有了独立性和新的合法性。

这些研究不仅意味着女性主义科学史在研究内容和范围上有了很大的拓展，同时也意味着女性主义科学史在研究视角和研究方法上有了新进展。社会性别与其他分析视角（如人类学视角和后殖民主义视角等）的综合运用，将促使女性主义科学史研究不断走向成熟。

第五章　女性主义科学史研究的方法论问题

"女性主义研究者可以运用传统意义上的任何一种研究方法，只不过其运用的具体方式可以有所不同，这种不同往往是直接由其背后的方法论和认识论的不同所决定的。"①

——桑德拉·哈丁（Sandra Harding）

"当代女性主义科学批判真正突出的特色，始于将社会性别作为一个分析工具纳入到对科学的研究之中。"②

——伊夫琳·福克斯·凯勒（Evelyn Fox Keller）

作为科学编史学研究，除对女性主义科学史这一特殊编史进路的理论基础与案例研究进行分析之外，还需要从方法论的角度考察它的方法论特征及其在具体研究视角和方法中的体现。女性主义科学史研究可视为史学研究的一个分支，探讨它的方法论问题离不开对女性主义人文社会科学研究方法论的整体把握。为此，本章将以相关女性主义方法论争论为基本背景，并结合上述几章具体案例中所使用的研究方法，分析女性主义科学史研究在方法论上的独特性及其在具体研究视角和研究方法上体现出的继承与创新之处。

第一节　方法论的独特性：从相关争论谈起

一般而言，方法论是关于研究视角和研究方法及其选择与使用的理论，或者说它为具体的研究视角与方法的选择和使用提供一般的指导原则。在不同的方法论体系中，所采用的研究视角会有所不同，所使用的研究方法在偏好和使用方式上也有所不同。

随着女性主义研究的深入，尤其是女性主义社会科学研究的深入，女性主义学者开始关注方法论问题，试图从该角度思考女性主义研究存在的根基和独

---

① Sandra Harding. Is There a Feminist Method// Nancy Tuana, ed. Feminism and Science. Bloomington and Indianapolis: Indiana University Press, 1989: 22.

② Evenly Fox Keller. Feminist Perspectives on Science Studies. Science, Technology and Human-Values, 1988, 13 (3/4): 235 - 249.

特性。正如哈丁所追问的："是否存在独特的女性主义研究方法？如果存在，它是什么？如果不存在，又是什么东西使得女性主义对心理学、社会学、经济学、政治科学、人类学和历史学中的基本观念产生如此惊人的挑战？我们该如何去描述它？"① 与此类似，女性主义社会学家舒拉米特·雷恩哈茨（Shulamit Reinharz）在对之前女性主义学者关于方法论的争论和探讨进行总结时也指出，这些讨论大致分为如下几种类型：①是否存在某种女性主义研究方法；②如果存在，它包含哪些内容；③是否应该存在某种独特的女性主义研究方法；④如果应该存在，这种女性主义研究方法同其他的研究方法差异何在②。可以说，关于女性主义方法论的争论的焦点在于：是否存在某种独特的女性主义研究方法？女性主义研究在方法论上的独特性和意义究竟何在？对这些问题的回答，实际上就是从方法论的角度对女性主义研究的独特性和重要性给予论证。

一、是否存在某种"女性主义研究方法"

最初，是否存在独特的女性主义研究方法的追问，主要缘于女性主义对传统学术尤其是传统社会学研究的批判。女性主义学者发现，传统生物学和社会科学研究方法中存在的男性中心主义假定和观念在以往没有被质疑，为此在对这种带有偏见的、歪曲的研究和解释进行反思时，他们尤其对这些学科中盛行的研究方法提出了批判。在他们看来，这些研究方法无法为人们理解女性的"本质"和生活以及作用于人们行为和信念的方式提供帮助。例如，在考察人类行为和观念时，社会学研究往往只访谈男性，心理学分析往往都以男性为标准，生物学的实验室研究往往只以雄性动物为解剖和分析对象，如此等等。除此之外，女性主义学者尤其还对心理学研究、科学史研究领域中一度存在的对自然科学方法的崇拜进行了批判③。

随着对主流研究方法批判的深入，很多女性主义学者开始提出了可供选择的女性主义研究方法。其中，马克思主义女性主义学者凯瑟琳·麦金农（Catharine MacKinnon）就曾主张"提升自我意识"（consciousness‐raising）是女性主义研究方法。这种研究方法尤其针对的是关于暴力和强奸的社会学研究

---

① Sandra Harding, ed. Feminism and Methodology: Social Science Issues. Bloomington and Indianapolis: Indiana University Press, 1987: vii.

② Shulamit Reinharz. Feminist Methods in Social Research. New York, Oxford: Oxford University Press, 1992: 4.

③ Sandra Harding. Is There a Feminist Method// Nancy Tuana, ed. Feminism and Science. Bloomington and Indianapolis: Indiana University Press, 1989: 18.

与法律研究，通常指的是通过女性之间相互讲述自己的生活事件和探索经验等来创造知识，使个人经验政治化①。这种研究方法同"实话实说"（speak - outs）类似，与收集和呈报数据资料的方法相比，被认为更具有女性主义"行动研究"的特征②。然而，哈丁认为，尽管这一提法对女性主义研究而言很有价值，但仍然没能为生物学家和社会科学家们提供可操作的方式③。与麦金农不同，马克思主义女性主义学者南希·哈特索克（Nancy Hartsock）提出的是一种"特殊的女性主义历史唯物论"，强调马克思主义辩证唯物论和历史唯物论对女性主义研究的重要意义④。对此哈丁认为，哈特索克所提供的并不是一种女性主义研究方法，而是一种方法论的思考⑤。除此之外，现象学分析在部分女性主义社会学家中也十分流行，他们尤其强调定性研究相对于定量研究的优越性，但在哈丁看来，这种现象学进路也不能作为女性主义研究的独特方法⑥。国内学者吴小英亦认为，现象学、批判理论、常人方法学、建构论等为女性主义方法论提供了学术资源，在对实证社会学的客观性原则的批判这一问题上，女性主义并没有多少与众不同的认知上的新鲜东西。唯一不同的是，他们以社会性别为立足点，以性别文化为参照体系，因此方法论批判在这里顺理成章地转化为一种文化批判，并最终服务于他们解放的宗旨⑦。也就是说，女性主义研究在方法论上的独特性主要体现在社会性别的基本主题与视角及围绕该主题和视角展开的文化批判上。

实际上，女性主义学者关于方法论的讨论还缘于另一事实，即那些愿意投身于女性主义研究的学者和学生们总是遇到困惑，希望习得和把握女性主义研究的独特方法。他们在女性主义研究文献中常常发现"经验研究方法"、"现象学方法"、"马克思主义阶级分析方法"等，因而希望寻找某种独特的女性主义

---

① 郭慧敏. 社会性别与妇女人权问题——兼论社会性别的法律分析方法. 环球法律评论，2005，（1）：35.

② Shulamit Reinharz. Feminist Methods in Social Research. New York，Oxford：Oxford University Press，1992：189.

③ Sandra Harding. Is There a Feminist Method//Nancy Tuana，ed. Feminism and Science. Bloomington and Indianapolis：Indiana University Press，1989：19.

④ Nancy C. M. Hartsock. The Feminist Standpoint：Developing the Ground for a Specifically Feminist Historical Materialism// Sandra Harding，ed. Feminism and Methodology：Social Science Issues. Bloomington and Indianapolis：Indiana University Press，1987：157 - 176.

⑤ Sandra Harding. Is There a Feminist Method//Nancy Tuana，ed. Feminism and Science. Bloomington and Indianapolis：Indiana University Press，1989：19.

⑥ Sandra Harding. Is There a Feminist Method//Nancy Tuana，ed. Feminism and Science. Bloomington and Indianapolis：Indiana University Press，1989：19.

⑦ 吴小英. 当知识遭遇性别——女性主义方法论之争. 社会学研究，2003，（1）：33.

研究方法。然而，很多社会学家将研究方法抽象化成对具体研究实践的分类，在他们看来，社会学研究只存在倾听研究对象的话语，观察她/他的行为和进行历史研究，为此根本不存在独特的女性主义研究方法①。

关于这些围绕"是否存在某种女性主义研究方法"展开的讨论，哈丁认为不同学者的观点之所以出现分歧，一个重要原因在于在传统话语和女性主义话语中，方法、方法论与认识论问题总是交织在一起。在她看来，方法是指收集研究资料和证据的技巧，方法论是用于分析和说明研究如何进行或应该如何进行的理论，而认识论问题则讨论有关知识有效性的理论和辩护策略。问题的关键就在于，很多女性主义者往往将这三个方面混杂在一起，都以"方法"来指代这三个不同层面的概念，其结果不但根本不能搞清楚什么是独特的"女性主义研究方法"，还使得人们无法确认女性主义社会研究最独特的东西是什么，进而影响到女性主义研究本身的发展②。就研究方法而言，哈丁指出，以往很多杰出的女性主义研究往往都是采用最为传统的研究方法，如文献搜集与实证分析方法等，但却可以得出与非女性主义研究完全不同的结论来。在她看来，收集资料和证据的方法不外乎三种类型：一是访问被调查人并倾听她/他的心声，二是观察她/他的行为，三是考察其历史的踪迹和记录。女性主义研究者可以运用这些传统意义上的任何一种研究方法，只不过其运用的具体方式有所不同，这种不同往往直接由其背后的方法论和认识论的不同所决定③。在这个意义上，哈丁认为不存在独特的所谓女性主义研究方法，只存在独特的女性主义方法论和认识论，不是某种具体的研究方法而是方法论为女性主义研究的独特性提供了基础。

正如吴小英所言，目前哈丁的观点实际上代表了大多数女性主义学者的看法④。虽然他们不一定使用"方法论"这样的词汇或对方法论有各自不同的理解，但越来越多的女性主义学者认为并不存在某种独特的女性主义研究方法，女性主义研究区别于非女性主义研究的独特性在于它的方法论。正如女性主义社会学家马乔里·德佛（Marjorie L. Devault）所说："几乎所有讨论这一主题

① Sandra Harding. Is There a Feminist Method// Nancy Tuana, ed. Feminism and Science. Bloomington and Indianapolis: Indiana University Press, 1989: 20.

② Sandra Harding, ed. Feminism and Methodology: Social Science Issues. Bloomington and Indianapolis: Indiana University Press, 1987: 2.

③ Sandra Harding. Is There a Feminist Method// Nancy Tuana, ed. Feminism and Science. Bloomington and Indianapolis: Indiana University Press, 1989: 22.

④ 吴小英. 当知识遭遇性别——女性主义方法论之争. 社会学研究, 2003, (1): 31.

的学者都同意，不存在某种独特的女性主义研究方法。"①雷恩哈茨也坚持认为不存在某种女性主义研究方法，并且她还给出以下十条女性主义研究的方法论原则：①女性主义是一种研究视角，不是一种研究方法；②女性主义运用多样化的研究方法；③女性主义研究包括对非女性主义研究的持续批判；④女性主义研究由女性主义理论所引导；⑤女性主义研究可能是跨学科的；⑥女性主义研究以创造社会变革为目标；⑦女性主义研究努力代表人类的多样性；⑧女性主义研究常常将研究者自身纳入研究范围之内；⑨女性主义研究常常试图与被研究的人之间形成一种特殊的互动关系；⑩女性主义研究常常与读者建立一种特殊的关联②。从这十条原则中，我们可以发现，"女性主义不是一种研究方法，而是一种研究视角"、"女性主义研究方法具有多样性和跨学科性"、"女性主义既对过去的研究保持持续批判的态度，同时也具有反身性"等方法论观念已成为女性主义学者的共识。

就女性主义科学史研究而言，本书前两章的大量案例分析也已表明，女性主义科学史研究并未发明和创建某种独特的研究方法。它广泛吸收了传统科学史研究的文献考证与分析方法、案例分析方法，并借鉴了人类学、社会学、语言分析等各个领域的研究方法。如同科学史家席宾格尔所强调的，女性主义学者所使用的研究方法同女性主义和科学本身的多元化一样，呈现出多样化的特征，研究方法的灵活性正是女性主义研究的核心特征之一。同任何其他的分析工具一样，女性主义的分析工具也必须根据环境和具体情况进行更新和调整③。总之，从方法论的角度来看，女性主义科学史研究区别于传统科学史研究的独特之处在于它的方法论而绝非某种"女性主义科学史研究方法"。

二、女性主义科学史研究的方法论特征

从上文可知，女性主义者对传统社会科学研究方法论展开了持续批判，并提出了女性主义方法论的基本原则，认为女性主义研究的独特性在于方法论层面。那么，与传统的社会科学研究方法论相比，女性主义方法论的独特性究竟何在？

哈丁早在1987年将女性主义方法论的独特性总结为三个主要方面：①新

---

① Marjorie L. DeVault. Talking Back to Sociology: Distinctive Contributions of Feminist Methodology. Annual Review of Sociology, 1996, 22: 29.

② Shulamit Reinharz. Feminist Methods in Social Research. New York, Oxford: Oxford University Press, 1992: 240.

③ Londa Schiebinger. Introduction: Feminism inside Sciences. Signs, 2003, 28 (3): 861 - 862.

的经验来源和理论来源：女性经验。传统的研究只从男性的经验出发，只关注男性所关心的那些社会问题，但仅从资产阶级白人男性的视角出发来定义和选择需要解释的社会现象，结论必然是偏狭和不公正的。女性主义研究的特点之一就是从女性经验的视点出发，界定需要研究的问题，并把它作为衡量现实世界的一个重要指标。并且，女性经验是多样化的，它来自不同阶级、种族、文化的女性的日常生活，正是这些支离破碎的主体身份构成了女性主义见解的丰富源泉。②新的社会研究目的：为女性。女性主义研究的目标就是为女性提供她们所关注的社会现象的解释。传统的社会研究一直是为男性提供他们所需要的解释，往往是从男人对女人的控制、剥削或操纵的欲望出发提出问题。女性主义新的研究目的与其新的问题视角不可分割。③新的研究主题：将研究者与公开的研究主题放在同一个批判平面上。在女性主义研究中，研究者本人的阶级、种族、文化、性别假设、信念和行为等必须被置于她或他所要描绘的框架中，"研究者对我们来说不是以一个无形的、匿名的、权威的声音出现，而是表现为一个具有特定欲望和利益的、具体的、真实的、历史的个体"[1]。在此，哈丁进一步强调，正是这三点造就了最好的女性主义研究和学术，它们并非某种"女性主义方法"，而是女性主义的方法论，因为它们向我们表明如何透过科学理论的一般结构去研究妇女和社会性别；同时它们也是一种女性主义认识论，因为它们暗含了与传统认识论不同的知识理论[2]。

随后，哈丁在其他论文中对上述三个方面的特征又做了进一步的修改和阐述。①社会性别的"发现"及其结果。哈丁强调，人们很容易认为女性主义研究的创新之处在于对妇女的关注，但是真正的创新却在于分析社会性别。它包括以下研究主题：生物学和社会科学对男性气质与女性气质进行建构的方式与过程，社会性别观念对女性造成的影响，以及社会性别观念如何成为生物学和社会科学研究者认识世界的镜头。②作为科学源泉的女性经验。这一点同她先前所提出的①类似，但哈丁更为强调的是女性经验和立场对于社会性别研究的价值，进一步明确指出在不同的女性主义理论框架中，会产生不同的研究问题、基本假定和观念，这些理论框架是制定研究计划、搜集与解释数据、建构事实与证据的源泉。③强有力的社会性别敏感（gender-sensitive）的反身性实践。这里指的是女性主义研究必须具有反身性，要理解种族、阶级和文化的

---

① Sandra Harding, ed. Feminism and Methodology: Social Science Issues. Bloomington and Indianapolis: Indiana University Press, 1987: 6-10.

② Sandra Harding, ed. Feminism and Methodology: Social Science Issues. Bloomington and Indianapolis: Indiana University Press, 1987: 10-11.

历史建构过程，就必须去反思研究者自身观念和行为的建构过程①。

与哈丁有所不同的是，雷恩哈茨更侧重对女性主义所采取的具体研究方法进行分析，但从她的这些分析中我们依然可以看到，女性主义研究的独特性更多地体现在方法论的层面，或者说女性主义在具体研究方法上呈现出的新特点是由它的方法论原则决定的。

雷恩哈茨认为，要建立一种女性主义研究方法，就必须明确这种新的研究方法同传统社会学研究方法在方法论等基本假定层面存在的结构性差异，必须列出传统框架结构中受到挑战的那些假定的具体清单，进而在具体的研究过程中将传统研究假定和新方法所依据的假定结合起来。为此，她依据卡洛琳·谢里夫（Carolyn Sherif）、埃利奥特·米什勒（Eliott Mishler）、雷·卡尔森（Rae Carlson）和凯勒等人的经验研究，总结出新的女性主义研究方法与传统社会学研究方法在基本假定等方法论层面存在的诸多差异，并给出了详细的对比表单，详见表 5-1②。

表 5-1　主流社会学方法与女性主义社会学方法的差异

主流社会学方法	女性主义社会学方法
研究行为和数据分析具有排他性	研究和分析中存在理性、偶然性和直觉
理性科学的	精确的，但艺术的
定位于完全被定义的结构	定位于过程
完全非个人化的	个人化的
定位于对事件和事实的预测和控制	定位于对现象的理解
客观的	主客观相结合的
能产生普遍化的原则	能形成具体的解释
对可复制的事件和程序感兴趣	对独一无二却又经常发生的现象感兴趣
能产生关于研究计划的完备分析	局限于形成对正在发生的事件的局部理解
倾向于将问题置于预先给定的观念中	倾向于在研究中产生新观念

同时，雷恩哈茨还援引心理社会学家保罗·巴坎（Paul Bakan）对人类生存的两种基本倾向（agency 和 communion）的划分，并结合雷·卡尔森和凯勒对于人类在认知方式上体现出的两种类似倾向的分析，整理并总结出传统的社

① Sandra Harding. Is There a Feminist Method// Nancy Tuana, ed. Feminism and Science. Bloomington and Indianapolis: Indiana University Press, 1989: 26-29.

② Shulamit Reinharz. Experiential Analysis: A Contribution to Feminist Research// Gloria Bowles, Renate Duelli Klein, eds. Theories of Women's Studies. London, Boston: Routledge and Kegan Paul, 1983: 168.

会学研究方法与新的女性主义研究方法在此分类原则中体现出的差异性。

保罗·巴坎将人类生存的基本倾向划分为两类：一种是 agentic 的类型，它强调个人的自治与独立性，另一种是 communal 的类型，它强调团体协作。巴坎认为，作为个人和社会都应在这两种倾向中保持适当的平衡。在他看来，美国社会就过于强调个人的自治与独立性的一面，从而导致团体协作与交流的精神气质被忽略。在社会学研究中，传统方法往往忽略研究者与研究对象之间的交流与合作，力求解释的客观性与自治性，而在女性主义者看来，对客观性和自治性的追求本身就体现了一种男性中心主义的偏见。在凯勒借用客体关系理论阐明个体身份认同的形成过程时，也对自治性与协作性的传统区分做出过类似批评。为此，笔者认为雷恩哈茨正是在此意义上，援引巴坎和凯勒等人的概念与思想，对女性主义社会学研究方法做出下述表格中的描述与界定，详见表 5-2①。

表 5-2　传统研究方法与女性主义研究方法的差异

中介 (agency)（对应于传统方法）	共享 (communion)（对应于新方法）
（主客体）分离	（主客体）融合
压抑（情感）	表达（情感）
征服、控制和统治（他者和自然）	接受（他者和自然）
契约式（关系）	非契约式（关系）
秩序、量化模式	非线性模式
男性气质的	女性气质的
脱离与境的	具体情境的
自治的	依赖的
实证主义的	行为、话语、情感的观察主义的
价值无涉的	价值取向的
男性中心主义的	人文主义的、平等主义的
客观性的	主观性的

依据上述表格，我们可以看到，从研究主体与客体的关系来看，传统方法论主张主客体分离，强调研究主体压抑自身的情感因素，坚持研究行为和数据分析的理性化，主张对研究客体的控制和征服；而女性主义方法论则主张主客体融合，强调研究主体和客体情感的表达，坚持研究和数据分析中情感、直觉、偶然性等因素同理性的并存，主张对研究客体采取接受容纳的态度。从研

---

① Shulamit Reinharz. Experiential Analysis: A Contribution to Feminist Research// Gloria Bowles, Renate Duelli Klein, eds. Theories of Women's Studies. London, Boston: Routledge and Kegan Paul, 1983: 169.

究取向来看，传统方法论感兴趣于静态结构以及对事件的控制与预测，而女性主义方法论感兴趣于动态过程以及对现象提供理解。从研究方式来看，传统方法论倾向于将问题置于预先给定的观念中进行考察，往往脱离具体与境，而女性主义方法论则倾向于在研究过程中得出新的观念，强调具体情境。在雷恩哈茨给出的女性主义研究方法和传统的男性中心主义研究方法的具体差异中[①]，展现出女性主义学者将女性主义方法论的上述基本特征贯彻到具体研究方法中的方式。

除哈丁和雷恩哈茨之外，德佛也曾明确指出，女性主义研究者虽并非发明了什么新的方法，但的确已经形成了描绘研究实践和认识论的独特体系，这就是"女性主义方法论"。在她看来，这种方法论的核心是将现有知识生产的工具视为建构和维护女性压迫的场所，主张对其展开持续批判。她认为，女性主义方法论重在揭示女性所在的位置和视角，追求对被研究对象的最小伤害，支持对女性有价值的研究，它提供一种不同于冷漠的、歪曲的、无激情的所谓社会研究客观程序的另类可能性[②]。这一点同雷恩哈茨的看法是基本一致的。女性主义社会学家多萝西·史密斯（Dorothy E. Smith）主张女性主义社会学应该具有自己独特的思维方法和叙述文本的方法，能够将人们经验和行动的具体情境与关于社会运行组织和统治关系的说明联系起来。但她自己也认为这些方法又可称之为"理论"，因为她所关注的是用来解释社会现象的"程序"，也就是"如何概念化或如何构造社会现象的文本性"。她所谓的女性主义研究方法的重点，就在于"从女人的立场出发探索日常世界"[③]。在史密斯看来，基于女性、黑人和其他边缘群体的视角和基本立场的社会学，将使得传统的社会学关于可获得客观性知识的主张被质疑，因为这些知识都依赖于作为研究主体的社会学家[④]。

结合本书上述两章的案例分析笔者认为，女性主义科学史研究在方法论上的独特性已在哈丁、雷恩哈茨、德佛和史密斯等人的方法论主张中得到阐明。在此，我们将它明确总结为以下几个方面：第一，形成和发展了独特的社会性

---

① Shulamit Reinharz. Experiential Analysis: A Contribution to Feminist Research//Gloria Bowles, Renate Duelli Klein, eds. Theories of Women's Studies. London, Boston: Routledge and Kegan Paul, 1983: 170-172.

② 吴小英. 当知识遭遇性别——女性主义方法论之争. 社会学研究, 2003, (1): 32.

③ 吴小英. 当知识遭遇性别——女性主义方法论之争. 社会学研究, 2003, (1): 32.

④ Dorothy E. Smith. Women's Perspective as a Radical Critique of Sociology//Sandra Harding, ed. Feminism and Methodology: Social Science Issues. Bloomington and Indianapolis: Indiana University Press, 1987: 84.

别分析视角；第二，更加注重研究方法上的主客体融合，倡导主客体情感的适当表达，批判研究主体对研究客体的控制意识；第三，承认具体研究过程中情感、直觉与偶然因素的重要性，否认纯粹客观的、抽离式的研究方法的存在；第四，重视作为研究对象的女性的经验与言说方式，强调边缘人群的立场与视角的重要性与意义；第五，强调研究的反身性，注意反思研究主体的特殊身份与价值取向的先在影响。

下文将通过具体的案例分析阐明：社会性别视角确已是女性主义科学史研究的基本分析范畴；人类学视角和后殖民主义视角则由于在更为深层的认识论方面同女性主义科学批判的基本观点具有一致性而备受女性主义科学史研究学者的青睐，以至得到广泛运用；最后，上述第二至五个方面的方法论特征都将在女性主义科学史研究所使用的具体方法中得到体现。

第二节　研究视角的创新与综合运用

在任何的方法论体系中，研究视角往往比具体的研究方法更能体现出该方法论的独特性。女性主义科学史研究没有创建某种独特的女性主义科学史研究方法，但却树立了独特的女性主义科学史研究视角，也即社会性别的研究视角。同时，还因认识论上的共通性而引入和综合运用了人类学视角与后殖民主义视角。

一、社会性别的基本分析视角

诚如所有女性主义者所认为的那样，在女性主义科学史研究的上述方法论特征中，社会性别的分析视角是最为重要的一点。因为从根本上看，女性主义对传统科学观和科学史观中存在的科学主义、客观性神话的不断解构同整个后现代科学批判思潮紧密相关。正是社会性别的分析视角弥补了其他科学元勘研究的不足，它通过对科学父权制根源的解构，提供了关于科学及其历史的新认知。可以说，这一视角贯穿女性主义研究的各个方面，融合在女性主义方法论各项特征之中。女性主义科学史研究在方法论上的独特性，主要通过社会性别的分析视角来体现，它将科学史的关注焦点引向科学中的社会性别问题，更对科学之于社会性别的互相建构关系给予了深刻解析。正如本书第三章所言，"社会性别"成为同阶级、种族等类似的范畴，它的引入从全新的视角重新定义和建构了科学史。

最初，社会性别作为区别于生理性别的对应概念被提出时，更多是被视为两性个体的社会属性与文化特征，表征个体的社会角色及其相应行为方式和规范。随着研究的深入，女性主义学者在此基础上进一步把社会性别看成是组成男女之间社会和性别关系的文化结构，是一切形式的劳动分工的基础，这些分工将妇女、妇女工作及其价值同人类文化的主流标准割裂开来，认为妇女及妇女工作与客观性、伦理道德、市民权利、权威、甚至"人类本质"等概念无关①。

其中，人类学家盖尔·卢宾（Gayle Rubin）首先提出性-社会性别制度（the sex-gender system）的概念。她认为，一切性和社会性别的表现形式都可看成是由社会制度的命令构成的，性-社会性别制度是社会将生物的性转化为人类活动产品的一整套组织，它不隶属于经济制度，而是与经济政治制度密切相关的、有自身运作机制的一种人类社会制度。其中，家族的再生产，或者说女人交易，在家庭中再生产了男性权利，构造了社会性别身份②。

受卢宾的启发，女性主义学者从各个方面探讨社会性别制度在不同社会文化、不同历史时期的形态和演变过程，分析社会性别制度与其他社会制度之间的关系。20世纪80年代末，琼·斯科特对社会性别概念做了进一步的拓宽。她认为，作为一种文化结构和社会关系，社会性别被认为是表达权利关系的基本途径和主要方式，它包括四个互为条件、相互依存的相关因素：①具有多种表现形式的文化象征，如基督教传统中的夏娃和玛利亚就是妇女的象征。②对象征意义做出解释的规范性概念。这些概念反映在宗教、教育、法律、科学中，通常以固定的两极对立的形式出现，按部就班地描绘男性与女性、男性气质与女性气质的含义，它们排斥了任何其他解释的可能性。在历史的撰写中，这些规范化概念就成为社会认同的产物。③社会组织与机构。④主观认同，即主体身份的历史构成③。

在此意义上，哈丁进一步细分了社会性别的三层涵义：社会性别符号系统（gender symbolism）、社会性别结构（gender structure）和个体社会性别（individual gender）。其中，社会性别符号系统代表着二元论的文化图式，它涉及二元论的性别隐喻，并使之与现实中理解的各种与性别差异毫无关联的两分法相对应，具有普遍的象征意义；社会性别结构是指诉诸这种二元论的文化图式

---

① ［美］伊夫琳·福克斯·凯勒．性别与科学：1990//李银河编．妇女：最漫长的革命．北京：三联书店，1997：178.

② ［美］盖尔·卢宾．女人交易——性的"政治经济学"初探//王政，杜芳琴主编．社会性别研究选译，1998：21-71.

③ ［美］琼·W·斯科特．性别：历史分析中一个有效范畴//李银河编．妇女：最漫长的革命．北京：三联书店，1997：168-170.

来组织社会活动和制度，在不同的人类群体之间划分出等级体系；个体社会性别则是指社会建构的、与性别差异的实在或概念不完全相关的个体身份①。

在女性主义学者看来，从作为个体文化属性的社会性别，发展到作为文化结构、社会关系与社会制度的社会性别概念，意味着女性主义研究从考察社会性别意识形态在男女两性发展过程中发挥的作用，拓展为探讨社会性别意识形态在各个社会领域和自然领域发展过程中产生的影响②。换言之，社会性别概念的提出及拓展，是女性主义学术发展的理论支撑。女性主义学术从"妇女研究"到"社会性别研究"；从探讨各领域学科范式与个体性别身份文化之间的相互建构关系，到分析社会性别制度与文化结构同各领域学科发展之间的深层互构与强化，无一不与之紧密关联。即使是在跨文化的女性主义研究中，综合考虑到种族、民族、阶级等维度与社会性别在各领域发展过程中的复杂关系，社会性别依然是其最根本的理论视角。因为如果否认性别作为社会建构产物的这一属性，那么探讨一切领域里的性别问题都将陷入生物本质主义的困境，谋求性别平等的基本目标也将以失败而告终。

结合女性主义科学史研究的理论和实践可以发现，就作为个体文化特征的社会性别而言，女性主义科学史重在揭示科学对于男女两性性别身份的生物学建构，席宾格尔等人的工作可谓典型；就作为社会性别符号系统或者说社会文化关系和社会意识形态的社会性别而言，女性主义科学史重在解构西方科学文化隐喻中存在的二元对立划分图式及其与科学发展相互影响和建构的关系，麦茜特和凯勒等人的工作具有典型性。这两个方面都包含着从社会性别维度对传统科学观中的科学客观性和价值中立性观念的解构，也正是这一点构成了女性主义方法论的主要特征——对传统研究中的男性中心主义偏见的持续批判。正如席宾格尔所指出的：将社会性别的分析视角运用到科学中的女性研究，将利于人们理解社会性别平等政策中的"管道模型"（pipelinemodel）③ 的不足④。

---

① Sandra Harding. The Science Question in Feminism. Ithaca and London：Cornell University Press，1986：17-18.

② ［美］伊夫琳·福克斯·凯勒. 性别与科学：1990//李银河编. 妇女：最漫长的革命. 北京：三联书店，1997：178.

③ 该模型依据的基本假定是，如果更多的女生或妇女接受教育，就会有更多的女性成为科学家和学者。在这个模型中，女性在科学领域里的低参与度被看作是自我选择过程而非社会歧视过程的结果。对此模型，席宾格尔认为，它的理论基础是一种自由主义的假定，它认为女性（和边缘群体）必须被吸收进当前的科学实践中，但却对如何改变科学的制度或当前实践以使女性能自由进入科学领域这一问题，无法提供任何洞见。

④ Londa Schiebinger. Has Feminism Changed Science? Cambridge：Harvard University Press，1999：64.

与其科学史研究的情形类似，女性主义技术史研究同样因引入社会性别的分析视角而呈现出研究内容上的转向。具体表现为从早期注重研究"技术-女性"问题（包括寻找和重新承认女性对技术发展的贡献，以及反思不同历史阶段技术发展对女性产生的影响）转向强调"对技术与社会性别的关联及其互动关系进行社会史和文化史维度的解构与分析"。显然，前者旨在发掘历史中的杰出女性技术发明者和创造者，并承认其历史地位；后者则在此基础上，将社会性别的分析范畴引入技术史的研究中，强调技术社会建构性的同时，提出性别的社会建构性特征，并在此基础上将二者关联起来；将社会性别观念与制度看成是影响技术发展的一个方面的同时，更将技术看成是建构社会性别意识形态的一个重要方面。女性主义技术史研究与传统妇女技术史研究的不同也正在于此。正是基于对技术与社会性别意识形态的关联视角，一些女性主义学者对西方工业社会的技术史进行了批判式研究，质疑了已有技术史研究的一些基本的分类范畴，如露丝·施瓦茨·柯旺（Ruth Schwartz Cowan）对美国家用技术及家庭主妇角色变化问题的研究①、多洛雷斯·海登（Dolores Hayden）对战后美国住宅设计与生活方式和家庭价值关系的研究②、埃瓦·翁（Aihwa Ong）对马来西亚工厂内外对女工形成残酷压迫的研究③等。她们的研究均表明："技术和社会都是社会建构的产物，并且是相互渗透的关系，离开一方就无法对另一方形成充分的理解。"④关于女性主义技术史的研究工作，本书将在第八章中给予讨论。

本书所考察的费侠莉、白馥兰的中国古代医学史和技术史研究亦体现了对社会性别这一基本分析范畴在多层次意义上的灵活运用。其中，费侠莉的研究既强调中国古代女性医疗者在日常医疗服务和医疗技术发展中发挥的积极作用，同时也分析了日常医学技术话语对于女性医疗者和女性身体的建构过程，以及这一建构与儒家伦理道德和家庭规范之于女性的看法和要求之间的关联⑤。而白馥兰研究中国古代技术与社会性别关系的一个重要目的，首先就在于要恢

---

① Ruth Schwartz Cowan. More Work for Mother: The Ironies of Household Technology from the Open Hearth to the Microwave. New York: Basic Books, 1983.

② Dolores Hayden. Redesigning the American Dream: The Future of Housing, Work, and Family Life. New York: Norton, 1986.

③ Aihwa Ong. Spirits of Resistance and Capitalist Discipline: Factory Women in Malaysia. Albany: SUNY Press, 1987.

④ Maria Lohan, Wendy Faulkner. Masculinities and Technologies: Some Introductory Remarks. Men and Masculinities, 2004, 6 (4): 319 – 329.

⑤ Charlotte Furth. A Flourishing Yin: Gender in China's Medical History, 960 – 1665. Berkeley: University of California Press, 1999: 5.

复中国古代妇女在技术史上的积极地位，其次更要说明这些技术与中国封建晚期社会政治伦理生活与社会性别制度的互动关系。她认为以往的中国技术史研究往往忽略了社会性别问题，妇女史研究又忽略了技术问题①。

总言之，无论是麦茜特、凯勒、席宾格尔，还是费侠莉、白馥兰和傅大为，既直接考察了作为社会性别符号和社会文化关系与制度结构层面的社会性别与科学的相互关系，同时也关注了作为个体文化特征的社会性别与科学的相互关系。其中，前者更侧重解构社会性别观念、制度与意识形态之于科学的建构，后者则更侧重解构科学之于社会性别身份与文化观念的建构，二者的共同点在于从社会性别视角出发对科学和科学史坚持一种批判性的研究立场。在科学史家戈林斯基看来，女性主义坚持"社会性别"的基本立场，消解自然与文化的边界，对理解人类在科学和技术网络中的角色作用提供了深刻的洞见，值得建构主义科学史借鉴②。

二、其他研究视角的综合运用

尽管女性主义科学史研究的独特性主要体现在社会性别的分析视角上，但这并不意味着女性主义科学史研究只限于唯一的社会性别视角。基于其认识论方面的基本观念（尤其是对科学客观性和男性中心主义的批判以及对女性气质的强调等），女性主义科学史研究同人类学、后殖民主义的科学元勘产生了诸多共鸣，在具体研究中积极借鉴和综合运用了这些领域的研究视角。

1. 人类学的研究视角

尽管人类学内部也呈现流派纷呈、观点各异的状态，但作为一个整体，"地方性知识"概念、对非西方、非主流科学知识传统的关注等主要思想，以及田野调查、跨文化研究、人种志等研究方法，构成了人类学这一学科领域的基本特征。诚如本书第四章的分析，这些基本特征与女性主义的基本立场和学术诉求存在诸多共通性，它使得人类学的思想和研究方法备受女性主义科学史学者的青睐。

具体而言，女性主义科学史研究对人类学的借鉴分为两个层面。第一个层面是人类学思想和视角的借鉴，第二个层面是人类学研究方法的借鉴。其中，人类学思想和视角在女性主义科学史中的运用，其意义和影响如同它们在传统

---

① Francesca Bray. Technology and Gender：Fabrics of Power in Late Imperial China. Berkeley：University of California Press，1997：7.

② Jan Golinski. Making Natural Knowledge：Constructivism and the History of Science. Cambridge：Cambridge University Press，1998：183–184.

科学史研究中的运用，主要体现在以下两个方面：首先，人类学打破了对科学技术的传统界定，扩展科学以及技术的概念，进而促使科学技术史的研究领域和范围得以扩展；其次，人类学的独特视角和关怀，使得原来处于主流科学史研究之外的非西方科学、技术以及医学史研究，具有了科学史研究的独立合法性。对于女性主义科学史研究而言，关于非西方、非男性精英建构的女性知识传统的考察，在人类学视角下更易找到落脚点。这里仅以人类学思想对于技术概念的扩展，及其在白馥兰的社会性别与技术史研究中的体现为例，说明人类学视角在女性主义科技史研究中的运用及其意义。

就技术史研究而言，人类学视角引入的最大影响之一在于对技术概念的拓展。毫无疑问，技术概念及其范围的界定是技术史研究的重要基础，基于不同的技术概念，学者们会选择不同的技术现象作为研究对象，或者对相同的技术现象做出不同的解释。具体来说，人类学对技术概念的拓展之于西方技术史学者而言，其意义主要在于对技术的文化、社会关系维度的强调。《美国国家技术教育标准》曾这样定义技术的概念："它可以指人类发明的产品和人工制品——盒式磁带录像机是一项技术，杀虫剂也是一项技术。它可以表示创造这种产品所需的知识体系。它还可以表示技术知识的产生过程以及技术产品的开发过程。有时，人们非常广义地使用技术这个词，表示的是包括产品、知识、人员、组织、规章制度和社会结构在内的整个系统，比如谈到电力技术或因特网技术时便是这种广义的含义。"[①] 从某种意义上说，这一定义反映了西方主流的技术概念。它同传统技术哲学与技术史研究关于技术的一般定义具有一致性。在这里，技术在更大的程度上仍然指称的是人类发明并制造的人工制品。在传统实证主义研究纲领的指导下，技术史研究的主要内容往往是挖掘并列举具体技术发明创造的清单。尽管人们可能会广义地使用技术的概念，把技术开发的过程，以至从产品到组织结构在内的整个系统都纳入技术的范畴，但技术在很大程度上仍然被看成是某种独立的系统，它同外界的社会文化之间仅仅是某种信息交换的关系。例如，奥格本（W. F. Ogburn）、海德格尔（M. Heidegger）和马尔库塞等学者认为技术确实是一种独立的或自主的力量。就技术史研究而言，即使在社会史研究纲领指导下，往往会关注技术发明、生产和传播的背景与过程，及其对社会产生的广泛影响等；但是这种研究仍然将技术和社会看成是某种可以相互分离的两大部分，或者将技术看作经济生产的手段，或者只关注社会文化对于技术进步与落后的外在影响，而不是把技术作为社会

---

① 国际技术教育协会. 美国国家技术教育标准. 北京：科学出版社，2003：21.

文化系统本身的一部分来看待。

而在人类学的视野下，尤其是在技术人类学的理论中，技术的概念在此基础上有了进一步的拓展。技术不再仅仅是"制造"和"使用"的方式，不再是独立于社会的自治系统，随着被创造和运用于实践，技术融入了人类的活动和人类的建制模式中，并使这些活动和建制产生了重要变化。正如人类学家布里安·普法芬伯格（Bryan Pfaffenberger）所认为的，人类学意义上定义的技术，既是物质的、社会的，也是符号的①。在此，技术不是物质的文化，而是一种整体的社会现象，即把物质的、社会的和象征性的东西在一个复杂的网络联系中连接起来的现象。一旦技术被定义为某种社会形式和意义系统，任何对于技术的"影响"的研究，都是对于一种社会行为的形式和另一种社会行为的形式之间的复杂的、互为因果的关系的研究②。

基于这种人类学的技术概念，如本书第四章所言，白馥兰对传统的技术史研究提出了批评。她认为，对于一般人而言，旧技术的吸引力在于其传达了过去生活的核心经验，而在传统的技术史研究中，技术仅仅停留在原始物质的意义上，与社会和文化的历史无关。实际上，每个人类社会都建构着其自身的食物、居所、衣服和其他事物的世界，这个物质经验的世界常常被语言、数字、图画、工艺品等形式记录下来。人们能将这些记录汇集成一个新的历史文本，这是一个记录了社会结构网络变化模式与构造的文本。通过它，我们能发现和理解产生这些技术的社会的各种关系结构③。许多研究将技术首先看成是为了满足物质需要而对知识的理性应用，这在白馥兰看来虽然很重要，但她更感兴趣的是由技术建构出来的社会世界。她认为，一项技术是在它的社会与境中产生的，是这种社会与境赋予了它意义，既对技术的物质产品形式，也对制造技术和使用技术的人赋予了意义。简而言之，制造者在制造技术的过程中被技术所塑造，使用者在使用技术的过程中被技术所定型④。

在坚持关于技术的这些基本观念的前提下，白馥兰关于中国古代技术史研究的主要内容便超越了以往技术史的技术概念，把中国古代技术置于具体的历史与境中，将其作为中国封建社会晚期政治、文化实践系统网络的一部分来分

---

① Bryan Pfaffenberger. Fetishised Object and Humanised Nature: Towards an Anthropology of Technology. Man, 1988, 23 (2): 236 - 252.

② 刘兵. 人类学对技术的研究与技术概念的拓展. 河北学刊, 2004, (3): 21 - 22.

③ Francesca Bray. Technology and Gender: Fabrics of Power in Late Imperial China. Berkeley: University of California Press, 1997: 1 - 2.

④ Francesca Bray. Technology and Gender: Fabrics of Power in Late Imperial China. Berkeley: University of California Press, 1997: 16.

析；将其看成是中国封建社会晚期不同人群之间交流的某种方式，并研究中国封建社会晚期各项技术与社会性别关系和观念的互动。具体而言，在研究中国古代的住宅建筑技术时，白馥兰关注的不再仅仅是建筑本身的构造和风格，不再去分析建筑设计体现出的力学思想，而是去分析住宅建筑与家庭规范之间的复杂关系。例如，第四章所提到的，她从建筑的结构设计与空间分配，去透视当时社会家庭内部代际、性别之间的权力分配关系，从这一结构设计与空间分配的变化，去分析当时社会流行的宇宙论观念、正统意识形态与家庭观念之间的互动模式，进而说明建筑结构设计、空间分配、风格类型等变迁与社会性别观念与规范的变迁之间的深层关联等。可以说，在白馥兰看来，技术是一种社会文化系统，它承载着社会生活、意识形态、性别关系等各种丰富的信息，同时它更不断地迎合和建构着作为个体的人和作为群体的社会的身份。为此，她宣称，物化的知识形式对社会角色的本质化作用比语言和文本在社会角色本质化中的作用更大[1]。也正是在此意义上，白馥兰将她的技术史研究同社会性别研究紧密关联在一起。

进一步来说，人类学对于女性主义研究更为深刻的影响还表现在女性主义人类学的兴起。女性主义人类学（Feminist Anthropology）是在批判传统人类学研究和女性人类学（Anthropology of Women）的基础上发展起来的。女性主义人类学对传统人类学研究的客观性提出了挑战，质疑运用主观与客观二元对立的模式来解释社会性别关系的可行性，认为在跨文化的交流中研究者与被研究者的关系是自我与他者之间的权力关系。在自我和他者的关系中，人类学研究既表达研究对象的观念，也表达了研究者的观点，完全客观的研究并不存在[2]。与此同时，女性人类学往往是在传统的民族志研究中加入妇女，但却没有社会性别分析的内容，且大多数是男性研究者通过男性信息提供者对女性研究对象进行研究，以男性的眼光来描绘某一社区的社会文化，忽略了女性的声音和妇女的生活体验。20世纪20年代以来，女性人类学开始普遍关注母亲角色、亲属制度和婚姻仪式等主题，逐步向女性主义人类学过渡；到了80年代，女性主义人类学开始关注生产与工作、再生产与性、社会性别与国家等主题，其中，美国学者尤其重视对身体的研究，重视社会性别与权力的关系问题[3]。实际上，我们看到在费侠莉和白馥兰关于中国医学身体的人类学与社会性别考

---

① Francesca Bray. Technology and Gender：Fabrics of Power in Late Imperial China. Berkeley：University of California Press，1997：1 - 2.

② 白志红. 当代西方女性主义人类学的发展. 国外社会科学，2002，(2)：15 - 16.

③ 白志红. 当代西方女性主义人类学的发展. 国外社会科学，2002，(2)：13 - 14.

察中，身体、性、性别权力关系、社会性别制度等都是被重点研究的内容。这实际上是女性主义和人类学的结合在科技史研究中的体现。在某种程度上，我们可以说："女性主义人类学最突出的贡献在于证明了何以在人类学乃至整个社会科学中，性别关系必须被置于关键性问题分析的中心。性别身份以及性别的文化建构理论是女性主义人类学首创的。"①

除视角和观念上的借鉴，女性主义史学研究对于人类学研究的具体方法也有很多借鉴。其中，人种志的研究方法对女性主义的科学史研究尤其具有参考价值。人种志研究涉及观察、参与生活、档案分析和访谈等多个方面，其主要特征是参与式观察与实地调研，通常不采用大范围的调查②。与此同时，人种志研究尤其强调经验，认为知识是情境化的、是人与人在互动过程中产生的，并以日常生活和人的主体性为关注点；此外，这种方法还能发挥女性主义视野下女性所特有的长处，如善解人意、交往能力强、关心他人等，这些都被认为是女性主义研究者所必须具备的基本素质；而且，人种志方法还主张给予研究对象更多的尊敬和权威感，甚至建议让研究对象成为女性主义研究中完全的合作者③。目前，人种志研究更多的作为一种定性研究，在女性主义反对男性中心主义的实证主义方法过程中，逐渐成为女性主义社会科学研究的重要方法之一。可以预见，这种方法将在对西方主流科学之外的女性知识传统进行考察时，发挥十分重要的作用。

除此之外，作为中国科技史专家、文化人类学家和社会性别研究专家的白馥兰还进一步倡导女性主义科技史研究应加强与关于现代性和全球化的文化人类学结合。她提出其中有两条重要进路尤其值得女性主义科技史研究借鉴，即"技科学的人类学"（anthropology of technoscience）和物质文化研究（material culture studies）。在她看来，"当社会性别研究与关注现代性和全球化的文化人类学相融合，其注意力就会转向探讨技科学在重新塑造社会性别制度方面的角色作用；而它与'强调消费作为主观性和权力的构成场点的重要性"这一更宽泛意义上的物质文化研究转向结合，将构建出一种对待技术的、新的、激进的反本质主义视角"④。同样可以预期，这一新的结合将会给女性主义科技史研究

① 彭耘编译．当代西方女性主义人类学（摘自：H. 摩尔．女性主义与人类学．英国剑桥政策出版社，1988：导言）．国外社会科学，1994，（3）：28-32.

② Shulamit Reinharz. Feminist Methods in Social Research. New York, Oxford: Oxford University Press, 1992: 46-47.

③ Judith Stacey. Can There Be a Feminist Ethnography? Women's Studies International Forum. 1988, 11: 235-252.

④ Francesca Bray. Gender and Technology. Annual Review of Anthropology, 2007, 37: 37-53.

带来新的契机和发展空间。

2. 后殖民主义的研究视角

诚如第四章所详细阐明的，后殖民主义的研究视角之所以引起女性主义科学史研究的重视，主要在于它坚持科学的文化多元性观念和反欧洲中心主义的基本立场，尤其是它对"地方性知识"的重视。

就西方科技史研究而言，后殖民主义视角的引入主要在于反思西方科技与殖民扩张之间的关系，这是西方学者对于自身科技文化的某种自我反思和自我批判。例如，刘易斯·佩尔森认为，西方人总是把自然的数学法则看成是文明的显著标志，把由资本家支持发展起来的近代科学摆在世界面前，以显示其文化人的姿态；而实际上，对于非西方国家来说，牛顿原理等这样一些物理法则对于实际应用来说，并非唯一有效。理论上的一致性并不等于实践上的一致性。但是，殖民地科学家的工作由于显示出对自然的操控能力而得到了殖民地居民的尊敬，他们的工作为欧洲的优越性提供了根据，他们通过抽象活动抑制了从属地区人民的独立情感[①]。医学史家保罗·帕拉迪诺（Paolo Palladino）和迈克尔·沃博伊斯（Michael Worboys）在佩尔森的基础上，进一步发展了后殖民主义视野中的科技史研究。他们认为精密科学同样带有帝国主义色彩，科技文化殖民与经济、政治殖民是交织在一起的，殖民地人群的视角必须得到重视，科学技术并非简单地由帝国向殖民地单向流动[②]。

就非西方的科技史研究而言，后殖民主义视角的关键在于反对东方主义的思维方式，反对使用欧洲近代科技标准来衡量非西方社会的科学技术，反对辉格式的历史解释，强调科学技术的文化多元性。正如哈丁所言，后殖民主义科学技术研究是从欧洲中心文化之外确立其关注点和概念框架的，这一研究将运用包容性更广的科学和技术的定义。"科学"指称任何旨在系统地生产有关物质世界知识的活动[③]。从这种宽泛的科学定义出发可以推知，在后殖民主义视角下，所有的技术知识，包括近代西方科学革命以来的技术系统，也都是所谓的"地方性知识"，或者"本土知识体系"。正是在这样的技术定义下，非西方文化中的秘术、巫术、地方性信仰体系中的"民间解释"、技艺成就等，才不会因与现代技术无关而被技术史的研究所忽略。也正是在这个意义上，尽管李

---

　　① Pyenson Lewis. Science and Imperialism// R. C. Olby , et al. , eds. Companion to the History of Modern Science. New York: Routledge, 1990: 921.

　　② Palladino Paolo. Michael Worboys. Science and Imperialism. Isis, 1993, 84 (1): 91 - 102.

　　③ ［美］桑德拉·哈丁. 科学的文化多元性——后殖民主义、女性主义和认识. 夏侯炳，谭兆民译. 南昌：江西教育出版社，2002：11.

约瑟关于中国古代科技史的严肃研究得到了广泛引用，在后殖民主义视角的审读下，它却代表了某种对非西方科技史的误读。这一误读既根源于李约瑟对于科学技术的基本看法，也根源于李约瑟的研究方法。正如刘兵所言：在科学观方面李约瑟首先将"近代科学"的概念独立出来，并与古代、中世纪以及像中国这样的非西方传统的复数名词的"科学"相区分，但又相信科学终将发展成为一种超越于"近代科学"之上的"普适的科学"①。在研究方法方面，他将中国的知识系统按照近代西方科学技术的学科分支来进行分类，划分为理论科学和应用科学两类。其中，技术被划归为应用科学类。可见，他依然是以西方近代以来的科学技术概念作为其研究中国古代科学技术史的依据和评价标准，而不是把中国古代的科学技术看作是具有自身合理性的地方性知识系统。

既然后殖民主义视角的引入关键在于引起对非主流科学技术传统的重视，其中非主流知识传统又究竟包括哪些方面？显然，西方社会的女性知识传统、非西方社会的科学技术、非西方的女性知识传统都属于其中的核心内容。通过本书第四章的论述可知，后殖民主义与女性主义之所以能产生共鸣并相互融合，在于它们都具有鲜明的政治性和文化批判色彩，都致力于为弱势群体（殖民地国家和地区、女性）争取权力，并在关于第三世界和有色种族妇女的研究上找到了结合点。对于费侠莉、白馥兰等女性主义学者而言，在对非西方社会的女性知识传统进行研究时，后殖民主义视角能帮助她们摒弃欧洲中心主义的偏见，克服因种族、民族和阶级等方面差异而造成的偏见，避免给非西方女性及其知识传统形成新的刻板印象。可以说，在女性主义关于非西方的科学技术史研究中，后殖民主义成为社会性别视角之外的基本研究视角之一。

事实上，在研究中国古代医学和生育技术史时，费侠莉就明确表明了某种鲜明的后殖民主义立场。她认为，在亚洲之外，中医仍然保持它罗曼蒂克式的古老传统（一种本土化的民间技艺，属于人类学家的研究领域），很容易被认为是一种反主流文化的东方整体论的治疗艺术，与占支配地位的、全球化的生物医学相对立。但是，这些关于传统与现代、科学与民间迷信的对立范畴，都不是费侠莉所要研究主题的有效分析工具。在她看来，这些对立的分析范畴鼓励了东方主义的二元划分，共同强化了全球殖民主义话语下"东西差别"的刻板印象。使用这种二元划分对东方智慧和精神进行定位，或者称赞其先进，或者合理化其落后，都同样是成问题的②。

---

① 刘兵. 若干西方学者关于李约瑟工作的评述. 自然科学史研究，2003，（1）：72.

② Charlotte Furth. A Flourishing Yin: Gender in China's Medical History，960 - 1665. Berkeley：University of California Press，1999：5.

类似的，白馥兰在研究中国古代社会性别与技术史时，也首先批判了西方学者对非西方社会的科学技术的轻视态度。她认为，从对技术的惯常定义和研究出发，技术作为一种知识和设备的系统，或多或少能带来物质产品的高效生产，以及对自然的控制，它构成了西方优越性话语的一个核心成分。技术史或许比其他的历史分支更能保持一种殖民主义心理。对技术史家来说，"主人叙事"（master narrative）是对将西方技术革命看成是必然的、自主的观念的一种辉格式解读。在这种认识论框架下，西方技术成为了将现代与传统、积极与消极、进步与停滞、科学与无知、西方与非西方、男性与女性对立起来的结构性等级制度中的一种符号象征。如同女性为非男性，对男性镜像的考察优先于女性一样，其他的社会和它们的技术是非西方的，关于西方的镜像也具有了相应的优先性。通过对消极性一面进行定义，关于它们的镜像特征就可以从积极面的镜像中推导而知，也即没有必要对非西方的技术史给予对西方的技术史那样多的关注①。在白馥兰看来，立足于后殖民主义视角的批判性技术史研究必须不是为了建构比较性的等级目的而来探索这些技术系统的地方性意义，而是应当严肃地将其作为关于世界的另外的建构来研究。她指出，如果我们认为真正的技术是不能同经验科学分离的，如果我们用机械的精密度、劳动生产力、资本生产力、操作的规模和在机械化中使用人数的减少等来衡量技术的有效性，如果我们认为进步与变化比稳定或者连续更具有优越性，那都是因为我们的近代西方世界就是这样形成的。因为技术进步、经济增长、生产力、效率等都只是西方近代以来的价值诉求，传统的西方社会和其他的非西方社会对技术价值的看法可能完全不同。非西方社会的人们如何看待他们的世界和他们自身的位置，他们的需要和欲求是什么，技术在创造和满足这些欲求，以及在保持和塑造社会结构的过程中发挥了什么样的作用等问题，才是非西方社会技术史研究应该关注的基本内容②。

与费侠莉和白馥兰有所不同的是，傅大为不再局限于在研究中避免西方中心主义的立场，而是更为直接地关注殖民医学和科学对于殖民地社会身体与性别的建构过程。他认为，西方近代医疗取代台湾地区传统妇产科医疗的过程是殖民权力和政治运作的结果。这实际上暗示了对西方"进步医学"观念的解构，同哈丁之于科学"进步"观的解构一样，他的"后启蒙"立场包含了对身体和性

---

① Francesca Bray. Technology and Gender：Fabrics of Power in Late Imperial China. Berkeley：University of California Press，1997：7.

② Francesca Bray. Technology and Gender：Fabrics of Power in Late Imperial China. Berkeley：University of California Press，1997：11 - 12.

别本质论、科学主义、实证主义、男性中心主义和西方中心主义的批判。

通过对人类学视角和后殖民主义视角在女性主义科学史研究中的应用情况，我们知道，后殖民主义和人类学之所以受到女性主义学者的关注，是因为它们同女性主义学术有诸多相通之处。首先，无论是人类学、女性主义还是后殖民主义，它们都把科学技术看做是具体历史与境中产生的知识系统，看作社会塑造的产物，而非某种具有内在独立逻辑的，一定趋向于西方近代科学技术方向发展的系统。其次，在人类学与后殖民主义之间，又存在对地方性知识系统的共同关注和重视。"地方性知识"既是人类学研究的核心概念，同时也是后殖民主义理论的概念基础。其中，人类学的独特视角和关怀是对非西方民族文化的研究，后殖民主义则主张在反思自身科技文化的同时，提高对非西方科技文化的重视。它们都强调对非西方知识系统合理性的尊重，强调非西方知识系统本身的社会与境，并以此与境作为解释其科学技术史的基本框架和评价标准。

第三节 具体研究方法的继承与创新

如上文所分析的，女性主义科学史研究没有发明或者创建一种全新的"女性主义科学史研究方法"，在具体的研究过程中，学者们仍然大量使用传统的科学史研究方法，包括文献考证、计量方法、集体传记、访谈与口述史等。但同时我们也反复强调，在不同的方法论体系中，所采用具体的研究方法有不同的侧重，在使用过程中也会体现出新的特点。上文所阐述的女性主义科学史研究关于主客体融合、女性经验与立场等方面的基本主张至少在以下两个方面有所体现：一是在传统方法的运用上体现出新特色；二是更多地借鉴相关领域的一些新的研究方法或者研究手段。

具体而言：一方面，女性主义在方法论上的独特性将深入影响传统研究方法的各个层面，例如文献的搜集、整理、分析、写作与评价等。以传记研究方法为例，女性主义科学史家玛格丽特·罗西特就曾对关于富兰克林和居里夫人等女科学家的传记研究提出过批判。她认为在传记的写作过程中，不能只关注女科学家的情感生活或者科学成就，还应考察她们因性别因素而在科学共同体中遭遇的特殊情况及其原因，以及她们为获取相应位置所付出的代价和采取的各种策略[1]。在凯勒关于麦克林托克的传记研究中，我们也可以发现因社会性

---

[1] Margaret Rossiter. A Twisted Tale: Women in the Physical Science in the Nineteenth and Twentieth Centuries// M. J. Nye, ed. The Cambridge History of Science: The Modern Physical and Mathematical Sciences. Cambridge: Cambridge University Press, 2003: 56 - 58.

别视角带来的变化。凯勒关注的不再是麦克林托克的科学成就，而是她在科学共同体中实现社会化的过程及遭遇到的种种困境，以及她在科学研究方法方面的独特性等等。此外，访谈方法与口述史研究也是一种传统科学史研究方法，女性主义因其独特的研究立场和倾向，对此方法特别青睐，且在研究中体现出了新特色。随后，本书将以这一方法在具体案例中的运用为例，说明女性主义方法论和研究视角的独特性在具体研究方法中的体现。另一方面，女性主义因其独特的关注视角和问题领域，将在具体研究中更多地使用解释性的、定性的研究方法。就女性主义科学史而言，隐喻分析方法的使用尤为普遍。为此，本书将以麦茜特、凯勒、费侠莉、白馥兰等人的研究为例对此给予具体分析和论述。

一、口述史与访谈方法

口述史与访谈方法相比于其他的传统科学史研究方法，在女性主义科学史研究中尤其受到欢迎，这与女性主义对定量研究（quantitative research）的批判和对定性研究（qualitative research）[①]的重视紧密相关。

在社会科学方法论和研究方法的探讨中，有关定性研究与定量研究的争论是个恒久的话题。这二者的对立和冲突不仅体现在具体的研究实践层面，也体现在研究者所崇尚的意识形态和价值观念层面，并且往往与社会学领域中不同流派的消长相联系。其中，实证的、定量的研究范式长期以来一直是社会学领域更加强有力的传统，而解释性的、定性的范式传统主要是在 20 世纪 60 年代以来学术界愈演愈烈的反实证主义、反科学主义潮流中才逐渐声势浩大。女性主义在介入社会学之后不久，便义无反顾地投入到实证主义批判者的行列，并且将定量方法视为男性社会学的典型范式加以拒斥[②]。

我们知道，女性主义对实证主义的挑战主要集中在对以主客体的二元分离为前提、以价值无涉和情境独立为保障的客观性原则的批判上。传统的客观性主张将知者与所知人为地分离开来，无视研究者本身的偏见对研究过程的影响，幻想存在中性观察与中性语言，把知识视为独立于社会进程和具体情境的、有关自在事实或世界的抽象理解。这在女性主义看来，其结果并没有获得真正具有普遍性的客观知识，而是打着客观性的旗号、以科学为名树立了社会学的男性中心地位，维系了男性统治女性的意识形态。女性主义认为，以客观

---

① 港台学术界常常将"Qualitative research"译为"质的研究"或"质性研究"，将"Quantitative research"译为"量的研究"，大陆很多学者也使用这一译法。

② 吴小英. 当知识遭遇性别——女性主义方法论之争. 社会学研究，2003，(1)：33.

性为目标的社会学方法论追求与父权制的社会文化之间存在着深刻的内在关联。男性在学术界的优势地位不仅仅是统计学意义上的，也是方法论意义上的。也就是说，学术界的游戏规则是由男性制定的，因此作为实证精神体现的定量方法似乎在无意识中与男性之间形成了共谋共存的关系①。

既然如此，女性主义所重视的定性研究主要指的是什么？它意指"在自然环境下，使用实地体验、开放型访谈、参与型和非参与型观察、文献分析、个案调查等方法对社会现象进行细致和长期的研究；分析方式以归纳法为主，在当时当地收集第一手资料，从当事人的视角理解她/他行为的意义和她/他对事物的看法，然后在这一基础上建立假设和理论，通过证伪法和相关检验法对研究结果进行检验；研究者本人是主要的研究工具，其个人背景以及和被研究者之间的关系对研究过程和结果的影响必须加以考虑；研究过程是研究结果中一个不可或缺的部分，必须详细加以记载和报道"②。这种研究方法对"真理"的唯一性和客观性提出了质疑，它强调在自然情境中与被研究者互动，同时强调研究的过程性、情境性和具体性。正是这一点构成了女性主义给予定性研究更高评价的重要原因。其中，作为一种重要的定性研究，口述史与访谈研究又因其自身的独特性而备受女性主义学者的青睐。一个更为直接的原因在于女性在科学和社会学等领域的边缘状态，使得她们往往无法发出自己的声音。女性主义口述史研究就是要让这些集体失忆的妇女用她们自己的语言，发出自己的声音，让她们成为历史的主体之一，记载她们的经验和生活。正是在这个意义上，我们说"口述已成为妇女史和女性主义研究采用的一个重要手段，这是与女性主义的精神及其指导下的妇女史研究的目的息息相关的"③；"妇女史与口述史具有天然的盟友关系"④。事实上，正因如此，口述史与访谈方法在20世纪60年代伴随着定性研究的兴起而重新兴盛时，女性主义史学家立即给予其在妇女史研究中极为重要的位置。根据《前线》（Frontiers）杂志所做的"女性口述历史专题"统计，到1977年全美总共有18个州开展了30余个集体性的女性口述历史计划，除此之外，还有大量的个人女性口述历史计划⑤。到1983

---

① 吴小英. 当知识遭遇性别——女性主义方法论之争. 社会学研究, 2003, (1)：33.

② 陈向明. 社会科学中的定性研究方法. 中国社会科学, 1996, (6)：94.

③ 鲍晓兰. 西方女性主义口述史发展初探. 浙江学刊, 1999, (6)：85.

④ 李小江. 女性的历史记忆与口述方法：从"二十世纪妇女口述史"谈起. 光明日报, 2002.

⑤ The editors of the Frontiers. Women's Oral History Resource Sections：Projects and Collections. Frontiers：A Journal of Women's Studies, 1977, II (2)：125－128.

年为止，全美共有 27 个州开展了 50 余个涉及妇女的集体性口述史项目①。

从本书第二章论及的金兹伯格的分析中，我们发现就科学中的妇女史而言，更因为科学被认为是客观的、理性的、男性的、公共领域的事业，与妇女关系更为密切的私人情感、生活相关的认识和经验往往因此而无法进入科学史研究的视野，妇女在科学的历史上，往往更加难以发出自己的声音。与此同时，因女性的知识传统常常以口授相传为主，更使得其很难进入主流历史。如此一来，对历史上非精英、非主流的女性的知识传统的研究，在很大程度上必须依赖于女性主义口述史研究，通过访谈来了解女性知识的起源与发展、女性的情感、经验与认知方式，以及女性知识传统与主流科学传统的交缠关系。正如傅大为所言，口述史方法对于社会性别研究具有十分重要的意义，事实上口述史与访谈的确成为台湾地区女性主义的一个重要研究工具，这是因为"平时很少有机会书写的弱势人民和妇女，往往有着相当珍贵的性别经验可以分享，而女性主义者透过访谈，也有机会与下层阶级的妇女进行交流、沟通、乃至互相充权的可能"②。

在傅大为关于台湾地区近代医疗史的研究中，口述史和访谈研究无疑是主要的研究方法。他的工作很好地说明了口述史研究方法在女性主义科学史研究中的运用状况及其特点和重要性。傅大为在"近代妇产科的兴起与产婆的故事"、"殖民近代化中的女医、规训与异质帝国"、"威而刚与泌尿科的男性身体观"等章节中都大量采用访谈研究，并利用对访谈材料的分析来说明问题。正如他本人所言，相关访谈构成了其整个研究的基本资料库③。以"近代妇产科的兴起与产婆的故事"为例，在描述和解释台湾传统产婆与日式新产婆传统逐渐被近代西方男性妇产科医疗传统所取代的"性别/医疗大转换"问题时，傅大为对十一位妇产科医师、八位年长助产士，以及约两百位阿妈进行了访谈。其中，在讨论"性别/医疗大转换"之前，傅大为首先通过对日本殖民统治前后台湾阿妈的访谈，了解了这一时期台湾妇女的一般面貌④。在讨论"早期开业合作策略：'性别/医疗'大转换的缘起"时，傅大为透过各种口述史访谈，提出了四个方面"社会与历史"的理由来解释这一转换。其中，傅大为还给出

① Nancy D. Mann. Directory of Women's Oral History Projects and Collections. Frontiers：A Journal of Women's Studies，1983，VII（1）：114 - 121.
② 傅大为. 亚细亚的新身体：性别、医疗与近代台湾. 台北：群学出版有限公司，2005：324.
③ 傅大为. 亚细亚的新身体：性别、医疗与近代台湾. 台北：群学出版有限公司，2005：327.
④ 傅大为. 亚细亚的新身体：性别、医疗与近代台湾. 台北：群学出版有限公司，2005：86 - 92.

了他同 J 医师（女）① 的两段访谈实录②。在讨论"产钳与妇产科技的性别政治：转换之二"时，傅大为对 E 助产士、C 助产士、C 医师、G 医师等进行了访谈，考察产钳在妇科医疗政治中发挥的重要作用③。在讨论"战后妇产科的堕胎简史：转换之三"时，他分别利用了同 C 医师、I 医师、K 医师等的访谈，说明台湾战后堕胎的真实状况及其与"大转换"的关联④。

从书中所刊的访谈内容来看，傅大为的访谈有如下特点。

首先，在访谈过程中，访谈者使用的语言同访谈对象的语言一致，且在转述成书面材料时仍保留了访谈对象的语言风格，并对访谈对象当时的表情和语气做了说明。例如，在访谈产婆使用产钳的情况时，傅提问："所以你四年阵那边，学很多东西罗？经验啦？"⑤ 所使用的是语言完全口语化，也符合访谈对象的语言习惯；在对妇产科男医生使用剖腹产技术提出看法时，被访谈产婆说："还有医师，有的。想要开刀比较快（眉毛提高，声音变小，细细声说）。就像鸭子的肚子，把它剖开来，剖一剖、拉一拉就好了，钱就出来了。啊，助产士就慢慢等啊。所以差就差在这里……"⑥ 在此，产婆的语言习惯与言谈时的心情和举止都一目了然。

这一特点反映了女性主义访谈所强调的"让妇女和弱势群体使用自己的语言发出自己的声音"这一基本立场。我们知道，口述史和访谈方法只是在 20 世纪 60 年代以后才成为女性主义重视的重要方法，口述史的出现与访谈方法在史学研究中的应用，并非肇始于妇女史，更非肇始于女性主义史学。既然如此，"何谓女性主义口述史与访谈？它与传统妇女口述史研究有何区别？"便成为女性主义方法论讨论的重要话题之一。关于第一个问题，因为女性主义流派纷呈，尚未形成统一的看法，尚无明确的定义。关于第二个问题，尽管不同学者强调不同的方面，但大多均认为女性主义访谈与传统妇女口述史的差异主要源于其独有的学术立场和研究目的，即聆听妇女自己的声音，让妇女使用自己的语言讲述自己的历史。正所谓"女性主义口述史研究更多的是期望，通过访

---

① 在著作附录中，傅大为给出了访谈简目，内容包括访谈对象的编号、年龄、性别、科别，访谈时间、地点、访谈者、撰写者，访谈对象的身世简介等。其中，访谈者编号一律按 26 个英文字母的顺序排列。其中，11 位年长医师编号分别为 A，B，C，D，…，K；8 位年长退休助产士编号分别为 A，B，C，D，…，H；等等。

② 傅大为. 亚细亚的新身体：性别、医疗与近代台湾. 台北：群学出版有限公司，2005：117-125.

③ 傅大为. 亚细亚的新身体：性别、医疗与近代台湾. 台北：群学出版有限公司，2005：125-136.

④ 傅大为. 亚细亚的新身体：性别、医疗与近代台湾. 台北：群学出版有限公司，2005：136-148.

⑤ 傅大为. 亚细亚的新身体：性别、医疗与近代台湾. 台北：群学出版有限公司，2005：123.

⑥ 傅大为. 亚细亚的新身体：性别、医疗与近代台湾. 台北：群学出版有限公司，2005：136-135.

谈者和被访谈者之间的平等对话与互动，来打破已有的边界，创造出新的公共话语。……打破以男性话语为主的公众话语，使两性的话语在话语中都占一席之地"[1]。

其次，访谈的形式多属于开放式访谈，傅大为所问的问题以启发式居多，多将访谈对象作为访谈主体来看待。例如，在访谈 E 助产士对产钳使用的看法时，访谈者多是在启发式询问。"（傅：像有些医生用什么产钳啊，这些……）E 助产士：用什么？产钳是吗？产钳那是孩子的头太大，生不下来，以前我也在作产钳呢。（傅：喔！自己作？）E 助产士：我也在作呢，生不下来的时候用产钳抱出来呢。（傅：是喔，会不会危险，用那个？）E 助产士：你要用的方法要对啊，……"[2] 在此，访谈对象大多是叙述的主体，这一点同给出答案类型的调查问卷和结构式访谈存在明显差异，同时也反映了女性主义口述史学者所强调的基本立场和研究主旨。在女性主义学者看来，试图了解女性自身的想法和感受，使得女性主义访谈更倾向于采取半结构开放式访谈，它有别于问卷调查或结构式访谈，能捕捉访谈中访谈者和被访者之间的即兴互动[3]。

最后，在访谈中，傅大为十分注意让访谈对象表达对于其他妇女所拥有的知识和技术的想法和感受，了解产婆和女医师的认知方式与独特视角等。例如，在对女医师关于自身助产技术的看法时，傅大为问道："所以，那时阵，因为你是医学院毕业没多久，所以你在接生还是生产的代志，你感觉产婆是不是知道很多代志？那时阵，你的感觉是按怎？"进而，访谈者刘补充道："他是讲，在你查某医生来看产婆，产婆对团仔刚生出来，或是大肚子的时阵，团仔的情形和帮忙生产的知识方面，你觉得按怎？从你查某医生的角度来看这些产婆，你感觉她们的知识按怎？……"[4] 虽然，傅大为此处的访谈询问的是女医师对产婆技术的看法，但同为近代男性产科医师的竞争者，她们对产婆技术的看法既能反映女性对于自身拥有技术的认知，也能反映妇女内部因身份、立场不同和竞争关系而呈现出的差异性。其中，关于女性对于自身知识和技术的看法与男性竞争者对于她们知识和技术的看法，这二者之间的冲突和矛盾，在访谈中更是得到了体现。例如，在访谈产婆会否使用产钳时，产婆给的答案是："我们都是在大医院那个开刀房出来的嘛，所以我们会用。（傅：跟医生学的，

---

① 许艳丽，谭琳. 女性主义方法论：向男女不平等挑战的方法论. 浙江学刊，2000，（5）：61.

② 傅大为. 亚细亚的新身体：性别、医疗与近代台湾. 台北：群学出版有限公司，2005：128.

③ Shulamit Reinharz. Feminist Methods in Social Research. New York，Oxford：Oxford University Press，1992：18.

④ 傅大为. 亚细亚的新身体：性别、医疗与近代台湾. 台北：群学出版有限公司，2005：123.

是不是?）这一方面的喔，我们比他们内行啦，比他们高一级啦。"男医师给的答案却是："伊们的技术没有那么好啦。……助产士伊们比较不会啦。"[①] 这实际上反映了女性主义口述史研究的另一特征，即强调访谈不仅要了解客观上发生了什么，访谈对象做了什么；更重要的是要了解对方所发生的事情以及其自身对所做事情的看法和感受；这些看法和感受往往能折射出男女两性价值观的不同和女性独特的视角[②]；"女性主义口述史就是要承认妇女生活和经验的独特价值"[③]；等等。

可见，傅大为在访谈研究中呈现出的上述特点，或多或少与女性主义基本立场和分析视角相关。从雷恩哈茨和鲍晓兰等女性主义学者的有关思考中，我们发现女性主义口述史与传统妇女口述史的重要差异，首先在于基本学术立场和社会性别视角上的区别。如上文所言，女性主义口述史访谈，作为定性研究的一种，意在对实证主义、科学主义、客观性和男性中心主义的批判；而传统妇女口述史往往仍强调的是对妇女生活经验资料的抢救与收集，在编史取向上仍是实证主义和男性中心主义的。这种学术立场的不同将直接影响到整个访谈。例如，在展开访谈之前，包括访谈目的的明确、访谈内容框架的确定、访谈主题的设计、访谈对象的选取、访谈时间、地点以及进行方式的确定等；在访谈过程中：访谈者与被访谈者的关系、访谈者的话题诱导等；在访谈结束以后：访谈资料的分析、访谈结论的得出等；这些都因学术立场与出发点以及分析视角的不同而呈现出巨大差异。实际上，除傅大为在访谈中所体现出的特点之外，女性主义口述史研究与访谈还尤其强调打破传统的以访谈者和研究者为主体的传统访谈方法，主张在访谈中要以访谈对象为主体，访谈者和访谈对象都被看成是访谈活动的平等"参与者"，彻底打破"主客"二分的权力模式。此外，女性主义访谈还批判传统访谈方法所要求的访谈者和访谈对象之间应保持一定距离的原则，主张访谈者应该带着感情去倾听叙述者的叙述，要善于理解她们的心声，从她们所处的特定语境中去认识她们的视角[④]。甚至以"一种被动的、开放的、接受的、理解的方式，……了解对方的感觉并做出反应，使得谈论敏感话题而不会使对方产生惊吓"[⑤]。

---

① 傅大为. 亚细亚的新身体：性别、医疗与近代台湾. 台北：群学出版有限公司，2005：128 - 129.

② 鲍晓兰. 西方女性主义口述史发展初探. 浙江学刊，1999，(6)：86.

③ Shulamit Reinharz. Feminist Methods in Social Research. New York, Oxford：Oxford University Press，1992：135.

④ 鲍晓兰. 西方女性主义口述史发展初探. 浙江学刊，1999，(6)：86.

⑤ Shulamit Reinharz. Feminist Methods in Social Research. New York, Oxford：Oxford University Press，1992：20.

对于女性主义学术立场在访谈过程中的深刻影响，传统的史学家曾提出质疑，认为女性主义立场似乎蕴涵了很强的意识形态，带有诱导性，缺乏中性客观的研究态度，甚至无法保证研究结论的可靠性。对此，傅大为认为，在任何访谈中，没有立场、没有理论、纯粹替访谈对象传话的访谈者是不存在的。即使存在，女性主义访谈所面临的这一质疑，也是其他任何访谈都无可避免的问题。而且，这种对中性客观、没有任何意识形态、并反对任何的主义与理论渗透进历史研究中的强调态度本身，也是一种意识形态，并且有实证主义色彩的悠久历史。简而言之，关于运用女性主义立场和视角对访谈材料进行分析与诠释，是否会破坏历史客观性的问题，傅大为认为这实际上已不是口述史的特有问题，而是所有历史研究所面临的共同问题①。

实际上，女性主义口述史与访谈研究还存在很多深层次的问题。根据上文可以总结认为，女性主义口述史在方法论意义上的主要创新在于：让女性用自己的语言发声，确立访谈对象在访谈中的主体地位，弱化访谈者的解释权威；明确访谈者和访谈对象之间的平等互动关系，甚至通过帮助访谈对象、研究者自我披露、多次深谈等方式来建立访谈者和访谈对象之间更加亲密信任的关系。然而，单就访谈者与访谈对象的关系，究竟是陌生人好还是相互信任的朋友好这一点就引起很多争论，至今仍无统一看法。还有一点就是，如何在访谈对话和访谈材料的处理中，真正体现访谈者和访谈对象之间的平等关系，也是目前女性主义学者致力解决的问题。此外，如何区分和分析访谈对象回忆与表述的内容的可靠性等，也是访谈研究面临的重要考验。尽管如此，口述史与访谈方法在女性主义科学史中的应用，尤其是对分析和探讨近当代妇女知识和技术传统，让处于主流科学和主流社会身份之外的女性发出自己的声音，恢复她们的历史记忆，以及反思传统史学的客观性概念、男性中心主义和科学主义倾向等，都具有十分重要的意义。正如鲍晓兰教授所言："虽然迄今为止，西方女性主义史学家对口述史的使用和认识，仍处于不断探索的过程，而且口述这一形式也不是研究任何历史阶段的史学家都能采用的，但是这一形式背后的指导思想，即向传统史学中的精英思想挑战，则是所有史学家所不可忽视的。"②

二、隐喻分析方法

在麦茜特、凯勒、费侠莉和白馥兰的案例研究中，隐喻分析始终是一个核

---

① 傅大为. 亚细亚的新身体：性别、医疗与近代台湾. 台北：群学出版有限公司，2005：324-325.
② 鲍晓兰. 西方女性主义口述史发展初探. 浙江学刊，1999，(6)：90.

心的方法和切入点。这一方法在传统科学史研究中使用较少，女性主义科学史研究者之所以重视它，是因为他们认为隐喻在科学的认知、研究、叙述、交流和传播等方面起着不可忽视的重要作用，通过隐喻分析可以揭示许多新的内容和结论。相反，在传统研究中，由于对科学的中立性与客观性的假定，学者们往往不会关注隐喻在科学中的意义。

根据李醒民教授所做的词源考证，Merriam‐Webster's Collegiate Dictionary 第 9 版曾将隐喻（metaphor）一词追溯到中世纪法语中的 metaphore，该词出自拉丁语的 metaphora，而该拉丁语词又出自希腊语同一词汇，原意为转换、变化；英语词 metaphor 出现在 1533 年，意指一种修辞格（a figure of speech），在该修辞格中，在字面上指称一种类型的客体或观念的一个词或词组被用来代替另一个词或词组，从而暗示它们之间的相似（likeness）或类似（analogy，亦译为类比)[①]。《剑桥哲学辞典》也对隐喻概念做了详细的定义，认为隐喻首先是作为一种言语修辞格或一种比喻修辞而存在的。其中，在字面上表示一事物的词或短语被用来表示另一事物，因此隐含地对这两个事物做出了某种比较。例如，在句子"密西西比是一条河流"这种通常用法中，"河流"一词是在字面意义上使用的；与之相反，在句子"时间是一条河流"的用法中，人们则是在隐喻地使用"河流"一词[②]。可以说，正如德国著名哲学家恩斯特·卡西尔（Ernst Cassirer）所言，语言就其本性和本质而言，都是隐喻式的[③]。超越于语言和修辞之外，隐喻更是基于相似性来转换和传达新的观念和认识。在卡西尔看来，隐喻就是"以一个观念迂回地表述另一个观念的方法"，它有意识地以彼思想内容的名称指代此思想内容，只要彼思想内容在某个方面相似于此思想内容，或多少与之类似[④]。隐喻的本质特征在于它基于相似性或类似性，在不同的经验世界或观念世界之间建立对照或对应关系。隐喻的实质在于，我们用一种熟知的对象和境况的语词隐喻地去谈论另一种不熟知的东西的图像，为的是力图把握它和理解它[⑤]。

作为一种重要的修辞格，隐喻一直是文学家、语言学家和哲学家等使用和讨论的重要表达方法，是文学、语言学和哲学等领域争论的重要问题之一。根据《剑桥哲学词典》，到 19 世纪为止关于隐喻的观点主要分两类：一是认为隐

---

① 李醒民. 隐喻：科学概念变革的助产士. 自然辩证法通讯，2004，(1)：24.
② 安军，郭贵春. 科学隐喻的本质. 科学技术与辩证法，2005，(3)：43.
③ ［德］恩斯特·卡西尔. 人论. 甘阳译. 上海：上海译文出版社，1985：140.
④ ［德］恩斯特·卡西尔. 语言与神话. 于晓，等译. 北京：三联书店，1988：105.
⑤ 李醒民. 隐喻：科学概念变革的助产士. 自然辩证法通讯，2004，(1)：24.

喻和所有其他修辞格一样，是对言语的修饰，它仅是比喻表达法的一种装饰，对于话语的认知意义并无贡献；二是认为，就其认知力而言，隐喻是一种缩略的明喻，当"河流"一词被隐喻地使用时，"时间是一条河流"这个句子的认知力和"时间像一条河流"的认知力是一样的。然而，从浪漫主义时代直到当前的各个时期，几乎所有的隐喻理论都是对这两种传统观点的反对。词典最后结论认为，隐喻并非与认知无涉的一种装饰，它们对于我们的话语的认知意义有所贡献，它们不仅对于诗歌话语、宗教话语、普通话语，甚至对于科学话语都是不可缺少的①。

实际上，无论在文学诗歌还是在哲学陈述中，隐喻的确扮演着十分重要的角色。早在古希腊时期，阿那克西曼德（Anaximander）、亚里士多德和柏拉图等就广泛地在他们的哲学理论中运用隐喻。其中，阿那克西曼德就曾利用"法庭"（courtroom）的隐喻去描述"时间"（Time，the judge）如何命令一系列的对立面，例如冷和热、冬天和夏天来回往复于无限的存在之源中的过程。亚里士多德利用"图章戒指"（the signet ring，一般印于封蜡之上或落款处，代表写信者的身份）的隐喻来表达"形式"（the form）比"物质"（the matter）更为重要的哲学主张。柏拉图则利用梯子隐喻来描绘人类思想不断发展、深化直至达到最高的善的过程②。在此，隐喻作为语言的本质的结构方式，其特性是在不同的存在、不同的经验世界之间建立对等关系，从根本上说，它是人类认识事物的一种基本思维方式。正如英国诗人艾略特（Thomas Sterns Eliot）所言，隐喻不是什么写作技巧，而是一种有效的思维方式③。也正如有哲学家所言，哲学体系实际上就是一个"根隐喻"（概念模型）的扩展表述④，隐喻的消亡也就意味着哲学的消亡⑤。甚至，隐喻思维还具有了一种"前逻辑"的性质，是人类最原始、最基本的思维方式，语言的逻辑思维功能和抽象概念是在隐喻思维和具体概念的基础上形成发展起来的⑥。它能从多个角度指向现实，并显示事物的内涵，从而为我们打开一个又一个崭新的认识窗口与生存平台，

① 安军，郭贵春．科学隐喻的本质．科学技术与辩证法，2005，（3）：43.

② George J. Seidel. Knowledge as Sexual Metaphor. London：Associated University Presses，2000：22－23.

③ 耿占春．隐喻．北京：东方出版社，1993：214.

④ Colin Murry Turbayne. Metaphor for the Mind. Columbia：University of South Carolina Press，1991：3－4.

⑤ Jacques Derrida. White Mythology//Allen Bass，trans. Margins of Philosophy. Chicago：The University of Chicago Press，1982：271.

⑥ 安军，郭贵春．科学隐喻的本质．科学技术与辩证法，2005，（3）：43.

它对于人类认知而言，具有方法论的意义和价值，甚至它也是人类在世的一种基本生存模式，其哲学研究于方法论之外更有存在论的意义和价值[①]。

同样，作为一种基本的思维方式，隐喻在科学陈述和认知中的作用也逐渐得到重视。早在 20 世纪初，就有学者对科学中的隐喻给予关注，发现在科学史中，一些重要的科学理论和观念最初都是通过隐喻来表达的[②]。20 世纪 60 年代以来，一批科学哲学家和科学史家，包括库恩、克里普克（S. A. Krip-ke）、普特南（H. Putnam）、戴维森（D. Davidson）等都开始重视隐喻在科学中的重要作用。其中，库恩在为《科学革命的结构》一书所写的后记中就谈到，如果他重新对"范式的形而上学部分"（即科学共同体成员共同承诺的信念）进行描述和界定的话，他"会把这种承诺描述为相信特定的模型，并将模型的范畴扩展到包括那些颇有启发性的种类：电路可以看作一个稳态流体动力学系统；气体分子的行为像是随机运动的微小的有弹性的弹子球，……模型的类型尽管从启发式的到本体论的多种多样，却都具有类似的功能。例如，它们供给研究团体以偏爱的或允许的类比和比喻，从而有助于决定什么能被接受为一个解释和一个谜题的解答；反过来，它们也有助于决定未解决谜题的清单并评估其中每一个的重要性"[③]。随后，库恩更加明确地提出，无论是在科学的理论语言中，还是在科学的描述语言中（例如"距离"、"时间"等）都充满了隐喻[④]；隐喻在以客观性、逻辑性和精确性见长的自然科学中也能发挥重要作用，主张认知世界所需的词汇表也可从隐喻中获得，模型、隐喻或类比的根本变化是科学革命的三个特征，隐喻在常规科学时期语言共同体的训练中也发挥重要作用，同时更是科学概念变革的助产士[⑤]。与此类似，海西（M. Hesse）还断言，科学概念的形成在本质上是隐喻的[⑥]。而在罗蒂（R. Rorty）的"信念之网"理论模型中，进一步将隐喻看成是知觉和推理之外的第三种改变信念的方法，它通过改变语词的用法，使得语言游戏规则发生改变，从而改变了概念框架，重新编织人类的信念之网。隐喻作为改变语言和逻辑可能性空间的手段，

---

① 张沛. 隐喻的生命. 北京：北京大学出版社，2004：196.

② D. Fraser Harris. The Metaphor in Science. Science，1912，36：263 - 269.

③ ［美］托马斯·库恩. 科学革命的结构. 金吾伦，胡新和译. 北京：北京大学出版社，2003：165.

④ Thomas S. Kuhn. The Road Since Structure：Philosophical Essays，1970 - 1993. Chicago and London：The University of Chicago Press，2000：197.

⑤ 李醒民. 隐喻：科学概念变革的助产士. 自然辩证法通讯，2004，（1）：24.

⑥ ［荷］F. R. 安克施密特. 历史与转义：隐喻的兴衰. 韩震译. 北京：文津出版社，2005：10.

普遍存在于包括自然科学在内的一切领域①。赛德尔（George J. Seidel）则特别指出，作为一种先验的结构，社会性别隐喻将影响到经验数据的搜集，以及所有重构或生产知识的过程②。

对于隐喻在科学陈述与认知中的重要作用，女性主义学者有充分的认识。在凯勒看来，描述性陈述的力量往往来自隐喻对于相似性和差异性的制定，隐喻在确定"家族相似性"时，为我们对自然现象的分类提供了基础③。而在费侠莉看来，隐喻是充满弹性的、开放式的语言方式，它是社会性别和其他社会经验与社会意义的特殊塑造者，也是能产生新内容的潜在领域。作为隐喻，语言常常以强化既有文化统治权的方式去阐释社会，但也允许有违背、灭亡和重新发明④。这些观点实际上表达了女性主义学者对隐喻本质及其在科学理论与实践中的作用的基本认识。那么，在他们看来，隐喻的作用和有效性究竟如何得以发挥呢？

对此，凯勒认为，隐喻的有效性（类似于言语行为）既依赖于使用者共享的社会惯例，尤其是那些权威赋予的社会惯例；同时也依赖于可利用的技术资源和自然资源。并且，她还以生育理论中的睡美人隐喻为例，说明隐喻有效性得以发挥所依赖的上述两方面条件。睡美人隐喻指的是，在受精过程中，被动的卵子如同睡美人等待王子的唤醒一般，等待精子的穿透、征服或唤醒。在凯勒看来，30 年前生物学家使用这一隐喻描绘受精过程，的确是因为它契合了当时盛行的社会性别意识形态。而现在另一不同的隐喻看起来似乎更有效、更易被接受。也即在现在的教科书里，受精被描绘成精子和卵子相互寻找对方并结合在一起的过程。然而，无论是睡美人隐喻还是更为平等的性别隐喻之所以有效，还依赖于实验观察中精子和卵子的行为证据的获取，以及观察仪器的更新和对这些证据的成功记录⑤。

显然，基于对科学话语中隐喻本质和功能的认识，基于独特的哲学和政治立场，这些女性主义科学元勘学者所关注的隐喻，都与性/社会性别相关。这些性/社会性别隐喻，泛指在科学理论与实践中存在着的与性或社会性别观念

---

① 蒋劲松. 隐喻与信念之网的编织. 清华大学学报（哲学社会科学版），2003，（3）：5.

② George J. Seidel. Knowledge as Sexual Metaphor. London：Associated University Press，2000：20.

③ Evelyn Fox Keller. Refiguring Life：Metaphors of Twentieth - Century Biology. New York：Columbia University Press，1995：xi.

④ Charlotte Furth. A Flourishing Yin：Gender in China's Medical History，960 - 1665. Berkeley：University of California Press，1999：15.

⑤ Evelyn Fox Keller. Refiguring Life：Metaphors of Twentieth - Century Biology. New York：Columbia University Press，1995：xii - xiii.

相关的词汇与表达方式。例如"自然母亲"、"勇猛的精子"、"被动的卵子"、"卵子就像一个娼妓，像一块磁石一样勾引着精子"、"自然的子宫中仍有很多极有用处的秘密"等等。实际上，女性主义对传统科学观的反思和批判，在很大程度上都是从对这些隐喻进行批判性分析入手的。就凯勒而言，她本人关于科学发展性别化话语问题的研究，便主要关注与性/社会性别隐喻相关的两大方面：第一，在确定的科学基本比喻中，性/社会性别的公众性概念、非公众性概念分别发挥了什么作用，这是女性主义的核心；第二，在科学实践和理论的发展过程中，这些比喻都发挥了什么作用，这属于科学的历史和哲学大范畴的问题①。爱米丽·玛丁（Emily Martin）则表明，一种公开的女性主义的挑战就是要唤醒科学中沉睡的隐喻，特别是那些在卵子和精子的描述中的隐喻②。

这些观点表明：女性主义科学元勘学者关于科学语言和科学陈述的分析开始强调对隐喻的重视，他们甚至还明确表示，对科学理论与实践中的性/社会性别隐喻及其功能的分析，是女性主义的核心研究工作之一。然而，需要说明的是，从这些观点中我们还可以发现，女性主义科学元勘的重点并非是要阐述性/社会性别隐喻在科学认知中发挥的积极作用，而在于说明社会性别观念与意识形态和科学之间，通过性/社会性别隐喻进行互相建构的关系。换句话说，对隐喻认知功能与意义的重视和强调，为女性主义的科学批判提供了一个突破口。同时它也预示着，在女性主义的科学技术哲学、科学社会学和科学技术史的研究里，隐喻分析将成为一种十分重要的研究方法。正因如此，哈丁曾总结认为，运用文学批评、历史解释和心理分析的方法解读科学文本，尤其是通过隐喻分析等揭示科学的客观性神话，是女性主义科学元勘的五种类型之一③。

所谓隐喻分析方法，在本书中指的便是女性主义科学技术史家在历史研究中，注重文本分析，并且在分析中以隐喻为重要切入点，去探讨科技史中社会性别政治问题的思路和做法。然而，既然女性主义科学元勘学者的重点不是分析性/社会性别隐喻在科学认知中的重要作用，而是通过它们来揭示科学客观性神话和性别政治，那么他们又是如何在科学技术史的研究中实现这一目标的呢？隐喻分析方法究竟如何展开？实际上，这些问题的答案并不复杂。首先，

---

① ［美］伊夫琳·福克斯·凯勒. 性别与科学：1990//李银河编. 妇女：最漫长的革命. 北京：三联书店，1997：195.

② Emily Martin. The Egg and the Sperm：How Science Has Constructed a Romance Based on Stereotypical Male－Female Roles//E. F. Keller，H. E. Longino，eds. Feminism and Science. Oxford：Oxford University Press，1996：114.

③ Sandra Harding. The Science Question in Feminism. Ithaca and London：Cornell University Press，1986：23.

女性主义科技史家的任务是深入到历史中，寻找科技的历史文本中存有的那些性/社会性别隐喻；其次，通过对这些隐喻所负载的性别文化观念与科学观念的关系进行分析，揭示科学技术的男性中心主义性质和根源；这就是女性主义在科技史研究中运用隐喻分析方法的具体步骤。然而，最为关键的是，女性主义科技史家究竟如何在性/社会性别隐喻负载的社会性别观念和科学的观念之间，发现或建立关联呢？

从女性主义科技史研究的理论和实践来看，这一关联的发现或建立同样得益于女性主义社会性别理论的产生。透过本书前述章节对社会性别概念及其内涵所做的分析，我们知道由于社会性别本身指代的是男性和女性的社会、文化、政治属性，它在文本中往往便直接体现为那些描述两性气质的隐喻词汇和思维方式，而这些隐喻词汇和思维方式在科技的文本世界中无处不在，为此，在社会性别和科学观念之间，通过性/社会性别隐喻，便建立了内在关联。女性主义科技史家正是通过寻找和分析科技文本中与性/社会性别相关的隐喻，去揭示科学中的社会性别政治，进而对科学的客观性神话展开批判。

依据约尔丹诺娃对"科学中充满社会性别假定"这一观点中的两层内涵的分析，以及女性主义科学史的案例工作，可以总结认为女性主义科学史的隐喻分析主要分为两个方面的内容：一是通过对科学文本和话语中性/社会性别隐喻的分析，揭示科学文本背后隐含的社会性别权力关系；二是通对科学文本中性/社会性别隐喻的分析，表明社会性别意识形态之于科学发展的建构与影响。

关于第一个方面，在费侠莉的中国古代妇产科史研究中有很鲜明的体现。正如她本人所言，隐喻是在一定的文化话语体系里发挥作用的，通过它能透露话语背后隐藏着性别权力关系①。在进行具体研究之前，费侠莉首先明确她所给出的"黄帝身"概念是隐喻层面上使用的。她对"黄帝身"概念中的阴阳关系隐喻以及生育理论中的隐喻进行了详细解析，认为阴阳所对应的丰富内涵表明人类语言始终浸透着隐喻，正是因为身体中的阴阳概念能在隐喻的意义上暗指存于一定社会关系网络中的社会性别关系，"黄帝身"才被称为是雌雄同体的。与此同时，她还认为《黄帝内经》模糊抽象地将阴阳作为微观身体关系的基础，当这一身体被描述为政治的、健康的皇帝时，它实际上代表了人们对于男性权力优越性的理解。天地人三者中的人一般指男人，其他的日常话语也都

---

① Charlotte Furth. A Flourishing Yin: Gender in China's Medical History, 960 - 1665. Berkeley: University of California Press, 1999: 57.

在语言上优先将男性定义为人的标准①。在她看来，《黄帝内经》能成为最经典的文献，是因为它利用了汉代宇宙论的基本概念去解释健康和疾病，牢固地建立了大宇宙与人体小宇宙之间的类比关系②。此外，费侠莉发现在中国古代关于长寿话题的养生文献中，妇女的"怀孕身体"在长寿追求者自我更新和重生的过程隐喻中不断出现并被变形。基于对袁黄的内丹思想的分析，费侠莉认为袁黄对存神的强调，目的是为了达到一种超我的境界，以期在加强身体技能和性能力的同时，又能返老还童、获得重生，这其中蕴涵了很深的"怀孕"和"子宫婴儿"的隐喻。在她看来，内丹与医学的关联恰恰是建立在隐喻基础上的，而且这种隐喻层面的关联还关乎父权制社会对于两性在生育中发挥的作用问题的考虑③。

无独有偶，白馥兰在她的中国古代性别与技术史研究中，也多次将技术文本中呈现的性别隐喻同社会权力关系、社会性别意识形态关联起来。例如，通过对中国皇帝亲耕、皇后妃子亲自纺织的故事进行分析，白馥兰认为这是对"男耕女织"这一基本劳动性别分工的重新肯定和极力宣扬，其中耕种和纺织都成为深层的隐喻表达。具体而言，明清时期，中国的蚕丝业只在少数地区盛行，但正统思想家却将其描述为一种传统社会秩序的强有力的象征，而这恰恰是皇族亲耕亲织背后的原因。也就是说，亲耕亲织不仅仅是为了将来取得好的收成，更是与道德和政治秩序的维持相关。它表达的是皇帝与百姓之间的相互依赖关系，以及统治者对于规范和支撑中国农业社会的基本职业的尊重。白馥兰指出，宫廷养蚕仪式在较早的朝代产生，到了宋代开始衰落，从明清开始复兴。因为宋代的蚕丝业十分发达，如果这些亲耕亲织的仪式是为了获得好的收成的话，它在宋代的衰落就很奇怪。然而，它反过来正好说明亲耕亲织仪式只是一种政治象征。因为明清时期丝织业商业化发展迅速，税收制度变革，统治者与养蚕妇女之间的传统依赖关系被打破，这些复兴的仪式与朝廷官员试图抛弃商业化、恢复传统经济政治秩序的努力是一致的④。

关于第二个方面，在麦茜特和凯勒对培根科学话语中的性/社会性别隐喻

---

① Charlotte Furth. A Flourishing Yin：Gender in China's Medical History，960 - 1665. Berkeley：University of California Press，1999：57.

② Charlotte Furth. A Flourishing Yin：Gender in China's Medical History，960 - 1665. Berkeley：University of California Press，1999：21.

③ Charlotte Furth. A Flourishing Yin：Gender in China's Medical History，960 - 1665. Berkeley：University of California Press，1999：221.

④ Francesca Bray. Technology and Gender：Fabrics of Power in Late Imperial China. Berkeley：University of California Press，1997：250 - 251.

分析中得到最为明显的体现。正如本书第三章所论述的，她们通过对一系列性/社会性别隐喻在科学发展中的影响进行考察，揭示社会性别意识形态对科学发展的深层作用机制。之所以大量的工作都是通过隐喻分析进行的，是因为她们认识到性/社会性别隐喻表达着人们对于社会性别的基本认识和关于社会性别的基本思维方式，这种基本认识和思维方式对科学研究的影响虽然是非直接的，然而却更容易被看成是理所当然的影响。

麦茜特在隐喻的基础上将自然、女性和科学三者关联起来，通过对自然隐喻、性/社会性别隐喻及其变化的分析，揭示科学革命对女性自然的扼杀以及科学中的社会性别政治内涵。她的整个研究围绕自然隐喻展开，从古希腊直到科学革命之前，西方社会中关于自然的基本隐喻为"自然是活的有机体"、"自然是孕育万物的母亲"，自然作为养育者一直是占支配地位的比喻①。这一基本隐喻的影响深刻投射在人类与自然的关系上，表现为对自然的尊重和敬畏。然而文艺复兴以来，"自然作为狂暴的、无序的、野性的女性"这一隐喻却日益在文学作品中得到表达和强调，新科学正是在这样的背景中诞生的。与其说新科学的诞生助长了这一隐喻的发展，并最终形成了关于自然是"死的机器"的隐喻，倒不如说是这些隐喻的出现为新科学的诞生提供了合法的观念先导和思维框架。与此同时，伴随着自然、性、无序和女巫等隐喻的关联，近代西方社会更是在实践上通过女巫迫害事件为新科学的诞生铺平了道路。在对培根的科学话语进行分析时，麦茜特进一步深刻揭示了近代科学价值取向和研究方法中所蕴涵的性/社会性别隐喻，以及这种隐喻为近代科学发展所标明的方向。其中，在培根关于人类与自然的关系看法上，他利用了审讯女巫的隐喻，自然被看成是可怕的女巫，需要接受科学的审判和拷问；在关于科学研究的方法上，他同样利用了审讯隐喻，主张通过严刑拷打，来逼迫女性自然招供，自动暴露自身的秘密②。

同麦茜特一样，凯勒通过对培根关于新科学价值观和研究方法的隐喻式回答进行分析，表明在这类性/社会性别隐喻所预示的新科学观的关照下，人类建立了与自然的新型关系，即控制与被控制、统治与被统治的关系。而在古老的炼金术自然观中，自然仍然是作为有机体存在的，人类和自然之间不是"男性超人对机器自然的控制关系"，而是"雌雄同体式的融合共生关系"。

---

① ［美］卡洛琳·麦茜特. 自然之死——妇女、生态和科学革命. 吴国盛，等译. 长春：吉林人民出版社，1999：1-2.

② ［美］卡洛琳·麦茜特. 自然之死——妇女、生态和科学革命. 吴国盛，等译. 长春：吉林人民出版社，1999：189.

伴随着这一基本隐喻变革的正是近代科学革命。也为此，凯勒强调，离开对科学中性/社会性别隐喻的考察，就不可能正确地理解科学革命。这再次反映了她对隐喻认知功能的肯定和强调。正如她所言："对思维与自然不同的比喻，反映了研究者对研究对象所持的不同的心理态度，同样也导致了不同的认知角度，从而产生不同的目的，提出不同的问题，采取不同的方法，得出不同的解释。"①

从深层次来讲，女性主义科学史研究对科学发展中性/社会性别隐喻的独特关注，与女性主义致力于解构西方社会二元对立划分图式的学术目标紧密相关。这也构成了女性主义重视隐喻分析的另一原因，因为性/社会性别隐喻首先是对关于男女的一系列二元对立概念的诠释，而这些诠释恰恰又在隐喻层面同科学与自然的二元对立关系产生对应，并相互交缠。也正是在此层面上，女性主义学者认为近代西方科学是男性气质的，在客观性、男性和科学之间存在隐喻层面的等式关系。进一步来看，这种建基于隐喻的对应关系之所以会导致科学与女性气质的疏远，还与社会赋予这一系列的二元对立概念以不同的价值判断有关，它强化了科学与男性对于自然和女性的控制。正如生态女性主义学者沃伦（K. J. Warren）所分析的，人们通过对这些二元对立概念赋予的不同价值（传统认为在科学中"心灵"、"客观"、"理性"、"逻辑"比"自然"、"主观"、"情感"和"直觉"更为重要），并运用统治逻辑（对于任何 X 和 Y，如 X 价值高于 Y，则 X 支配 Y 是正当的），捍卫了科学中的性别不平等和男性中心主义②。

如果再进一步从总体上看，我们还会发现女性主义对隐喻的科学认知作用的重视，不仅与科学哲学研究中的语言学转向有关联，而且这种转向还在后现代史学中得到了体现，它表现为强调隐喻和转义对于历史研究的重要意义，标志着历史理论走向文学的转向。其中，著名的历史哲学家海登·怀特（Hayden White）可以被视为将后现代哲学理念运用于历史学的代表人物。在《元历史学》、《话语的转义》等著作中怀特明确提出，历史学家赋予资料以意义，使陌生的变成熟悉的，使神秘的过去变得可以理解，而使过去变得可以理解的工具便是"比喻语言的技术"。也就是说，历史见解和意义只有借助于转义的使用

---

① ［美］伊夫琳·福克斯·凯勒. 性别与科学：1990//李银河编. 妇女：最漫长的革命. 北京：三联书店，1997：195.

② K. J. Warren. The Power and the Promise of Ecological Feminism. Environmental Ethics, 1990, 12 (3)：125－146.

才是可能的，转义学之于历史学，如同逻辑和科学方法之于科学一般，不可或缺①。女性主义对性/社会性别隐喻的关注，虽仍属于研究方法和切入点层面的创新，但其内含的、通过性/社会性别隐喻分析所揭示的科学的社会性别建构观，以及将科学史看成是科学/社会性别互相建构史的科学史观，都表明女性主义科学史所追求的并非是对科学历史事件真相的揭示，而是对历史文本的再解读和再建构。在这个意义上，女性主义科学史对于隐喻分析的重视，或许还可以在科学编史学上引起类似于怀特所主张的那种文学转向，值得我们思考。

第四节　小结与讨论

基于对女性主义方法论的理论探讨和对女性主义科学史案例的具体分析，本书认为从编史方法论的角度看，女性主义科学史并未创建或发明某种独特的"女性主义研究方法"。

女性主义科学史研究的独特性主要体现在方法论的层面，尤其是社会性别的分析视角上。同时，这也并不意味着它是唯一的研究视角，基于科学观和认识论上的共通性，其他领域的研究视角，例如人类学的研究视角和后殖民主义视角，也被女性主义科学史研究积极借鉴和综合运用。

并且，这些方法论上的独特性还带来了具体研究方法上的革新。一方面，传统的科学史研究方法，如口述史与访谈研究，在新的方法论指导下呈现出了新的特征；另一方面，较新的研究方法，例如隐喻分析方法，也因女性主义的独特立场和关注焦点而被重视。

需要说明的是，女性主义科学史研究在传统研究方法上体现出的独特性，绝不仅限于传记研究和口述史与访谈研究；女性主义科学史研究对新的研究方法和其他领域研究视角的借鉴，也不仅限于隐喻分析、人类学视角和后殖民主义视角；本书主要是基于现有的女性主义科学史案例，进行经验性的归纳与分析，女性主义科学史研究在其他研究方法与研究视角上呈现出的独特性，仍有待于进一步的研究。需要重申的是，女性主义科学史研究在研究视角和研究方法方面体现出的偏好与特点，有其存在的合理性。换言之，人类学视角、后殖民主义视角之所以备受女性主义科学史研究青睐，口述史与访谈研究之所以被女性主义科学史研究重视并体现出新特征，隐喻分析方法之所以被广泛采用等

---

① ［荷］F. R. 安克施密特 . 历史与转义：隐喻的兴衰 . 韩震译 . 北京：文津出版社，2005：11.

等，往往都是由女性主义方法论原则决定的，而这些方法论原则又受女性主义科学观和科学认识论的影响；反过来，通过独特的方法论原则和具体研究视角与研究方法，相关研究能形成新的关于科学史的看法和理解，这些看法和理解又将作用于女性主义的科学观和科学认识论；这之中，似乎存在某种解释学循环。

第六章　女性主义科学编史纲领的独特性与学术影响

"从女性主义视角来写历史，就是要推翻这一切，从底层看社会结构，打翻主流价值。"①

——卡洛琳·麦茜特（Carolyn Merchant）

"女性主义研究是一种强有力的具有社会性别敏感的反身性实践，要理解种族、阶级和文化的历史建构过程，就必须去反思研究者自身观念和行为的建构过程。"②

——桑德拉·哈丁（Sandra Harding）

本书前述几章从科学哲学、科学史和女性主义等角度入手，对女性主义科学史研究的学术发展脉络进行了历史梳理，并对其编史理论基础、编史实践与编史方法论问题进行了理论和案例的分析。本章将以传统西方科学史研究的演变和发展为背景，整体把握女性主义科学编史纲领的内涵及其在西方科学史领域的位置，并对女性主义与科学知识社会学、人类学的科学编史纲领进行比较，以期进一步揭示女性主义科学编史纲领的独特性，同时亦阐明其重要的学术价值和影响。

第一节　女性主义科学编史纲领的内涵与定位

我们在此并不试图对"科学编史纲领"这一概念给出明确的定义，在后结构主义和后现代主义范畴中，明晰、确定的概念已经很难作为一种可靠的理论工具来进行阐释和叙述。由于主体身份的破碎性，以及社会表象的流变性，使得概念在具体应用时往往很难准确地把握其研究对象，这亦是"社会性别"概念遭遇后现代女性主义诟病的原因之一。然而，作为一个基本术语和要讨论的对象，探明女性主义科学编史纲领的基本内涵与要素仍然是必要的。

---

① ［美］卡洛琳·麦茜特. 自然之死——妇女、生态和科学革命. 吴国盛，等译. 长春：吉林人民出版社，1999：3.

② Harding, S. Is There a Feminist Method// Nancy Tuana, ed. Feminism and Science. Bloomington and Indianapolis：Indiana University Press，1989：17－32.

一、女性主义科学编史纲领的基本内涵

正如本书第一章所阐明的，此处所言的科学编史纲领更多表达的是某种具体的科学史研究进路及其编史框架。在这一框架结构中包含了编史目标与立场、研究内容与主题、研究取向与分析视角、科学观与科学史观等基本要素，正是这些不同的要素构成了各种科学编史纲领的独特性和学术意义。

1. 编史目标与立场

整体而言，女性主义作为一种学术思潮，其学术目标可以概括为以下几个方面：一是寻找和恢复：即寻找传统学术中被忽略的女性"他者"（亦有一些研究关注其他弱势群体），恢复女性（和其他弱势群体）在各学术领域的地位和作用。二是批判和反思：反思既有的各学科框架对女性（和其他弱势群体）造成约束和压迫的结构性、制度性因素，及其对她/他本质的规定；系统地改变对既有各学术领域基本问题和研究范式的评价；形成这些领域新的观念体系。三是理论和实践互动：用理论研究的结果指导实践，支撑实践，用实践的结果来验证和丰富理论。

就科学史研究而言，第一点意味着重新发掘和认可非主流的、被遗忘的女性和其他边缘人群的知识，以及那些具有"女性气质"的知识传统，意味着对科学史上女性（和其他边缘人群）集体失忆现象的揭示和纠正。第二点意味着反思科学及其规范对女性（和其他弱势群体）造成约束和压迫的结构性、制度性因素，及其对他们本质的规定；并对传统的科学主义、理性主义科学观，以及传统的科学史观提出反思与批判，系统地改变对既有科学史研究领域基本问题和研究范式的评价，形成新的科学编史理念。第三点既意味着女性主义实践的目标与政治倾向将直接渗入女性主义科学史研究，也意味着女性主义科学史研究的结果及由之得出的理论和依据可用来指导和支撑女权运动，并在实践中进一步证明和发展现有的研究成果。

虽然第一点至今仍是女性主义科学史研究的目标之一，但不构成女性主义科学史研究的要义。从学术研究角度来看，女性主义科学史的真正意义和价值主要体现在第二点。换言之，女性主义科学史研究基本的编史立场是强调科学的历史与女性以及其他边缘人群不可分割，它与社会性别观念、制度和文化相互交缠，女性主义的目标、策略和价值观念必须被置于分析的首要位置。

在实证主义编史纲领和观念论编史纲领那里，编史的目标是为了说明科学发展不断趋向于真理和进步的历史过程。在泛建构主义科学观的大背景下，科学知识社会学和女性主义的科学编史纲领显然不再坚持这一史学目标。科学知

识社会学的编史纲领因主张科学的社会建构性，挑战了传统科学认识论对于科学合理性的基本看法，它重点在于说明科学发展的偶然性。与其相比，女性主义科学编史纲领重点聚焦于"女性"（和其他弱势群体），并以社会性别作为特殊分析视角，围绕科学史中随处存在的父权制现象展开研究。其编史立场更加明确而富有政治批判性，对科学史研究的方法论和客观性问题的反思等也更为积极，这一点在随后的第三节中将详细展开论述。

2. 研究内容与主题

女性主义科学史的研究内容和主题，在本书第三、四章已有详细讨论。实际上，早在女性主义科学史兴起之初，人们就致力于解答下列问题：为什么科学在历史上会成为男性主导的事业？女性的科学活动是否如同惯常的科学史书写的那样微不足道和可以忽略？如果真是如此，原因何在？女性在科学史中的地位趋向于被忽视或者被边缘化，这是否同女性在一般历史研究中所处的状况一致？至后来，女性主义学者进一步追问：科学的发展与社会性别观念、制度之间是怎样的互动关系？科学是否具有社会性别统治功能？其发挥作用的方式和过程如何？科学如何同时关涉社会性别、种族、阶级等多重复杂网络？等等。这些独特的问题集合鲜明地表达了女性主义在研究问题领域和关注焦点上与其他科学编史纲领的差异。对于这些问题的解答常常围绕几条主线展开，例如"科学中的社会性别假定"，"具有'女性气质'的科学传统的价值"、"非西方科学中的社会性别政治"等。

需要说明的是，这些内容和主题常因与"女性"相关而容易引起误解，尤其是其中关于女科学家的历史研究，更是如此。为此，本书在这里做一些简单的讨论。我们认为，强调女性主义在对女科学家及相关主题的研究方面具有独特性，并不意味着传统科学史进路就不研究妇女科学史，但也并非说所有研究女科学家和女性主题有关的科学史就是女性主义科学史。一方面，在很多时候，女性在科学史上的重要作用还是被忽视了，尤其是那些普通女性及其知识传统，往往很难进入传统科学编史进路的视野。另一方面，问题的关键还并非在于是否研究了女性，而恰恰在于是以什么样的基本立场和学术目标来研究妇女科学史，在于是否对科学中的男性中心主义偏见和传统科学史研究中的男性中心主义倾向提出质疑和挑战。就围绕妇女展开的科学史而言，这一点构成了女性主义科学史和传统妇女科学史研究的主要差异。在传统科学编史纲领下进行的、以女科学家为主题的科学史研究，其编史目标大多旨在强调女性的科研工作对于传统科学史图景的补充和完善作用。也正因如此，本书没有将玛格丽特·艾丽斯等人关于科学史中杰出女科学家的"补偿式"研究，作为女性主义科学史研究的主要内容来考察。

关于这一点，我们曾分别对东亚科学史研究国际会议论文集中"医学实践者"部分的两篇研究中国古代女性医疗者的论文进行过比较分析。其中，一篇是国内学者的概要式研究①，另一篇是费侠莉关于明代女性医疗者一般情况的研究②。这两篇文献都关注中国古代的女性医疗者，但在主题立意和研究思路上却存有较大差异。前者意在强调女性医疗者在中国医学史上的贡献，没有论及医学与社会性别的关系；后者除希望恢复女性医疗者的医学贡献之外，更试图揭示男性医疗者与儒家父权制对于女性医疗者作为"婆"这一刻板形象的建构与共谋过程，认为女性医疗者形象的塑造本身即包含在儒家父权文化之内，它与对女性的歧视和压迫相互联系。在我们看来，前者仍属于传统妇女科学史研究的范畴，而后者则是女性主义科学史研究的重要文献之一。二者虽然面对相同的研究对象，但主题思路和研究侧重区别甚大，这亦表明了女性主义科学史研究之于传统科学史研究的独特性及其意义所在③。

3. 研究取向与分析视角

袁江洋曾将科学史研究划分为四个基本向度，即科学向度、（科学）哲学向度、（科学）社会学向度和历史向度，并强调这指的是不同向度上科学史研究的基本旨趣、目标和意义分别是科学性质的、哲学性质的、社会学性质的、历史性质的；在科学史研究中，存在着并且可能还会出现兼有上述性质中两种或多种性质的科学史向度④。若以此为标准，女性主义科学史就其旨趣和目标而言，兼具历史、哲学、社会学三种向度。它既强调在具体的历史与境中分析和评价历史上的人与事件，坚持反辉格式的编史原则，又强调运用科学史的具体案例来阐释和论证其科学认识论思想的合理性，但并不似阿加西那般试图将一种超历史的或反历史的、纯逻辑的科学哲学立场强加给科学史家；并且，因和科学知识社会学的学者一样强调科学的社会建构性质，甚至结合人类学对科学和技术的文化定义，女性主义科学史主要采取社会史和文

① ZHENG Jinsheng. Female Workers in Ancient China//Yung Sik Kim, Francesca Bray, eds. Current Perspectives in the History of Science in East Asia. Seoul: Seoul National University Press, 1999: 460 - 466.

② Charlotte Furth. Women as Healers in the Ming Dynasty China// Yung Sik Kim, Francesca Bray, eds. Current Perspectives in the History of Science in East Asia. Seoul: Seoul National University Press, 1999: 467 - 477.

③ 章梅芳，刘兵. 女性主义医学史研究的意义——对两个相关科学史研究案例的比较研究. 中国科技史杂志, 2005, (2): 167 - 175.

④ 袁江洋. 科学史的向度. 自然科学史研究, 1999, (2): 99.

化史的研究取向。

正如本书多次强调的，女性主义科学史区别于其他科学史（包括建构主义科学史）的一个重要之处在于社会性别的分析视角。这一新视角的出现，无论是对传统科学史研究还是对科学知识社会学的科学史研究都是一种很好的补充。它能带来对很多历史阶段和历史事件的新解释（"科学革命史"是如此，中国古代医学、技术史亦是如此），更能关注被其他编史纲领忽略的科学史的新方面。哈丁在总结女性主义科学哲学和科学史研究的意义时，就曾将"社会性别的发现和它引发的结果"作为最重要的一条列出。在她看来，社会性别，如同阶级和种族，是科学思想最为基本的分析范畴，生物学和社会学的模式都可以通过它得到理解。女性主义的独特之处就在于它将社会性别作为变量和分析范畴，同时还采取一种批判性的姿态①。与此同时，在约尔丹诺娃看来，社会性别对于科学史家的价值，还在于它给予了一套更为广泛的承诺：与境、文化、比较方法、社会建构论、多元化②。也就是说，对于科学史研究而言，社会性别分析本身即蕴涵着在地方性、与境化、多元化和社会建构论等方面的承诺。约尔丹诺娃本人便尤其关注医学，特别是生育科学方面社会性别视角的运用③。她认为，社会性别将被证明是一个强有力的分析工具，能使得我们对于自身存在和认知的方式更具批判意识，能为我们解释过去提供帮助，它是女性主义科学史研究最为基础的分析范畴④。

4. 科学观与科学史观

诚如本书第三、四章所阐述的，西方女性主义学术在经历各领域的"补偿式"研究之后，对近代西方科学的客观性、中立性进行了批判，揭示了科学的父权制根源及其建构过程，并与后殖民主义等思潮相互影响，形成了一种强调文化多元性的科学观。经由女性主义科学史的大量经验研究，科学史家已不能坚信科学的历史是与社会性别毫不相干的历史，亦不相信科学的历史能免于社会学和文化的解释而具有内在的独立发展逻辑。

从根本上看，由对近代西方科学客观性、中立性的消解所带来的科学的社

①　Sandra Harding. Is There a Feminist Method// Nancy Tuana, ed. Feminism and Science. Bloomington and Indianapolis: Indiana University Press, 1989: 27.

②　Ludmilla Jordanova. Gender and the Historiography of Science. British Journal for the History of Science, 1993, 26 (4): 482.

③　Ludmilla Jordanova. Nature Displayed: Gender, Science, and Medicine: 1760 - 1820. New York: Longman, 1999.

④　Ludmilla Jordanova. Gender and the Historiography of Science. British Journal for the History of Science, 1993, 26 (4): 483.

会建构观念、科学的文化多元观以及科学与社会性别之间的紧密联系，构成了女性主义科学史研究的理论根基。它不仅直接影响自身研究的主题范围，更与萨顿、柯瓦雷、默顿甚至拉卡托斯（I. Lakatos）等的传统科学编史纲领形成比较，不再延续归纳主义或者证伪主义的道路，而是与科学知识社会学的科学史进路更为贴近，体现出批判史学的独特魅力。在克里斯蒂看来，正是这种解构性与批判性的编史思路与社会性别视角，构成了女性主义科学史研究在当今西方科学史领域占据重要位置的基本原因①。

具体而言，与传统的实证主义科学编史纲领相比，女性主义所坚持的建构主义科学观，与科学知识社会学的编史纲领一样，均意味着对西方科学史尤其是近代"科学革命"的新理解与新阐释。但若进一步与科学知识社会学的编史纲领相比，女性主义又更注重研究那些不被重视的、非西方的"地方性知识"，这与女性主义所秉持的科学的文化多元性观念相关，其背后是来自第三世界女性主义与全球女性主义学术发展的推动。而与非西方学者针对本土"地方性知识"展开研究的传统科学史工作相比，女性主义亦因其科学观的不同而对研究深度和结果产生了重要影响。关于这一点，在上文提到的比较案例中亦得到了体现。其中，费侠莉基于多元化的科学观，对中医内部的各种实践、技艺做了平权式的分析和评价，并从多个角度为对中国古代女性医疗实践进行医学史研究提供了合法性与必要性。比较而言，另一文献则尚未将女性医疗者的医技、实践作为与儒医的医技、实践平权的体系来研究，甚至较少提到女性医疗者的实际医技，而较多关注她们的医学教育与社会地位问题。当然，这与过去在研究中对女性医疗者的忽视相比已是一个重要进步。

与此同时，基本科学观的变化及其具体的编史实践，造就了女性主义学者对科学史的独特理解，进而对传统科学编史纲领所持有的客观主义、进步主义、普遍主义科学史观提出了反思，主张构建一种新的、包含情境性、价值和道德判断的、真正"进步"的科学史。正是这一独特的科学观和科学史观，形成了女性主义科学编史纲领具有独特性和重要学术价值的根基。正如袁江洋在判定科学史的向度时所言："本质性的冲突并不必然发生于不同向度的科学史之间，倒是必然发生于持不相容的科学观和科学史观的研究者的思想之间与工作之间。"② 显然，科学观和科学史观是构成任何科学编史纲领的最为基础的部分，它们是不同科学编史纲领相互区别的最为根本的内容。也正因如此，本章

---

① J. R. R. Christie. Feminism and the History of Science// R. C. Olby, et al., eds. Companion to the History of Modern Science. New York：Routledge，1990：103.

② 袁江洋. 科学史的向度. 自然科学史研究，1999，（2）：111.

第二节在探讨女性主义对传统科学编史纲领的挑战时，将主要从科学观和科学史观的层面展开论述。

综上，如果从科学编史学的角度来总结女性主义科学编史纲领的基本内涵，大致可以归纳如下：女性主义科学史以恢复被传统科学史研究所忽略的女性（和其他边缘人群）、"女性气质"的知识传统、非西方知识传统在科学史上的地位为初级目标和己任；以批判和反思科学及其相关规范、制度等对女性、其他边缘人群及其知识的限制和歧视，揭示社会性别观念、制度、意识形态与科学之间不断的相互建构为研究主题和本体；强调以社会性别作为基本的分析视角；以对科学进行社会史、文化史角度的解析为主要研究取向；坚持性别和科学的社会文化建构观念，批判理性主义、科学主义的科学观以及客观主义、进步主义和普遍主义的科学史观。

在这一编史纲领中，最为重要的是建构主义的科学观与性别观，科学与性别的文化多元性观念，以及社会性别的分析视角。它们使得女性主义科学史研究既具有了自身的特色，同时亦具有很强的批判性。通过大量的、具体的经验研究，女性主义学者已向我们展现了它们在科学史研究上的巨大魅力。

那么，这一科学编史纲领在整个西方科学史的学术史中究竟处于怎样的位置？它对传统科学编史纲领尤其是它们的科学观与科学史观形成了怎样的挑战和影响？以及它与其他"泛建构主义"科学观指导下的科学史研究进路相比，又有何差异和超越之处？这些是本章接下来要探讨的内容。

二、女性主义科学编史纲领的定位

正如上文所言，不同的科学史叙事，其最根本的差异往往体现在科学观和科学史观的区别上。科学观和科学史观不同，将直接影响其编史方案。以此二者的变化为线索，可以发现西方科学史研究的发展大致经历了两个最为明显的基本阶段。在这两个基本阶段，史学界关于"科学"、"启蒙"、"进步"、"现代性"等问题的认识，经历了重要的变化。第一个阶段，可以被看成是对上述关键词都持积极赞成的态度，后一个阶段则是解构和批判上述概念及其内涵的阶段，表现为后现代主义的转型。

20世纪之前的早期西方科学史研究基本从属于科学家与哲学-历史学家两大阵营，形成了相应的两大编史传统。前者的兴趣焦点和价值取向从属于其相关学科的教学科研需要；后者则把哲学倾向引入科学史，希望科学史能支持他们的哲学。这些学者都不是职业的科学史家，他们分别编写出的专科史和综合史，都是实现各自领域某种目的的一种手段。在此，编史本身不是目的，独到的编史方法和编史纲领尚未形成①。换言之，这一时期的大多数科学史叙事本意不在"历史"而在"科学"或"哲学"。

20世纪初，在西方科学史逐渐发展成为一门学科的过程中，萨顿的影响无疑是举足轻重的。当时，科学的发展日新月异，展现出巨大的威力，整个社会对科学普遍抱持一种乐观主义的情绪，科学被看成是不断进步和发展的事业，它能为人类带来无穷的福祉。正是在这一背景下，实证主义思潮对于科学史研究的影响，经由萨顿的伟大工作，得以体现和展示。实证主义哲学把科学史看成是一系列新发现的出现，以及对既有观察材料的归纳和总结的过程，是不断趋向真理和进步的历史。在这种哲学背景中的科学观和科学史观影响下的科学编史工作，大多采用的是编年史方法，它把科学史看成是最新理论在过去渐次出现的大事年表，是运用某种最近被确定为正确的科学方法，对过去的真理和谬误所做的不断检阅，是真理不断战胜谬误的过程。萨顿的全部编史传统，无论是科学家的专科史，还是哲学倾向的综合通史，基本上都没有脱离这种编年史的方法②。这种传统的实证主义编年史方法，由于不能对历史提供进一步的理解，不能深入具体的历史与境，不能为材料的搜集和选择提供有力的依据，随着新的科学编史纲领的出现而逐渐衰落。

诚如本书在第一章中所简要提及的，20世纪30年代，把哲学史看作哲学概念演化史的新康德主义哲学史方法，开始在科学史领域产生影响。亚历山大·柯瓦雷通过对伽利略和牛顿的研究③，开创了"观念论"的科学史研究传统。在这种编史纲领里，科学被看成是对真理的理论探索，科学的进步体现在概念的进化上，科学发展有着内在自主的逻辑。它强调科学史研究不仅仅是列举伟大发明和发现的清单，而是要对历史进行解释；不仅要对科学史上的精英和进步做研究，也要对次要人物和历史错误进行研究；研究的目的不是了解其对今天的价值和意义，而是弄清文献作者当时的想法。这一由柯瓦雷开创的编史纲领及其概念分析方法，在科学史领域产生了广泛而深远的影响。

与此同时，在马克思主义历史观和默顿的科学社会学的影响下，与实证主义科学史和观念论科学史相对的另一种编史纲领，也逐渐形成于20世纪30年代。这种社会史的编史纲领强调把科学的发展置于复杂的背景下进行考察，更

---

① 吴国盛编.科学思想史指南.成都：四川教育出版社，1997：5-6.
② 吴国盛编.科学思想史指南.成都：四川教育出版社，1997：7.
③ ［法］亚历山大·柯瓦雷.牛顿研究.张卜天译.北京：北京大学出版社，2003；［法］亚历山大·柯瓦雷.伽利略研究.刘胜利译.北京：北京大学出版社，2008.

加关注社会、文化、政治、经济、宗教、军事等环境对科学发展的影响①。在肖莱马（C. Schorlemmer）、格森和默顿等的推动下，这一编史传统不断发展成熟，到了 20 世纪 60 年代之后，随着库恩《科学革命的结构》的发表，开始对传统的内史研究形成真正的挑战，至今在整个科学史界仍有重大影响。

20 世纪 80 年代以来，后现代主义思潮逐渐在历史研究领域产生深刻影响。这一思潮强调对传统史学"宏大叙事"、历史发展进步论、西方社会中心论等历史叙述框架和叙述线索的反思。在它的影响下，传统史学的"科学性"、"客观性"被不同程度地否定，历史研究的性质和意义被重新规定。正如有学者所言，后现代主义史学对西方史学的影响主要表现在史学思想上，它既指对客观历史发展进程的认识，通常表现为历史观，也指对历史学自身的认识，通常称之为史学理论②。在后现代主义看来，不是存在一种历史，而是有多重的历史；历史不是一个连续的过程，而是多重的、多层面的；不存在一种时间，而是存在着许多时间③。

就科学史而言，后现代主义思潮对其产生的影响主要来自科学知识社会学、女性主义、后殖民主义和人类学。尽管在这些学术思潮的内部，各个流派在很多问题上的观点和立场存在诸多差异，而且他们中的一部分学者还往往反对将自身纳入后现代主义学者的范畴，但在宽泛意义上当这些思潮进入科学史研究领域之后，仍在不同程度上体现出后现代主义史学的上述共性。例如，社会建构论强调科学的建构性，在此科学观下，科学的历史不再一定是进步的、普适的历史，宏大叙事遭遇挑战。在后殖民主义、人类学对科学知识地方性和多样性的强调中，现代性、宏大叙事、精英历史以及欧洲中心主义受到了谴责。

具体而言，社会建构论的科学史及其编史学意义，在戈林斯基的著作中有过详尽的分析。正如他所说，"建构主义"一词所蕴涵的核心思想在于，科学知识是人类的创造物，它取决于可资利用的物质和文化资源，而不是对预先给定的、不依赖于人类活动的自然秩序的揭示④。也即，建构主义抛弃了传统的实证主义科学观，主张科学知识的建构性，强调从微观角度出发，通过案例研究，揭示社会因素对于科学的建构及其过程。它同传统的默顿科学社会学向度

① 刘兵．克丽奥眼中的科学．济南：山东教育出版社，1996：24．
② 张广智．西方史学史．上海：复旦大学出版社，2000：354．
③ 陈启能，张艳国．当前西方史学理论发展的回答．社会科学动态，1996．
④ Jan Golinski. Making Natural Knowledge：Constructivism and the History of Science. Cambridge：Cambridge University Press，1998：6．

的科学史研究最主要的区别在于，它进一步将科学知识的内容纳入社会学分析的范畴。

人类学及其与科学史研究的关系在查托帕迪亚雅的著作中，也有理论层面的深入分析。在他看来，人类学思想和方法的引入对于科学史研究具有重要意义。正如有学者所言，人类学的独特之处在于其两大承诺：一方面，他们说自己要拯救那些独特的文化与生活方式，使之幸免于激烈的全球西方化的破坏；另一方面，人类学者希图使自己的研究能为西方文化的自我反思和批评提供资源，通过描写异质文化，来反省西方的文化模式，瓦解人们的常识和想当然的观念①。其中，作为人类学最为核心的"地方性知识"概念和"文化相对主义"立场，对于科学史研究的影响最为深刻。它意味着，为非西方、非精英、非主流的地方性知识传统研究提供了理论的合法性和实践的可操作性。人类学视野下的科学史研究，其研究的意义恰恰在于对西方中心主义的批判，以及对主流精英科学史的解构。

女性主义科学史及其编史纲领最核心的学术思想在于将科学和社会性别相结合，或者说从社会性别的视角重新审视科学的历史。正如本书第三、四章的阐述所表明的，它在坚持建构主义科学观的基础上，强调了特殊的社会性别维度，并重视科学的文化多元性。这些内容与科学的社会建构论、人类学、后殖民主义等思潮在科学观上产生了深刻共鸣。它们共同反映了对理性主义和科学主义的解构，以及对科学知识地方性与多样性的重视。

综合考量其研究目标和内容，及其与建构主义、后殖民主义和人类学视野下的科学史之间的多重相似性可知，女性主义科学编史纲领更多地倾向于宽泛意义上的、后现代主义思潮影响下的编史进路。这是一个大的信念集合，反映了当代科学史家对于科学、历史和现代性的认识与反思。正如有的学者所认为的，后现代主义否定"大写的历史"，指出历史的分散性和多样性，将原来不为历史学家注意的"他者"的活动表现出来，在此方面，后现代主义和女性主义的宗旨是一致的②。也正是在此意义上，斯科特主张妇女史研究应该采用后现代主义的一些理论，用来建立一种与原来不同的认识论和历史方法论③。其中，后现代女性主义的出现，进一步拉近了女性主义和后现代主义之间的距离。它进一步强调女性内部的差异性，否认任何形式的普遍性话语存在的可能

---

① ［美］乔治·E. 马尔库斯，米开尔·M. J. 费彻尔. 作为文化批评的人类学——一个人文学科的实验时代. 王铭铭，蓝达居译. 北京：三联书店，1998：16.

② 王晴佳，古伟瀛. 后现代与历史学——中西比较. 济南：山东大学出版社，2003：59.

③ 王晴佳，古伟瀛. 后现代与历史学——中西比较. 济南：山东大学出版社，2003：60.

性，主张科学知识的合理性就在"具体化的实践"中，在社会和历史上特殊情境的运用里，因此只有建立在支离破碎的主体身份以及他们所创造的政治之间的一致性基础上的多元认识论，才能为女性主义提供一种更少偏见的话语说明①。

第二节　对传统科学编史纲领的挑战

如本书所阐述的，女性主义科学史作为近几十年来西方科学史领域的一个分支，具有独特的关注视角和研究范式，特别关注为传统科学史所忽略的某些研究主题，同时也重新检视了传统科学史研究的重要方面，得出了很多富有挑战性的结论和观点。然而，从根本上讲，判断和评价一种科学编史纲领在本领域的学术价值和影响，不仅需要探讨它能为现有科学史研究提供怎样的新视角和理论资源，能为现有科学史研究开辟怎样的问题领域；更重要的是应分析它所持有的科学观、科学史观及其具体的编史思路，对现有的科学史研究意味着什么？

并且，探讨后现代主义思潮影响下的女性主义科学编史纲领的独特性和学术影响，亦必须兼顾其他具有后现代主义倾向的编史纲领。为此，我们将在共性分析与差异比较的背景下，探讨女性主义对传统科学编史纲领形成的基本挑战，正是这些反思和挑战构成了女性主义科学史在西方科学史领域的独特地位。

一、对科学客观性观念与客观主义科学史观的挑战

女性主义之于传统科学史研究的反思和挑战，首先体现在它对史学客观性和科学客观性的双重解构上。

19世纪以来，由于史学研究的职业化趋势等因素，兰克（L. V. Ranke）的"如实直书"思想与史料批判方法在德国以外产生了基于误解的影响，形成了客观主义史学。与此同时，自然科学迅猛发展所带来的"科学"的"乐观主义"氛围，促使了实证主义史学的产生。前者认为历史学家在史学研究中能摒弃主观性，能不带任何感情色彩地反映客观历史；后者则相信历史学可以实现"科学化"，成为实证科学，从而为历史学的职业化打牢根基。仔细分析，这两种"科学"取向的史学研究共享了三个基本前提：首先，历史学的任务就是描

---

①　吴小英．科学、文化与性别——女性主义的诠释．北京：中国社会科学出版社，2000：104．

绘确实存在过的人和确实发生过的事；其次，存在"不偏不倚"的科学研究方法，能保证史学研究过程的客观和价值中立；再次，基于本体论和方法论上的客观性，历史学家能重建真实的过去，揭示历史发展的客观规律。可以说，自兰克至 20 世纪初，这些观念是西方史学界的思想主流。西方科学史研究自 20 世纪初开始建制化以来，便是在这样的史学背景中成长的，更因为自然科学被认为具有其他研究所无法比拟的客观性，科学的历史被看成是真理不断战胜谬误的过程，是最具客观性的历史。这一点在萨顿（G. Sarton）的编年史传统与柯瓦雷（A. Koyré）的思想史传统中都有鲜明体现。

后现代主义历史学对传统史学的"宏大叙事"、历史进步论、欧洲中心论等叙事框架提出了深度质疑。在此与境下，传统史学的"科学性"、"客观性"被不同程度地否定，历史研究的主题从宏观史转向微观史、从社会史转向文化史、从精英史转向其他群体的历史。传统妇女史研究在此背景下经由女性主义理论的兴起，重新焕发生机，实现了方法论的突破，从而为身处边缘的妇女群体，以至性别史的研究奠定了更为坚实的基础。正是在此意义上，如上文所言，斯科特主张妇女史研究应该采用后现代主义的一些理论，用来建立一种与原来不同的认识论和历史方法论[①]。这种与原来不同的认识论和历史方法论，将社会性别的视角和立场纳入到历史研究中，通过诸多的案例分析，结果发现看起来十分"客观"的传统历史实际上只是"男性精英"的历史，传统历史中女性之所以"集体失忆"源自于传统史学家潜意识里的统治意识和精英立场，而并非女性真的没有对历史做出过贡献。在女性主义史学家看来，那些多多少少有实证观点的人，想报导过去确实发生了的事实，但女性主义史学恰恰就是要纠正这些所谓"事实报导"中存在的男性中心主义观点及其对历史知识产生的偏差；实际上，历史的撰写不可能直接地重现历史，而只能对过去做出种种想象[②]。换言之，历史不可能只是简单地再现过去存在的人和事，而是对历史文本进行有立场、有意识、有角度的阐释。

如本书在第三章和本章第一节所阐述的，实证主义科学观同样遭遇了女性主义的批判。在实证主义看来，存在一个与人类完全相分离的世界，科学知识是对这个世界的表征和反映，是关于客观事物本身的知识，是以力图脱离人类社会与境和主观因素的方式获得的一种知识，它与主观性、情感和非理性等毫不相干。换言之，在实证主义视野中，科学是对自然界的镜像反映，是客观实

---

① 王晴佳，古伟瀛. 后现代与历史学——中西比较. 济南：山东大学出版社，2006：46.

② ［美］琼·W. 斯科特. 女性主义与历史. 王政，杜芳琴主编. 社会性别研究选译. 北京：三联书店，1998：371.

在的真理表征，知识的合理性来自于它的客观性。为此，女性主义首先对这种科学的客观性和价值中立性观念进行了集中批判，并且展现出与其他科学批判思潮不同的分析视角和立场：以"西方的二元对立思维方式及其在'科学/社会性别'问题上的体现"作为切入点，将对科学客观性和价值中立性观念的批判与对科学的父权制意识形态的批判结合起来。女性主义科学哲学家菲注意到，科学知识的客观性与男性认知世界的方式相吻合，科学是冰冷的、坚硬的、公共化的、客观的，它与温暖的、柔弱的、私人情感的、主观化的女性气质形成鲜明对比①。显然，女性气质被赋予了与科学所需要的客观性和价值中立性相反的性质。相应地，传统的科学史才被描绘成男性精英的历史，而这一历史却被想当然地认为具有客观性和价值中立性。

正如本书的案例分析所表明的，女性主义科学史对传统科学史重要研究内容的重新检视，支持了它对史学和科学的上述批判。其中，就西方近代"科学革命"的研究主题而言，柯瓦雷的观念论、默顿的科学社会学都分别从不同的编史纲领出发，对这段历史进行了不同的解读，但却均未对科学的客观性和价值中立性这一基本观念提出挑战。麦茜特、凯勒、哈丁和哈拉维等一批女性主义科学史学者和科学哲学家对其进行了社会性别视角的研究，结果发现近代科学的产生有其深刻的父权制根源，社会性别意识形态和性/社会性别隐喻在近代科学的发展中产生过重要影响。并且，在她们看来，这种影响是从最为根本的思维方式上进行的，它使得人们发现科学并非像其维护者所宣扬的那样客观和价值中立，而是被深深渗透着各种意识形态，尤其是社会性别意识形态的影响②。可以说，这些研究为人们提供了关于科学革命的新理解，展现了新理论与新视角之于科学史研究的重要意义，同时还直接挑战了传统科学史的编史观念，揭示出科学史的多样性与科学史自身研究过程的非价值中立性。而且，如本书第五章所论述的，女性主义科学史关于近代科学革命的研究，往往是通过"隐喻分析方法"来展开的，尤为重视对历史文本中"性/社会性别隐喻"进行分析和阐释，基于对隐喻科学认知功能的肯定，这一研究方法和思路进一步表明，女性主义科学史追求的并非是对某种客观存在的历史事件的简单再现，而

---

① Elizabeth Fee. Women's Nature and Scientific Objectivity//Marian Lowe and Ruth Hubbard, eds. Women's Nature: Rationalizations of Inequality. New York: Pergamen, Athene Series, 1983: 13.

② Carolyn Merchant. The Death of Nature: Women, Ecology and the Scientific Revolution. New York: Harper and Row, 1980; Evelyn Fox Keller. Reflections on Gender and Science. New Haven and London: Yale University Press, 1985; S. Harding. The Science Question in Feminism. Ithaca and London: Cornell University Press, 1986.

是对历史文本进行有立场、有意识的再解读，这表达了对科学史客观性的深度质疑，展现出后现代史学的文学转向。

需要说明的是，就对科学客观性问题的批判而言，正如本书第三章已经论述的，这并非女性主义所独有的立场。比较而言，科学知识社会学对实证主义科学观的批判同样不遗余力，而且在此方面的影响更为广泛。尽管其内部流派众多，但寻求对科学知识的社会学说明，始终是科学知识社会学的理论主旨。它强调是科学家群体而非"实在"本身选择了关于实在的真理说明，社会性因素包括科学共同体内外的各种利益网络，共同塑造和建构了自然科学的知识内容。这样一些基本的观点同样影响到科学知识社会学家的科学史工作。例如，夏平就曾提出："我们一点也不逃避'真理'、'客观'、'适当方法'的问题，这类问题是我们要正面面对的。但是我们的处理方式和某些科学史及大部分的科学哲学不同。'真理'、'适当性'、'客观性'会被当作成就、历史产物、行动者的判断及范畴来处理。那将是我们要探讨的课题，不会不经反省就当成资源在讨论中使用。"① 实际上，他还明言："读者应该看得出，本书（指《利维坦与空气泵》）是一项科学知识社会学的演练。"② 显然，夏平的意图是通过实际的科学史研究而非辩论来表明科学真理与事实的社会建构性质。

人类学虽然没有像科学知识社会学那样明确主张科学的社会建构性，但却从更为宏观的角度将科学作为一种文化现象来解释和研究。在人类学那里，科学并不具有高于宗教、艺术和文学等其他文化现象之上的真理性，科学并非价值无涉、客观中立的领域，对它的研究同样离不开文化维度的描述与评价以及社会学角度的分析。正如有学者所认为的，在人类学的研究中，一个大的计划就是"要质疑科学与理性的等同关系，并将科学——最好是'科学们'——作为文化产物来研究"③。在人类学家看来，今天的西方科学被认为高高在上，这是个有待解释的本土化现象，它是社会文化塑造的结果④。显然，在人类学家看来，科学技术是一种文化现象，它们在现代社会中获得崇高地位的过程和它们对人类生活意义的建构，都有待于文化的解释和分析。为此，人类学视野中

① ［美］史蒂文·夏平，西蒙·谢弗. 利维坦与空气泵——霍布斯、玻意耳与实验生活. 蔡佩君译. 上海：上海世纪出版集团，2008：11-12.

② ［美］史蒂文·夏平，西蒙·谢弗. 利维坦与空气泵——霍布斯、玻意耳与实验生活. 蔡佩君译. 上海：上海世纪出版集团，2008：13.

③ ［英］奈杰尔·拉波特，乔安娜·奥弗林. 社会文化人类学的关键概念. 鲍雯妍，张亚辉译. 北京：华夏出版社，2005：285.

④ Linda L. Layne. Introduction：Special Issue：Anthropological Approaches in Science and Technology Studies. Science，Technology& Human Values，1998，23：13.

的科学史研究更为关注非西方传统，并在评价上倾向于文化相对主义立场，这从某种程度同样隐含着对客观主义科学史观的挑战。

对传统科学编史纲领而言，女性主义、科学知识社会学乃至人类学均对科学客观性观念提出了批判，并隐含着对客观主义科学史观的反思；这是它们作为后现代主义思潮的编史进路与传统编史纲领形成分野的重要标志。在三者看来，科学实际上是一种文化现象或社会建构的产物，需要对其展开社会学和文化维度的解释与研究。然而，正如本书第三、四章所论述的，女性主义科学史同时吸收和借鉴了科学知识社会学和人类学中的有益思想，实现了社会性别理论与科学的社会建构理论以及文化的多元性观念的融合，从而展现出更为鲜明的独特性和更积极、明确的批判态度。

二、对科学进步性观念与进步主义科学史观的挑战

如上文所言，19世纪科学的迅猛发展与随之而来社会对科学所抱持的乐观情绪，为实证主义史学尤其是实证主义科学史提供了良好的土壤。在此土壤中成长的实证主义科学史，不但将科学知识描绘成最具客观性的知识，将科学事业描绘成最具价值中立性的事业，还将科学的历史视为科学知识或科学思想不断发展和进步的历史，科学、科学事业、科学的历史成为社会进步的最佳表征。正如张广智所言："在实证主义史学的确立时期，科学一词的观念在本体上意味着客观，在认识上意味着规律，在心理上意味着确定，在价值上意味着进步。实证主义史学得以确立并非由于它与自然科学的同构性，而是借助于人们普遍对科学本身认识的肤浅，以及洋溢于社会中对科学成就的盲目乐观。"①

换言之，科学的进步性观念和"进步主义"的科学史观，亦是实证主义科学观在科学史研究上的必然体现。无论是实证主义科学史、观念论科学史还是传统的科学社会史，都对科学知识内容的客观性持一致意见，在此科学观下，即使承认科学的发展历程会受社会因素的影响，但科学知识内容的客观性仍然决定了科学真理的普适性和唯一性；相应地，科学的历史便是科学真理不断发展的过程，是不断进步的历史。为此，自惠威尔、萨顿、柯瓦雷到默顿的科学史研究，虽然有人（例如柯瓦雷）明确反对辉格式编史原则，但却都坚持或默认了科学史的进步性，他们或者将今天的科学视为知识不断进步性地累积的结果，或将其视为科学思想按其内在逻辑演化发展的产物。在这些科学史的叙事中，今天的科学是历史上知识和文明长期进化的顶点。

---

① 张广智．西方史学史．上海：复旦大学出版社，2000：228．

具体而言，这种对科学与科学史所持的进步主义观念在萨顿关于科学的著名定义和推理中有最为明确的表达。"定义：科学是系统的、实证的知识，或在不同时代、不同地方所得到的、被认为是这样的东西。定理：这些实证知识的获得和系统化，是人类唯一真正具有积累性和进步性的活动。推论：科学史是唯一能体现人类进步的历史。事实上，这种进步在其他任何领域都不如在科学领域那么确切、那么无可怀疑。"① 与萨顿的编年史纲领不同，柯瓦雷强调科学史不是通过分析史实来撰写，而是通过在思想中思索过去或重演过去来获得。然而，尽管萨顿和柯瓦雷在具体编史方案上很不相同，但有一点是相同的，这就是，他们都试图通过其科学史来揭示科学之进步②。只不过，柯瓦雷不是通过选择和比较史实，而是通过截取不同时空条件下的科学概念进行对比，并探讨它们在内涵及外延上的变化，以此说明科学的"辉煌进步"③。不但如此，纵使在默顿的社会史研究纲领中，相关研究关注科学的发展及其速度受到社会历史因素的影响过程，但科学仍然被认为是一种有条理的、客观合理的知识体系，具有客观性。在此科学观的视野中，科学的历史被认为虽然受社会因素的影响，但科学知识内容的客观性决定了科学的历史仍是科学真理不断发展的过程，是不断进步的历史。正如克里斯蒂所言，尽管以往以各种不同哲学（无论是实证主义、康德哲学、黑格尔哲学还是马克思主义哲学）为基础的科学编史学在很多方面存在差异，但它们都将科学描述成为线性的、同一的发展过程，并具有其内在逻辑，朝着现今的方向连续不断地发展④。

然而，随着库恩提出范式概念，并强调范式间的不可通约性，使得超越范式的科学进步变得不再确定，费耶阿本德采取的文化相对主义立场和"怎么都行"的方法论规则，更将这种不确定性推到极致，他们共同否定了判断进步性的普遍标准或规则的存在⑤。科学知识社会学运用历史研究、实验室观察和科学话语分析进一步颠覆了实证主义科学观及其内含的科学进步观。相应地，实证主义科学观与进步主义（往往也是辉格的）科学史之间的连接也被截断。正如戈林斯基所言："在此过程中，科学史便不会再被看作是与人类历史的其他部分有根本区别的历史，……其研究者可以借鉴社会学、人类学、社会史、哲

---

① George Sarton. The Study of the History of Science. Cambridge, Mass：Harvard University Press，1936：35.

② 袁江洋. 科学史的向度. 武汉：湖北教育出版社，2003：40.

③ 袁江洋. 科学史的向度. 武汉：湖北教育出版社，2003：83.

④ J. R. R, Christie. Aurora, Nemesis, and Clio. British Journal for the History of Science, 1993, 26：391-403.

⑤ 孟建伟. 科学进步模式辨析. 自然辩证法研究，1995，(5)：1-7.

学、文学批评、文化研究及其他学科的成果。"①

　　与此同时，人类学的文化相对主义立场亦蕴涵了对科学进步性和进步主义科学史观的批判。现代人类学在对古典进化论人类学展开批评时认为："它将人类的进化看成是必然的匀速进程，而没有合理解释不同民族为什么处在进化史蓝图中的不同阶段。为了协调人类一致的进步历史与文化多样的差异，近代人类学家诉诸一种台阶式的宏观历史叙事，将与西方不同的文化看成远古文化的残存，将西方当成全人类历史的未来。这种做法实质上是文化等级主义的一种表述。"② 实际上，无论是马林诺夫斯基（Bronislaw Malinowski）还是布朗（A. R. Radcliffe‐Brown）都反对进化论，都崇尚将非西方文化看成是活的文化而不是死的历史的态度。"历史特殊论"学派的代表人物博厄斯（Franz Bo-as）则更是明确批判了古典进化论所主张的文化单一进化理论，强调为了理解和解释某一文化，最好的途径就是研究每一民族、每一种族文化独特的发展历史，而不是臆断地将其放到进化的阶梯序列之中③。

　　与之相比，女性主义科学史在案例研究和理论阐述方面均更为明确地对科学历史的进步性提出了质疑和批判。其中，女性主义科学史关于科学革命的研究，除揭示西方近代科学的父权制根源，反思和批判科学客观性观念之外，还对近代科学革命的进步性提出了挑战。例如，传统的"科学革命"史研究往往集中关注哥白尼、伽利略、牛顿等人及其成就和思想方面，叙述了近代科学的诞生和进步过程及随之而来的社会进步的历史，麦茜特则从生态女性主义视角出发，阐释了对科学革命的新理解，即对女性和自然而言，"科学革命"并没有给她/它带来精神启蒙，相反却为对自然和女性的奴役与控制，提供了新的科学依据和技术手段。在她看来，西方文化和它的进步都是建立在从前被视作为下层资源的基础之上的，女性主义视角下的历史就是要推翻这一切，从平等主义视角出发构建新的历史叙事④。与此同时，如第三章的案例分析所显示的，凯勒对培根的科学文本的隐喻分析，则揭示了近代科学在研究方法和原则方面排斥传统科学所内含的女性原则与女性气质的过程⑤。这两项研究通过分析近

---

① Jan. Golinski. Making natural knowledge：Constructivism and the history of science. The University of Chicago Press，2005：5.

② 王铭铭. 人类学是什么. 北京：北京大学出版社，2002：31.

③ 卢卫红. 科学史研究中人类学进路的编史学考察. 上海：同济大学出版社，2014：21.

④ ［美］卡洛琳·麦茜特. 自然之死——妇女、生态和科学革命. 吴国盛，等译. 长春：吉林人民出版社，1999：2.

⑤ Evelyn Fox Keller. Reflections on Gender and Science. New Haven and London：Yale University Press，1985：33‐42.

代科学革命中自然形象的变迁及近代科学研究方法的确立过程，反映出近代科学革命之于女性自然和女性原则而言的退步性。

除对科学革命的重新检视之外，一些女性主义科学史研究还补充关注了很多不为传统科学史重视的领域，同样揭示了科学发展史中相对于女性和妇女科学事业的倒退性。例如，席宾格尔对自古希腊至 18 世纪的身体观念史和解剖学史的研究表明，生物学的发展与不同时期的社会性别观念，是不断相互适应与相互巩固的关系，生物科学参与了对女性身体和女性性别身份的建构，参与了将妇女排斥在科学事业之外的历史过程①。这一研究阐明了 18 世纪及之前生物科学发展对于女性而言的变化，但这一变化却并不如传统科学史研究所认为的那般必然具有进步性。

在女性主义学者看来，西方近代科学史的倒退性还不仅仅对于女性而言是如此，对于西方之外的其他国家和地区而言，亦是如此。哈丁通过对近代西方科学兴起与资本主义殖民扩张之间关系的深入分析，表明近代科学对于女性和其他殖民地国家和地区而言都是倒退性的。并且，这一倒退的最为重要的一部分就是西方科学的父权制性质，它使得男性气质的社会性别身份同科学的统治意识形态，在深层内涵上被紧密结合在一起，并不断地相互强化。在此，西方与东方的关系，和这种男性气质与女性气质的分类与规范也是相互对应的，西方中心主义在某种程度上是男性中心主义的另一种表达。克里斯蒂在分析哈丁的科学史工作时提出，传统科学编史纲领的缺陷恰恰在于它们没能去承认和分析这些过程，而是将近代科学的起源描绘成一个神话，它铭记着西方社会男性英雄的创造力，而且这种创造力有其自身的发展原则；同时它讲述着一种抽象理性的活动，这一活动客观、价值无涉，与任何的社会和政治关系与境毫无关系，且指向进步和发展；但是，如果对女性没有构成"进步"，这样的科学史便不能被认为是进步的；且西方科学由于与资本主义殖民扩张政策紧密相关，在本质上对世界的影响亦是倒退性的②。

三、对科学普适性观念与一元普遍主义科学史观的挑战

除坚持历史的客观性与进步性之外，"宏大叙事"是近代史学的另一重要特征。它表达了启蒙运动以来人类对理性和普遍性的某种史学追求，存于"宏

---

① Londa Schiebinger. The Mind Has No Sex? Women in the Origins of Modern Science. Cambridge：Harvard University Press，1989：8.

② J. R. R. Christie. Feminism and the History of Science// R. C. Olby, et al. , eds. Companion to the History of Modern Science. New York：Routledge，1990：106 - 108.

大叙事"背后的史学观念是对普遍理性的信仰。可以说，它的实质是认为人类社会将遵循一定的规律发展进步，各个社会节奏有快有慢，但都必须经历相似的历史发展阶段，发展的结果也将大致趋同，而且凭借理性，人类可以叙述这一历史过程。在这一"大写的历史"中，地方性、个别性与特殊性都被忽略，国家、民族、政治、外交成为史学的中心领域。这一点无论在黑格尔（W. F. Hegel）还是在兰克的史学中都有鲜明体现，他们都相信历史内在的"一致性"，也即"大写历史"的存在。

就科学史而言，无论是在实证主义编史纲领还是在观念论编史纲领那里，科学的历史都被认为具有内在的发展逻辑和意义，科学的自治性与客观性在历史上除表现为进步性之外，更表现为发展的规律性，对这一历史规律性的寻求既成为科学史研究的目的，同时更意味着这类科学史研究坚守了一种一元普遍主义的科学史观。易言之，世界不同国家与不同地区的科学都将朝着同一个方向发展，而这个方向往往由发展领先的近代西方科学来表征。从编史学角度来看，这一科学史观意味着世界上其他地区的科学史研究，往往必须以现今最为发达的西方科学为标准去追溯过去，而这最终将陷入辉格解释和欧洲中心论的窠臼。正是在此意义上，学者们认为后现代主义学者要深入批判近代历史哲学，即"大写的历史"，就必须认真反思普遍性以及以普遍性观念为根基的欧洲中心论，更应反对用产生于西方的概念去描绘世界的历史①。

反之，如果说科学是一种文化现象或社会建构的产物，不同的文化和社会与境中产生的科学便应具有文化的相对性和独立性，也即不存在唯一的、普适性的科学。换言之，对科学客观性的反思与对科学普适性的反思是科学批判一脉相承的两个方面。科学知识社会学"强纲领"所强调的对称性，人类学对地方性知识的阐释，以及女性主义对科学客观性问题的批判，均内含对科学普适性观念的质疑。这一质疑对于科学史研究而言，结果便是对一元普遍主义"大写"历史观的批判和颠覆。

无论是传统的女性主义科学史还是新时期的女性主义科学史都对这种一元普遍主义科学史观提出了挑战。其中，正如本书的案例分析所展示的，早期女性主义科学史通过对被传统科学史所忽略的女性"他者"的关注，展现了西方科学史内部的多样性。例如，哈丁强调，妇女的知识并没有被看成是科学的组成部分，相反常常被描述为一种民间信仰、一种地方性的知识，或是原始民族

---

① 王晴佳，古伟瀛. 后现代与历史学——中西比较. 济南：山东大学出版社，2006：45.

的自然知识①。金兹伯格也发现以女性气质为核心的科学常常被称为"技艺"，而非"科学"②。为此，女性主义科学史的任务之一就是回到历史中，寻找被边缘化的那些科学知识实践，为它们获取与主流科学类似的地位而论争。金兹伯格和席宾格尔等对西方助产术传统的研究，便表明了对这种被传统科学史边缘化的、具有女性气质的科学传统的追溯和承认，以及对主流科学普遍性的消解和对科学知识地方性的强调，这些研究或明或暗地支持了科学的文化多元性观念；甚至都对传统科学史提出了一个根本性的挑战，即要求进一步拓展科学的范畴，变革现有的科学概念，给各种地方性知识体系以平权的位置。

比较而言，哈丁则曾明确指出，女性主义科学技术研究必须借鉴后殖民主义理论资源；非西方文化中妇女生活及妇女在全球政治经济中现实地位的女性主义话语，是后殖民女性主义科学技术研究的起点③。这一新的理论导向与研究思路在新时期的女性主义科学史中得到了体现。如第四章所言，伴随着社会性别理论自身的发展以及对科学认识的深入，新的女性主义科学史研究日益关注女性身份的差异性和科学的多元化特征，其结果使得非西方的女性主义科学史成为新的研究领域，西方近代科学的普遍性不断被反思，一元的、具有普适性的"大写的科学史"进一步遭遇挑战。例如，席宾格尔在对宗主国和殖民地之间的科学知识交流与统治关系的考察表明，由于深受欧洲社会性别文化观念的影响，18 世纪欧洲宗主国博物学家和科学家对西印度群岛"地方性知识"的吸收和传播具有很强的选择性与排他性，从而导致了欧洲对这些地方性知识实体的系统无知。这项研究表明，欧洲科学并非具有普适性的唯一科学形式，并且它在某些方面的无知还反映出男性中心主义和欧洲中心主义偏见的重叠关系④。除此之外，哈丁的案例研究亦表明，近代欧洲航海活动和殖民地的建立不仅促进了欧洲科学的发展，同时还奠定了欧洲科学技术在全球的中心地位⑤；但这并不意味着处于全球中心的这一"科学"具有普适性，相反"所有的科学知识，包括近代西方确立起来的科学，都是所谓的"地方性知识"，或者"本

① ［美］桑德拉·哈丁. 科学的文化多元性——后殖民主义、女性主义和认识论. 夏侯炳，谭兆民译. 南昌：江西教育出版社，2002：144.

② Ruth Ginzberg. Uncovering Gynocentric Science. Hypatia，1987，2（3）：91.

③ ［美］桑德拉·哈丁. 科学的文化多元性——后殖民主义、女性主义和认识论. 夏侯炳，谭兆民译. 南昌：江西教育出版社，2002：113.

④ Londa Schiebinger. Feminist History of Colonial Science. Hypatia，2004，19（1）：238.

⑤ ［美］桑德拉·哈丁. 科学的文化多元性——后殖民主义、女性主义和认识论. 夏侯炳，谭兆民译. 南昌：江西教育出版社，2002：52-73.

土知识体系"①。比较之下，费侠莉、白馥兰和傅大为等人关于中国技术史与台湾地区医疗史的研究，则更为直接地展现非西方传统中社会性别与科学技术相互建构的历史。如上文所言，在费侠莉看来，对非西方医学史展开研究，必须超越类似于李约瑟的"大公的"、"普适的""实证主义"的科学观及其编史框架②。

可以说，传统女性主义科学史基于反辉格的编史原则，赋予边缘人群以科学史研究的独立性和合法性，意味着对历史多样性、科学多元化的某种承诺，它进一步瓦解了近代史学的"宏大叙事"和精英史传统。尽管在女性主义内部，并非所有学者都明确提出这一点，但即使是在强调"补偿式研究"的弗里德曼（S. S. Friedman）看来，妇女史的研究也表明科学和历史都不是单一的、一致的，而是多元的、复杂的，这从根本上取消了"大写历史"的可能③。实际上，一旦认识到由于性别不同而造成的世界观和人生观的差异，人们就开始对启蒙运动所倡导的普遍性原则产生怀疑。而关于非西方社会女性及女性气质科学传统的史学研究，则进一步对科学和历史的普遍性提出挑战。简而言之，女性主义科学史研究日益表明，her - story 与 theirs - tory 将取代单一的、大写的 HISTORY，而这一大写的 HISTORY 实质上是欧洲的、男性的 his - tory。

四、坚持包含情境性的多元科学史观

实际上，或通过具体的案例研究，或通过直接的理论阐述，女性主义不仅对传统科学史观的客观主义、进步主义与普遍主义观念提出了反思和挑战；而且还在批判的同时表达了对新的科学史观的展望和构建。概括而言，女性主义科学史试图重建的是一种以女性主义的立场和价值为指向的、社会性别与科学相互影响和建构的历史；这一历史不标榜具有绝对的客观性、绝对的进步性，相反它被认为是阐释性的、情境性的与多元化的。

如上文所述，早期的女性主义科学史主要是通过不断地寻找和填补那些在科学上有建树的女性及其科学成就以弥补传统科学史的不足，但这种"补偿式"研究思路的缺陷很快就被女性主义学者认识到。自 20 世纪 80 年代，他们

---

① ［美］桑德拉·哈丁. 科学的文化多元性——后殖民主义、女性主义和认识论. 夏侯炳，谭兆民译. 南昌：江西教育出版社，2002：8.

② Charlotte FurtH. A Flourishing Yin: Gender in China's Medical History，960 - 1665. Berkeley：University of California Press，1999：3.

③ Susan Standford Friedman. Making History// Keith Jenkins，ed. The Postmodern History Reader. London：Routledge，1997：231 - 236.

开始将社会性别的视角和批判的立场纳入科学史研究中，并表明正是这一批判性的分析视角使得女性主义在科学史领域中占据一个独特而重要的位置。在克里斯蒂看来，哈丁在强调女性主义科学史更多的不是讨论"科学中的女性"问题，而是分析"女性主义中的科学"问题时就明确强调了女性主义的目标、策略和价值观念必须被置于分析的首位，女性主义的科学编史目标就是要从女性主义的立场，提供关于科学的哲学和编史学角度的批判①。麦茜特在关于近代科学起源的自然史研究中，也首先明言："从一个女性主义视角来写历史就是要推翻这一切，从底层看社会结构，打翻主流价值。"② 显而易见，女性主义科学史从不讳言将女性主义的立场和价值目标纳入对科学史的阐释，反而表明这一点恰恰就是女性主义科学史研究的基本特征，在此，传统科学史所标榜的客观性成为被批判的对象。相比之下，后殖民女性主义的理论主张与非西方女性主义科学史研究的实践进一步表明，在女性主义科学史的叙事框架中，西方科学与非西方科学、精英主流科学与边缘群体的智识传统都是"地方性知识"，它们在科学史研究中具有同等的合法性与地位。女性主义科学史表明，无论是社会性别，还是科学，关于它们的观念都是地方化、情境性的，不能按照统一的标准去分析和评价，科学的历史是情境性与多元化的，而非一元与普适的。

女性主义和社会建构论均批判了传统的科学编史纲领，认为科学作为一种社会活动和社会现象，必须接受社会学的考察。在女性主义看来，将科学发展视为一项除自身之外没有任何因素影响的纯粹理性的过程，这些历史叙事将产生一个悖论：科学一方面被描绘为一个探索事物本质原因的真正模式，另一方面它自身却免除了被探索③。然而，女性主义并不同于建构主义，它的主要目的并非在于说明科学知识的社会建构性。甚至，在哈丁等女性主义学者看来，尽管传统科学编史纲领没能解释社会、经济、政治等因素对近代科学诞生的影响，但那种反过来过分强调这些因素的编史学进路又会遭遇其他的问题，社会建构论对科学客观性的完全抛弃会导致认识论上的危机，陷入相对主义。依据哈丁的"强客观性"主张，她的批判编史纲领并非希望简单地抛弃科学的理性和客观性标准，而是希望将这些标准置于更广阔的政治和道德话语中考察；且

---

① J. R. R. Christie. Feminism and the History of Science// R. C. Olby, et al. , eds. Companion to the History of Modern Science. New York：Routledge，1990：106 - 108.

② ［美］卡洛琳·麦茜特. 自然之死——妇女、生态和科学革命. 吴国盛，等译. 长春：吉林人民出版社，1999：3.

③ J. R. R. Christie. Feminism and the History of Science// R. C. Olby, et al. , eds. Companion to the History of Modern Science. New York：Routledge，1990：106 - 108.

只有这样才能将科学的客观性、理性标准与价值领域联系起来，指定什么是善、公正、无剥削和进步。

概括起来，可以认为：一方面，女性主义对实证主义科学史所持有的客观主义、进步主义、普遍主义观念进行了反思；另一方面，它又试图同科学知识社会学的相对主义立场保持距离，转而追求一种新的包含情境性、价值和道德评判的、多元化的科学史。在一些学者看来，女性主义这一科学史观体现了激进主义和保守主义的有趣结合，激进的一面坚持应将女性主义的价值观置于核心位置作为分析和判断的基础，保守的一面却坚持拒绝完全抛弃科学的客观性及其在历史上展现出的自治性①。实际上，这一保守性既与女性主义科学史试图为作为群体的妇女，确立科学史的集体叙事的目标直接相关；也体现了女性主义在科学认识论上面临的困境之一。正如后现代主义对这类女性主义学者所做的批判：女性主义经验论和立场论以描述更好、更真实的世界图景作为科学认识论追求的目标，实际上正沿袭了启蒙认识论传统所包含的普遍主义的"宏大叙事"②。但是，需要提及的是，这并不意味着女性主义科学史失去了其批判性，相对于科学知识社会学，它所倡导的科学史观更具有反身性和自省意识。换言之，尽管科学知识社会学在相对主义问题上的态度似乎比女性主义更为开放，但在其自身研究的反身性和对史学研究客观性观念的挑战方面，却比女性主义更为保守，这在下一节将详细论及。

无论如何，女性主义科学编史纲领仍然在某种程度上，极大动摇了传统科学史观。它所主张和发展的这种新的科学史观将会在科学史研究领域产生深远影响，尤其对于仍然以实证主义科学哲学和科学编史方法为主导的中国科学技术研究来说，更是如此。正如吴国盛所言："'中国科学史'这个学科在创建的时候，秉承的就是一套实证主义科学哲学和编史方法论，因为只有实证主义才能提供一种普遍主义、进步主义的科学观，而正是这个科学观支持了'中国有科学'、'中国的科学能够纳入人类的科学发展史之中'等观念，才使得'中国科学史'作为一个学科成为可能，赋予这个学科以合法性。"③ 显然，女性主义在挑战客观主义、进步主义、普遍主义科学观与科学史观的同时，其所侧重和强调的地方性知识概念将为中国古代科学史研究提供新的合法性基础。

---

① J. R. R. Christie. Feminism and the History of Science// R. C. Olby, et al. , eds. Companion to the History of Modern Science. New York: Routledge, 1990: 108.

② 吴小英. 科学、文化与性别——女性主义的诠释. 北京: 中国社会科学出版社, 2000: 104.

③ 吴国盛, 江晓原. 从互相漠视到互相亲近——关于《北大科技哲学丛书》的对谈. 中国图书商报. 2003.4.25.

五、"反辉格式"编史原则与对"内外史"界限的消解

女性主义对传统科学编史纲领的挑战及其深远的学术影响，不仅体现在为传统科学史提供了新的研究视角，开辟了新的问题域，挑战了传统科学编史纲领的科学观和科学史观，亦体现在对传统科学编史纲领的编史原则和研究取向产生了影响。

1. 坚持"反辉格式"编史原则

历史的辉格解释问题一直是科学编史学中争论最为广泛、也最为重要的焦点之一。它意指使用今天的观点和标准来选择和编写历史的方式，使用这一方式书写的历史，即所谓的辉格史。该问题关涉基本的编史原则，在巴特菲尔德（H. Butterfield）对英国政治史领域的辉格史和辉格解释提出批判之后，便引起科学史界的广泛关注和重视，相关争论不断，对此国内学者已有过较多的讨论和分析①。在实证主义编史传统下，科学史是按科学发展自身的内部逻辑从古代发展到今天的进步过程，书写的程序是以今天科学的现状和科学成就为标准对过去进行追溯，属于典型的辉格史。在柯瓦雷、佩格尔以及耶兹等人的工作中，逐渐体现出按过去时代的观念和标准去解释过去的写作思路，被认为是反辉格史的典范。然而，即使在巴特菲尔德、柯瓦雷等人的研究中，炼金术、自然巫术和占星术等仍然在很大程度上被认为是迷信、宗教或者伪科学而遭抛弃。在他们的历史叙述中，依然笼罩着进步主义和辉格史的影子。这使得 20 世纪 70 年代以来，科学史界开始对反辉格解释进行了再次反思和批判。其中，默顿和霍尔（A. R. Hall）等人都认为科学史家不可避免地具有自己的看法，完全的反辉格史是不可能的。

但是，随着科学知识社会学的兴起，辉格式的编史原则进一步被挑战。强纲领中的公正性原则和对称性原则，要求公正地对待真理和谬误、成功与失败。这意味着所有的理论、证据或事实都应该被作为需要加以解释的"信念"，都可以作为社会学说明的对象。并且，社会学家的因果解释还必须使用同一类型的原因去解释相互竞争的研究纲领，而不是像辉格哲学家或历史学家习惯的那样，将理性、实验的证据作为原因解释成功的研究纲领，却用社会的（因而是非理性的）因素解释那些不成功的研究纲领②。正如夏平和谢弗（S. Schaffer）所言："在辉格史学传统中，败者为寇，而辉格史学的这种倾向，

---

① 刘兵. 克丽奥眼中的科学. 济南：山东教育出版社，1996：28－47.

② 赵万里. 科学的社会建构——科学知识社会学的理论与实践. 天津：天津人民出版社，2002：125－126.

在古典科学史中最为明显。"① 显然，《利维坦与空气泵》所要做的便是对被否决的知识与被接受的知识做对称处理，而不是像具有辉格倾向的历史学家那样"向被接受的知识靠拢，拿胜利一方对敌方观点的因果解释当做自己的看法"②。类似地，皮克林也对科学家关于粒子物理学史的解释提出了批评，认为那是一种事后理性化和辉格式的合理重建，其结果是使科学史呈现出纯粹理性化的形象，而他所要提供的正是一种反辉格式的"历史学家的"、"社会建构论的"解释③。

尽管我们可以说，在今天的大部分职业科学史家那里，极端的辉格解释和反辉格解释都不再可能存在，他们甚至都主张在二者之间保持适当的张力，然而女性主义科学编史纲领及其编史实践，仍然有力地继续推动了对传统编史学中存在的辉格史倾向的批判。一般来说，辉格解释所意指的"以现代的标准来解释和评价过去"这一观念，对于西方和非西方的科学史研究来说，其影响和意义略有不同。对于西方科学史而言，以现代的标准来解释和评价过去，意味着与现代科学历史原型无关的那些知识内容将不被重视，或者仅被作为现代科学历史形式的反面角色与背景角色而加以说明；对于非西方科学史而言，原本就与西方近代科学不同性质的知识，将被赋予现代科学的历史形式得以再现和解释，若非如此，这些科学知识系统将失去了在科学史研究方面的合法性。

女性主义学者首先对西方科学史进行了反辉格式的重新解释，发掘和重新肯定了大量被边缘化和遮蔽的具有"女性气质"的科学传统。在他们看来，现代科学的标准等同于父权制的、男性中心主义的标准，批判和反思这一解释标准意味着消解了科学史研究中的男性中心主义。这部分研究与科学知识社会学、思想史的编史传统一起，形成了对西方科学史的重新理解与诠释，并拓展了其研究的内容。并且，就西方这部分被认为与现代科学历史形式无关的知识内容而言，女性主义科学编史纲领的贡献还在于，在其他反辉格解释的编史进路之外，纳入了社会性别的分析维度。

除此之外，女性主义还引入和借鉴了后殖民主义与人类学视角，赋予科学以"地方性知识"的属性，使得非西方社会的科学史研究也不再需要以西方现

---

① ［美］史蒂文·夏平，西蒙·谢弗. 利维坦与空气泵——霍布斯、玻意耳与实验生活. 蔡佩君译. 上海：上海世纪出版集团，2008：7.

② ［美］史蒂文·夏平，西蒙·谢弗. 利维坦与空气泵——霍布斯、玻意耳与实验生活. 蔡佩君译. 上海：上海世纪出版集团，2008：9.

③ 王延锋，刘兵. 皮克林的"社会建构论解释"与"科学家的解释"之分歧——试析关于高能物理学史的一场争论. 自然辩证法通讯，2008（3）：43-48.

代科学为标准就可以得到解释和说明。如上文提及的，哈丁认为任何的知识系统，包括欧洲的近代科学都是地方性知识，关于非西方科学知识的历史研究，不需要以现代西方科学为标准，就可以得到解释和说明。如果说对科学史研究而言，今天的科学标准等同于西方现代科学的标准，批判和反思这一标准就意味着消解科学史研究中的欧洲中心主义倾向。白馥兰对李约瑟的中国科学技术史研究策略的批判，例证了这一点。在她看来，李约瑟工作中隐含的目的论导致了两个严重的问题："首先，将中国古代知识与现代科学各个学科分支一一对应并追溯其演化过程，使得李约瑟确认了中国为近代科学技术的祖先或先驱地位，但其付出的代价却是将这些科学技术从其文化和历史背景中抽离了出来，……它将注意力从那些今天看来似乎是无用的、非理性的、低效或者不能激发思想兴趣的，但却可能是更为重要的、散布更广的或者在当时更有影响的那些元素中转移开了。其次，将科学和工业的革命看成是人类进步的自然结果，将导致我们按这种从特殊的欧洲经验中推导出的标准来衡量一切技术与知识的历史系统。"[1] 她本人所倡导的批判性技术史，则是严肃地将中国古代技术知识系统作为关于世界的、另外的建构来研究[2]。

2. 对"内外史"界限的消解

在本书第二章曾提到过科学史中关于"内史"与"外史"的划分与争论问题，实际上这一问题涉及的仍是不同科学观的问题。在实证主义科学观下，科学具有自治性和内在发展逻辑，与任何的外在社会因素无关。默顿的科学社会学虽然开始重视"外史"研究，但正如刘华杰教授所言，时至今日它只讨论科学的社会规范、社会分层、社会影响、奖励体系、科学计量学等，而不进入认识论领域去探讨科学知识本身，在其看来，研究科学知识的生产环境和研究科学知识的内容本身是两回事，后者超出了社会学家的探索范围[3]。尽管自库恩的研究开始，内外史开始逐步走向综合，但在历史主义学派那里，"内史"仍然具有优先性。以拉卡托斯为例，一方面，他将科学史看成是在某种关于科学进步的合理性理论或科学发现逻辑的理论的框架下进行的"合理重建"，是对其相应的科学哲学原则的某种史学例证和解释，也就是说科学史是某种"重建"的过程，而非科学发展历史的实证主义记录或者某种具有逻辑必然性的历

---

① Francesca Bray. Technology and Gender：Fabrics of Power in Late Imperial China. Berkeley：University of California Press，1997：9.

② Francesca Bray. Technology and Gender：Fabrics of Power in Late Imperial China. Berkeley：University of California Press，1997：11.

③ 刘华杰. 科学元勘中 SSK 学派的历史与方法论述评. 哲学研究，2000，(1)：38 - 39.

史；另一方面，他又认为科学史的合理重建属于一种内部历史，其完全由科学发现的逻辑来说明，只有当实际的历史与这种"合理重建"出现出入时，才需要对为什么会产生这一出入提供外部历史的经验说明①。

显然，科学的"内史"和"外史"论争的焦点在于社会因素是否会对科学发展及其内容本身产生影响，坚持这一划分所隐含的前提假定均在于实证主义科学观，即强调科学具有自身的发展逻辑。不论是内史论者、外史论者还是主张"以内史为主，外史为辅"的学者，都隐含地约定科学认知内容的真理性及其在编史学上的优先性，其中"内史"就是对这种逻辑性和真理性的内部证明与合理重建，因而应该是科学史家关注的重点。实证主义科学编史纲领背后隐含的方法论约定是对科学的"内史"和"外史"做严格区分，将社会学说明排斥在科学知识的内核之外，科学知识社会学和女性主义的科学史研究均对此给予了批判。

其中，科学知识社会学学者所做的工作就是要给社会学说明进入科学知识的内核争得合法性。例如，布鲁尔就曾对这一传统区分（尤其是拉卡托斯的相关主张）及其背后假定，提出过明确批评。在他看来，它们的错误就在于把"内部史"看成是自洽和自治的，认为展示科学发展的合理性特征本身就是为什么历史事件会发生的充分说明；其次，它们还坚持"内部史"的优先性，认为只有当它的范围被划定之后，"外部史"的范围才能得以明确②。此外，巴恩斯也专门对科学史的"内外史"划分问题（尤其针对柯瓦雷的工作）进行了梳理和评论，强调科学发展之"内在因素"与"外在因素"的区分往往是难以明确因而需要被消解的③。实际上，在科学知识社会学看来，科学知识本身必须作为一种社会产品来理解，科学探索过程直到其内核在利益上和建制上都是社会化的④；因而，独立于社会因素影响之外的、那种纯粹的科学"内史"便不复存在。

如果说从建构主义科学观与编史纲领出发，"内外史"之间的界限已被消解，那么女性主义科学批判和科学史研究则从社会性别的视角进一步反思并促进了对这一问题的理解。女性主义从认识论二分法与社会性别二分法之间的对应关系入手，揭示了科学的父权制特征，批判了科学的价值中立性观念；并通过具体的科学史案例研究，进一步展示了科学与社会性别之间的相互建构关

---

①　［英］伊·拉卡托斯.科学研究纲领方法论.兰征译.上海：上海译文出版社，1999：163.

②　［英］大卫·布鲁尔.知识和社会意象.艾彦译.北京：东方出版社，2001：11-12.

③　［英］巴里·巴恩斯.科学知识与社会学理论.鲁旭东译.北京：东方出版社，2001：138-170.

④　刘华杰.科学元勘中 SSK 学派的历史与方法论述评.哲学研究，2000（1）：38-44.

系。在女性主义看来，内在论者假定科学史将为科学发展的理性重建提供无可辩驳的证据，但它却不能解释近代经济、技术和政治的发展对科学概念和制度的形成所产生的显著影响；相反，女性主义的科学史案例却已充分展示科学与社会性别关系、制度、意识形态之间的相互建构关系，阐明了社会因素对于科学发展的深刻影响。其中，哈丁对科学的"内史"与"外史"的划分及相关争论问题做过专门分析，认为二者的"内在逻辑"都是成问题的，两种编史模式均是无望的，因而倡导一种新的科学社会学取向的历史叙事①。她明确提出："内在主义的方法仅将现代科学的成功归因于一些脱离文化的认识论特征，那些是大自然和科学进程固有的或内在的特征"；外在主义科学史在很大程度上也与内在主义科学史持有相同的观点："现代科学有一种纯粹的、不涉及价值判断的认知核心，它不受科学技术知识实际上如何产生的历史学和社会学偶发事件的影响。"② 换言之，"内史论"与"外史论"之间的界限是人为的，两者之间的共同特点是赞同纯科学的认知结构是超验的和价值中立的，以科学与社会的虚假分离为前提，因此他们并没有为考察社会性别关系的变迁和延续对科学思想和实践的发展所产生的影响留下认识论的空间③。

第三节　对科学知识社会学编史纲领的超越

女性主义对传统科学编史纲领的诸多挑战，与整个后现代科学批判思潮和史学背景有着千丝万缕的联系。就科学史而言，20 世纪 70 年代以来，女性主义与科学知识社会学几乎同时在科学元勘领域产生重要影响。如前文所述，二者均对科学的客观性、普适性、合理性和真理的传统话语进行了批判；这一度使得它们成为科学大战及科学批判思潮内部论争的漩涡中心。为此，学界一般将女性主义科学元勘归入"泛建构论"的范畴，以此表明二者共同主张和坚持的建构主义科学观，这也使得它们的科学史研究呈现出上文所阐述的后现代史学特征及其对传统科学编史纲领的共同挑战。

然而，可能正因如此，国内学界常有学者认为女性主义科学史在研究内容、方法、史观等方面缺乏新意。针对这一看法，本书进一步尝试从编史目标

---

① Sandra Harding. The Science Question in Feminism, Ithaca and London：Cornell University Press. 1986：209 - 215.

② ［美］桑德拉·哈丁. 科学的文化多元性——后殖民主义、女性主义和认识论. 夏侯炳，谭兆民译. 南昌：江西教育出版社，2002：53.

③ 吴小英. 科学、文化与性别——女性主义的诠释. 北京：中国社会科学出版社，2000：82.

与内容、编史视角与方法论、科学观及科学史观四个方面，辨析女性主义科学史与科学知识社会学的科学史实践之间的差异①，这对于更好地理解二者尤其是女性主义科学史的独特性具有重要意义。

一、编史目标与内容

科学知识社会学和女性主义的科学史研究均与其整体学术目标相关。前者致力于阐明科学知识的社会建构性，维护对知识内容进行社会学分析的合法性；后者则在对传统科学观与认识论展开批判的基础上，致力于为科技领域的性别平等提供理论支撑；这使得二者在具体编史目标与内容上呈现出差异。

科学知识社会学的科学史研究在很大程度上服务于其科学社会建构论的理论主张，其编史目的是通过经验案例阐明科学知识是集体协商的产物，科学的发展具有偶然性。尽管并不能将夏平、拉图尔（B. Latour）等人的科学史研究仅简单理解成对科学知识社会学理论的"检验"，但它们均打上了很深的科学知识社会学烙印，并试图为科学知识社会学的理论纲领提供案例支持。正如夏平所坦陈的，科学史完全可以且应该在后库恩时代的"科学的社会研究"中发挥重要作用；你可以去辩论科学知识社会学的可能性，也可以直接去实践它②。显然，他选择了后一种做法，即开展科学史的经验研究以展现科学知识社会学的合理性及学术价值。如上文所言，《利维坦与空气泵》便被他和谢弗认为是"一项科学知识社会学的演练"。③拉图尔和伍尔加（S. Woolgar）在进行"促甲状腺素释放因子"的个案史研究时也一再表明，使他们感兴趣是"证明一个原始的事实怎样能够从社会学角度加以解构"；而"如果我们能够以同样明显的可靠性来说明事实的社会建构的构成，这将会成为有利于科学社会学坚实计划的重要论据"④。

科学知识社会学的科学编史内容因此聚焦于不同时期、不同场域中社会因素参与科学知识内容建构的方式和过程。其研究一般可分为以下几类：①科学争论研究，以爱丁堡学派的利益分析为典型，包括夏平对 19 世纪爱丁堡颅相

---

① 在此主要分析一般被认为是 SSK 成员的那些学者以及女性主义科学元勘主要成员所做的科学史案例工作，而较少涉及在更广泛范围内的建构主义和女性主义科学观影响下所开展的科学史研究。

② Steven Shapin. History of Science and its Sociological Reconstructions. History of Science，1982，20：157 - 211.

③ ［美］史蒂文·夏平，西蒙·谢弗. 利维坦与空气泵——霍布斯、玻意耳与实验生活. 蔡佩君译. 上海：上海世纪出版集团，2008：13.

④ ［法］布鲁诺·拉图尔，［英］史蒂夫·伍尔加. 实验室生活：科学事实的建构过程. 张伯霖，刁小英译. 北京：东方出版社，2004：82 - 83.

学争论的研究，布鲁尔对 17 世纪微粒哲学与亚里士多德活力派哲学之间争论的研究等，侧重对科学知识的扩展和应用及其与行动者的目标之间的关系进行社会学的因果说明①。②科学话语分析，以马尔凯（M. Mulkay）及其约克小组为代表，侧重对科学文本展开修辞学、文学或社会学分析。夏平和谢弗对波义耳书面技术的解读②、迪尔（P. Dear）和贝泽曼（C. Bazerman）对近代科学实验报告写作惯例及其转变过程的分析③是这方面的代表性工作；这类研究旨在透过科学历史文本将知识的内容与产生它的社会过程连接起来，进而说明科学事实与真理的社会建构。③实验室研究，以拉图尔和伍尔加的《实验室生活》为代表，聚焦于科学知识的生产场所，侧重对当下处于开放状态的科学活动进行参与式观察和深描，以揭示科学事实的建构性质与具体过程。还有学者开始关注 17～19 世纪实验室发展的历史，甚至将研究对象拓展到博物馆和田野④。④实验仪器与设备的研究，以皮克林（A. Pickering）和伽里森（P. Galison）对高能粒子物理学领域实验仪器的分析⑤为代表，表明科学知识社会学开始重视物质因素在科学知识建构中的作用。

与科学知识社会学的科学史实践类似，女性主义科学史研究者多是女性主义科学批判阵营中的核心成员，例如凯勒、哈丁和哈拉维等，这表明女性主义和科学知识社会学一样重视经验主义的研究策略。女性主义科学史虽有其广泛、复杂的学术渊源，但其中很多研究仍带有为女性主义科学哲学提供经验支撑和为现实科技领域的性别平等提供理论依据的编史目的。例如，史学家欧南提出，科学哲学的批判因缺乏具体历史和政治与境中女性与科学关系的经验数据而在阐明科学知识的性别偏见，以及科学意识形态对于女性参与科学的阻碍等方面受到限制，同时它也难以解释女性科学实践经验的历史多样性；女性主义科学史可以弥补其科学哲学的不足，甚至能更好地为女性参与科学实践赋

① 赵万里. 科学的社会建构——科学知识社会学的理论与实践. 天津：天津人民出版社，2002：150.

② ［美］史蒂文·夏平，西蒙·谢弗. 利维坦与空气泵——霍布斯、玻意耳与实验生活. 蔡佩君译. 上海：上海世纪出版集团，2008：56-74.

③ Jan Golinski. Making Natural Knowledge：Constructivism and the History of Science. Chicago：The University of Chicago Press，2005：111-119.

④ Jan Golinski. Making Natural Knowledge：Constructivism and the History of Science. Chicago：The University of Chicago Press，2005：79-102.

⑤ ［美］安德鲁·皮克林. 建构夸克——粒子物理学的社会学史. 王文浩译. 长沙：湖南科学技术出版社，2012.；Peter Galison. Image and Logic：A Material Culture of Microphysics. Chicago：The University of Chicago Press，1997.

权①。如上文所讨论的，具体到实际的研究中，女性主义科学史的研究目标在于：探讨科学中的男性中心主义和欧洲中心主义偏见及其对女性和第三世界的压制；反思科学与社会性别关系、制度、意识形态之间的相互建构关系；提出具有女性气质的科学传统的存在可能性及其价值；并强调为改变现实科技领域的性别不平等提供理论依据等。

在这些目标的指导下，正如本书第三、四章的论述所表明的，女性主义科学编史内容主要集中于以下几类：①解构科学知识生产中的社会性别假定，分析社会性别意识形态对科学发展的影响；多集中于对近代科学父权制根源的反思，以麦茜特的《自然之死》和凯勒对培根隐喻的分析为典型。②分析科学和医学对社会性别关系、制度及意识形态的说明、建构与强化，揭示科学的性别统治功能；多集中于医学史和生物学史领域，代表性工作包括席宾格尔对西方解剖学史的研究，以及拉克尔和吉尔伯特生物与性别研究小组开展的生物学史研究。③追溯不为主流科学史所关注的、具有女性气质的科学传统，赋予它们和主流科学同等的位置；凯勒和金兹伯格等人的工作较具典型性。④关注非西方科学中的性别政治，以白馥兰和费侠莉等的工作为典型。

通过上述比较发现，女性主义与科学知识社会学在科学编史目标与内容上至少存在以下差异：①科学知识社会学的编史目标旨在阐明科学知识内容的社会建构性质，而女性主义的着眼点则在于促进科技领域的性别平等，采取建构主义立场是其研究的必要策略而非最终目的。②科学知识社会学侧重从多种角度分析社会因素建构科学知识内容的具体过程与方式，而较少关注科学作为一种意识形态、制度结构对社会观念、关系、制度和文化的反向影响；女性主义则同时关注到了这两个方面。③二者均重视历史上被抛弃或被贬抑的科学传统，但科学知识社会学侧重将它们放在与胜利者平权的位置上展开对称性分析，揭示社会因素对科学理论选择的影响；女性主义则较多通过详细追溯并恢复它们的历史价值，以将与女性有关的经验纳入科学实践，并对二元论提出批判。④科学知识社会学较少关注非西方科学知识的生产问题，女性主义则较早将研究视野拓宽到了非西方科学传统。⑤二者都坚持建构主义科学观，女性主义则如图安娜所言最先和最突出地考察了性别偏见影响科学性质和实践的方式②。

①　Dorinda Outram. The Most Difficult Career：Women's History in Science. International Journal of Science Education，1987，9（3）：409－416.

②　Nancy Tuana，ed. Feminism and Science，Bloomington and Indianapolis：Indiana University Press，1989：xi.

二、编史视角与方法论

科学知识社会学的科学史研究强调"陌生人"分析视角，重视研究者保持抽离和中立的立场，侧重自然主义的叙事策略。女性主义科学史则以"社会性别"作为基本研究视角并对科学知识社会学的中立性立场提出了批判，强调研究的反身性及其方法论意义。

夏平和谢弗在研究中开宗明义地提出了"陌生人"的研究视角。其"陌生人说法"针对"成员说法"而来，"成员说法"指的是缺乏反省能力的一种"自明之法"，它表现为与历史上延续至今的、"正确的"科学理论与文化共享相同的理念框架，并对之采取理所当然的认可态度，甚至以之为历史评判的标准。以实验纲领为例，"成员说法"意味着该纲领的成功本身被认为是不言自明之事，这使得研究者无法质疑实验的性质及其在整体智识地图上的地位①。相反，"陌生人"视角就是试图挑战"成员"视角的"自明之法"，对历史上的科学事件和现今被认为是常识的科学理论及其预设展开社会学分析，秉持一种反辉格主义编史原则。同时，"陌生人"视角最大的好处还在于外人更有能力知道其他替代信念和实践方式②。拉图尔和伍尔加在实验室研究中也同样强调了"陌生人"视角和中立性立场的重要性。在他们看来，作为实验室观察者，重要的是使自己熟悉一个领域，并保持独立和距离③；在研究过程中，应该持一种不偏不倚的立场④。

夏平和拉图尔等人强调"陌生人"视角与科学知识社会学强纲领中的重要信条相关。其中最重要的是公正性原则和对称性原则，即要求公正地对待真理和谬误、成功与失败，对所有理论、事实和证据都加以平权解释和社会学说明。换言之，它采取的是一种相对主义方法论策略。这种新的视角和方法论策略使得科学知识社会学的科学史研究最初便将切入点放在科学争论上，并产生了丰硕成果。但是，在科学知识社会学的"陌生人"视角与公正性和对称性原则的背后，隐含着一种要求科学史研究者所必须保持的中立和抽离的立场，只

---

① ［美］史蒂文·夏平，西蒙·谢弗.利维坦与空气泵——霍布斯、玻意耳与实验生活.蔡佩君译.上海：上海世纪出版集团，2008：3-4.
② ［美］史蒂文·夏平，西蒙·谢弗.利维坦与空气泵——霍布斯、玻意耳与实验生活.蔡佩君译.上海：上海世纪出版集团，2008：5.
③ ［法］布鲁诺·拉图尔，［英］史蒂夫·伍尔加.实验室生活：科学事实的建构过程.张伯霖，刁小英译.北京：东方出版社，2004：17.
④ ［法］布鲁诺·拉图尔，［英］史蒂夫·伍尔加.实验室生活：科学事实的建构过程.张伯霖，刁小英译.北京：东方出版社，2004：39.

不过这里的抽离是反辉格主义的抽离，即对任何的科学理论、事实与证据保持中立，认为只有如此才能摆脱"自明之法"。该方法论要求使得科学知识社会学的科学史研究无可避免地表现出了某种实证主义史学色彩。显然，彻底的中立和抽离是无法实现的。夏平和谢弗也承认他们对霍布斯采取的是接近"成员说法"的态度，其位置是"要让反对实验纲领的意见看起来可信、有理而且合理的立场"；但他们接着又澄清这样做的目的并不是要站在霍布斯那边，更不是为他平反科学声誉，而是为了打破环绕在实验生产知识方法周围的那种不证自明的光环①。

女性主义科学史采取的研究视角是社会性别，它强调性别身份、关系、制度、观念的社会建构性，并以此分析科学与上述不同层次的社会性别内涵之间相互建构的历史。它被女性主义学者视为"强有力的分析工具，能为我们解释过去提供帮助"②。如上文所言，女性主义科学史不仅关注科学的社会建构性，同时更注意揭示科学的性别统治功能；它因此并不强调社会性别视角的价值中立性和抽离性的研究立场。哈丁在谈及女性主义方法论的独特性时坦言，女性主义研究的目标是为女性提供她们所关注的社会现象的解释，其研究目的与其问题视角不可分割③；在立场认识论的关照下，她更是明确强调从"女性和其他边缘人群"而非某个"陌生人"的立场和视角去书写科学史。正是在此意义上，劳斯认为女性主义学术的政治性更强，"因为女性主义科学元勘属于批判性别歧视与赋权于妇女的更大范围的政治与文化运动的一个组成部分"④。

女性主义学者对科学知识社会学的研究视角和方法论有直接评价。在他们看来，科学知识社会学试图避免任何先在假定（all a priori assumptions）的方法论倾向与其相对主义纲领存在冲突，它很难在主张"科学事实是制造而非发现的"认识论观点下立住脚；因为这种避免任何先在假定的做法实际上是对某种实证主义禁令的回归，即不允许个人的或者政治的利益影响到其对数据的选择或解释⑤。女性主义对这种实证主义禁令的态度，早已包含在其科学客观性

① ［美］史蒂文·夏平，西蒙·谢弗．利维坦与空气泵——霍布斯、玻意耳与实验生活．蔡佩君译．上海：上海世纪出版集团，2008：11.

② Ludmilla Jordanova. Gender and the Historiography of Science. British Journal for the History of Science，1993，26（4）：469-483.

③ Sandra Harding, ed. Feminism and Methodology：Social Science Issues. Bloomington and Indianapolis：Indiana University Press，1987：8.

④ Joseph Rouse. How Scientific Practices Matter：Reclaiming Philosophical Naturalism. Chicago：The University of Chicago Press，2002：139-140.

⑤ Maria Lohan. Constructive Tensions in Feminist Technology Studies. Social Studies of Science，2000，30（6）：895-916.

批判之中。科学研究者不能做到彻底的价值中立，这一点同样适用于STS学者自身。正如哈丁所言，在女性主义学术中，研究者本人的阶级、种族、文化、性别假设、信念和行为等必须被置于其所要描绘的框架中，研究者是具有特定欲望和利益的、真实具体的历史个体①。

实际上，这更涉及女性主义与科学知识社会学在反身性问题上的差异。如本书第五章所述，瑞恩哈茨曾归纳女性主义研究的10条方法论原则，"女性主义研究常常将研究者自身纳入研究范围之内"便是其中之一②。哈丁也强调女性主义研究是一种强有力的具有社会性别敏感的反身性实践；要理解种族、阶级和文化的历史建构过程，就必须去反思研究者自身观念和行为的建构过程③。在此方面，科学知识社会学虽然也将反身性纳入强纲领之中，但诚如劳斯所剖析的，无论是布鲁尔、伍尔加还是柯林斯等，他们所强调的反身性甚至都只是一种让社会学叙事者的声音更显权威和客观的修辞策略，表明他们只是直接表述了所"发现"的事实④。可以说，科学知识社会学对"陌生人"视角的强调表明其在科学史研究中是缺乏反身性的，没能反思到研究者及社会学分析自身也会不可避免地受到情感、利益等各种复杂因素的影响，而是试图在各种科学争论中扮演客观中立的"仲裁者"角色，这不仅体现了其客观主义的编史追求，同时亦反映出其缺乏内省的精英主义叙事方式。换言之，尽管科学知识社会学学者主张建构主义科学观，强调对科学知识进行社会学说明，这使得他们应该对科学史研究自身的客观性问题持建构论的立场和质疑的态度（如同本书上一节所讨论的那样）；但有趣的是，他们虽然表明其科学史案例研究是为其科学认识论主张服务的，但却并没有像女性主义学者那样对客观主义科学史观提出明确批判。

三、科学观

科学知识社会学和女性主义均坚持科学的社会建构论，但二者在科学客观性和相对主义问题上仍存有差异。科学知识社会学主张抛弃科学客观性概念，

---

① Sandra Harding, ed. Feminism and Methodology: Social Science Issues. Bloomington and Indianapolis: Indiana University Press, 1987: 9.

② Shulamit Reinharz. Feminist Methods in Social Research. New York, Oxford: Oxford University Press, 1992: 240.

③ Sandra Harding. Is There a Feminist Method// Nancy Tuana, ed. Feminism and Science. Bloomington and Indianapolis: Indiana University Press, 1989: 17-32.

④ Joseph Rouse. How Scientific Practices Matter: Reclaiming Philosophical Naturalism. Chicago: The University of Chicago Press, 2002: 145-146.

女性主义则强调重建新的科学客观性概念；大部分科学知识社会学学者公开承认其相对主义立场，女性主义学者则大多不愿被贴上相对主义标签。

如上文所言，实证主义科学观坚持科学是对客观世界的真理表征。从认识论角度看，这一科学观至少包含以下要点：①自然是客观存在，并具有内在规律；②科学是对该客观存在及其内在规律的表征；③表征的过程和结果类似于镜像反映，具有客观性和真理性，保证其认知结果客观性的前提是强调方法论上的客观主义。据上文可知，科学知识社会学从不同角度对该科学观的部分要点展开过批判，其共同点在于坚持科学的社会建构性质，强调科学理论是实验室"制造"和"生产"的社会产品，而非被"发现"和"揭示"的自然给定的规律和真理。如布鲁尔所言，客观性只是一种社会现象[①]；巴恩斯则提出，科学就是一种文化，它的可理解性无须求助于外部的、"客观的"对自然科学信念之"真"或对自然科学活动之合理性的评价[②]。虽然自拉图尔等人开始，科学知识社会学逐渐重视"自然"在认识论中的位置，但对传统科学客观性和真理性概念的批判仍构成其整体学术主旨，它们也因此遭遇了相对主义指责。

围绕科学知识社会学相对主义认识论的批判主要集中于两点：一是对其导致真理标准的丧失以及走向彻底怀疑论和虚无主义的担心；二是它形成了对科学知识社会学理论的自我拒斥。第二点与科学知识社会学的经验主义方法论有关，它被指责为对待自然科学与社会科学采取了双重标准，若彻底贯彻相对主义立场并放弃科学知识社会学作为经验科学的学术追求，其结果又会走向新的怀疑论。面对这些非难，科学知识社会学成员分别给予了不同角度和程度的反驳与辩护。布鲁尔承认强纲领不容否认地是建立在某种相对主义之上的，但相对主义只不过是绝对主义的对立面；对物质世界的信仰并不能表明存在一个对该世界的某种具有最后决定性的，或者某种具有特权的适应状态[③]。拉图尔和伍尔加则辩护道："一些人认为把真理看作一种构思或记叙，这是在削弱真理；只是对这些人而言，对相对主义和自我矛盾的非难才是猛烈的。"[④] 此处不过多论及具体论争，但由此却可看出科学知识社会学并不避讳相对主义标签。如赵万里所言，科学知识社会学实践者的共同特征之一就是持有某种形式的认识相对主义立场。布鲁尔自称为"方法论的"相对主义者，柯林斯自称为"狭义

---

① ［英］大卫·布鲁尔. 知识和社会意象. 艾彦译. 北京：东方出版社，2001：251.
② ［英］巴里·巴恩斯. 科学知识与社会学理论. 鲁旭东译. 北京：东方出版社，2001：97.
③ ［英］大卫·布鲁尔. 知识和社会意象. 艾彦译. 北京：东方出版社，2001：252－254.
④ ［法］布鲁诺·拉图尔，［英］史蒂夫·伍尔加. 实验室生活：科学事实的建构过程. 张伯霖，刁小英译. 北京：东方出版社，2004：21.

的"相对主义者，拉图尔或其他人类学取向的人更喜欢"文化相对主义"的标签①。

如本书多次讨论到的，女性主义亦从心理学、历史学和哲学等维度对实证主义科学观进行了深入批判，其中有代表性的是凯勒、哈丁等人的成果。女性主义科学史实践致力于阐明科学与社会性别互相建构、强化的过程和方式。显然，在其研究者看来，科学远非客观中立的真理表达；相反，"它是一种文化建制，由实践于其中的文化、政治、社会和经济的价值观念所建构②"；"科学如同性别一样都是社会建构的范畴，这是对二者进行反思的两大前提"③。并且，这种传统的客观性概念还被认为与男性气质直接关联。如哈丁所言，客观性已被理解为非有中立性不可，而中立性则被编码为男性气概④。凯勒则明确提出："客观性真正是男性的特权产物。"⑤

但与科学知识社会学不同的是，大部分女性主义学者注重在批判的基础上构建新的客观性概念。其中，包括之前分析中提到的，凯勒从客体关系理论角度提出了"动态客观性"概念，强调通过关联、情感和爱而非分离、控制和统治，来获得对他者的认识⑥。哈丁从后殖民主义角度提出通过"边缘人群的生活与经验"而非"中立性最大化"来实现新的"强客观性"⑦。哈拉维则从后现代女性主义角度提出了"涉身化客观性"，强调局部视角的优先性、客体的行动者身份和知识的情境化特征⑧。与此相关，大部分女性主义学者拒绝相对主义标签。在哈丁看来，相对主义并非解决客观性问题的唯一替代方案，她承认不能低估布鲁尔等人观点的价值，但却认为"不依靠客观性标准反而考虑用主

---

① 赵万里．科学的社会建构——科学知识社会学的理论与实践．天津：天津人民出版社，2002：299.

② Nancy Tuana，ed. Feminism and Science. Bloomington and Indianapolis：Indiana University Press，1989：xi.

③ Evelyn Fox Keller. Reflections on Gender and Science. New Haven and London：Yale University Press，1985：4.

④ ［美］桑德拉·哈丁．科学的文化多元性——后殖民主义、女性主义和认识论．夏侯炳，谭兆民译．南昌：江西教育出版社，2002：186.

⑤ ［美］伊夫琳·福克斯·凯勒．性别与科学：1990. 李银河编//妇女：最漫长的革命．北京：中国妇女出版社，2007：141-165.

⑥ Evelyn Fox Keller. Reflections on Gender and Science. New Haven and London：Yale University Press，1985：115-121.

⑦ ［美］桑德拉·哈丁．科学的文化多元性——后殖民主义、女性主义和认识论．夏侯炳，谭兆民译．南昌：江西教育出版社，2002：167-196.

⑧ ［美］唐娜·哈洛威．猿猴、赛博格和女人：重新发明自然．张君玫译．台北：群学出版社，2010：295-323.

观主义或相对主义的根据来为信念、假说和政策作辩护，代价实在太大"①。哈拉维则明确强调女性主义不能落入实证主义和相对主义的两极陷阱，"女性主义必须继续坚持客观性的正当意义，并对彻底的建构主义保持怀疑态度，……必须对世界做出更好的说明，不能仅是指出一切事物都有彻底的历史偶成性和建构模式"②。

正因大部分女性主义学者主张改造而非完全拒绝客观性的规范描述，他们往往被认为是谋求传统科学哲学和科学知识社会学之间的某种中间立场，如上一节提到的克里斯蒂对哈丁的科学编史思想的评价。然而，如同本书在前文中所分析的那样，科学实践哲学家劳斯亦发现女性主义在反身性等问题上对科学知识社会学的超越。在他看来，对科学知识社会学而言，重要的是所有的科学实践和成就都例证了更为一般的知识整体的存在，这个整体可以通过原因极为鲜明的社会偶然性得到解释③。换言之，科学知识社会学依然假定外在世界客观存在，可以通过抽离的方式去对关于它的科学知识进行整体评估和判断；依然没有抛弃对科学知识的"辩护"，并坚持"语义上行"而不关注科学实践的多样性，且仅将反身性视为一种策略。这些均是科学知识社会学没有摆脱旧有认识论传统之处，也是劳斯认为的女性主义与之相比有所超越的所在。上文对二者编史视角、方法论及科学观的比较，业已部分论证了这些观点。例如，女性主义关注的对象已从知识的语义内容转向了认知者与认知对象的关系（以凯勒的麦克林托克研究及"动态客观性"概念为典型）；对科学知识与实践的研究采取一种参与式而非中立的立场，并时刻注意反身性（以哈丁的立场认识论为典型）。不过，我们在此亦需明确的是，科学知识社会学后来的发展尤其是皮克林等人的工作已逐渐将科学作为一种社会实践来看待。

四、科学史观

科学知识社会学和女性主义均坚持反辉格主义编史原则，并且都对进步主义科学史观进行了批判。但是，二者在科学史客观性问题上的态度存在差异，主要表现为前者仍坚持科学史的客观性和历史实在论；后者则对历史实在论提

① ［美］桑德拉·哈丁. 科学的文化多元性——后殖民主义、女性主义和认识论. 夏侯炳，谭兆民译. 南昌：江西教育出版社，2002：184.

② ［美］唐娜·哈洛威. 猿猴、赛博格和女人：重新发明自然. 张君玫译. 台北：群学出版社，2010：301.

③ Joseph Rouse. How Scientific Practices Matter：Reclaiming Philosophical Naturalis. Chicago：The University of Chicago Press，2002：143.

出了挑战，体现出后现代主义史学特征。如上文所提及的，这实际上亦可从二者的编史方法论的差异中窥见端倪。

科学知识社会学的科学史研究者很少专门讨论科学史观问题，夏平、谢弗和巴恩斯是少数中的几位。如上文所述，前两者反复强调要摆脱历史学家的"自明之法"，并明确反对"成王败寇"的辉格史观；巴恩斯则就科学史的内外史划分问题做过阐述，主张消解"内在因素"与"外在因素"、"科学史"与"文化史"的边界，并且否定长期的、单向性的科学进步的存在①。这些论述明确涉及反辉格主义编史原则和反进步主义科学史观，至于科学史研究自身的客观性问题，他们都较少谈及。然而，透过其编史视角与方法论策略可知，科学知识社会学的科学史实践虽然解构了科学的客观性，但却坚持历史实在论，相信其历史研究和社会学分析的客观性。

夏平和谢弗明确反对以今天的科学标准去评价科学历史事件，主张回到特殊的历史情境去分析实验传统得以确立的具体方式和过程；这与汤普森（J. W. Thompson）所赞赏的历史主义史学方法一致，也即"无论研究的是什么，考虑的都不只是它现在被认为的那样的东西，而且要考虑它之所以变成现在这个样子的过程……"②正如夏平在《真理的社会史》中所言："本书的主旨是通过考察各种科学知识在英国现代早期得以生产、其可靠性得以保证的实践，打开一扇'历史主义'的窗口，以我认为能说明主题而一般读者尚可忍受的详细程度表明其发生过程。"③事实上，科学知识社会学的科学史案例想说明的正是科学的偶然性和历史性。但是，在这种历史主义倾向和反辉格主义编史立场背后却透露出对某种真实历史的向往。一方面科学知识社会学主张回到具体的历史与境，以历史的眼光看待历史事件；另一方面却又要求从"陌生人"和"外行"的"抽离"、"中立"的研究视角出发，通过自然主义的叙事方式保证研究过程和结果的客观性。换言之，在历史的本体论和认识论上，科学知识社会学坚持的是实在论立场。正如夏平所承认的："与一些后现代主义者和相对主义者朋友不同，我在写作时深信我所写的主题较之我本人更来得有趣，因而本书的大部分内容可以按照老派的历史实在论的方式去阅读。"④并且，这种

① ［英］巴里·巴恩斯. 科学知识与社会学理论. 鲁旭东译. 东方出版社，2001：168.
② ［美］J. W. 汤普森. 历史著作史（下）. 孙秉莹，谢德风译. 北京：商务印书馆，1992：629.
③ ［美］史蒂文·夏平. 真理的社会史——17世纪英国的文明与科学. 赵万里，等译. 南昌：江西教育出版社，2002：10.
④ ［美］史蒂文·夏平. 真理的社会史——17世纪英国的文明与科学. 赵万里，等译. 南昌：江西教育出版社，2002：9.

历史实在论使得夏平相信历史学能揭示历史的普遍规律，历史学科也因此具有科学性质。正如他所言："只需对特殊性最大程度的实际演进开展历史研究，就能洞悉普遍性。如果我称本书仍然是一本历史作品，那是希望为这里表达的历史学作为一门人类科学的思想开辟一席之地。"①

女性主义科学史实践者也很少专门讨论其研究的客观性问题，但如同上文所分析的那样，从其对传统科学史研究的批判以及对社会性别视角及参与式研究立场的强调，亦可知其对历史研究客观性问题的反思性立场及其与科学知识社会学的差异。

具体而言，首先，女性主义学者首先通过填补更多的女性进入科学史，说明传统科学史研究的不足；后来则进一步对传统科学史的男性中心主义精英立场进行了彻底批判。如果说前一种填补式的研究揭示了"大写历史"的漏洞，那么后来的批判则更直接表明了女性主义对历史研究自身的政治性有更深入的认识，揭开了科学史研究的客观性面纱。正如上文提及的斯科特的观点：历史的撰写不可能直接地重现历史，而只能对过去做出种种想象②。

其次，女性主义科学史同样反对辉格主义编史原则，但却不强调自身研究的抽离立场和"陌生人"的研究视角，并直言其科学史研究的政治性以及社会性别分析视角的重要意义。换言之，女性主义科学史并没有追求基于价值中立立场和自然主义叙事策略的史学客观性。相比之下，科学知识社会学科学史实践者却没对科学史研究者自身所涉及的利益、情感等各种社会文化因素的影响进行反思，没有将其社会建构论的主张彻底贯彻到对历史和社会学的分析上，甚至还追求社会学和历史学的科学地位。对此，约尔丹诺瓦对传统编史学纲领的批判同样适用于科学知识社会学。她认为："传统编史学纲领用利益来解释动机，用经济或其他决定论来解释因果性，关注事物和事件而非关系和过程。简而言之，传统编史学纲领带有很强的科学主义成分，科学史家尤其容易如此。"③

最后，科学知识社会学从认知相对主义角度否定了进步主义科学史的合理性，但其给出的替代方案却是以一种自然主义的、价值中立的叙事方式描述科

---

① ［美］史蒂文·夏平. 真理的社会史——17 世纪英国的文明与科学. 赵万里，等译. 南昌：江西教育出版社，2002：12.

② ［美］琼·W·斯科特. 女性主义与历史//王政，杜芳琴主编. 社会性别研究选译. 北京：三联书店，1998：359 - 377.

③ Ludmilla Jordanova. Gender and the Historiography of Science. British Journal for the History of Science，1993，26（4）：478.

学知识的具体生产过程。他们不谈论科学认识是否取得进步，甚至不对其有效性和合理性做判断，这样一来他们讲述的历史似乎更"客观"。与之不同的是，如上文的讨论所表明的，女性主义不仅从批判科学客观性的角度解构了进步主义科学史观，而且还在历史研究中增加了权力分析的维度，强调必须深入分析"科学发展对谁而言是进步的"问题。这既体现了女性主义科学史的反西方中心主义色彩，更表明其思考了科学知识社会学所没有深入反思过的"历史为谁书写"、"历史由谁书写"及其会给科学史带来不同叙事结果的问题。

第四节　小结与讨论

在科学史的发展史上，每一次重大变革几乎都源于对其他领域研究思路与方法的借鉴，源于由此而产生的新的编史观念与编史视角。近几十年来，科学知识社会学、女性主义、人类学、后殖民主义思潮在科学史研究中的影响日益突出，可以预见对它们的综合运用在某种程度上会成为必然趋势，并且这将进一步推动科学史的发展。

如同观念论编史传统的出现为科学史研究开辟了广阔的空间一样，女性主义科学史研究的学术价值，首先体现在它至少为科学史研究开辟了一个新的研究主题："科学技术与社会性别的互动关系史"。在这一主题下，又为我们提供了众多可以继续深入研究的子领域：西方科学技术中的社会性别政治问题、西方非主流的、具有"女性气质"的知识传统的历史问题、非西方社会科学技术中的社会性别政治问题、非西方社会具有"女性气质"的知识传统的历史问题、西方科学技术在殖民化过程中的社会性别策略问题等等。这其中，任何一个小的领域，都有大量的课题值得研究。

然而，更为重要的是，女性主义科学编史纲领的独特性和学术影响更体现在它对传统科学观念与编史观念提出的挑战和反思上。它在某种程度上与科学知识社会学、人类学等视野下的科学史研究所暗含的那些挑战与反思具有诸多共性。例如它们或多或少均以建构主义科学观作为编史基础和前提，并对科学客观性、普适性与合理性提出不同角度的质疑，使得它们均呈现出批判史学的色彩；且女性主义与科学知识社会学还明确主张消解科学"内史"与"外史"之间的界限，并对辉格式的科学编史原则提出明确批判；此外，它们还或明确提出或隐含着对"客观主义"、"一元普遍主义"及"进步主义"科学史观的深刻反思。在这些编史纲领所致力于提供的科学史叙事之中，西方现代科学被拉下神坛，不再具有不言自明的合理性与进步性。

　　这样一种新的变化，其背景大概可追溯到 20 世纪 60～70 年代西方社会文化思潮的大变革，体现为对现代性和西方性的集体反思。在这一与境下，科学史研究开始在传统思想史与社会史的理论与方法之外，寻求新的理论资源，展现出多元化的发展趋势。然而，这种多元化趋势并不意味着一团混乱。相反，对科学文化多元性、地方性知识、边缘人群的经验知识、日常知识与技术、"他者"的声音与立场等方面的强调，日益成为科学史研究新的主流价值取向与发展方向，体现出一定的趋同性。

　　但是，趋同并不表示同一。目前为止的女性主义科学史研究与科学知识社会学的科学史实践相比，在编史目标与内容、研究视角与方法论、科学观与科学史观方面均存有不同或超越之处。整体比较而言，女性主义科学编史纲领最突出的特点在于对科学和历史的看法均具有更强的政治批判性，更大程度地摆脱了传统科学哲学和科学史观念的束缚；并且始终注意研究的反身性和强调一种负责任的认识论态度。当然，需要说明的是，基于女性主义科学史研究对反身性的强调，我们必须认识到科学知识社会学和女性主义均非铁板一块，且各自都在不断地经历着变化和发展，具有异质性和流变性；为此，本书的结论仅立足于对所能掌握的主要文献的分析之上，它不表示从女性主义和科学知识社会学的每一位学者的科学史研究中都能分别出上述差异。

　　或许换个角度来看，女性主义与科学知识社会学、人类学的科学史研究在科学观、科学史观、研究目标与内容、研究视角与方法等方面存在的共性与差异，亦表明它们在科学史研究中具有相互结合的理论基础，同时还能实现优势互补。它们的融合能为我们提供关于科学史的新理解，以及关于社会性别研究、科学知识社会学与科学人类学的新认知。可以预期，对于主要以实证主义科学观为理论基础的中国科学史研究而言，综合运用女性主义、科学知识社会学与人类学的多重视角与方法，将会产生对中国古代及近当代科学史的新理解，同时亦可促进这些理论和方法自身的发展。

第七章　女性主义科学编史纲领的学术困境与未来发展

"在客观性的意识形态中，相对主义和整体主义是一对孪生子，两者都拒绝地方性、涉身性和局部视角，两者都使得我们无法发现它们其实都是一种神明诡计。"①

——唐娜·哈拉维（Donna J. Haraway）

"从学术谱系来看，女性主义技术科学研究源自于社会建构主义进路……但它同时也违背了社会建构主义，强有力地关注了社会技术关系的物质方面及其与物质化过程之间相互缠绕的具体方式。"②

——塞西莉亚·艾森伯格（Cecilia Asberg）、妮娜·吕克（Nina Lykke）

女性主义因其所主张和坚持的特殊科学观与科学史观，以及在编史目标与编史立场等方面体现出的独特性，为科学史研究提供了新颖的分析视角与分析维度，以及特殊的研究主题和广阔的问题领域，并促进了科学史理论研究的发展。然而，也正是在构成该纲领的两个主要方面（一是科学观，二是性别观），女性主义所持有的主要立场和观点，遭遇科学家、传统科学哲学家与科学史家，以及女性主义内部学者的广泛批评。这些批评并非完全合理，但也确实表明女性主义科学编史理论与实践中存在一些问题。

第一节　客观性批判的困境：相对主义的问题

女性主义因其对科学的客观性、价值中立性以及科学与社会之间的互动关系进行的深刻反思与批判，成为科学家与科学元勘学者在"科学大战"中争论的集中领域之一。其中，科学家对女性主义科学观的批判主要集中在"科学是否具有客观性"、"科学是否性别无涉"、"女性主义科学是否可能"等问题上。

---

① Donna J. Haraway. Situated Knowledges: The Science Questions in Feminism and the Privilege of Partial Perspective. Feminist Studies, 1988, 14 (3): 584.

② Cecilia Asberg, Nina Lykke. Feminist Technoscience Studies. European Journal of Women's Studies, 2010, 17 (4): 299.

一、科学家的诘难

具体而言，科学家们针对"社会性别隐喻在多大程度上建构了科学的内容"问题，对女性主义科学观及其具体的科学史案例研究进行了集中讨论。尤其是在《高级迷信》和《沙滩上的房子》这两部专门针对后现代科学观的批判著作中，科学家们对麦茜特、凯勒、哈丁、席宾格尔、图安娜以及吉尔伯特生物学与社会性别研究小组的论文和著作进行了专门分析和批判。本书第三章的讨论表明，很多女性主义学者对生物学中的"受精理论"进行了专门的社会性别研究。为此，这里主要以生物学家保罗·格罗斯（Paul R. Gross）的长篇批判文章为个案，分析科学家对女性主义学者的质疑。

格罗斯之所以如此重视和反感女性主义研究，根本原因在于他认为这些研究将会导致人们对科学家研究过程及科学知识客观性的怀疑，而他所要做的就是重新捍卫科学的客观性[1]。具体而言，就他针对女性主义关于受精理论的研究所撰写的长篇批判论文来看，其反驳的论据主要立足于以下几点：①在女性主义所引用的那些隐喻性内容中，很多是研究者的杜撰。例如，格罗斯声称："'精子寻求一个配对的卵子'、'勇猛的精子攻击着敌对的子宫'、'作为一个军事掠夺的受精过程'、'卵子就像一个娼妓，像一块磁石一样勾引着战士'都是杜撰，在我从事了40多年的工作中，我还从来没有听说过我的同事在这领域的任何杂志上发表过这样的奇谈怪论。"[2] ②以往的科学研究并没有忽视卵子的作用，并不带有男性中心主义的偏见[3]；"害羞的卵子与勇猛的精子，只不过是社会政治分析所编造的有关科学的故事。"[4] ③发生生物学的知识完全不依赖于隐喻[5]。

显然，格罗斯的策略是首先否认女性主义学者在科学文本中发现的各种相关隐喻，认为只是后者的编造和杜撰；强调科学家们并没有使用过类似的隐喻，生物学史亦表明科学家并没有忽视卵子的作用。但是，当不得不承认确实

① ［美］保罗·格罗斯.害羞的卵子，勇猛的精子和托林潘蒂//［美］诺里塔·克杰瑞.沙滩上的房子——后现代主义者的科学神化曝光.蔡仲译.南京：南京大学出版社，2003：101.
② ［美］保罗·格罗斯.害羞的卵子，勇猛的精子和托林潘蒂//［美］诺里塔·克杰瑞.沙滩上的房子——后现代主义者的科学神化曝光.蔡仲译.南京：南京大学出版社，2003：92.
③ ［美］保罗·格罗斯.害羞的卵子，勇猛的精子和托林潘蒂//［美］诺里塔·克杰瑞.沙滩上的房子——后现代主义者的科学神化曝光.蔡仲译.南京：南京大学出版社，2003：95-100.
④ ［美］保罗·格罗斯.害羞的卵子，勇猛的精子和托林潘蒂//［美］诺里塔·克杰瑞.沙滩上的房子——后现代主义者的科学神化曝光.蔡仲译.南京：南京大学出版社，2003：90.
⑤ ［美］保罗·格罗斯.害羞的卵子，勇猛的精子和托林潘蒂//［美］诺里塔·克杰瑞.沙滩上的房子——后现代主义者的科学神化曝光.蔡仲译.南京：南京大学出版社，2003：101.

有一些科学家使用了类似的表达时，格罗斯不得不采取另一种策略，即强调这些隐喻式的表达只是对某种科学事实的描述，并不带有性别偏见。例如，其提出尽管有些研究表明了"精子的游动和卵子的不游动"，但"对任何普通的与理性的读者来说，所有这些根本没有暗示有任何对卵子的轻视与对精子的热情"。①"精子的'鞭毛运动和强烈无规则游动'，对我来说，是人们在显微镜下观察到精子的一种明显悬浮时所表现的行为的正确描述，毫无疑问，它们能够'穿透卵子的外表'。"② 最后，格罗斯的批驳中最为深刻但却遗憾地没有展开论述的部分，便是强调隐喻不会影响发生生物学的实际发展。在其看来，"无论人们采用什么样的隐喻去描述或写作受精过程或早期的发育，这一学科的不寻常的发展过程与这种隐喻有很少或甚至没有联系。某些隐喻可能已经引起研究者在这一课题上走向错误的思考方向，对某些个别研究者来说，他们可能已经决定了要做什么实验，不做什么样的实验。但我们有关发生生物学的知识完全不依赖于这些隐喻"③。事实上，正如本书第五章所阐明的，女性主义学者包括麦茜特、凯勒、哈拉维等在内最擅长的就是对科学文本的隐喻分析，隐喻分析构成了女性主义科学史研究的一个重要方法，但格罗斯并没有质疑和挑战隐喻分析本身的合法性与有效性问题，他甚至还承认某些隐喻可能会影响个别研究者的实验选择。换言之，他没有从哲学和语言分析的立场来理解或者解构隐喻，进而否定隐喻作为基本思维方式之于科学研究的重要影响。然而，在某种程度上可以说，只要不否认隐喻的科学认知功能，就很难从根本上推翻女性主义学者关于受精理论的诸多结论。

迈克尔·鲁斯（Michael Ruse）针对女性主义学者关于达尔文进化论的社会性别研究提出的批判，采取了类似的策略，但其对隐喻的态度却更为明确和积极。他强调要区分大众科学和专业杂志上的科学，前者"必须对文化与非认识的价值开放"，后者虽然也会受文化价值的影响，但"并不突出"；并且，"人们决不能说达尔文的进化论从来没有受到过此种文化因素的影响"，"但这肯定也不是达尔文进化论的全部面貌"；总而言之，"认识因素——预言的丰富性、相容性、理论的优美性等——在专业的科学中扮演着角色，无论文化价值

① ［美］保罗·格罗斯.害羞的卵子，勇猛的精子和托林潘蒂//［美］诺里塔·克杰瑞.沙滩上的房子——后现代主义者的科学神化曝光.蔡仲译.南京：南京大学出版社，2003：102.
② ［美］保罗·格罗斯.害羞的卵子，勇猛的精子和托林潘蒂//［美］诺里塔·克杰瑞.沙滩上的房子——后现代主义者的科学神化曝光.蔡仲译.南京：南京大学出版社，2003：102.
③ ［美］保罗·格罗斯.害羞的卵子，勇猛的精子和托林潘蒂//［美］诺里塔·克杰瑞.沙滩上的房子——后现代主义者的科学神化曝光.蔡仲译.南京：南京大学出版社，2003：100-101.

如何，它们起着决定性的作用"；"科学——我这里指的是整个科学而不仅仅是生物学——是一种文化的产物，同样，它也反映出其赖以生存的客观基础"①。显然，有趣的是，鲁斯甚至承认了科学是文化的产物，那么他对大众科学和专业科学的区分就显得不那么重要了，而且他也无法界定文化价值和认识价值对于科学客观性的作用边界，因而亦未对女性主义的科学客观性思想形成真正的挑战。

值得注意的是，艾伦·索伯（Alan Soble）对麦茜特、凯勒和哈丁等学者之于西方近代科学革命的研究，给出了较为系统的分析。在他看来，要说明培根话语中隐含的强暴、拷打观念，相关的性隐喻必须清楚地多次出现在培根的关键性著作和其他文献中，且能不被其他隐喻冲淡。这一要求应该是合理的，但恰恰是通过他本人对培根的这些隐喻的多次引用和分析，再次让人看到了麦茜特和凯勒所展现的"培根将自然比喻为需要被驯服的女性"这一基本看法。但和格罗斯、鲁斯不同的是，索伯聪明地否认了隐喻在科学研究中的影响和作用。他承认培根在其科学文本中使用了大量的隐喻，这些隐喻之中很多是性隐喻，但是"就培根广泛使用的各种隐喻来说，我建议我们不要认真对待它们，因为它们是培根有意识地取悦他的听众，或者作为一种在发言时的无意识的情感表露"；"培根的隐喻应该被合理地理解为'文字上的修饰'，而不应该作为'科学的实质内容'"②。可惜的是，索伯同样没有将此作为一个切入点，进一步深入剖析或批判隐喻分析的合理性与有效性问题。

显然，这些科学家对女性主义客观性批判的诘难主要集中在对后者所擅长的隐喻分析上。但他们的批判较多止步于否认这些隐喻的存在，或者指出它们不能影响科学的认知内容和实际发展，强调科学仍由其内在的认识价值所决定，但却缺乏进一步的深入论证。从另一方面来看，科学家的批判较多关注具体个案，而很少对女性主义学者的理论文献进行解剖，并提出质疑。这些均使得他们对女性主义学者的科学客观性思想和科学认识论的挑战有限，没有构成对女性主义科学批判的深层威胁。但是，对女性主义科学史研究而言，这也启发学者们从理论上对隐喻的性质及其在科学研究中发挥的认知功能展开更深入的研究，并更多地借鉴和利用语言哲学、修辞学的研究成果；另一方面，也启发他们探索性别隐喻分析之外的其他途径，以进一步解析科学中的社会性别政

---

① ［美］迈克尔·鲁斯. 达尔文是男性至上主义者吗//［美］诺里塔·克杰瑞. 沙滩上的房子——后现代主义者的科学神化曝光. 蔡仲译. 南京：南京大学出版社，2003：201—202.

② ［美］艾伦·索伯. 保卫培根//［美］诺里塔·克杰瑞. 沙滩上的房子——后现代主义者的科学神化曝光. 蔡仲译. 南京：南京大学出版社，2003：327.

治问题。

除此之外，还有一种相对较为常见的诘难，即女性主义学者很多不懂科学，所以他们对科学的批判是幼稚可笑的。这一诘难在女性主义科学史研究中确实有某种现实的折射，具体表现为较少对"硬科学"的社会性别建构性质及其历史过程进行解构。的确，大部分的女性主义科学史研究集中在生物学史、医学史和技术史方面，关于物理学史、数学史等"硬科学"史的研究较少。在为数不多的研究里，凯瑟琳·海莉斯（Katherine Hayles）对流体力学中社会性别编码的分析，尤其是伊丽莎白·波特（Elizabeth Potter）对波义耳定律的社会性别解构，是这方面的佼佼者。

海莉斯认为，流体力学的主题一直带有至今还没有被认识到的、起源于古希腊的、男性中心主义的隐喻和价值负载。通过对一般科学和流体力学中的社会性别隐喻进行分析，海莉斯发现人们很难想象女性能够成为科学事业的一个组成部分[①]。然而，有学者以工程师的身份对她的研究进行了批判，认为海莉斯错误地分析了她所强调的每一个数学和物理学问题的公式，这使得她的整个讨论失去了意义。在他们看来，自然科学尤其是物理学和数学的基本理论和公式是客观的、性别无涉的，更是有其内在逻辑的。海莉斯显然是个流体力学的外行人，她只是个英文教授而非实际的科学工作者，她对流体力学所做的解释学式的诠释犯了很多知识性的错误，因而也是没有意义的[②]。

实际上，尽管具体知识性错误并不必然导致整个解释框架的无效，但女性主义对"硬科学"社会性别建构过程的研究，不论是否真正揭示了这些科学中的社会性别偏见，都将更容易因其在自然科学知识素养方面的缺失而遭遇更多的质疑。从根本上看，这种质疑本身往往是一种学科壁垒，甚至体现为一种傲慢和偏见。但是，从另一角度来看，女性主义科学史也确实需要在所谓的"硬科学"史上多下功夫。

波特曾试图通过对波义耳定律进行社会性别解构，否定和颠覆"硬科学"免受社会因素影响的观点。在《科学中性别政治的建模》一文中，波特援引并修正了海西的"网络模型"，用以说明性别、种族、阶级等意识形态对科学理论内容的影响。她认为通过考察波义耳和其他清教徒科学家在英国内战期间接

---

① Katherine Hayles. Gender Encoding in Fluid Mechanics：Masculine Channels and Feminine Flows. Differences：A Journal of Feminist Cultural Studies，1992，4：16 - 44.

② 菲利普·A. 沙利文：一位工程师对两个研究案例的剖析——海莉斯论流体力学与麦肯奇论统计学// ［美］诺里塔·克杰瑞. 沙滩上的房子——后现代主义者的科学神化曝光. 蔡仲译. 南京：南京大学出版社，2003：114 - 128.

受"微粒哲学"的历史过程，可以深刻说明科学中的性别政治。尤其是她通过对波义耳私人信件的分析，认为波义耳提出"母亲的职责是养育"的观点表明他将女性的社会角色定位在家庭内①。

我们知道，以往关于波义耳和 17 世纪中叶英国科学史的研究，很少关注波义耳的性别和阶级问题，尤其是他对性别等问题的看法和观点之于其科学发现和科学理论的深刻影响。波特所要讲述的正是一个关于"微粒哲学"被接受和认可的女性主义故事，试图以此故事表明物理理论的核心原则也受到社会性别意识形态的影响②。然而，从文本来看，波特的研究并不充分，尽管她反复强调要揭示和批判的是科学中的社会性别政治，并通过文本分析表明微粒哲学的出现和被接受及其对万物有生论的排斥和批判，同当时的宗教和妇女政治运动相关，但却没有揭示出万物有生论、微粒哲学以及波义耳的社会性别观念之间的深刻联系，以及这种联系同波义耳科学研究的关系。尽管随后，波特将此研究做了进一步完善和拓展，写成《社会性别与波义耳定律》一书。在此书中，波特进一步对传统的科学观及编史纲领提出了批判，认为女性主义科学史研究应更多关注社会学的分析角度，并强调"硬科学"可做社会性别分析③。但在有关科学史学者看来，该书仍然没能充分论证社会性别意识形态对物理科学知识内容层面的建构过程④。

实际上，女性主义学者在此问题上的遭遇和科学知识社会学的学者十分类似。女性主义科学史在"硬科学"方面研究的缺乏，反映出科学家和大多数传统科学哲学家、科学社会学家坚持科学客观性的根本依据所在，即科学有其内在的发展逻辑，社会、文化因素始终难以"污染"其知识内容本身，"硬科学"较少被女性主义和科学知识社会学所解构，便是极好的例证。

总体而言，在"科学大战"之中，女性主义学者所面临的、来自科学家的诘难和质疑，可能具体表现为不同的方面和切入点，但其核心出发点仍然是维护科学事业的价值中立性和科学的客观性。只不过，如上文所讨论的，科学家的驳斥很多时候没能触及女性主义所面临的更深层的矛盾和困境。

二、更深层的困境

相比于科学家对女性主义科学观和科学史研究的批判，来自科学哲学和女

---

①　Elizabeth Potter. Modeling the Gender Politics in Science. Hypatia，1988，3（1）：19 - 33.

②　Elizabeth Potter. Modeling the Gender Politics in Science. Hypatia，1988，3（1）：19.

③　Elizabeth Potter. Gender and Boyle's Law of Gases. Bloomington and Indianapolis：Indiana University Press，2001：ix - xi.

④　Elizabeth Hedrick. Gender and Boyle's Law of Gases（Book review）. Isis，2003，94：526 - 527.

性主义学术领域内部的批判则更可能动摇女性主义科学认识论的根基。对于逻辑实证主义和历史主义学派而言，女性主义与科学知识社会学一样否认科学具有超越任何文本、话语、价值和社会性别的自治性与普遍性，坚持科学的社会建构性和文化多元性，这陷入了相对主义的危险。对此，女性主义学者亦做出了回应，在他们的辩护中，我们看到女性主义试图一方面立足于文化相对主义立场，对传统的科学客观性概念提出严肃批判，另一方面，又不希望彻底颠覆和抛弃客观性概念，这一点在上文已有提及。尤其，针对凯勒的"动态客观性"和哈丁的"强客观性"概念主张，科学实践哲学的学者和女性主义学者分别给出了诠释和质疑。

在笔者看来，问题的关键是凯勒和哈丁重建的科学客观性主张是否能摆脱她们自身对传统科学客观性所进行的那些批判。简而言之，这些概念在多大程度上能经受"反身性"的考验？基于文化相对主义的立场，是否能建构出认知上的非相对主义主张？回答这些问题需要对哈丁和凯勒等学者的客观性概念及其"女性主义科学"观做深入的研究。关于后者，我们在第三章就已看到，不同的女性主义学者对于"女性主义科学"是否存在、具有什么特征等问题的看法是多种多样的。撇开那种以生物性的女性性别身份为根基的"女性主义科学"不谈（因为它从根本上否定了性别的社会建构性），即使是凯勒强调从主客体的融合去建构"动态客观性"，以及哈丁主张从边缘人群的视角和经验出发去构建具有情境性、地方性特征的"科学"，在某种程度上依然或多或少地期望获得她们自身所批判的那种科学客观性所具有的地位。

但需要明确的是，在凯勒和哈丁的思想和主张之间，亦存有区别。其中，凯勒坚持追求的是一种"性别无涉"的科学。换言之，她相信存在一种"好"的科学，这种科学不存在性别偏见，是完全中立的。为此，虽然她对西方近代科学中的性/社会性别隐喻进行了深刻的分析，揭示了既有科学传统的父权制特征，但却试图相信存在一种好的、不具有这些特征的科学。例如，她对麦克林托克的个人传记研究明确强调的便是"科学中的差异"，而非主张一种"差异的科学"。从科学实践哲学的角度来看，她显然是关注科学实践的，并且强调这一实践的开放性和多元化，但在认识论上她并没有那么激进。再看她所主张的"动态客观性"，目的是呼唤建立一种主客体之间基于情感和爱的融合关系，并以此作为科学认知的基础，这一思想在劳斯看来摆脱了"语义上行"，但凯勒给出的科学客观性的"替代药方"最终却放置在对"性别无涉"的科学设想上①。因而，对科学客观性的批判和重建，以及对相对主义的回避，使得凯勒的科学史研究和哲学思想之间呈现出某种矛盾。但也正因为凯勒对科学客观性的某种坚守，或者是避免和其他女性主义学者那样追求一种政治目的性鲜明的"女性主义科学"，而使得她在科学家和传统哲学家那里赢得了相对较好的名声②。

　　与凯勒相比，哈丁所追求的科学客观性，或者基于边缘人群立场与视角而构建的一种"新的科学"的思想，与其科学史的案例研究之间的内在矛盾没那么突出。她试图构建的新"科学"并非要完全取代现有的西方科学，也绝非试图获得类似于西方科学目前所获得的这种普遍性和客观性的外衣，而是试图表明包含价值判断和政治诉求的、具有情境性和地方性的科学更具有"客观性"。这种"客观性"比传统科学认识论诉诸"价值中立"而获得的"客观性"更"强"。在此，对西方科学的父权制、殖民性质的揭示和批判，与她所强调的包括女性在内的边缘人群的知识传统之间的平权要求，以及她的"立场认识论"之间是一致的。因而，与凯勒相比，她相对更为彻底地抛弃了传统科学认识论所追求和科学家所努力捍卫的那种"客观性"。也为此，哈丁在科学家阵营中受到的责难比凯勒要多得多。

　　但哈丁的科学客观性追求并非不存在问题。她受到的、更具挑战性的批判来自于女性主义学者对"强客观性"背后的"边缘人群"统一立场的不可确定性的批判。哈丁强调的是，女性作为边缘人群的身份及其生活经验和文化价值观念具有同一性，该同一性构成了她的立场认识论基础。显然，身份认同在这一认识论中占据十分重要的位置，因为身份认同意味着统一立场的可能性，统一立场的存在能确保立场认识论的合理性。但实际上，后现代女性主义对女性身份及其文化、经验、价值观的多样性和差异性进行了全面的阐释，哈丁本人亦看到了女性内部因阶级、民族、种族等多种因素而呈现的差异性和多样性，因而强调一种多元的科学文化观。但这一多元的科学文化观，在后现代女性主义看来依然是有限度的，它依然假定"边缘人群"这一"同质化"集体存在的可能性，实际上女性的身份却是无限分裂和碎片化的，这种立场认识论极有可能无法真正代表"边缘人群"的立场和视角，它可能又是一种权力骗局。对

────────────

　　①　2005 年夏天，凯勒在参加第 22 届国际科学史大会之余，曾到清华大学科学技术与社会研究所做过专场学术讲座。笔者作为评论人就此问题与凯勒做过沟通和讨论。她依然坚持认为，她所追求的并不是更为"主观"和"女性气质"的科学，而是试图使科学具有真正的客观性，成为"性别中立"的科学。

　　②　菲利普·基彻. 为科学元勘辩护//［美］诺里塔·克杰瑞. 沙滩上的房子——后现代主义者的科学神化曝光. 蔡仲译. 南京：南京大学出版社，2003：67－68.

此，本书将在随后的章节结合后现代女性主义学者尤其是哈拉维的相关批评和回应，再做进一步的阐述。

从另一个角度来看，我们认为无论是传统的科学客观性和普遍性要求还是女性主义对科学客观性和普遍性的规范，都是负载着意识形态和偏见的。哈丁的"强客观性"意味着，"科学负载意识形态"并不表示它就"不客观"。实际上，这似乎给捍卫科学客观性的那些科学家一个很好的理由去接受"科学是负载意识形态和价值偏见的事业"这一观点，同时还不至于让他/她在实际的科学研究中为保持"中立"和"理性主义"的面目而进行各种表演。相反，他们真正需要追问的问题是：谁能判断哪一种意识形态和价值偏见能实现更好的"客观性"？显然，后现代女性主义对女性和其他"边缘人群"统一立场的质疑隐含了对这一问题的思考。科学家们选择了捍卫科学"中立的"、"纯粹的"、"超脱的"客观面目，同时进一步维护科学家的神圣地位，让科学在公众看起来依然是"远离政治和权力"的学术净土和可敬事业。女性主义学者试图挑战的其实就是这一被精心编织的神话，但有趣的恰恰是哈丁等人依然坚持使用了"客观性"这一术语。尽管此"客观性"不同于彼"客观性"，但对"客观性"一词的偏爱本身亦是一种偏见，女性主义尚未完全摆脱这种偏见的影响。

实际上，如果说在后现代女性主义看来，哈丁所构建的这一"客观性"因"统一立场"的不可能存在而难以成立；那么在我看来，这一新的"客观性"即使存在，它依然面临认识论上的困境，因为它依然无法给出认知判断的标准。换言之，即便"边缘人群"的统一立场是可能的，又该如何确保这一"被压制"和"边缘性"的立场或位置具有认识论上的优势？判断优势的标准是认知上的还是纯粹政治和道德上的？从文化相对主义出发如何能避免认知上的相对主义？实际上，哈丁辛苦建立起来的、新的"客观性"概念很容易被重新理解为另类的"权力关系的网络"，除非她不再使用"客观性"这一术语，彻底与传统科学认识论及其话语工具划清界限。但是，如果彻底放弃为自身主张的"客观性"的认知优越性辩护，以及放弃对身为非相对主义者的辩解，结果又将直接削减女性主义科学认识论的政治影响力。

第二节　生物决定论批判的困境：新本质主义问题

女性主义科学史研究的另一重要理论基础是性别的社会建构理论，它认为性别同科学一样是社会建构的产物，社会性别和生理性别之间不存在本质的、必然的联系。如第三章所言，如果性别被认为是由生理基础决定的，那么在现有的观念体系中，那些不利于女性的范畴、定义和刻板形象将被合法化，这最终将使得女性在科学领域的边缘位置具有了生物学的依据。为此，女性主义想要摆脱这种束缚并为妇女赋权，就必须对性别的生物决定论发起挑战。

一、生物决定论的明显危害

然而，性别是否完全与生理因素无关，至今仍是女性主义内部一直争论不休的问题。如本书第一章提到的，仅就激进女性主义内部而言，自由派和文化派的观点便鲜明对立，后者将孕育生命和抚养小孩看成是由女性先天本质决定的，并且是女性的优势所在，而自由派便认为这一观点进一步从生物学意义上固化了男性和女性的本质区分①。正如克里斯蒂所担忧的："当代女性主义理论有一种后退到本质主义的倾向，它将女性气质的社会性别身份归到女性的生育性生物学上讨论，认为社会性别身份是女性的生物学本质而非变化着的社会和文化建构物。对于女性主义而言，生物学本质主义的危害是显而易见的。如果女性的本质是由其生育能力和功能决定的，那么这些都十分容易成为关于女性的刻板认知和刻板形象的基础，这些认知和形象常常以有利于父权制的形式运作：妇女作为妻子、养育者、家庭主妇等。因此，本质主义几乎成为女性主义批判首要关注的主题。"②

女性主义科学史在此方面展开的众多研究，尤其是席宾格尔对 17、18 世纪西方解剖学史的研究，都成功地表明性别是科学和社会共同建构的而非生物特征决定的。可以说，到目前为止，彻底的生物决定论的本质主义已经逐渐退出舞台。女性主义学者基本都认为，实现性别平等的关键不是去讨论男性和女性在生理上的差异究竟何在，而是要去反思社会和文化对于性别的不同规定，简而言之，要去反思社会性别意识形态和社会性别关系制度。

既然如此，为何女性主义一方面宣称性别是社会建构的产物，另一方面却总是反复强调要重视女性的历史？似乎在社会性别和生理性别之间来回摇摆？这些问题常常代表了一部分学者的困惑和质疑。实际上，即使是在女性主义科学史和科学哲学家那里，研究科学中妇女的历史与研究科学与社会性别关系的

---

① ［美］罗斯玛丽·帕特南·童. 女性主义思潮导论. 艾晓明，等译. 武汉：华中师范大学出版社，2002：121 - 122.

② J. R. R. Christie. Feminism and the History of Science// R. C. Olby, et al. , eds. Companion to the History of Modern Science. New York：Routledge, 1990：104.

历史之间究竟是何种关系，仍是一个存在很大争议的问题①。

对此，正如本书第六章所讨论的那样，我们更为关注的是社会性别作为一个基本的分析范畴在科学史研究中的作用和意义。它既分析女性科学家也分析男性科学家，分析科学中的社会性别关系和社会性别制度，乃至一切父权制现象。这些分析相互之间不仅并不矛盾，而且它们还往往恰恰说明了性别是社会建构的产物。而女性主义之所以总是强调女性，是因为现状是女性处于科学领域的底层。出现这一现状的原因恰恰是，女性的气质与特征被建构为与从事科学研究所必须具备的气质和特征根本不同。如果反过来是男性的气质与特征被建构成如此，女性主义理论同样会对此建构过程给予分析，或许那时理论的名称会改为"男性主义"，但社会性别仍将是其核心的分析范畴。这就如同阶级是马克思主义的核心范畴一样，它既分析无产阶级也分析资产阶级，只是无产阶级处于被剥削的地位，所以在研究中往往更强调无产阶级被剥削的一面。进一步来说，这里的社会性别表征的是文化结构、社会关系与社会制度层面的内涵，而非仅限于个体的社会角色特征。

但是，如果女性主义学者将"女性主义科学"归约为"女性的"科学，则将重新落入生物决定论的圈套。对父权制科学传统的批判，取而代之的并不是建立一种新的生物学意义的"女性科学"，这种科学既不存在，更不可能给女性带来解放。为此，生物决定论对于女性主义科学史或者更大范围的女性主义学术和实践而言，其危害性是明显且容易绕开的。相比之下，基于"女性经验"或"女性气质"或"女性立场"的科学，是否又能避免本质主义和相对主义的诘难呢？这实际上是女性主义面临的另一个更为根本的学术困境。

二、新本质主义的根本困境

从科学史的实际研究来看，学者们的确没有从生物学意义上将女性的一些品质固化，并将其看成是女性的优势。他们强调的是作为社会建构和文化价值观念层面的女性气质的优势，这一优势将使得具有"女性气质"的科学知识传统成为可能。但在笔者看来，即使如此，他们同样常常在新的层面上重新陷入本质主义和父权制的思维框架。

从一方面来看，虽然金兹伯格等反复强调，他们所说的是"女性气质的"（feminine）科学，而非"女性的"（female）科学，但实际上何谓女性气质？

① Evelynn Hammonds, Banu Subramaniam. A Conversation on Feminist Science Studies. Signs, 2003，28（3）：928.

女性气质是否又会因为种族、民族、阶级等因素的不同而不同？它能否具有同质性和普遍性？强调这种普遍性是否又会重新造成对女性内部更弱势群体的歧视？正如斯佩尔曼（Elizabeth Spelman）所认为的，女性主义理论中的本质主义倾向犯了两个基本错误：一是错误的普遍概括，一是错误地排斥他人的声音。这些错误将导致女性主义理论探讨出现新的权威，将沿袭女性主义自身所批判的对弱者的排斥和压抑①。这一点与上文对哈丁的"边缘人群"的"统一立场"的批判，具有一致性，其实质均在于对某种或具有普遍性、或具有不变性、或具有同质性、或具有统一性的事物的否定。"人"、"经验"、"价值观"、"科学"和"历史"等等，都不是这样一种事物，任何对这一事物存在可能性的宣称都意味着权力排斥和压制。

另一方面，从金兹伯格等人的定义来看，女性气质虽是指社会建构意义上的女性所应具有的那类品质和特征，但同时这些品质和特征依然是在现有的父权制框架体系中定位的，女性主义强调这些品质和特征（例如情感、直觉）在科学中的作用，仍然没有摆脱父权制的社会性别定义和思维框架。正如帕特里夏·埃利奥特（Patricia Elliot）所强调的，试图消除西方社会中关于社会性别的二元对立划分和刻板看法，建立没有性别歧视的社会，就必须跳出现有的框架，挑战并抛弃其关于男女两性气质的定义和规范②。换言之，要彻底挑战父权制结构，就意味着抛弃一切关于性别的现有定义和规范，其中最为重要的是弃用一系列的二元对立概念。这对于女性主义学术而言，同样是一件十分棘手的问题。

另外，从方法论的角度来看，这一层面的本质主义还涉及社会性别作为唯一核心分析范畴的合理性问题。既然女性内部因种族、阶级等因素而呈现出极大差异性，统一的、同质的女性身份和女性经验存在的可能性遭遇批判，女性主义科学史研究就不能仅限于社会性别的分析视角。在社会性别之外，它还必须结合种族、阶级的分析范畴和后殖民主义的分析视角等，并深入到地方性和历史性的情境中分析问题。实际上，从历史的维度研究女性，恰恰能在凸现女性内部差异性方面做出贡献。正如斯科特所言："女性主义的史学家们力图通

---

① Elizabeth V. Spelman. Inessential Women: Problems of Exclusion in Feminist Thought. Boston: Beacon Press, 1988: 125.

② Patricia Elliot. More Thinking About Gender: A Response to Julie A. Nelson. Hypatia, 1994, 9 (1): 198.

过撰写差别的历史理解差别。"①费侠莉、白馥兰和傅大为等人的研究也成功地表明了东方社会性别观与西方性别观的差异，以及东方女性与西方女性之间的差异性。

整体而言，对于试图通过追溯和研究具有"女性气质"的科学传统的历史，进而为未来的"女性主义科学"构想提供例证的那类研究而言，这种本质主义将成为其认识论上的一大难题，这一点在上一节中已做过分析。就女性主义争取性别平等的政治取向来看，这种本质主义同样将使得女性主义面临着"差异"与"平等"之间的矛盾，究竟如何实现"差异的平等"是女性主义需要认真面对和解决的重要问题之一。因为从根本上看，这一问题之所以对女性主义形成挑战，亦是因为女性主义学术根源于现代性之中，性别平等本身即是现代性所追求的内容之一。为此，女性主义科学史亦时常在启蒙和后启蒙、现代性话语和后现代主义的学术诉求之间徘徊，其理论内部存在一定的矛盾冲突，这构成了女性主义学术的困境和挑战，同时也是其将来发展的方向所在。

然而，从实践的角度来看，尽管对于"女性主义科学"究竟是否存在，以及它具有怎样的认识论特征，至今仍然是女性主义学者不断争论、反思和深入研究的课题；但这并不意味着相关的科学史研究无效或者没有价值，金兹伯格、费侠莉和白馥兰的工作就表明了这类研究对于阐发非西方科学传统的历史价值，以及揭示科学史的丰富性与复杂性所表现出来的重要意义。换句话说，阐明作为整体的女性在科学史上的贡献，论述"女性气质"科学传统的意义，探讨非西方科学史的重大价值等，这些研究对于展现科学史的多样性和推动科技领域的性别平等仍具有重要的实际意义。因为，毕竟女性主义学术在整体上仍保持了现代性的平等诉求——妇女解放和性别平等。

换言之，在我们看来，后现代女性主义在进一步解构、批判科学和历史的普遍性与进步性的同时，亦潜在地破坏了作为知识主体的女性身份以及作为知识背景和来源的女性经验的统一性，尤其对那些以社会性别概念作为基础、以女性身份和经验的统一性作为根基的女性主义科学史研究形成了挑战。因为对于坚持经验论和立场论的女性主义学者而言，不管是白人中产阶级妇女的科学史还是黑人妇女和第三世界妇女的科学史，它们始终还是基于妇女群体的统一性来进行研究的。那么，后现代主义在批判之后，如何有效地给女性身份的多样性与知识的地方性提供一个认识论与科学编史学意义上的理论基础，这正是

---

① ［美］琼·W. 斯科特. 女性主义与历史//王政，杜芳琴主编. 社会性别研究选译. 北京：三联书店，1998：368.

女性主义面临的重要挑战。也正因如此，对科学史研究而言，经验认识论、立场认识论或许比后现代女性主义认识论更具有建设性。

当然，我们也必须看到，后现代女性主义的科学史叙事尚不成熟，其发展之路或将充满艰辛。毕竟，彻底的破碎和断裂，对于女性、科学和历史而言，将意味着失去阐述的基础。历史包括科学的历史终究是人的历史，作为人——她/他的身份是破碎的、流变的——这在认识论的讨论上具有很深的启发意义，但却会给历史的叙事造成困难。尽管我们并不追求"宏大叙事"，并不追求我们所提供的科学史叙事必须具有传统意义上的"客观性"，甚至完全接受历史学客观性问题上的相对主义立场。但仅从历史的无限复杂性与丰富性而言，"节略"仍然是必要的，只要有所"节略"，就必然意味着对（碎片化的）研究对象和材料的分类和选择，而分类往往以某种程度上的"同质化"为前提，而这就意味着对彻底的碎片化历史的背离。换言之，从这个意义上来看，它一方面意味着历史客观性的不可保证，另一方面亦表明彻底的、碎片化的历史的不可能及其编史学意义的消解。

综上，女性主义苦苦挣扎于多重的夹缝之中，试图求得生存。一面是具有现代性内涵的"平等"政治诉求和恢复女性"集体记忆"的历史学诉求；另一面却是后现代主义强调的"差异"、"异质"和完全的"碎片化"、"分裂"，后者使得前者的努力丧失了根基。一面要彻底批判和摧毁父权制的思想观念、制度安排和话语符号，一面又必须借用这些父权制的现有手段和工具以构建新的思想、制度和话语，前者和后者同样面临着自我冲突和相互抵消。尽管如上文所述，我们坚持基于经验论和立场论的女性主义科学史研究的重要性、必要性和史学意义，但同样期待后现代女性主义的努力。女性主义科学史需要在传统史学和后现代主义史学之间寻找合适的平衡点，就如同哈拉维试图在彻底的建构主义和女性主义经验论与立场论之间寻找第三条道路一样。哈拉维所寻找的道路是试图在认识论上为后现代女性主义寻找新的突破口，同时避免相对主义的指责，而这样一种新的认识论基础是否逻辑自洽，是否能为新的女性主义科学史研究提供坚实的基础，仍需要不断地探索和接受时间的检验。

第三节　后现代女性主义的科学认识论回应

后现代女性主义是在20世纪80年代逐渐从女性主义学术中演化出来的一个新的分支，常被认为掀起了"第三波"女性主义学术浪潮。后现代女性主义科学认识论的主要特征是"对关于理性、进步、科学、语言和'主体/自我'

的存在、本质和权力的普遍（或普遍化）主张抱有深刻的怀疑态度"①。后现代女性主义对传统女性主义科学认识论提出了诸多批评，这些批评亦表达了一种对旧有理论的批判性修正和一种新的努力。

哈拉维是公认的后现代女性主义科学哲学与科学史家，她在对传统女性主义科学认识论的批评和新的科学客观性思想的构建方面做出了很多贡献。在当下的西方女性主义科学哲学与科学史领域，哈拉维关于"赛博格"和"技性科学"的研究，更是开启了"后人类"时代女性主义认识论探索的新方向。为此，这里以她的科学客观性主张作为一个具体的考察对象和窗口，分析其基本内涵，探讨其与其他女性主义科学客观性思想的共性与差异，存在的问题与意义，并以此管窥后现代女性主义对相对主义和本质主义问题的回应与思考。

一、情境知识论

哈拉维的学术专长主要是生物学和生物学史，同时兼有哲学、人类学、文学批评等广泛的学术背景。与科学客观性问题紧密相关的话题，始终隐现于哈拉维的整个研究之中，包括早期她对生物学史中科学隐喻的分析，到后来对类人猿、赛博格、致癌鼠以及狗的经典研究文献。与哈丁强调"边缘人群"在认识论上的立场优势而实现"强客观性"，以及凯勒援引客体关系理论而主张主客体融合的"动态客观性"不同，哈拉维提出了"情境化知识"与"涉身客观性"的基本概念。并且，在提出这些基本概念的同时，哈拉维还重点针对哈丁的"立场认识论"提出了批评，并试图给出新的出路。

1. 视线隐喻与涉身客观性

哈拉维构建科学客观性的切入点在于隐喻，而且是被很多女性主义学者所抨击的视线隐喻（vision metaphor）。她对科学隐喻的关注受到了库恩（Thomas Kuhn）和玛丽·海西的影响。在她看来，隐喻深深嵌入了科学共同体的观念系统，它框定了科学领域可接受的理论解释，因而形塑了具体学科的发展内容与方向②。也因此，哈拉维在她本人的著作中大量使用了各种隐喻来表达和发展自己的学术思想，如赛博格（cyborg）、致癌鼠（onco mouse）、异种生殖（xenogenesis）、挑绳儿（cat's cradle）等。

在哈拉维的客观性思想中，最重要的隐喻是视线（vision）。她认为，视线

① Sandra Harding. The Science Question in Feminism. Ithaca, London: Cornell University Press, 1986: 27-28.

② Donna J. Haraway. Crystals. Fabrics, and Fields: Metaphors of Organicism in Twentieth-Century Developmental Biology. New Haven and London: Yale University Press, 1976: 10.

是一种基于感官的凝视，在高科技社会之中，担当各种中介的角色，帮助人们观看客体，而自身却免受观看，它使得主体从与世界之间的关系中抽离出来；透过超声波系统、核磁共振显影、扫描式电子显微镜等高科技"眼睛"，世界被客体化，但这些科学仪器所反映的影像本质上是科技的产物而非对世界的真实描述①。的确，视线隐喻是存在问题的，正因为它默许了观看者的特权地位以及对被观看者的客体化，而遭遇女性主义学者的广泛批判。那么，既然哈拉维同样深知视线隐喻所包含的种种问题，为什么还要重新启用它？答案首先与哈拉维对启蒙现代性以及科学的一贯看法有关。正如她所言："我是启蒙运动的孩子，……我并不是要抛弃所有那些被污染的启蒙运动的遗产，以及民主和自由的遗产，而是从一种变形的视角去观看它们，并且努力尝试去改造它们。"② 在她看来，视线隐喻有着非常重要的学术价值，"我不打算去抛弃它，就像我不会抛弃民主、主权、行动权和所有类似的受到污染的权利一样。我的研究方法就是去捡起这些受污染的遗产，并努力去改造它"③。显然，如同上文所分析的那样，即便是在被贴上"后现代女性主义"标签的哈拉维那里，对启蒙运动的遗产及现代性话语的援用，依然是其构建科学客观性与认识论的重要策略之一。

那么，哈拉维对视线隐喻的改造究竟体现在哪里？与她的"涉身客观性"（embodied objectivity）思想有何关系呢？如上文所言，在哈拉维看来，以往的视线隐喻将主体从客体中抽离开，并使得自身免于被观看，成为抽象的、超越性的、居高临下的观看者，这正是其缺陷所在；而她改造后的隐喻实质上是让人们重新注意到视线寄居于具体的身体的事实。正如她所说，无限的、不经过任何中介的视线是一种幻想，是一种神明诡计；要改造它，就是要揭穿和超越一切视觉科技的诡计和权力，因为正是它们为科学的客观性奠定了根基；她要坚持一切视线的特殊性和涉身性，强调视线不能脱离肉身，不能摆脱与境，不具有免受观看和检视的特权，并在此基础上建立一种涉身化的客观性，一种有效却并不"无辜"的客观性理论④。

①　Donna J. Haraway. Situated Knowledges：The Science Questions in Feminism and the Privilege of Partial Perspective. Feminist Studies，1988，14（3）：581－582.

②　Donna J. Haraway. How Like a Leaf：An Interview WithThyrza Nichols Goodeve. New York and London：Routledge，2000：158.

③　Donna J. Haraway. How Like a Leaf：An Interview WithThyrza Nichols Goodeve. New York and London：Routledge，2000：103.

④　Donna J. Haraway. Situated Knowledges：The Science Questions in Feminism and the Privilege of Partial Perspective. Feminist Studies，1988，14（3）：582.

可以说，哈拉维重新改造并启用视线隐喻的目的，正在于强调客观性的涉身化，以及身体在科学认知中不能被忽视的意义。事实上，后者在传统科学哲学视野中往往被视为客观性的敌人，发端于笛卡儿以来的身心二元划分，而解构这一二元划分并重新恢复身体的认识论意义正是哈拉维诸多研究的重要主题。

2. 认知主体的自我分裂与冲突及其认识论意义

哈拉维是科学哲学与科学史领域中对女性内部的差异性和女性身份的矛盾性与流动性给予较多关注的学者之一。正是这一方面，她对哈丁的立场认识论提出了批评。正如她所言，身为"女性"完全没有任何东西可以天生就把女人绑在一起，甚至也不存在一种身为"女性"的状态，这已是一个高度复杂的范畴，是在争议不休的性科学论述与其他社会实践中建构出来的①。与哈丁相比，她并不惧怕丧失统一的女性身份与立场会导致女性主义认识论主张的失效；相反，她想要强调的正是这一差异、矛盾、多元、流变的主体及其局部视角的认识论意义。更为重要的是，她进一步指出认知主体的自我分裂与冲突及其给科学客观性所带来的新的希望。

在哈拉维的文本语境中，强调自我的分裂和冲突指的是主体自我认同的困境，它意味着通过建构与他者的距离而成为统一的、抽象的、免受观看的认知主体在科学客观性上的失效。并且，在自我和他者的划界过程中，存在着自我认同以及对他者的客体化，在自我与他者的二元划分中同样存在支配逻辑。因此她认为，认同包括自我认同并不产生科学，只有批判性的位置才能产生科学，产生客观性。事实上，唯有那些占据支配位置的人才是自我认同的、不受标记的、非涉身的、不需中介的、具有超越性的和可以重生的②。但是，这样的主体恰恰无法实现科学的客观性，因为他们的眼睛和视线生产、占用并排序了所有的差异，从一种免于被检视和标记的立场出发所获取的知识是扭曲的、幻想的，唯一不可能实现客观性的位置就是主人、大写的人、唯一的真神的位置。

与此相反，在哈拉维看来，分裂与冲突的自我则代表的是一种可以被质疑、被检视的位置，它能建构和参与那些改变历史的理性对话与奇妙想象；并且，正是这样的自我才能负担起说明的责任，才能实现异质多样化的联合并为

---

① ［美］唐娜·哈洛威. 猿猴、赛博格和女人：重新发明自然. 张君玫译. 台北：群学出版社，2010：253.

② Donna J. Haraway. Situated Knowledges：The Science Questions in Feminism and the Privilege of Partial Perspective. Feminist Studies，1988，14（3）：586 – 587.

客观性奠定基础。因为任何一个主体都不能身为（being）一个细胞或分子，或一个女人，一个被殖民的人，一个劳动者，如果他/她希望从这些位置或立场去进行批判性的观看的话；换言之，主体不可能将自己放入或重新放入任何可能的至高无上的位置而对这样的行为负起说明的责任①。正是在此意义上，哈拉维强调是分裂而不是存在，才是主体认识世界的真正基础，才是女性主义科学认识论所需追求的图景。

3. 局部视角的优先性

实际上，哈拉维对认知主体的自我分裂与冲突及其认识论意义的阐述，与她对视线隐喻的改造与启用，以及对局部视角（partial perspective）的优先性的说明，是一体三面的关系；因为局部视角的拥有者正是那些自我分裂与冲突的、被标记和被观看的、涉身化的、有中介的、无超越性的、非大写的、非主人的认知主体，其观看或认识世界的方式正是通过视线来完成的。

相应地，所谓的局部视角，首先是指视角的拥有者也即认知主体永远都是部分的，无论它以何种面目出现，从来都不是整体的，也不是完成式的，其身份具有特殊性、涉身性和流变性，并且无需追求认同和自我认同；其次是指视角的观看方式也即视线永远是局部的、有限的、不能脱离身体的、非自上而下的，并且无时无刻都处于被观看、被凝视的位置。

那么，为什么哈拉维认为这样一种局部视角具有优先性呢？答案正在于她认为，只有局部视角才能许诺客观的视线②。而所谓客观的视线，就是如上文所言的涉身化的、有限的、随时被检视的视线。换言之，只有承认一切视线都是局部的，只有认识到自身随时处于被观看的位置，才可能真正具有批判以及自我批判的意识，才可能获得真正的客观性；相反，将自己置于免受质疑和批判的、至高无上的俯视者的位置，则不可能实现真正的客观性。也就是在这个意义上，哈拉维强调被压制者的位置更具有优越性③。然而，与哈丁不同的是，哈拉维并不赞成通过身份的认同来实现客观性，她批判一切认同，一切以此认同为基础而获得的特权，以及一切以此特权为理所当然的依据而宣称的具有普遍意义的客观性；转而从具有涉身性的视线出发，带着局部的视角，在与自然

---

① Donna J. Haraway. Situated Knowledges：The Science Questions in Feminism and the Privilege of Partial Perspective. Feminist Studies，1988，14（3）：585.

② Donna J. Haraway. Situated Knowledges：The Science Questions in Feminism and the Privilege of Partial Perspective. Feminist Studies，1988，14（3）：583.

③ Donna J. Haraway. Situated Knowledges：The Science Questions in Feminism and the Privilege of Partial Perspective. Feminist Studies，1988，14（3）：584.

互动的过程中获取知识，并通过结盟与联结来实现客观性。正如哈拉维所言："女性主义中的科学问题就是将客观性视为具有特殊位置的理性。这一客观性图景并不是逃离或超越任何局限性（这是一种俯视的视野）的产物，而是将局部视角连接起来，保留住所有的声音，聚合成一个集体性的主体位置，这个位置承诺具有一种持续变化的、有限的、涉身的工具视线，一种寄居于有限性和矛盾性之中的视线，也就是从具体某个地方出发的视线。"①

4. 客体作为行动者

哈拉维曾指出："女性主义和其他致力于科学批判的一些学者之所以逃避对科学客观性教条的批判，部分原因就在于将知识的"客体"视为消极而惰性化的事物。他们往往将这些客体理解为对固化的、已被决定的世界的占用，这个世界已被还原为资源，服务于破坏性的西方社会的工具主义计划；或者被视为利益，而且常常是支配性利益的遮掩面具。"② 显然，在她看来，主客二分以及将客体视为等待被描绘、被占用的消极对象，是传统科学客观性观念的深层依据之一，并且这一看法还使得对自然的占用与入侵被合法化，使得利益和权力的复杂关系被掩盖。事实上，哈拉维的学术兴趣始终聚焦于探讨自然被诠释的方式与过程，揭示自然与文化、人与非人、主体与客体等二元划分/对立系统的形成过程及其发挥作用的机制，进而揭露这一系统的危害，反思和挑战其合法性③。

她认为，女性主义的客观性应主张自然不是文化的原料，不是被取用、被奴役的资源，身体亦并非一张等待生物学家图绘的白纸，客体不能被描绘成一个屏幕或一个地基或一种资源，不能在自居的主人宣称对"客观"知识拥有作为行动者的专属权时而沦为其奴隶；相反，自然、身体、性及其他的所谓客体都应该是知识生产中的行动者；行动者以多种面目出现，对一个"真实"世界的说明并不依赖于一种"发现"的逻辑，而依赖于一种"对话"的充满权力的社会关系；世界不会替自己代言，但也不会因为支持一个自诩为主人的解码者而消逝④。

那么，究竟应该如何来理解客体作为行动者？哈拉维使用了"土狼"（coyote）和诡术师（trickster）这两个隐喻，以反对自然作为养育性的母亲和拟人

---

① Donna J. Haraway. Situated Knowledges：The Science Questions in Feminism and the Privilege of Partial Perspective. Feminist Studies，1988，14（3）：590.

② Donna J. Haraway. Situated Knowledges：The Science Questions in Feminism and the Privilege of Partial Perspective. Feminist Studies，1988，14（3）：590.

③ Donna J. Haraway. How Like a Leaf：An Interview WithThyrza Nichols Goodeve. New York and London：Routledge，2000：50.

④ Donna J. Haraway. Situated Knowledges：The Science Questions in Feminism and the Privilege of Partial Perspective. Feminist Studies，1988，14（3）：592-593.

化形象的角色定型。正如她本人所言："对诡术师一词的使用是我所有论文的一个主题，其目的是以防我们陷入神人同形同性论。……这个隐喻形象表达的是非人的世界，是所有非我们的一切，我们在任何时候都与之紧密交缠和对话。将你的搭档拟人化是一种严重错误。"① 可见，在哈拉维看来，客体是行动者，但绝非拟人化的行动者，客体是在与主体交缠和对话的状态中发挥知识生产作用的，二者之间不存在鲜明的、不变的界限。正如她所指出的："我的认识论的基本出发点就是交缠（enmeshment），在这一状态中，关于自然/文化的分类与割裂，已经成为一种暴力。"②

5. "情境化知识"

"情境化知识"一词被哈拉维用作其关于科学客观性的专题论文的主标题，在某种程度上反映了哈拉维科学客观性思想的关键所在。可以说，上述关于视线隐喻、主体、客体、局部视角的分析，最终的落脚点都在知识的情境化上。换言之，分裂的、部分的、涉身化的主体，从局部视角出发，以有限的、被检视的、没有特权的视线来观看，并与非人化的客体交缠与对话，最终获得的必然是一种情境化的知识。

这种情境化知识同时具有地方性特征，正如哈拉维本人所言："科学知识毫无疑问具有地方性的特征，客观性也总是一种地方性的成就，它总是事关充分控制各种事物的实践，并使人们能强烈共享关于这一实践的解释。"③ 然而，哈拉维的情境化知识与哈丁的地方性知识相比，最大的不同在于哈拉维发现了深藏在地方性知识主张背后的整体主义倾向，这一倾向一方面暗含了边缘人群和被压制者身份认同的可能性，另一方面基于此认同宣称地方性知识具有优先性，这同时也将使其陷入相对主义的困境。正如她所言："地方性（location）不能被添加入种族、性和阶级这样的范畴清单，它不是抽象的去与境化（de-contextualization）的具体对应物；相反，它总是部分的，总是有限的，总是忧虑地戏耍于前台与背景、文本与内容之间，并且包含了批判性。总言之，地方性不是不言自明的或者透明的。"④

---

① Donna J. Haraway. How Like a Leaf: An Interview WithThyrza Nichols Goodeve. New York and London: Routledge, 2000: 67.

② Donna J. Haraway. How Like a Leaf: An Interview WithThyrza Nichols Goodeve. New York and London: Routledge, 2000: 106.

③ Donna J. Haraway. How Like a Leaf: An Interview WithThyrza Nichols Goodeve. New York and London: Routledge, 2000: 161.

④ Donna J. Haraway. Modest _ Witness @ Second _ Millennium. FemaleMan? _ Meets _ Onco-Mouse™: Feminism and Technoscience. New York and London: Routledge, 1997: 37.

哈拉维进一步指出，在客观性的意识形态中，相对主义和整体主义是一对孪生子，两者都拒绝地方性、涉身性和局部视角，两者都使得我们无法发现它们其实都是一种神明诡计；相对主义的出路并不是整体化的、单一化的视线，并不是那些不被标记的范畴，而是部分的、情境化的、批判性的知识，它们之间具有相互联结成网络的可能性，包括政治上的团结和认识论中的共享对话[1]。可见，这样的客观性要求尊重差异，认识到了不同主客体之间及内部的张力和冲突，并强调结盟而非认同，以及改造知识系统和观看方式。相比于哈丁，哈拉维更为彻底地坚持情境化，坚持地方性的流变性，坚持情境化知识也可被标记、质疑或审视。简言之，她的情境化知识同样不具有任何特权或普适性，也只有这样的知识才可能具有真正的客观性。

二、延续与超越

从上文的阐述，我们可以看到哈拉维的努力，她试图在自己的哲学思想与女性主义的经验论和立场论之间勾画出边界，实现对后两者的超越。她的科学客观性思想可以概括为：在充满张力、共鸣、抵抗、变形与共谋的与境中，自我分裂与冲突的、允许被标记和观看的、涉身性的、有限的、非超越的认知主体，经由同样具有上述特点的视线与局部视角去认识同为行动者的世界，从而获得的情境化知识，这一具有地方性的知识是对世界更好的说明，更具有客观性。显然，这一客观性主张在很多方面仍然延续了凯勒、朗基诺和哈丁等的客观性描述，具有女性主义客观性论述的一般共性；但同时亦体现出了鲜明的后现代主义特征。

1. 与其他女性主义客观性主张的共性

哈拉维对传统科学客观性观念的批判着笔不多，作为女性主义学者，她同意凯勒、哈丁等人关于科学客观性观念的一般看法，即科学并非价值中立性的事业，科学知识也不可能是对自然的镜像反映[2]；她与女性主义经验论、立场论相同，是从社会建构论的角度出发对科学知识进行分析[3]。在哈拉维撰写其关于科学隐喻的博士论文之初，即坦言对库恩的理论十分感兴趣，尤其受到了

---

① Donna J. Haraway. Situated Knowledges: The Science Questions in Feminism and the Privilege of Partial Perspective. eminist Studies, 1988, 14 (3): 584.

② Donna J. Haraway. How Like a Leaf: An Interview WithThyrza Nichols Goodeve. New York and London: Routledge, 2000: 102.

③ 洪晓楠，郭丽丽. 唐娜·哈拉维的情境化知识观解析. 东北大学学报（社会科学版），2012，(2): 98.

其关于范式不可通约观念的影响①，并在随后出版的正式著作中以"范式与隐喻"作为开篇章节，可以说她的学术工作起始于对库恩科学观的分析和继承。如同我们在第六章提及的，哈拉维认为，如果科学史是一种客观无偏见的、对阐明自然运作的那些客观工作（实际上已经不再有人相信这一过程是客观的）的纯粹描述的话，它将不能激发任何的热情②。实际上，哈拉维在此同时否定了科学研究和科学史研究的客观性。但是，她从库恩那里继承的学术资源并没有使得她走上彻底的建构主义的道路，她同样拒绝"相对主义"的标签。

和大多数女性主义学者一样，哈拉维一方面并不否认科学是价值负载的，并对科学真理的普适性观念提出了批判。在她看来，女性主义要解决的问题之一就在于阐述所有知识主张与认知主体的彻底的历史偶成性；另一方面她又强调客观性概念存在的合法意义，要求女性主义对世界做出更好的说明，而不仅仅是揭示一切事物的彻底的历史偶成性和建构模式③。在此意义上可以说，哈拉维要反对的是超越性、普遍性的客观性观念和真理标准，这一点与其他女性主义学者尤其是哈丁的强客观性思想具有共性，即要求对世界做出更好的说明。换言之，女性主义认识论追求的不是一味地批判与解构，而是要求一种负责任的认识论态度。

这表明哈拉维作为后现代女性主义的代表人物，在彻底解构和批判之后，仍然试图保留对客观性的追求，并竭力避免相对主义，这与上文所分析的后现代女性主义的整体困境有关。它依然不能彻底放弃对新的认识论工具的探索，不能放弃试图改变现实的性别平等的政治诉求。然而，对于什么是更好的说明，什么是女性主义的说明，女性主义的说明是否就是更好的说明等问题，哈拉维并没有给出充分、明确的阐释。

2. 独特性与超越之处

当然，哈拉维的科学客观性思想与传统女性主义相比仍有所区别。一方面，哈拉维并不认为通过增加更多的女性进入科学领域，促使人们在科学实践中更加严格地遵守科学方法论的规范，就能实现客观的、无偏见的"好科学"，因为在她看来科学不可能价值无涉，它在任何时空内都是权力关系相互作用的

① Donna J. Haraway. How Like a Leaf: An Interview With Thyrza Nichols Goodeve. New York and London: Routledge, 2000: 19.

② Donna J. Haraway. Crystals, Fabrics, and Fields: Metaphors of Organicism in Twentieth - Century Developmental Biology. New Haven and London, Yale University Press, 1976: 1.

③ Donna J. Haraway. Situated Knowledges: The Science Questions in Feminism and the Privilege of Partial Perspective. Feminist Studies, 1988, 14 (3): 579.

产物。这使得她与女性主义经验论拉开了距离。

另一方面，依据上文可知，虽然她也认为受压制者的位置更能获得客观性，但她的认识论与哈丁的立场认识论相比，更有很多的独特性：第一，认为女性内部的巨大差异性表明作为弱势群体和边缘人群的整体身份并不存在，事实上任何女性都处于性别、种族、阶级等多重网络节点上，并不存在不变的、统一的、具有本质主义倾向的女性身份与女性经验。第二，主张科学认知的主体非可超越的、与身体无涉的、被标记或归类的、不经中介的或者大写的人；身份认同并不构成批判性认知的基础；相反，从被压制者的立场看，严重的危险在于可能浪漫化或者占用了其中较无权力者的立场，并宣称可以从他们的立场去看待世界。第三，认为即便存在作为整体的被压制者的立场，它也不能免于批判性的检视、解码、解构和诠释，这一立场并不"无辜"，并不更少偏见，并不构成获得客观性的基础。第四，认为相对主义的出路是部分的、情境化的知识，同时保持连接网络的可能性，而非追求另一抽象的、超越于历史性、身体性、地方性的客观性及其优越性。

这些观点在一定程度上体现了哈拉维科学客观性观念以及性别理论的后现代女性主义色彩。她不承认作为边缘人群或被压制者的女性身份认同的可能性及其在认识论上优先性，因为她从根本上反对的是一切宏大叙事，包括关于性、身体、性别、科学知识、客观性，甚至地方性和情境性本身的宏大叙事，反对一切身份认同，反对一切不变性，她所强调的是科学的合理性存于充满变化的、情境性的、地方性的科学实践之中。

3. 问题与意义

那么，哈拉维的客观性主张是否真的如她本人所希望的那样在彻底建构论和女性主义的经验论与立场论之间、整体主义和相对主义之外找到了第三条逻辑自洽的道路？事实上，要实现这一目标还有一些悬而未决的问题需要哈拉维去解决。

第一，既然自我认同和认同都是一种有害的策略，那么如何保证所谓的"被压制者"的立场的存在？哈拉维所倡导的女性主义的立场与广大处于各种不同的权力关系网络中的被压制的女性个体的立场，是怎样的关系？继续使用"被压制者"（"边缘人群"）这个标签，就仍然会有陷入本质主义的危险。

第二，哈拉维使用"结盟"策略代替"认同"策略来实现客观性，但对于各种局部视角究竟应该如何"结盟"，以及这种"结盟关系"到底是什么，这种"结盟"如何避免新的权力纷争与倾轧等等，她并没有进一步展开充分的阐述。实质上，如何能将处于世界边缘、受压迫的、碎片化的个体联合起来，并获得选择的权力和自由，实现政治、经济和文化上的平等，这是哈拉维也是整个后现代女性主义面临的一个艰难困境。

第三，既然承认科学和性别一样在根本上都是社会建构的产物，又该如何确保一种建构比另一种建构更客观？如何避免被贴上相对主义者的标签？正如有学者指出，这种认识论立场实际上是在一方面接受知识的建构主义解释，以及因此而来的所有知识的相对主义本质；但另一方面却认为自己的知识宣称是对实在的准确描述，因此将自己的知识宣称排除在相对主义的范畴之外①。事实上，哈拉维对于自己总是被误解或指责为相对主义者而感到无奈和愤怒。她后来对此问题的回应是"尽量避免关于实在论和相对主义的争论，我只能说'实在'存于自然与文化的裂缝之中，我正努力追求一种更好的实在论"②，但却依然没有深入解释这是一种怎样的实在论。

然而，尽管如此，哈拉维的客观性思想还是散发出了很多富有新意和希望的观点。有学者认为哈拉维的情境化知识无论对理解科学中的客观性问题、女性主义科学观、科学的现代与后现代的交锋，还是科学与人文的沟通都有启发③。在此，本书主要侧重强调以下两个具体的方面。

第一，哈拉维在科学哲学领域是较早提出将客体作为行动者的学者之一。正如傅大为所说，她提出了一个几乎与拉图尔同时的、早期的"行动者网络"的女性主义理论④。这主要归因于哈拉维对自然/文化边界问题的关注，通过对生物学史尤其是灵长类动物的研究，她揭示并批判了自然被客体化的过程，强调自然在知识生产过程中的重要作用。一方面，当女性主义还在较多地强调性别的社会建构时，哈拉维已经认识到身体和性在女性身份建构方面的意义，并主张消解一切关于自然/文化、男人/女人、性/性别等二元对立系统，为面临内部差异化和政治认同困境的女性主义提供了一条富有启发的道路。另一方面，当SSK主张的科学的社会建构论引起巨大争议并遭遇相对主义指责时，哈拉维强调被客体化的自然、身体等范畴在认识论上的积极意义，也为科学的社会建构论和女性主义自身指出了一条新的出路。

第二，哈拉维强调身体在科学认知与认识论方面的意义，向传统的认知科

---

① Kisten Campbell. The Promise of Feminist Reflexivities: Developing Donna Haraway's Project for Feminist Science Studies. Hypatia, 2004, 19（1）: 172 - 173.

② Donna J. Haraway. How Like a Leaf: An Interview With Thyrza Nichols Goodeve. New York and London: Routledge, 2000: 110.

③ 周丽昀. 情境化知识——唐娜·哈拉维眼中的"客观性"解读. 自然辩证法研究, 2005,（11）: 23.

④ ［美］唐娜·哈洛威. 猿猴、赛博格和女人: 重新发明自然. 张君玫译. 台北: 群学出版社, 2010: ix.

学与科学哲学观念提出了挑战。在传统认知科学与科学哲学中，认知被理解为心灵基于清晰的形式化规则操作抽象符号表征的活动，其基本哲学假定是身心二元论，借助的手段是纯粹抽象的符号表征，研究方法是与有机体相分离的，终极目标却是寻求普遍的支配人类认知的统一原则[①]。而这些正是哈拉维所致力于批判的内容，她强调的正是包括身心在内的一切二元对立概念之间边界的模糊性与流动性。对她而言，涉身性意味着身心不可分，身体、感知系统、视觉系统等对认知有重要意义，认知是感知和行动性的活动，而不只是大脑内在的抽象表征活动；认知一定与周围更广泛的社会文化环境密不可分，借助于现代科技工具的人类认知活动，既是人机合一，也是身心合一，同时还是根据其时其地具体情境而确定的过程，因而所获得的知识一定也是经验性的、情境化的、局部的知识。事实上，这正是哈拉维打破二元论及以此为基础的客观性观念之后所努力提倡的对认知活动的新理解，这一思想与海德格尔（Martin Heidegger）、梅洛-庞蒂（Maurece Merleau‐Ponty）等代表的现象学传统对认知活动的理解具有相似性，它们均为认知活动的重构提供了重要的哲学资源。

从更为宏观和长远的角度来看，哈拉维的科学客观性思想中蕴含的最强有力的影响在于她对自然/文化界限、身心界限、人机界限、性别界限等一系列二元划分的打破。这意味着传统的科学认识论和女性主义的性别平等主张有了新的理论基础和重要的现实机遇。例如，对于女性主义而言，生理性别可以借助高科技手段进行修改，生理上的男女界限可以打破；那么，建立在此之上的社会性别概念及一整套理论是否还具有重要的理论指导意义？"后人类"社会的现实对于性别平等究竟意味着什么？新的女性主义理论基础该如何构建？这对女性主义科学史研究意味着什么？等等，追寻这些问题的答案正是当下女性主义科学哲学与科学史研究的重要任务。可见，虽然哈拉维的科学客观性思想中仍存有很多悬而未决的问题，但她在上述方面的创新，既形成了对传统女性主义科学认识论的反思和挑战，同时亦开启了新的研究方向。哈拉维在打破和摧毁旧传统的同时，也为新的研究开辟了道路。

第四节　新的理论转向与实践进展

从哈拉维的科学客观性思想与认识论主张中，我们看到了后现代女性主义

---

① 刘晓力. 交互隐喻与涉身哲学——认知科学新进路的哲学基础. 哲学研究，2005，(10)：75.

与传统女性主义经验论和立场论的分野，它创造了富有启发性的革新和新的可能性，但同时在很多地方亦未能彻底摆脱相对主义的困境，甚至还有可能使得女性主义作为一种政治运动和知识理论，丧失了自身存在的基础。当下的西方女性主义在吸取后现代女性主义学术资源的同时，亦经历着对后现代女性主义的再批判，其科学认识论和性别理论转向了一种新的"物质本体论"和"后本质主义"。

一、新的理论转向

具体而言，自 20 世纪 90 年代的"科学大战"以来，女性主义更进一步在对科学内容进行社会性别解构方面做了很多努力，进一步完善和发展女性主义的科学认识论，与此同时，围绕科学客观性、相对主义以及本质主义的争论依然持续不断[①]。21 世纪初以来，西方女性主义内部对后现代女性主义的质疑之声更加强烈。2008 年前后出现的对"第三波"女性主义的挑战是西方女性主义反思的一个重要表现，西方女性主义正在寻找新的方向，试图走出理论和实践的困境。其中，主要的批判来自两个方面。一个是新左派女性主义，作为后马克思主义思潮的一种，它对西方主流女性主义提出了进一步的批判，认为后现代女性主义亦没有超越其生存的资本主义体系。另一个是物质女性主义，2008年，斯塔瑟·阿拉莫（Stacy Alaimo）和苏珊·贺克曼（Susan Hekman）主编出版的《物质女性主义》（Material Feminism）一书是其重要标志之一[②]。就性别理论和女性主义的认识论而言，对哈拉维"情境知识论"和"赛博格"思想的发展主要体现在"物质女性主义"流派的新主张之中。其他类似的术语如"新物质主义"（new materialism）、"新女性主义物质主义"（new feminist materialism）、"后建构主义转向"（post - constructionism）、"后人类主义社会性别研究"（post humanism gender studies）等[③]，均在某种程度上表达了对"第

---

① Sandra Harding. A Socially Relevant Philosophy of Science? Resources from Standpoint Theory's Controversiality. Hypatia, 2004, 19（1）: 25 - 47; Nancy Tuana. Coming to Understand: Orgasm and the Epistemology of Ignorance. ypatia, 2004, 19（1）: 194 - 232; Sharon Crasnow. Objectivity: Feminism, Values, and Science. Hypatia, 2004, 19（1）: 280 - 291; Edrie Sobstyl. Beyond Epistemology: A Pragmatist Approach to Feminist Science Studies. Hypatia, 2005, 20（4）: 216 - 221; Georgia Warnke. Race, Gender, and Antiessentialist Politics. Signs, 2005, 31（1）: 93 - 116.

② 柏棣. 物质女性主义和"后人类"时代的性别问题——《物质女性主义》评介. 中华女子学院学报, 2012,（6）: 107 - 109. 具体见: Stacy Alaimo, Susan Hekman, eds. Material Feminism. Bloomington, Indianapolis: Indiana University Press, 2008.

③ 肖雷波, 柯文, 吴文娟. 论女性主义技术科学研究——当代女性主义科学研究的后人类主义转向. 科学与社会, 2013,（3）: 58.

三波"女性主义的集体反思和新的基本走向。这一新的思潮和认识论走向正在不断发展和变化之中，就目前来看，它所隐含的基本思想及所产生的影响主要体现为如下两个大的方面：

第一，对传统社会性别理论的挑战与"后本质主义"性别观。如上文提及的，哈拉维早在她的"赛博格"宣言①之中，即已预示人机界限、男女界限乃至人与动物界限的打破。"赛博格"在很大程度上并非指代某个具体的"人机混合体"，而是代表一系列界限被打破和重新融合的事物的重要符号。它至少意味着人类可以随意修改自己的身体、生理性别以及相应的一系列社会文化属性。正如本书第二章所重点阐述的，作为传统女性主义学术基石的社会性别理论强调生理性别与社会性别的区分，强调人的身份是社会性的，是社会建构的产物，科学参与和强化了这一建构。其针对的是生物决定论的观点，即生理性别决定一切，这一观点的明显危害在于"本质主义"，与女性主义推翻现有的父权制结构进而实现性别平等的政治理想完全相悖。然而，"物质女性主义"重申了物质的意义，认为只有先有物质或某种本质，然后才可能有社会或文化的建构，这似乎重新走向了"本质主义"。但"物质女性主义"视角下的"物质"或者"本质"却并不像传统生物决定论所主张的那样固定不变，两性的生理性别完全可以通过变性技术而得以改变。从这个角度来看，科学尤其是技术在新的层面改变了生理性别的传统界限，它意味着个体可以进行自由的性别选择，意味着人类彻底迈向了"后人类"时代。也为此，赛博格女性主义对于技术抱持更为乐观的态度，认为技术对一系列二元论的挑战，最终有利于实现女性在新时代的政治诉求。反过来看，传统的二元论思维包括生理性别和社会性别的二分，已无法解释"后人类"时代的各种复杂的"赛博格"现象。

可以说，赛博格女性主义或物质女性主义均试图从过分强调文化和社会建构作用的后现代女性主义中抽离出来，重新拉回物质的自然与身体本身，强调女性主义应该更重视人类身体和生理性别经由科学技术而发生的变异和变质，及随之实现解放的可能性。然而，这并不意味着社会性别理论彻底丧失了有效性。首先，即使是变性人，在获得新的生理性别意义上的身体和身份之后，依然会按照社会的性别规范与价值观念生活和工作。生理性别的可改变性如同历史上就已存在的生理性别多样性（例如阴阳人）那样，并不能推翻社会、文化在塑造个体身份与性别观念上的价值与意义，更不能否认社会性别制度、结构

---

① Donna J. Haraway. A Cyborg Manifesto：Science，Technology，and Socialist - Feminism in the Late Twentieth Century. in Simians，Cyborgs and Women：The Reinvention of Nature. New York：Routledge，1991：149 - 181.

和文化观念的存在及其影响。其次，新技术包括最初探讨的网络技术和当下争议最为激烈的克隆技术不一定能带来性别解放的美好前景。赛博格女性主义或物质女性主义对科学尤其是高新技术的乐观，至少忽视了全球资本主义和现有父权制体系的权力结构的强大惯性。甚至，根本上，它亦无法彻底回避这一强大的社会、文化和资本结构对科学技术的反向影响，可能会重新滑向"技术决定论"的窠臼。

第二，超越认识论，在具体的科学实践中生成"无缝之网"里的各种异质性要素，包括主体、客体、自然、文化、科学和客观性等，并实现对话与结盟。皮克林曾以他本人主编的《作为实践与文化的科学》一书①作为分界点，将西方的科学技术与社会研究（STS）归纳为两个基本阶段，20 世纪 90 年代之前为人类主义（humanism）的研究；90 年代以后为后人类主义的研究。前者主要包括以科学知识社会学为代表的各种社会学、人类学研究，主要特征是把科学与技术的本质归属于"人类社会"中某种孤立的政治、经济因素或文化形态，以社会利益、性别、地域文化或传统等为中心，取代了以自然为中心的传统科学哲学，这些就是所谓"科学的社会或文化建构"。后人类主义的 STS则去除了"人类社会"这一中心特征，也反对以"自然"为中心的做法，强调科学、技术、自然物、科学家、社会等全都不可分割地处在一个可见的动态异质性网络中②。

具体而言，后人类主义的 STS 及其认识论包含以下核心要点：首先，打破一切二元成规并去中心化。自然与文化、男人与女人、人与非人、科学与技术之间的界限都不复存在，在科学实践之中，所有这些要素构成一张"无缝之网"，只有节点，没有中心。在此，社会建构论和生物决定论都失去了立足点。其次，从"语义上行"走向科学实践。如同劳斯对凯勒关于麦克林托克的研究的评价一样，女性主义比科学知识社会学更为关注实践，关注认知者和认知对象之间的复杂互动。比较而言，哈拉维及随后的女性主义学者的认识论主张则进一步瓦解了认知者与认知对象之间的界限，主客体之间不再有边界。传统认识论主张科学的客观性基于方法论的普遍性而获得主体对客体的真理表征，社会建构论的认识论主张主体及其所属的社会文化决定了对客体的表达模式与内容，二者仍然保留了主客体之间的界限，仍然没有脱离表征主义，甚至都假定存在一个知识的整体。那么，赛博格女性主义和物质主义通过打破这一界限，不规定二

① ［美］安德鲁·皮克林编 . 作为实践和文化的科学 . 柯文，伊梅译 . 北京：中国人民大学出版社，2006.

② 蔡仲，肖雷波 . STS：从人类主义走向后人类主义 . 哲学动态，2011，（11）：80.

者之中谁是更具有决定性的因素，而将一切放置具体的实践情境之中，通过或融合或碰撞来生成知识，同时也实现了各种异质要素的再生成，因而彻底走向了科学实践哲学所强调的"实践优位"，同时更具有了一种历史生成论的色彩。在由多元、异质的各种要素构成的网络之中，冲撞或融合形成了新的要素，历史生成的过程与要素本身都是客观的，如同哈拉维的"致癌鼠"①。

可以说，强调对认识论的超越，走向一种实践哲学，是20世纪90年代中期以来西方STS领域对20世纪70~80年代科学社会建构论的一种集体纠偏。它在拉图尔、皮克林、劳斯、哈拉维以及芭拉德（Karen Barad）等学者的引领下，逐渐形成了所谓的"后人类主义"学术思潮。如同20世纪70~80年代的STS领域一样，女性主义在新的发展中同样扮演着举足轻重的角色。例如，图安娜的"互动主义"（interactionism）②、芭拉德的"能动实在论"（agential realism）③和格罗兹（Elizabeth Grosz）的身体研究④等，均在这一"后人类主义"转向中起到了重要的推动作用。目前来看，科学史的研究或者说对当下具体案例的研究，同样构成了图安娜、哈拉维等工作的重要方面，甚至可以说，为她们提出新理论提供了支撑。与此同时，新的发展和转向为女性主义科学史开辟了很多新的主题。其中一个最为重要的趋势，将是不断在各种具体的科学实践领域之中，探讨性别、身份、自然、文化、技术、政治相互缠绕、生成、演化与辩证互动的方式和过程。

不得不说，我们对于类似的研究还缺乏足够的关注和重视。最新的研究亦正在不断的发展变化之中，2010年，《欧洲妇女研究杂志》（European Journal of Women's Studies）第17卷第4期设置"女性主义技科学研究"特刊，刊登了系列专题论文⑤；2011年，《北欧女性主义与社会性别研究杂志》（Nordic Journal of Feminist and Gender Research）第19卷第4期亦推出主题专刊——

---

① Donna J. Haraway. Modest _ Witness @ Second _ Millennium. FemaleMan _ Meets _ Onco-Mouse™：Feminism and Technoscience，New York and London：Routledge，1997.

② Nancy Tuana，Sandra Morgan，eds. Engendering Realities. Albany：SUNY Press，2001.

③ Karen Barad. Agential Realism：Feminist Interventions in Understanding Scientific Practices//Mario Biagioli，ed. The Science Studies Readers. New York and London：Routledge，1999；Karen Barad. Meeting the Universe Halfway：Quantum Physics and the Entanglement of Matter and Meaning. Durham，N. C.：Duke University Press，2007.

④ Elizabeth Grosz. Volatile Bodies：Toward a Corporeal Feminism. Bloomington：Indiana University Press，1994；Elizabeth Grosz. The Nick of Time：Politics，Evolution，and the Untimely. Durham，N. C.：Duke University Press，2004.

⑤ Cecilia Asberg，Nina Lykke. Feminist Technoscience Studies. European Journal of Women's Studies，2010，17（4）：299-305.

"后人类主义的性别研究"①。在这些专刊中，既有总结性和观点性的理论论文，也有针对具体领域展开的原创性经验研究，"赛博格"、"伴生物种"、"身体"、"新物质主义"和"后人类主义"等已成为当下女性主义 STS 研究的核心关键词，编者们呼吁更多新生代的学者参与和推动这方面的研究。

在此，本书只能在有限的理解基础上，对女性主义 STS 的最新发展做出以上的简单描述。从长远来看，这一针对后现代女性主义而来的新的"物质本体论"或者说"后人类主义"转向，将为女性主义科学史研究提供新的理论框架以及完全不同的哲学和社会学视野，将会推动女性主义科学史及其编史理论的进一步发展。当然，它本身也将经历长时间的发展和完善，并同样会遭遇新的挑战。但，这正是学术发展的魅力所在。

二、实践进展情况

自"科学大战"以来，女性主义不仅在理论上不断革新和发展，女权主义实践也在不断往前推进。这一实践包含两个层面，其一是强调女性主义学术思想对现实的科学发展产生了实际的重要影响。其二是进一步将学术研究和推动科学技术领域的性别平等结合起来。

关于第一个方面，很多著名的女性主义科学史家包括席宾格尔、凯勒等均强调女性主义对实际的科学发展所产生的深刻影响。这与"科学大战"中，科学家对于女性主义科学批判与科学史研究的意义产生的普遍质疑有关。例如，格罗斯曾针对凯勒关于细胞黏液菌聚合的社会性别研究说道："我们想讨论最近的，科学上具有实质内容的女性主义的论断，我们希望能够看见由于女性主义的贡献而出现的新科学，或根据其要求来纠正现有科学。"② 他对席宾格尔也提出了类似的疑问："女性主义的批评在'许多领域'中已经产生了'巨大的冲击'了吗？如果'冲击'意味着对科学知识的影响，那么席宾格尔并没有给出任何证据来表明这一点。女性已对科学施加了影响吗？这当然是事实，但这

---

①　Cecilia Asberg, Redi Koobak, Ericka Johnson. Post - humanities is a Feminist Issue. Nordic Journal of Feminist and Gender Research, 2011, 19 (4)：213 - 216；Cecilia Asberg, Redi Koobak, Ericka Johnson. Beyond the Humanist Imagination. Nordic Journal of Feminist and Gender Research, 2011, 19 (4)：218 - 230；Tim Jordan. Troubling Companions：Companion Species and the Politics of Inter - relations. Nordic Journal of Feminist and Gender Research, 2011, 19 (4)：264 - 279；Stacy Alaimo. New Materialisms, Old Humanisms, or, Following the Submersible. Nordic Journal of Feminist and Gender Research, 2011, 19 (4)：280 - 284. 等等。

②　［美］保罗·R·格罗斯. 脱离证据的诡辩术与客观性的敌人 // ［美］诺里塔·克杰瑞. 沙滩上的房子——后现代主义者的科学神化曝光. 蔡仲译. 南京：南京大学出版社，2003：175.

不是因为她们是女性主义的认识专家或历史学家，相反却是她们做出了杰出的科学贡献。席宾格尔的结论是一种歪曲。"①

2000 年，席宾格尔针对这些评论做了直接回应，她坚决反对格罗斯等人关于"还没有任何女性主义者揭示了科学的根基中隐含的男性中心主义"这一观点。正如她本人所言，在 20 世纪 80 年代末，她为《征兆》杂志写关于社会性别与科学的回顾性文章时，她的一个主要目的就是强调女性主义科学批判对科学中"性别扭曲"现象的揭示。而在 2000 年她想强调的是另外一个问题："女性主义有没有改变科学？经过近 20 多年的努力，女性主义学者有没有给科学带来新的洞见、方向和需要优先考虑的问题？"② 2003 年，席宾格尔再次在《征兆》上组织了以"科学中的女性主义"为主题的一组回顾性文章，用科学家自己的语言来阐明女性主义是否给科学研究带来影响③。与席宾格尔的回应类似，凯勒也以受精理论（maternal effects in fertilization）、发育生物学（maternal effect mutations and developmental biology）、进化生物学和生态学（evolutionary biology and ecology）三个领域为例，说明几十年来女性主义科学元勘给科学研究带来的深刻影响④。然而，究竟如何展示或推进女性主义学术理念在科学实践中的影响力，这确实是值得女性主义学者思考的一个重要方面。

这实际上涉及女性主义理论与实践的结合问题。对此，无论是席宾格尔还是凯勒，都主张学术研究应和实践行动结合起来。如本书所讨论的，这是女性主义学术的一个重要特征。女性主义学术具有鲜明的政治诉求，而且从不避讳这一点。例如，凯勒曾提出，女性主义对科学的重要贡献是由女性主义政治运动与社会运动推动起来的，未来的女性主义必须加强这方面的努力⑤。其中的一个努力方向，正如很多女性主义学者所提出的，是必须积极改变以往女性主义科学元勘很难在女性主义学者和科学家之间建立桥梁的状况，接下来需要做的就是研究如何促使科学家关注女性主义的方法论，并真正在实践中运用它们指导自己的实际工作。例如，女性主义学者德博利娜·罗伊（Deboleena Roy）

---

① ［美］保罗·R·格罗斯. 脱离证据的诡辩术与客观性的敌人// ［美］诺里塔·克杰瑞. 沙滩上的房子——后现代主义者的科学神化曝光. 蔡仲译. 南京：南京大学出版社，2003：168.

② Londa Schiebinger. Has Feminism Changed Science？Signs，2000，25（4）：1171-1172.

③ Londa Schiebinger. Introduction：Feminism inside the Sciences. Signs，2003，28（3）：859-866.

④ Evelyn Fox Keller. What Impact，If Any，Has Feminism Had on Science？J. Biosci，2004，29（1）：7-13.

⑤ Evelyn Fox Keller. What Impact，If Any，Has Feminism Had on Science？J. Biosci，2004，29（1）：12-13.

就以分子生物学为例，做了类似的有益尝试①。可以说，如何与从事实际科学研究的科学家更好地沟通和合作，将女性主义理论真正贯彻到科学实践中，进而逐渐改变科学中的性别偏见，是目前西方女性主义科学元勘学者正在进行，也是未来需要完成的重要课题之一。

此外，另一个值得一提的方面是女性主义科学元勘学者从书斋走向田野，充分利用自身的理论视野和学术影响力，投身于改变科技领域性别现状的实践之中。例如，科学史家席宾格尔便是这方面的代表人物。她曾强调，女性主义的学术主张应被纳入有关机构的政策规划②。近年来她本人更是积极参与了推动科技领域性别平等与性别创新方面的实践活动，目前担任"欧盟/美国科学、健康与医疗、工程和环境中的社会性别创新项目"（EU/US Gendered Innovations in Science, Health & Medicine, Engineering and Environment Project）③的负责人。2010 年 9 月，席宾格尔在巴黎召开的联合国关于社会性别、科学和技术的专家会议上发表了主旨演讲，并起草了背景文件。该份文件分为导论、学术研究和政策进路、STS 教育与就业、STS 研究与发展中性/社会性别分析的主流化等几个部分，试图将学术研究的成果转化为推动女性参与科技领域并实现性别平等的具体方式与途径④。她不断推进联合国对科技事业中社会性别分析方法与视角的重视，2011 年，联合国决议呼吁"在科学和技术中引入社会性别分析"，要求整合"科学技术议程中的社会性别视角"，内容全面涉及女性的教育、就业和职业发展的各个环节⑤。此外，席宾格尔与欧洲委员会亦有长期的项目合作，2011 年与欧盟合作的社会性别创新项目吸收了欧盟 27 个成员国的专家，最终的研究报告也于 2013 年提交给欧洲议会⑥。

席宾格尔的工作代表了女性主义科学史与科学哲学家在推动社会性别平等

①　Deboleena Roy. Feminist Theory in Science: Working Toward a Practical Transformation. Hypatia, 2004, 19 (1): 255 – 279.

②　Londa Schiebinger. Introduction: Feminism inside the Sciences. Signs, 2003, 28 (3): 864.

③　Gendered InnovationS. Stanford University. http: //genderedinnovations. stanford. edu. 2014 – 7 – 20.

④　Londa Schiebinger. Gender, Science and Technology, DAW (United Nations Division for the Advancement of Women) and UNESCO (United Nations Educational, Scientific and Cultural Organization) Expert group meeting (28 September – 1 October 2010.), Paris, France. http: //www. un. org/women-watch/daw/egm/gst _ 2010/Schiebinger – BP. 1 – EGM – ST. pdf. 2014 – 7 – 20.

⑤　Agreed conclusions on access and participation of women and girls in education, training and science and technology, including for the promotion of women's equal access to full employment and decent work. http: //www. un. org/womenwatch/daw/csw/csw55/agreed _ conclusions/AC _ CSW55 _ E. pdf. 2014 – 7 – 20.

⑥　Londa Schiebinger. http: //www. stanford. edu/dept/HPS/schiebinger. html. 2014 – 7 – 20.

实践方面所做的努力。实际上,在全球范围内,社会性别主流化开始成为国际、国家和地区科学技术政策制定与实施的一个重要方面。具体而言,它意味着把对性别因素的考量纳入各个层面的科技政策的制定与实施之中,使男女两性的关注点和经验成为设计、实施、监督和评判科技政策及其具体实施方案的有机组成部分。在此方面,正因为有女性主义学术的巨大影响力以及类似于席宾格尔这样的女性主义科学史学者的具体参与和介入,欧盟、美国甚至联合国教科文组织日益重视科技领域的社会性别议题。早在 20 世纪 90 年代,欧洲委员会条约就正式把性别平等作为一个主要目标;欧洲委员会采取的一条重要战略指导思想就是要求每一项政策都应该有利于促进性别平等;女科学家群体也开始非常坚决地要求将性别平等的讨论放入欧洲日程。1998 年开始,欧洲委员会任命一组女科学家组成"欧洲科技评估组织"的"女性与科技研究专家组",专门评估欧洲的女性与科技现状,为欧洲委员会提供报告,为鼓励女性参与科技的相关政策提供现实依据。随后,欧盟更是在"框架计划"、"行动计划"和具体组织层面,全面制定和实施促进女性参与科技的政策体系①。就亚洲来看,韩国在女子教育和社会性别研究方面也有较强的专家团队,韩国政府在立法、部门条例和项目这三个层面上制定了较为系统和完整的促进女性参与科技的政策②。

然而,尽管如此,在全球的大部分国家和地区,科技政策的社会性别主流化尚未实现,甚至科技政策的社会性别盲视处处存在。女性在科技领域的实际参与率依然在 30% 以下,能晋升到科技领域金字塔顶层的女性更是少之又少。一言以蔽之,科技领域的性别偏见和歧视依然普遍存在,这使得女性主义科学史、科学社会学和科技哲学的学术研究和探讨依然具有现实的必要性和紧迫性,同时新的社会现实(例如全球化、绿色发展和转基因等),以及实践领域中出现的新问题,也将推动学术研究的进一步发展。

比较于自下而上的底层运动,具有社会性别分析视角的科技政策的制定对于促进女性参与科技、实现科技领域的性别平等而言,是极为重要的一个方面。正因如此,参与推动科技政策的社会性别主流化是女性主义科学元勘学者可以发挥重要作用的方面,也是他们利用学术所长,深入实践,推动女性参与科技和促进科技领域社会性别平等的重要途径。

---

① 具体参见章梅芳、刘兵. 以欧盟为例看国外有关妇女与科技发展政策的制定. 荒林主编. 中国女性主义(第 4 辑). 桂林:广西师范大学出版社,2005:28 - 36.

② 李乐旋,温珂. 国外促进女性参与科技的政策措施综述及启示. 中华女子学院学报,2008,(6):75 - 80.

第五节　回顾、展望与本土化探索

在对理论前沿和实践现状进行简要讨论之后，我们再次把目光重新拉回女性主义科学史研究的实际拓展中来。

一、回顾与展望

20 世纪 70 年代以来，女性主义科学史研究经历了 40 多年的发展历程。在这几十年内，从纵向上看，女性主义科学史研究从最初的"补偿式"妇女史研究，发展到以社会性别为基本分析范畴的批判史学，再到进一步强调科学与社会性别的多元化与差异性，并将关注的目光转向"技科学"和非西方社会的科学与社会性别关系的批判性研究上。

从横向看，正如席宾格尔本人所总结的，女性主义者在"女性在科学中被排斥和边缘化问题"、"社会性别如何成为建构科学机构与科学实践的有利因素"、"科学理论与实践如何建构了性别和社会性别制度"等多个方面，做了大量的研究[1]。从地域上看，女性主义科学史的研究对象和主体逐渐从西方国家和地区拓展到非西方国家和地区。其中，中国、印度、日本、韩国都有学者在关注妇女史与社会性别研究。

在具体的科学史领域，近些年来西方女性主义学者在原有工作的基础上做了大量的进一步研究，如席宾格尔对印度殖民地科学的社会性别研究，哈拉维对致癌鼠、伴生物种的社会性别研究，等等。此外，一个较为明显的趋势是，医学史尤其是生育技术的社会性别研究以及关于身体文化史的研究正日益兴起[2]。技术史领域对生育、身体的关注，亦受到哈拉维等学者关于身体认知、性与性别的界限消解等理论探讨的影响。

然而，总体而言，尽管席宾格尔、费侠莉和白馥兰等学者在强调社会性别与科学知识的地方性和差异性方面已经做了很多工作，目前大部分女性主义科学史仍集中在对西方主流科学史的研究上；即使在西方主流科学史中，科学史

---

① Londa Schiebinger. Introduction：Feminism inside the Sciences. Signs, 2003, 28 (3)：859.

② 参见：Elizabeth Watkins. On the Pill：A Social History of Oral Contraceptives, 1950 - 1970. Baltimore：Johns Hopkins University Press, 1998；Andrea Tone. Devices and Desires：A History of Contraceptives in America. New York：Hill & Wang, 2001；Lara V. Marks. Sexual Chemistry：A History of the Contraceptive Pill. New Haven. CT：Yale University Press, 2001；Linda Gordon. The Moral Property of Women：A History of Birth Control Politics in America. Urbana：University of Illinois Press, 2002.

家们关注更多的依然是西方中产阶级女性在科学中的位置和被边缘化的问题。我们知道，在西方主流的科学文本中也存在很多对非西方女性的描述和规定，这些描述和规定同其对西方女性的描述不同。在此方面，给予关注的只有席宾格尔等少数科学史家。而且，无论是以往关于西方近代科学起源的研究、还是关于中国古代科学技术史的研究，基本都是西方女性主义科学史学者的贡献，相比起来，其他国家和地区的学者真正开展类似研究的人数依然非常少。

此外，从 2005 年北京召开的第 22 届国际科学史大会中与女性、性别有关的分组会情况来看，在传统的职业科学史家那里，女性主义及社会性别的独特视角对于科学中妇女史研究的影响仍然不大，相关的工作大多仍停留在"补偿式"研究的阶段，关注的是女科学家的科学成就[①]。这表明女性主义科学编史纲领及其编史实践，如要取得实证主义编史纲领、观念论的编史纲领在科学史领域所具有的地位和影响，还有很长的路要走。

简而言之，即使发展到目前，从研究主体上来看，尽管有其他国家和地区的学者参与，但女性主义科学史研究的主体依然是欧美国家的学者。并且，这些学者很多是女性主义学者（更多的是从学术渊源和谱系的角度而做的划分，这些学者以女性主义学术为研究主旨），女性主义的编史理念和社会性别分析视角在其他职业科学史家那里产生的影响依然有限。从研究对象来看，正如上文所分析的，西方科学技术领域的社会性别政治问题仍是关注的焦点，非西方开始受重视但依然远远不够，应是未来的发展方向，但更需要本土的学者参与

---

① 在第 22 届国际科学史大会中，一个专题研讨会和一个分组会都以"女性与科学"为主题。其中，"新学科创建中的女性科学家"专题讨论会共收录 8 位学者的报告，由荷兰科学史家艾达·斯丹霍依斯（Ida. H. Stamhuis）主持。在这个专题研讨会中，德国学者尤达·林德芮（Uta Lindgren）介绍并讨论了在古代宇宙学研究方面做出卓越贡献的女科学家戴程德（Herthavon Dechend）的经历和贡献。比利时学者朱利特·朵（Juliette Dor）在她的报告中，讨论了卡罗琳·思伯吉恩（Caroline Spurgeond）在英语研究这门学科的建制化过程中扮演的重要角色。捷克斯洛伐克学者索尼娅·思崔芭努娃（Sonia Strbanova）则高度肯定了玛杰瑞·斯蒂芬森（Marjory Stephenson）在化学微生物学或普通微生物学中奠基者的地位。匈牙利学者伊娃·韦莫斯（Eva Vamos）详细讨论了生物学家陶丁格（Magda Staudinger）对 20 世纪中期高分子研究做出的巨大贡献。另一个是"科技领域中的女性"分组会。这一会议的规模远小于上午的专题研讨会，只有两位学者做报告，听众也寥寥无几。日本学者八木江里（Eri Yagi）做了题为"日本物理学领域中的女性……一个草根运动"的报告，详细介绍和分析了日本女性物理学家草根运动的基本情况及其在改善日本女性物理学家境况和促进国际交流方面发挥的巨大作用。墨西哥学者维吉尼娅·洛佩兹·维勒加斯（Dra. Virginia Lopez Villegas）就墨西哥科学领域的性别分布进行了讨论。从内容看，这两组会议虽都涉及妇女与科学的主题，但前者更为集中地讨论女科学家在科学学科创建中的作用，揭示以往科学史研究对各学科"之父"的偏重和对很多学科"之母"的忽视；后者则更为关注科学技术领域中普通女性科学家的境遇，致力于改善妇女在科学领域的地位。从大会讨论的论文以及会后有关学者赠予笔者的相关论文来看，这些研究大多仍集中挖掘和承认精英女科学家在科学史中的地位与作用。

和推动。从理论基础和研究内容来看，目前主要以社会性别理论、科学建构论、文化多元性等为思想指导，以探讨科学技术和社会性别的相互建构为核心内容；"后人类主义"理论与具体科学史研究的结合，尚有待于方法论维度的进一步完善和发展。

相应地，结合女性主义科学编史理论和经验研究中存在的这些问题，未来女性主义科学史研究至少在以下方面有待进一步深入。在理论研究上：首先，需要进一步反思社会性别与生理性别的关系，以及社会性别概念在科学史研究中的合理性及其与其他分析范畴的结合问题；其次，进一步反思科学的客观性和合理性问题，克服女性主义立场论面临的困境，并对当下出现和兴盛的"后人类主义"思潮给予关注和研究，探讨在新理论关照下开展或进一步推进女性主义科学史研究的具体方式。最后，可以做适当纠偏和调整，积极思考科学作为影响社会性别关系和制度的一种意识形态，它同政治、经济、文化等方面的关系，以及它们共同影响社会性别意识形态的过程。

在研究视角方面：首先，需要进一步借鉴人类学、后殖民主义、后人类主义等学科和领域的研究视角及其经验成果，避免社会性别视角的单一性；其次，进一步借鉴语言哲学、修辞学的研究成果，以此角度进一步拓展女性主义的视野；最后，进一步借鉴建构主义的科学史研究实践经验、微观史研究和日常史研究的方法，以及女性主义其他研究（包括历史、文艺评论等方面）的成果。

在研究主题上：第一，仍然需要加强对科学研究过程与科学知识内容技术层面的社会性别分析，使得女性主义科学史研究在传统科学史家那里产生更广泛的影响；第二，亦可加强对物理学等"硬科学"进行社会性别维度的历史解构，进一步挑战基于"价值中立"的科学客观性观念，虽然"后人类主义"重新批判了彻底的社会建构论，但对于实证主义科学观的批判和质疑仍然是必要的；第三，加强对科学机构、科技政策的社会性别维度分析，这部分工作完全可以做历史上的案例，并且需要借鉴科学社会学的很多好的研究方法；第四，进一步扩展对非西方的社会性别与科学技术关系的历史研究，这将是"后人类主义"科学史研究的一个最为重要的场域，因为在这一场域之中，科学、技术、文化、身份、民族、殖民等各种异质性要素更为复杂而活跃地杂合在一起，结合具体案例的深入分析，将会产生创新性的成果。

最后，在学术与实践的结合上，女性主义科学史学者有很多事情值得去做。例如，进一步加强同从事实际科学研究的科学家的沟通和合作，以拓展当代科技史的研究领域，并推进女性主义的学术影响力；加强同科学研究机构、科技政策制定机构的联系，以推进科技政策和制度的社会性别主流化进程，不断消除科学技术领域的性别歧视与性别偏见；等等。当然，这并非女性主义科学史研究的核心任务，但作为具有强烈政治目标和价值诉求的学术，实践参与亦是实现其编史目标与学术理想的方式之一。

二、关于本土化探索

女性主义学术最初被介绍进中国内地，大约可以追溯到弗里丹的《女性的奥秘》被翻译出版，这是 1988 年的事。中国内地真正开始掀起一股女性主义学术潮流的起点应该是在 1995 年。其中，一个不得不承认的契机是 1995 年第四次世界妇女大会在北京召开。这次会议让中国妇女界感受到了西方女性主义研究的强大影响力，自此一大批国外社会性别研究著作被陆续翻译成中文出版。女性主义科学元勘的学术成果也是在这一时期开始进入中国学者的视野。正如本书在绪论中提及的，最早介绍西方女性主义科学史研究的文章由刘兵和曹南燕发表于 1995 年的《自然辩证法通讯》上。与此同时，科学哲学界的前辈们开始关注女性主义科学观与科学认识论，1995 年还召开过专题学术讨论会。

随后的研究进入一个相对繁荣的阶段。凯勒、麦茜特、哈丁、哈拉维等学者的著作被陆续译成中文出版，更有一大批的硕士论文开始以女性主义科学认识论为研究对象，女性主义的经验认识论、立场认识论、后现代女性主义认识论以及具体学者的科学哲学思想均被加以考察和分析。与很多学术思想在新领域传播时遭遇的情形类似，中国内地学者对女性主义科学观的态度有褒有贬，有支持亦有批评。但发展到当下，女性主义科学观至少在科学哲学界已经广为人知。相比之下，西方女性主义科学编史纲领及其实践在国内科学史界产生的影响则要有限得多。

从费侠莉和白馥兰等学者已有的女性主义科学史研究工作中，我们可以预见女性主义科编史视角如若被引入中国科技史研究之中，将能为我们提供很多新的问题域。然而，实际的情况是现有的中国科技史研究主要还处在实证主义研究阶段，较为注重史料的考证与分析。一方面，这是固有研究传统的强大惯性使然。另一方面，也与国内科学史界对科学编史学研究不够重视有关。如同本书绪论里提及的，大部分学者注重一阶的实证研究而对史学理论的探讨不感兴趣，甚至认为这类研究不具有原创性，并且也对实际的科学史研究产生不了什么影响。因而，对国外新的科学史研究动向即使有所了解，也缺乏深入展开研究的动力。如此一来，就女性主义学术而言，一个可能的结果就是直接地导致对女性主义科学史研究的不关注、不了解或者误解。因此，也就无法开展实际的本土化探索。

　　例如，一种较为常见的误解是，有的学者认为女性科技人物研究得少，不是因为他们不关注女性，而是因为她们本来就对科学贡献少，历史文献记载的也少。实际上，这正说明女性在科学史上的"集体失忆"，她们无法发出自己的声音，她们的科学工作被由男性掌控的历史文本所忽略和边缘化，她们没有话语权，没有历史记忆。为此，女性主义科学史研究除了要挖掘和恢复被以往科学史忽略的女性科学人物之外，更重要的是从既有科学历史文本中分析女性受压制、被忽略的原因，解构文本背后的性别权力关系。

　　这就需要澄清，女性主义科学史研究的目的不是狭隘的'女性'目的，而是更强调以边缘人的视角对主导地位的科学建制进行批判、审视和重建①；将女性主义科学史研究引入中国，不是要以女性科学史取代传统科学史，而是期望消除传统科学史的性别盲点，展现作为男女两性共存于其中并不断建构它的"历史"的复杂图景。而且，正如本书第五章所言，研究科学中的妇女不一定就是女性主义科学史，没有直接关涉女性主题不一定就不是女性主义科学史，判断的标准在于社会性别视角和批判性分析维度的运用。但是，这并不表示必须要抛弃传统科学史研究的基本方法，包括文献考证、实验分析甚至模拟实验等仍可能是女性主义科学史具体研究过程中的重要方法。换言之，女性主义更多的只是一种理论视角，女性主义的科学史研究同样依赖于包括文献考证在内的各种科学史研究方法来展开，有所不同的只是将新的理念纳入具体的研究框架之中。

　　进一步来说，女性主义理论的重要价值主要体现在对传统科学观、科学史观以及编史方法论的革新上。实证主义的研究模式并非不重要，但鉴于女性主义新理论和新视角的引入已在西方科学技术史领域产生重要的学术影响，在这种情况下，科学编史学意义上的引进和探讨是十分有必要的。只有充分了解西方女性主义科学史研究的已有成果，尤其是对西方学者所做的女性主义中国科技史研究进行认真分析，同时充分利用已有的中国女性主义妇女史研究的丰富资源，在此基础上才可能进行本土化的探索。

　　当然，可能也有些学者认为不能跟在西方学术界的身后拾人牙慧，并且很多理论不适合中国的本土现实因而也不具有适用性。实际上，对西方科学史领域学术思潮的引进和研究，并不意味着对西方学者的学术思想全盘接受，也不

---

① 刘兵．克丽奥眼中的科学．济南：山东教育出版社，1996：104.

意味着永远停留在引进和介绍上。换言之，借鉴女性主义科学史研究的理论视角与实践经验，并不表示要抛弃我们既有的编史传统，也并不表示我们完全赞同女性主义编史纲领的所有内容，更不表示我们要完全照搬西方女性主义科学史研究的既有模式。女性主义科学编史纲领只是众多研究纲领中的一种，我们需要做的是合理地分析它，借鉴它的有益之处，避免它的不利之处。

而且，引进的同时更重要的在于本土情境的考虑和比较。如果借鉴和利用社会性别的分析视角来研究中国科技史，我们还必须考虑中国传统文化对女性本质、性别关系的特殊规定，在社会性别维度的基础上纳入民族、阶级等范畴做综合研究；考察中国科学技术与医学中妇女的地位，并比较其与西方妇女在近当代科学中的地位有何异同；分析中国"科学/社会性别"系统的动态模式，并比较其与西方"科学/社会性别"系统发展模式的异同；等等。总而言之，在此过程中，跨文化比较研究的视野不可缺少，在积极借鉴的同时，我们要时刻注意中国文化、科学技术、科学观念与社会性别观念等方面的特殊性，在充分考虑差异的前提下，寻找共同点和独特性。进而在此基础上，克服西方学者由于文化差异引起的不足，拓展本土科学史研究领域的同时，亦能在充实女性主义科学史理论方面做出贡献；实现既在科学编史学理论和研究方法上与西方学者的平等对话和交流，又体现出自身的研究特色[①]。

实际上，中国港台地区的科学史与STS学者已在本土化探索方面提供了很好的范例。李贞德、梁其姿、傅大为、成令方等学者是其中的代表性人物。其中，具体到医疗史的社会性别研究方面，除本书第四章专门分析到的傅大为的《亚细亚的新身体》之外，还有一部重要的著作，即李贞德的《女人的中国医疗史——汉唐之间的健康照顾与性别》。

该书将社会性别视角纳入对中国医疗史的研究，是妇女史、医疗史与社会性别研究的结合之作。它从分析生育文化开始，继之以解读女性的医疗照顾形象，最终透过与日本的比较来凸显中国医疗史中的性别特色；认为一方面女性在传统社会中实际上从事着各种医疗照顾工作，然而在医疗知识体系化、医疗活动制度化的过程中，她们却逐渐因能力不足的弱势形象而被排挤在正统医疗群体的边缘，唯有牺牲奉献照顾家人健康才是符合她们的性别伦理角色；另一方面女性的弱者形象也成为男性医者保护产妇、规范生产行为、全面介入产育活动，乃至申述妇人独立成方的理论基础。如此一来，医疗之于女性，保护与管束并行发展。对于这一研究的意义和独特性，李贞德本人亦有所表达。在她

---

① 刘兵，章梅芳．性别视角中的中国古代科学技术．北京：科学出版社，2005：167．

看来，过去的中国医疗史大多集中于著名医家的医药论述、医方和医案，一方面勾勒中医的知识版图，另一方面标志中医学对人类的贡献。这类研究有时因缺乏历史脉络的分析而颇无趣味，有时只因见规范不见实务而失落了真切感，有时则因汲汲于传统知识的现代意义而稍显僵硬，以至于限制了对话的空间。加入性别意识的医疗史，不仅弥补专从医经药书入手，但见理论少见实作的缺憾，也丰富了医疗史的内涵，在重新界定此一领域的同时，拓展了历史知识和现实社会对话的多元空间①。

此外，李贞德主编的《生命、身体与医疗》② 一书亦从"性别化的身体观"和"身体医疗化"等角度收录了9篇台湾地区近年来在性别与医疗史研究方面的代表性成果。在性别化的身体观方面，李建民将男性身体作为一个特殊对象来研究，避免以男性身体作为普遍身体的标准形成关于身体疾病诊断与治疗的方法和理论。李贞德考察了汉唐之间的求子方，发现自公元5~7世纪的求子药方看来，产育逐渐成为医者认识并论述女性身体的基础，以至对其身体和情志开始有所规训，这使得女性的生育之苦不再仅限于胎产崩伤。吴一立的论文探讨了中国古典妇科中关于鬼胎和假妊娠的描述及其变化，探讨了医疗的不确定性及相关知识变迁中对女性身体及文化规范的建构。吴嘉苓考察了20世纪下半叶台湾地区不孕诊疗的发展史，说明健康和疾病的定义随时空而发生的转变，以及女性身体在此转变中受到的规训。李尚仁则考察了万巴德的丝虫研究，探讨了19世纪白人妇女在殖民地的产育问题。在身体医疗化问题上，铃木则子等分析了日本江户时期的化妆品广告，描绘了化妆品、药品和新兴资本主义结合并共同改造女性身体的过程。游鑑明考察了20世纪20~40年代中国女子健美的论述，说明这一时期女子身体美与强国保种的体能教育及女性情欲之间的关系。祝平一则考察了20世纪90年代台湾地区女性健康标准遭医学专业垄断之后，塑身美容公司重新塑造女性身体的过程，揭示出专业、进步、理性化知识象征的医疗科技与资本主义共同运作重塑女性身体文化的实质。成令方、傅大为探讨了泌尿科学界从医学权威的发言位置规训台湾男性身体的过程。

在成令方、傅大为、林宜平主编的《医疗与社会共舞》一书③中，亦收录了多篇医疗性别史的研究文献。其中，针对医疗专业化问题，吴嘉苓揭示了台湾地区助产士兴衰过程中发挥作用的五大机制。成令方从"国家权力的介入"、

---

① 李贞德. 女人的中国医疗史——汉唐之间的健康照顾与性别. 台北：三民书局，2008：388-389.
② 李贞德主编. 性别、身体与医疗. 台北：联经出版事业股份有限公司，2008.
③ 成令方主编；傅大为，林宜平协编. 医疗与社会共舞. 台北：群学出版有限公司，2008：51-59.

"证照制度"、"教育制度"、"技术发展"等四个方面的专业化机制去理解医师专业的兴起以及在此过程中的性别政治。在医疗技术与性别政治方面，傅大为考察了子宫扩刮术与子宫颈癌根除术在台湾的发展，强调医学中最有技术内容的环节也可能是意识形态发挥最大功能的所在。吴嘉苓考察了人工授精技术在台湾被接受和发展的过程，探讨了科技对性别和身体的形塑，以及社会性别文化对科技施行与选择的建构途径。

这些研究大多数以中国古代尤其是台湾地区近代社会中的生育医疗为考察对象，探讨医疗专业化、身体医疗化、技术与身体建构等多个主题，内容丰富，思路新颖，独具一格。一方面，这些研究因社会文化和历史背景的深刻渊源与共性，能为我们内地学者展开相关探索提供更为直接的借鉴；另一方面，在这些研究中，大多数的案例集中于台湾地区，且研究的领域主要限于医疗史，其他科学史和技术史方面的成果相对要少得多。这是美中不足之处，亦为内地学者的研究留下了广阔的空间①。

从研究的主题来看，无论是在科技史还是医学史方面，都有很多女性主义研究的切入点。例如，首先，人物研究。目前尚缺乏对中国古代科技女性，尤其是近代女科学家、女工程师和女医师群体的专题研究。这些研究既具有"补偿史"的性质，同时亦能以人物为核心，探讨包括近代中国科学技术移植以及中西医论争等问题及其性别意涵（例如，家庭卫生概念的建立，产科医疗专业化的实现、西医主导地位的确立方式、策略与过程，以及女性医疗者在产科领域优势地位的获取与丧失，等等）。其次，中国科学、技术、医学史中的社会性别政治问题研究。包括古代和近代中国科学、技术和医学对性、身体、身份、性别观念的建构与规训过程，以及社会性别观念、意识形态对科学、技术、医学发展的影响和型塑。在此研究过程中，中国本土的知识体系、文化背景、社会观念等的独特性，及其在科学、技术、医学与社会性别的互动过程中所展现出的本土特色，便是不断完善和丰富女性主义科学编史理论的重要来源。再次，在当代科技史研究或更贴切的说是科技与社会的研究中，更有大量值得关注的课题，如网络技术、转基因技术、生育技术、整容技术、变性技术等涉及的社会性别政治问题，甚至少数民族传统工艺、日常生活技术的社会性别研究等，都是尚未开垦的荒地。

并且，从文献史料的角度来看，这些研究的开展都有实际的保障。史前时

---

① 实际上，中国内地杨念群教授所著的新史学代表作《再造"病人"——中西医冲突下的空间政治（1832—1985）》（北京：中国人民大学出版社，2006）一书，亦部分涉及医学与性别的议题，不失为借鉴国外史学、社会学新思潮、新理论对中国相关历史进行再诠释的一次成功尝试。

期我们有大量的考古发现和文物资料，古代我们有丰富的历史文献，近代更是有大量的档案资料可以利用。并且，国内的妇女史研究亦积累了很多研究成果，这些都能为开展本土化的女性主义科技史包括医学史研究提供支持。

在此，仅限于科学编史学的引进、研究和探讨，目的是阐明本土化探索的重要性、必要性和可资借鉴的资源，一阶的本土化案例研究尚不在此书内容之列，有待在后续的研究成果中体现。

第六节　小结与讨论

女性主义科学编史理论与实践的困境主要来自于构成其理论基础的科学观和性别观。其面临的主要困境是"相对主义"和"本质主义"的质疑，前者缘于其坚持科学社会建构论的基本立场并试图寻找新的科学"客观性"规范，后者因其在批判生物决定论的同时亦追求对具有"女性气质"的科学传统的追溯。其根本困境在于，女性主义学术根源于现代性之中，性别平等本身即是现代性追求的内容之一。因此，女性主义科学史时常在启蒙和后启蒙、现代性话语和后现代主义的学术诉求之间，左右徘徊。

后现代女性主义以哈拉维为代表，在对"第二波"传统女性主义科学元勘的上述困境做出分析和批判的同时，给出了新的科学"客观性"主张和认识论立场，并彻底强调差异、地方性、情境性和多元化，主张摧毁一切宏大叙事和普遍性。但是，这一回应仍然坚持构建新的科学"客观性"的必要性，并强调保持一种负责任的认识论态度，这使得它仍然很难解决"相对主义"难题，亦难逃脱女性主义学术的根本困境。并且，彻底分裂和碎片化还意味着历史书写在方法论和编史意义的困境，甚至可能动摇女性主义政治理想的根基。

当下的女性主义STS则在批判性地继承后现代女性主义尤其是哈拉维的成果的基础上，进入到"后人类主义"时代。其思想的核心在于：进一步打破一切二元论，并回归"物质本体论"和"科学实践"，主张在实践的"辩证法"中，生成一切主体、客体和知识。这一新的发展走向正受到女性主义学术界的广泛关注，它对女性主义科学史研究而言意味着什么，还有待于更多经验研究成果的出现，才能进行更为适切、充分的讨论。

总言之，在近半个世纪之中，女性主义的科学观大致经历了如下的演变脉络：从实证主义科学观走向建构主义科学观，再从彻底的社会建构论走向新的"物质本体论"，其中科学、技术、文化、性别、政治都不再被看成是孤立的中心和具有某种一成不变的本质，它们在"实践"中碰撞，生成知识和客观性。

性别观的演变则经历了从"生物本质主义"转向"文化本质主义",再从"文化本质主义"走向彻底的后现代主义差异论,最终又在新的意义上走向"后本质主义"。这些不断发生的观念和理论框架的变化,较为清晰地反映出女性主义科学编史理论所遭遇的基本困境,以及女性主义学者为解决这些困境所做的尝试和努力。

任何一个理论,都不是一经提出即已完满。理论最大的价值和影响恰恰在于它打开了一扇大门,开启了一个新范式,创造了一片新天地,引领更多的学者在其中耕耘收获。如同库恩的范式理论在科学哲学领域的影响一样,理论本身完善和成熟与否固然十分重要,但却并非判断其学术影响力的根本标准。以此来看,女性主义科学编史纲领已显示出这样的学术影响力。并且,它不断地自我批判与修正,更显示出强大的生命力。更为难能可贵的是,类似于席宾格尔这样的女性主义科学史家还积极投身于改变科技领域性别现状的实践之中,用自身的行动诠释女性主义学术的政治性和现实关怀。

遗憾的是,这一重要的科学编史纲领在中国内地的科学技术史学界依然没有受到充分重视,尚缺乏一阶的本土化探索经验。我们并非追求时髦,亦非在西方学术思想的后面亦步亦趋,更不会奉行拿来主义,照搬照抄。只是,作为这样一种对西方科学史研究已经产生和正在产生深远影响的新思潮和新理论,在没有对它进行认真分析研究之前,就不假思索地将其弃置一旁,无论如何都不是一种合理的学术态度。当然,本书对于西方女性主义科学史研究的编史学分析仍遗留了很多有待于进一步探讨的问题,尤其是关于当下前沿的新进展及其编史学影响。同时,笔者自身亦不能止步于理论探讨,还需要投入到本土化的探索之中,踏踏实实,争取能为女性主义科学史的经验研究和理论完善做出些许贡献。

第八章 女性主义技术理论与技术史研究

"技术，如同社会性别，是一种牢固地根植于具体文化与境的建构物。"[①]

——妮娜·莱曼（Nina E. Lerman）、阿文·莫恩
（Arwen P. Mohun）、露丝·奥登齐尔（Ruth Oldenziel）

"社会性别和技术之间的关系是相互创造（create），相互定义（define）与再定义（redefine），相互强化（reinforce），相互形塑（shape），相互影响（affect/influence）、相互操演（perform）或相互表达（express）的。"[②]

——黛博拉·约翰逊（Deborah G. Johnson）

在整体的女性主义学术背景下，女性主义技术史研究与女性主义科学史研究有着千丝万缕的联系和诸多的学术共性。并且，在当下的背景之中，正如哈拉维等学者开展的"技科学"研究所表明的，科学与技术之间即使存在边界也早已被打破。如此看来，本书在此增加一章专门介绍女性主义技术理论和技术史的研究工作，似有画蛇添足之嫌。然而，上述章节主要关注的是女性主义科学理论及科学史的经典案例，技术史的案例只涉及中国部分，而女性主义技术哲学和技术史研究的代表人物瓦克曼（Judy Wajcman）、柯旺（Ruth Schwartz Cowan）等的理论和经验研究均未涉及；并且，她们的学术思想另有渊源和关注的焦点，在研究主题和研究场域上形成了自身的特点。基于此两点理由，本书在此再对女性主义技术理论中偏重技术社会学和技术史研究的马克思主义/社会主义女性主义分支给予特殊关照，简要分析其学术渊源、核心主张及案例工作，并在更广泛的女性主义学术背景下对女性主义技术史研究的基本变迁做简要讨论，以此作为对本书工作的一个补充。我们期待正如哈拉维的"技科学"研究打破科学和技术的界限一样，女性主义科学史和技术史的融合亦将推动女性主义科学技术史的整体发展。

---

① Nina E. Lerman. Arwen Palmer Mohun, and Ruth Oldenziel. Versatile Tools: Gender Analysis and the History of Technology. Technology and Culture, 1997, 38 (1): 1 – 8.

② Deborah G. JohnsoN. Introduction//Mary Frank Fox, Deborah G. Johnson, Sue V. Rosser, eds. Women, Gender and Technology. Urbana and Chicago: University of Illinois Press, 2006: 4.

第一节 女性主义技术理论概况

女性主义技术研究与女性主义科学批判有着类似的理论渊源，二者均是女性主义学术向 STS 领域拓展的产物，均以社会性别理论为根基，同时受整个现代科学与技术批判思潮的影响；二者内部均非铁板一块，而是分别借鉴和吸收了不同的思想资源或分析工具来发展自身的理论。比较而言，女性主义技术研究起步较晚，其中将更多的女性填补进入技术史的工作开始于 20 世纪 70 年代，但关于女性主义技术理论的探讨始于 80 年代初，后者的目的主要是发展一种女性主义的技术观。

女性主义技术研究学者瓦克曼、福克纳（Wendy Faulkner）等人曾对女性主义技术理论的发展进行过回顾。其中，瓦克曼认为，从研究内容和研究取向来看，女性主义对技术的关注可分为两大类。一类是关注女性进入技术和工程领域的有限途径，另一类注重探讨技术本身的性别化特征[①]。福克纳则将"关于技术的女性主义研究"的内容归纳为三大类，分别是"技术中的女性"（women in technology）、"女性与技术"（women and technology）和"女性主义技术研究"（feminist technology studies）。其中，第一类关注女性在技术领域的人数比例问题；第二类探讨在工作场所和家庭内部，技术（例如生育技术和信息技术）对于女性的积极或消极的影响；第三类则是探讨技术和社会性别的互动关系[②]。尽管这两种分类略有差别，但并不矛盾，福克纳的第二类和第三类研究虽然有所区别，但均可以合并到瓦克曼所强调的第二类研究之中，因为关于技术本身的性别化特征的探讨亦涉及技术对女性的影响问题。

在此，本书借鉴哈丁在讨论女性主义科学批判的转变时所强调的："女性主义必须从讨论'科学中的女性问题'转变到讨论'女性主义中的科学问题'"，将女性主义关于技术的研究概括为探讨"技术中的女性问题"和"女性主义中的技术问题"两大方面。但需要说明的是，这一划分并不表示所有的具体研究都能划出明确的边界，因为很多研究尤其是关于"女性与技术"的研究并不能与福克纳所言的"女性主义技术研究"完全区分开。其中，关于技术对女性的影响尤其是负面影响的一些分析，亦涉及对技术价值中立性和性别生物

---

① ［美］朱蒂·维基克曼. 女权主义技术理论//［美］希拉·贾撒诺夫，杰拉尔德·马克尔，等编. 科学技术论手册. 盛晓明，等译. 北京：北京理工大学出版社，2004：145.

② Wendy Faulkner, The Technology Question in Feminism: A View from Feminist Technology Studies. Women's Studies International Forum, 2001, 24 (1)：79-95.

决定论的反思和批判，开始融入女性主义的分析视角。为更好地呈现女性主义关于技术的研究在技术观上的变化，本书仍在总体上分两个方面概括其基本理论状况。

一、技术中的女性问题

技术中的女性问题主要涉及几类研究。一类是探讨技术领域的性别歧视问题，主要关注技术领域的性别结构分层。另一类是探讨技术对女性产生的影响，主要关注技术给女性工作、生活和身体造成的影响。

其中，自由主义女性主义学者较多侧重第一类研究，如同他们对科学中的性别问题的看法一样，他们强调改变技术和工程教育的现状，让更多的女性参与技术和工程；并通过吸纳更多女性参与，以改变技术领域的性别不平等现状。具体的研究一般强调对技术、工程教育及相关职业领域的性别数据进行统计分析，常与对科学领域性别数据的分析结合在一起作为比较，注重揭示技术领域的性别分层结构。

例如，据有关研究统计，在英国的技术工程领域，20 世纪 80 年代女性在各工业场所所占比例为 20％，这个比例远远低于英国女性在全部经济领域所占的比例。而在全部的 40 万名女性技术和工程人员中，88％是在从事文职工作（clerical jobs），或者在类似流水线的那些常规工作上做半熟练的操作员（semi-skilled operators）。只有不到 1％的女性成为技术熟练的女技师（skilled crafts-women），只有稍微超过 1％的女性属于专业工程师（professional engineers）。在英国的工程工业中就业的专业工程师里，只有 4.6％是女性[1]。该研究通过具体数字反映出女性在英国技术工程领域的现状，即女性所占人数比例很低，且在这部分低比例的女性技术、工程人员中，绝大多数又是在从事辅助性或常规性的工作。换言之，随着职位和工程技术水平的提高，女性所占的比例越来越小。实际上，正如福克纳所言，尽管近 20 年来政府和工业支持各种推进"妇女进入工程"的运动，但绝大多数国家的女性真正进入该领域的比例依然十分低下，甚至比女性进入科学领域的数字更低[2]。

这一类研究往往会进一步探究出现上述情况的原因，并将重点放在对技术教育的考察上，结果发现了高等教育中最为常见的学科性别失衡现象。该现象

---

① Ruth CarteR. Gill Kirkup. Women in Professional Engineering: The Interaction of Gendered Structures and Values. Feminist Review, 1990, (35): 93.

② Wendy Faulkner. The Technology Question in Feminism: A View from Feminist Technology Studies. Women's Studies International Forum, 2001, 24 (1): 79.

指的是，虽然在全球范围内，女性接受高等教育的比例在不断提高，但却存在学科的性别区分，主要表现在女性似乎较为集中到某些特定领域。例如，在很多地区，女性在生物学和生命科学中的参与度得到了提高，欧洲发达国家甚至出现了生物学的"女性化"趋势，女性比例达到50％以上，但是女性在"更艰难的"物理学、工程学、计算机科学和信息技术领域的比例在世界各国都普遍偏低，在一些经济合作与发展组织国家，这些专业的女毕业生只占9％～25％①。针对具体大学学科教育的性别研究亦反映了这一点。例如，在苏格兰大学学习电子信息工程的女学生仅占7％，其他工程专业也大约仅在12％左右，大部分女学生选择了人文社会科学专业②。换言之，尽管女性在全球范围内受教育的水平和机会不断得到提高和增多，但在科学技术与工程专业方面，女性接受教育的人数和比例仍然很少。这种高等教育中学科的性别隔离直接导致了职业领域的性别隔离现象的延续和强化。例如，联合国教科文组织统计研究所2009年的统计数据表明，欧洲的发展中国家工程和技术领域就业的女性研究人员最高比例不足40％，最低不到15％；而亚洲发展中国家该领域女性科研人员的最高比例不足25％；拉丁美洲的最高数字则不足20％。

实际上，除正规教育之外，妇女在获得非正式技能培训过程中也遭遇种种歧视，丧失了很多培训机遇。在此，性别同样构筑了一道明显的界限。例如，中国女生一般学习家庭技艺，而男生则学习木工、自动机械、冷冻等类似技术。此外，企业范围内的学徒式培训机会十分有限，且一般也只有"男性"工作种类才可能提供这种机会。技能培训中心特别强调工薪就业方向，而事实上女性却很少能够获得工薪就业机会③。

显然，女性受教育和培训的上述状况直接限制了她们参与技术、工程活动的条件、资格和能力，也决定了她们在技术和工程领域里的边缘现状。因为从根本上讲，教育和培训本身是一种资源分配的过程，它的直接产出是拥有知识和技能的人。拥有较高知识和技能的人往往被认为应该更多地获取和控制资源，因此，在家庭与社会中，受过较高教育的人成为了资源的决策者，具有更高的家庭和社会地位；反过来，被剥夺了教育的权力，等于被剥夺了发展的权

---

① 联合国教科文组织. 科技与性别问题全球报告. 刘利群，等译. 青岛：青岛出版社，2008：49.

② Melanie Walker. Engineering Identities. British Journal of Sociology of Education, 2001, 22（1）：78.

③ 中国妇女研究会. 社会性别，贫困及就业：化能力为权利（妇女研究参考资料（二），内部资料）. 北京：2001：34.

力①。也为此，要解决技术领域的性别不平等问题，加强女性的基础教育和专业技术教育被认为是最重要的途径之一。例如，高等教育体系有针对性的改变传统性别专业选择模式，制定有利于女性选择传统男性专业的措施，打破专业选择的性别隔离，培养大量的女性技术人才。此外，加强对女工的职业培训，提高她们的就业能力；搭建女性技术人员的网络平台，为她们在技术领域的发声提供更适切的环境和联合力量。总之，要为女性进入技术和工程领域提供更多政策和制度上的宽松条件。

显然，这一类研究没有对传统的技术观提出挑战。在其视野中，技术仍然是价值中立性的事业，技术领域的性别歧视会因吸收更多女性的参与而得到改变。正如福克纳所言："与自由主义女性主义传统一致，关注'技术中的女性'的那些文献和运动都将技术看作性别中立的，而且毫无疑问它是'一个好东西'，只要早期的社会化过程（如玩机械玩具）和工作场所的结构（如小孩喂养问题）有所改变的话，那么女性就可以进入技术领域。"②

另一类研究关注技术对女性的影响。其中，马克思主义/社会主义女性主义尤其关注了生产技术和家用技术对女性工作与生活的影响。在生产技术方面，关注的焦点是新技术的使用是否会改变女性的就业状况。相关研究强调生产技术的革新使得工人的劳动不断被片段化和去技能化，进而加强了资本对劳动力的控制，其中女工人更容易在资本家和男工人的双重压制下处于被剥削的底层。在此方面，科伯恩（Cynthia Cockburn）的研究具有代表性，她尤其考察了男性对技术性行业的控制和将女性排斥在外的过程。男性工人有组织地抵制女性进入他们的行业，从而保留自己对某些技术的控制权，女性只能在报酬最低，最不需要技能的职位上工作③。在家用技术方面，关注的焦点是家用技术与家庭劳务时间之间的关系。进入 20 世纪以来，一系列的家用电器发明改变了家务劳动的性质，如洗碗机、微波炉、吸尘器、速冻食品等。女性主义学者对家用技术的历史及其与家务劳动的关系做了很多研究，其中，柯旺的工作最具代表性。她的研究表明，诸多家用技术产品的发明不但没有像预期的那样减轻女性的负担，反而增加了女性花费在家务劳动上的时间④。瓦克曼也对家

---

① 林志斌主编；王伊欢，齐顾波副主编．性别与发展教程．北京：中国农业大学出版社，2001：53.

② Wendy Faulkner. The Technology Question in Feminism: A View from Feminist Technology Studies. Women's Studies International Forum, 2001, 24 (1): 79 – 80.

③ Cynthia Cockburn. Brothers: Male Dominance and Technological Change. London: Pluto, 1983.

④ Ruth Schwartz Cowan. More Work for Mother: The Ironies of Household Technology from the Open Hearth to the Microwave. New York: Basic Books, 1983: 210 – 216.

用技术的发展做过类似的考察,正如她本人所总结的,家用技术的确提高了家务劳动的效率,但随之而来也提升了对家庭主妇角色的期望,家庭和家务被赋予了更多的情感意义,女性所承担的家务更多了,家用技术远没有把女性从家庭中解放出来,相反使她们进一步陷入性别的社会组织之中①。

除马克思主义/社会主义女性主义之外,激进女性主义、生态女性主义和赛博格女性主义亦分别考察了生育技术、军事技术和信息技术对于女性的影响。其中,激进女性主义关注生育技术对女性身体的解放/禁锢作用。在费尔斯通(Shulamith Firesyone)看来,两性不平等的根源在于生物学,在于女性必须承担的生育责任和义务,妇女的解放要求生物学意义上的革命,因而她欢迎和支持各种人工或技术辅助生育,认为辅助生育技术是帮助妇女从生育牢笼中解放出来的重要工具,能给妇女解放带来希望,其最终的理想在于构建一种完全消除了性差异的雌雄同体的社会②。这一观点遭遇激进文化派女性主义的激烈批判,里奇(Adrienne Rich)、科里亚(Gena Corea)等学者认为,辅助生育技术是男性控制和压制女性身体的途径,生育技术的发展只会增强男性对女性身体和生育权力的控制,而不是帮助妇女获得解放③。

类似地,赛博格女性主义内部在技术对女性的影响问题上,亦态度不一。其中,有些学者强调信息技术尤其是互联网的发展及其构建的赛博空间能为女性赋权带来新的希望。如同激进自由派女性主义学者确信生育技术的发展能给妇女带来福音一样,赛博格自由派女性主义学者认为,通过鼓励更多的女性积极学习和获得计算机技术,可以使得她们在全新的赛博空间中大展宏图,积极创建网络世界中的女性文化,最终通过对信息技术的合理利用,就能使其有助于改变现实世界中的性别不平等。换言之,在他们看来,网络和赛博格似乎是具有女性气质的媒介,能为女性解放和新社会的形成提供技术基础,使女性而非男性更独一无二地适合这个信息时代④。正如米勒(Melanie S. Millar)所言:"以女性为中心的视角提倡妇女对具有赋权性质的新信息技术的运用。一

---

① [美]朱蒂·维基克曼. 女性主义技术理论//[美]希拉·贾撒诺夫等编. 科学技术论手册. 盛晓明,等译. 北京:北京理工大学出版社,2004:151.

② Shulamith Firestone. The Dialectic of Sex. New York:Bantam Books,1970:12.

③ [美]罗斯玛丽·帕特南·童. 女性主义思潮导论. 艾晓明,等译. 武汉:华中师范大学出版社,2002:107-111.

④ 有关研究如:Frances Grundy. Women and Computers, Exeter:Intellect Books, 1996;Sadie Plant. Zeros and Ones:Digital Women and the New Technoculture. London:Fourth Estate, 1998. G. Kirkup, L. Janes, K. Woodward, F. Hovenden, eds. The Gender Cyborg:A Reader, London:Routledge, 2000.

些赛博格女性主义学者将这些技术看成是具有内在解放性的，认为它们的发展将终结男性的霸权，因为女性尤其适合数字时代的生活。"① 然而，很多研究亦表明现实并没有设想的那般美好，至少在技术教育和信息技术职业领域，性别不平衡问题（最直接地表现为信息技术领域的性别分层）依然突出②。甚至，赛博空间在成为女性可资利用的新领域的同时，亦充斥着军事化和全球化的迷思，甚至网络已被色情和性服务所利用，现实世界中的性别角色、性别分工和性别关系在网络空间被复制甚至强化，女性往往成为信息技术的受害者③。

可以说，女性主义学者在经历了对技术之于女性的影响研究之后，均开始对技术和女性的关系提出了思考。其中，马克思主义/社会主义女性主义在批判技术对女性造成的消极影响时，已开始关注技术的社会建构性质及其与社会性别之间的互动关系，从单纯强调技术对女性的影响，转向对技术的父权制性质的批判和反思，开始将建构主义的立场贯彻到对技术与社会性别之间关系的分析上。甚至，作为在这些研究基础上的延伸，马克思主义/社会主义女性主义学者例如瓦克曼等人开始探讨和构建新的女性主义技术理论。同时，激进女性主义、生态女性主义亦进一步揭示和批判技术的男性气质，赛博格女性主义也开始突破"技术和女性"的关系范畴，进一步研究信息技术对社会性别关系和社会性别身份认同的影响，并对二元论提出反思和批判。总体而言，女性主义对技术问题的研究开始从探讨"技术中的女性问题"转向研究"女性主义中的技术问题"。当然，这一说法仅表示女性主义关于技术的研究在技术观和研究思路上的转变，并不意味着不再有研究探讨"技术中的女性问题"。正如上文所言，这两类研究之间的边界并不是完全清晰可辨的，这一点在生态女性主义和赛博格女性主义那里体现得相对更为明显。

二、女性主义中的技术问题

探讨"女性主义中的技术问题"实际上强调的是要将社会性别分析视角纳入对技术的分析。在女性主义的视野中探讨技术问题，意味着关注的焦点从

---

① Melanie S. Millar. Cracking the Gender Code：Who Rules the Wired World？ Toronto：Second Story Press，1998：200.

② 黄育馥，刘霓. E时代的女性——中外比较研究. 北京：社会科学文献出版社，2002：130.

③ 相关研究如：Carol Adams. This is not Our Fathers' Pornography：Sex，Lies and Computers// Charles Ess，ed. Philosophical Perspectives on Computer‐Mediated Communication. Albany，N. Y.：State University of New York Press，1996：147‐170；S. Bardzell，J. Bardzell. Sex‐Interface‐Aesthetics：The Docile Avatars and Embodied Pixels of Second Life BDSM. Paper presented at CHI conference，Montreal，Canada. 2006：22‐27.

"女性如何进入技术领域"以及"技术对女性产生了怎样的影响"等问题转向分析"技术从研发到消费和使用等各个环节中社会性别构成的特定方式与具体过程",它意味着对技术和社会性别双向互动关系的考察,以及对技术的反思和批判。

其中,马克思主义/社会主义女性主义在原有研究的基础上更加注重分析技术知识的社会性别化特征,追问技术与社会性别之间关系的本质。对于他们而言,技术发展与劳动性别分工依然是关注的主要内容,但其研究不再局限于讨论技术发展对女性地位和女性劳动时间的影响等问题,而是深入追问技术本身与男性气质的深层关联,考察技术作为男性权力的重要来源发挥作用的具体方式。他们不再把人工制品看作是中立或者价值无涉的,相反,它们是内嵌着社会关系尤其是社会性别关系与意识形态的。换言之,这些研究开始探讨技术与社会性别之间相互影响和建构的方式与过程。

例如,瓦克曼在谈及技术的性别化关系时提出,性别区分与技术变迁之间最重要的互动方式之一是通过劳动成本来实现的,因为女性的劳动报酬一般要低于男性。因为新机器本身要计入劳动成本,所以在那些充斥着女性廉价劳动力的行业,技术进步就会比较慢[1]。柯旺对制衣行业的研究例证了这一点,尽管这个行业具有高竞争性,尽管剪裁和熨烫这些对缝纫有辅助性的技术步骤有大量的进步,但服装业自19世纪以来很少有技术进步[2]。这是社会性别关系和劳动性别分工影响技术革新的一个具体事例,反过来技术变迁也会导致社会性别劳动分工的变化。例如,上文提到的科伯恩关于电子照排技术的研究亦开始表明男性、女性、资本家、技术之间更为复杂的互动关系。其中,男工人组织的工会对女工人的排挤,新照排技术的使用对男工人技能与权力基础的破坏,以及新技术促成的对廉价女工的雇佣和更好的成本控制等,这些都意味着社会性别关系、劳动性别分工和技术革新与应用之间的相互形塑关系[3]。

还有一些研究开始关注技术的象征维度,探讨技术与男性气质的等式。这些研究从技术教育、技术职业和个体社会化的角度展开分析,追溯男性气质与女性气质的培养和形成过程及其与技术特征之间对应关系的建立方式。这类研

---

① 〔美〕朱蒂·维基克曼.女性主义技术理论//希拉·贾撒诺夫,等编.科学技术论手册.盛晓明,等译.北京:北京理工大学出版社,2004:147.

② Ruth Schwartz Cowan. Gender and Technological Change// Donald MacKenzie, Judy Wajcman, eds. The Social Shaping of Technology: How The Refrigerator Got Its Hum. Milton Keynes. Philadelphia: Open University Press, 1985: 53-54.

③ Cynthia Cockburn. Brothers: Male Dominance and Technological Change. London: Pluto, 1983.

究比自由主义女性主义单纯关注技术教育和技术职业领域的性别失衡现象更进一步，认为前者所主张的机会均等政策和方案对于改变技术和工程领域性别不平等现状之所以收效甚微，原因就在于他们没有揭示和批判技术的男性文化气质。而技术的男性气质特征表现在很多方面，包括技术教育中普遍存在的性别刻板印象，实验室、工程项目环境的男性气质色彩，以及男女工程师的穿着要求等诸多方面。正如特拉维克在美国斯坦福直线加速器中心（SLAC）所观察到的那样，实验物理学家的办公室的家具装备，包括桌子、椅子、书架和计算机等，都是灰色金属的，甚至图书馆的所有家具也都是灰色金属的[①]。卡特（Ruth Carter）和柯卡普（Gill Kirkup）的研究也表明，接受了工程职业，就意味着女工程师对保持恰当的职业形象与身份的重要性有了充分的认识；在西方社会，工程领域一般是白人男性的天下，共同体内的成员在穿着、行为、语言等方面都倾向于男性气质化[②]。瓦克曼亦提出工程体现了技术的男性气质的重要一面，即强健的体魄与物理的技能，如手工劳动和机器相关的所有特征——噪声、污染和危险——都充斥了男性气质[③]。科伯恩的研究则表明，无论性别意识形态如何变化，社会如何界定男性气质，它们始终都把女性划入不适合从事技术工作的一类[④]。

　　与此同时，激进文化派女性主义和生态女性主义在揭示生育技术、军事技术对于女性和自然的压迫与控制的同时，亦探讨和分析技术的男性气质特征和父权制性质。但其研究思路和基本观点与马克思主义/社会主义女性主义学者存在较大差异。在他们看来，男性和女性存在根本差异，女性的权力、知识、文化和幸福都由男性控制和主宰。西方现有的技术如同其科学一样，深深内嵌于对女性和自然进行统治和控制的、具有男性气质的计划之中。其中，生育技术具有明显的代表性，因此成为激进女性主义和生态女性主义关注的核心对象。正如本书前文所提及的，激进女性主义内部的自由派学者支持生育技术的发展，认为技术进步有助于将女性从生育的苦难中解放出来。相反，激进文化派女性主义学者以及生态女性主义学者则将技术视为压迫和剥削女性的工具，

---

　　① ［美］沙伦·特拉维克. 物理与人理——对高能物理学家社区的人类学考察. 刘珺珺，张大川，等译，上海：上海科技教育出版社，2003：36 - 37.

　　② Ruth Carter, Gill Kirkup. Women in Professional Engineering：The Interaction of Gendered Structures and Values. Feminist Review，1990，(35)：94.

　　③ ［美］朱蒂·维基克曼. 女性主义技术理论//希拉·贾撒诺夫，等编. 科学技术论手册. 盛晓明，等译. 北京：北京理工大学出版社，2004：155.

　　④ Cynthia Cockburn. Machinery of Dominance：Women，Men and Technical Know - how. London：Pluto，1983.

尤其是父权制入侵女性身体的一种形式。在此方面，科里亚和米斯（Maria Mies）等人的工作具有代表性。在这些研究者看来，生育是一种自然过程，是女人独有的天性和优势所在，而试管受精、卵子捐献、胚胎评估、性别预测等技术都具有父权制的色彩，它们是男性剥夺女性生育优势的工具①。并且，在批判现有技术的父权制性质及其对女性的压迫和统治的基础上，生态女性主义还进一步试图建立一种新的技术。在其看来，女性不仅具有生育的优势，而且基于她们的生物学基础，以及在此基础上的情感、直觉和灵性，她们还具有特定的认知世界的方式和实践经验，这些构成了建构新的技术的基础。例如，里奇认为，女性特殊的生理构造（如乳房、子宫等）和生理经验（如月经、妊娠和分娩等）使得女性的身体具有我们远未理解和掌握的、更加激进的暗示②。实际上，这一暗示指的便是存在一种可能性，即构建一种不同于当下父权制性质的新技术，该技术以女性价值和女性原则为根基，是一种"妇女友好的"（woman - friendly）、女性气质的（feminine）技术③。

在马克思主义/社会主义女性主义学者看来，生态女性主义的技术观虽然讨论了技术与男性气质之间的关联，挑战了技术的价值中立性观念，但却犯了明显的生物决定论和本质主义的错误。他们的这种技术观如同我们在本书第七章对"女性主义科学"的分析一样，具有鲜明的本质主义倾向。女性不具有不变的本性，相反男性气质和女性气质都是社会建构的产物，是不断变化的。也为此，在瓦克曼看来："追求某种基于女性内在价值观的技术，这本身就是误导。"④ 而且，甚至生态女性主义还具有明显的技术决定论和悲观主义思想倾向，"因为他们假定技术的父权制特征可以简单地从社会的父权制本质中推演出来，现有的技术的父权制特性是被预先假定的，因而似乎没有必要去实际研究具体的某项技术；并且更为重要的是，它没有为协商和反抗留下任何空间，

---

① 参考：Gena Corea. The Mother Machine：Reproductive Technologies from Artificial Insemination to Artificial Wombs，New York：Harper & Row，1985；Gena Corea，et al，eds. Man - made Women：How New Reproductive Technologies affect Women. London：Hutchinson，1985；Maria Miesm. Why Do We Need All This? A Call Against Genetic Engineering and Reproductive Technology//Patricia Spallone，Deborah Lynn Steinberg，eds. Made To Order：The Myth of Reproductive and Genetic Progress. Oxford：Pergamon，1987.

② Adrienne Rich. Of Woman Born：Motherhood as Experience & Institution Reissue. London：Virago，1977：39.

③ Keith Grint，Rosalind Gill. The Gender - Technology Relation：Contemporary Theory and Research. Bristol：Taylor & Francis，1995：5 - 6.

④ ［美］朱蒂·维基克曼. 女性主义技术理论//希拉·贾撒诺夫，等编. 科学技术论手册. 盛晓明，等译. 北京：北京理工大学出版社，2004：149.

女性主义者面临的似乎只有一个选择，那就是完全抛弃技术"①。

在赛博格女性主义视野中，信息技术不只是为女性提供了全新的社会空间和改变命运的机会，更在于它能够规避或改变现实世界的性别身份认同，乃至社会性别关系和社会性别文化。例如，在特克（Sherry Turkle）看来，它能提供一种去中心化的、多元化的、流动的新的自我感觉，在这一以计算机为媒介的世界里，人们可以表达多元化的、尚未被探索的新的自我和身份认同②。当然，正如上文所言，在马克思主义/社会主义女性主义或赛博格女性主义内部对此均有质疑。实际上，赛博空间中的性别关系、性别语言和性别文化，在很大程度上仍然是现实世界的结构投射和延伸。正如本书第七章提到的，很多赛博格女性主义学者忽视了全球资本主义和现有父权制结构的强大惯性及其影响力。并且，从另一个角度来看，现实世界的信息技术或者说网络技术的设计、创新甚至生产依然是男性主导的领域，信息技术在文化气质上依然被建构成是男性气质的。正如露丝·奥登齐尔（Ruth Oldenziel）在分析技术与男性气质的构建历史时曾提到的，《纽约时报》对莫里斯（Robert Morris）引发的"最大的电脑瘫痪"（the biggest computer gridlock）事件的报道表明了社会对技术的男性气质的刻板印象依然十分牢固。正如这篇报道所展示的，女人和女孩"是使用电脑，男人和男孩则是热爱它们。这种不同似乎是电脑仍然是男性占主导地位的一个关键原因"。报道还称，不论是在计算机科学实验室、电子游戏厅还是汽车修理厂等地方，在男性对这些机器充满激情的浪漫关系中女性"几乎无一例外是旁观者"③。换言之，赛博格女性主义期待借助信息技术改变现实的性别不平等，还需要从根本上改变技术在文化气质上与父权制文化的深层关联。

然而，需要肯定的是，赛博格女性主义依然为我们提供了新的技术批判范式。在赛博格女性主义看来，技术不再是必须被完全抛弃或者能够完全被抛弃的极度危险之物。如同哈拉维所倡导的，赛博格作为一种混合体，象征着人机界限、两性界限、文化与自然等二元划分系统的打破。这一观点表明技术已经完全成为我们的身体、身份、文化表征的一部分，我们无法抛弃技术，无法追

---

① Keith Grint, Rosalind Gill. The Gender - Technology Relation：Contemporary Theory and Research. Bristol：Taylor & Francis，1995：5.

② Sherry Turkle. Life on the Screen：Identity in the Age of the Internet. New York：Simon & Schuster，1995：12.

③ Ruth Oldenziel. Making Technology Masculine：Men，Women and Modern Machines in America 1870 - 1945. Amsterdam：Amsterdam University Press，1999：9.

求一种完全"自然"的身体，因为完全"自然"的身体已经不复存在。我们要做的不是去抹除技术在女性身体上留下的痕迹，也不能完全在技术和社会、文化之间划出清晰的边界再加以拒斥，更不可能去追求一种前现代的回归，而只能去利用现有的技术及其话语，在打破二元论的基础上追求新的、女性主义的话语权和主导权。

总言之，尽管不同的女性主义流派侧重关注的技术场域不同，其中激进女性主义和生态女性主义偏重生育技术和军事技术，马克思主义/社会主义女性主义偏重生产技术和家用技术，赛博格女性主义偏重信息技术；并且，它们对待技术的态度亦有悲观和乐观之分，其新的技术价值和技术话语的追求亦有不同；但它们均开始反思和批判技术的父权制性质及其男性文化气质，考察技术与社会性别而不仅是女性之间的建构关系。技术在女性主义的视野之中不再是价值中立的无辜之物，技术和女性、社会性别之间的关系也不再简单被理解为因技术的滥用而引发的负面影响。

第二节　马克思主义/社会主义女性主义的技术研究

针对不同技术场域的经验研究促使女性主义技术研究学者开始思考技术和社会性别之间的理论关系问题，试图提出较为系统的女性主义技术理论。其中，马克思主义/社会主义女性主义学者在此方面着力最多。并且，其特点正如瓦克曼本人所坦言的，她/他更为偏重对技术进行具体的经验研究，尤其注重对技术进行历史学和社会学的分析，注意在经验研究中提炼和发展其技术理论。事实上，该流派从马克思主义、女性主义、新技术社会学以及文化研究中吸取了诸多重要思想，提出了相对系统和明确的技术与社会性别之间的关系框架，并且产生了很多技术史的经典成果，既形成了对传统技术史研究的挑战，同时也为技术史研究提供了新的研究思路和学术空间。为此，本书在此有限篇幅中对该流派技术研究的理论渊源、核心思想及技术史案例工作做专门的分析和阐述。

一、理论渊源与主题变迁

正如上文的论述所表明的，马克思主义/社会主义女性主义的技术研究只是女性主义技术理论具体进路之一，但它区别于其他女性主义技术研究进路的重要之处在于同时坚持技术与性别的社会建构性及其相互形塑关系，体现了相对更为彻底的反本质主义立场，同时亦强调对技术展开具体的经验分析，不主张完全抛弃技术，亦对关于技术的过分乐观态度有所质疑和批判。

本书在此不试图勾勒出关于其理论渊源的宏大谱系，而仅从微观视角对直接影响该流派技术研究的几个主要思想或理论做具体分析，从中亦可窥见其基本理论框架及研究主题的变迁。具体而言，对马克思主义/社会主义女性主义技术研究影响最大的主要是女性主义的社会性别理论、马克思主义的劳动过程理论、技术社会建构论和技术文化理论。

1. 社会性别理论

和自由主义女性主义学者类似，马克思主义/社会主义女性主义学者亦注意到技术领域女性相对缺席的状况，但却将目光投向了技术史，希望通过填补更多的女性发明家和技术精英进入技术史的名人清单，来揭示女性对于技术所做的、不应被忽视的贡献。然而，如同将伟大的女科学家纳入科学史名人清单的那些工作一样，这类研究在本质上还没有对女性和技术的范畴提出质疑，只能为女性进入技术领域的资格和能力提供经验辩护，缺乏坚实的理论支撑。随着女性主义发展出社会性别理论，这一局面得到了改善。

关于"社会性别"这一基本概念的内涵及社会性别理论之于女性主义学术的重要性，本书在第三章已做过详细分析，不再赘述。我们在此只说明它对于马克思主义/社会主义女性主义技术研究的意义。显然，社会性别概念作为一种分析范畴，旨在探讨造成各个领域包括技术领域性别问题的社会成因。对于马克思主义/社会主义女性主义的技术史或技术社会学研究而言，这一分析范畴的运用意味着其研究不再仅以女性和技术的关系问题为主要研究对象，而是以探讨技术对性别身份、性别差异、性别关系形成与发展的影响，以及性别观念、性别关系结构、性别文化对技术的塑造为主要内容。该流派的技术研究学者充分认识到了社会性别概念的上述内涵及其意义。在她们看来，社会性别不仅是区分人群的重要方式，也是特定场域中权力分配的重要方式；不仅指性别身份，更指性别关系、结构、文化及意识形态；考察社会性别上述内涵建构过程中物质因素的作用，以及反过来它们在技术建构过程中的角色，将会使得将社会性别与技术这两个范畴并置在一起进行研究的意义不言自明[①]。科伯恩和奥姆罗德（Susan Ormrod）更是明确指出，不能忽视哈丁提出的社会性别三层内涵中的任何一个，否则就会导致女性与科学关系策略的失败；对于女性与技

---

① Nina E. Lerman. Ruth Oldenziel，Arwen Palmer Mohun，Gender and Technology：A Reader. Baltimore and London：The Johns Hopkins University Press，2003：4 - 5.

术的关系而言，也同样如此①。可以说，女性主义技术社会研究的一个重要突破，就是将社会性别视为"探讨文化与技术之间关系的一个有用的分析工具"②。

社会性别理论的运用，使得马克思主义/社会主义女性主义的技术史与技术社会学研究关注的主题发生了转向，同时研究的问题域也被拓宽。社会性别与技术之间的关系是什么？技术内在地是男性气质的吗？社会性别参与技术的设计、生产与使用的前提假设是什么？等等，都是在新的研究框架下所应考虑的问题。然而，这一理论的运用所带来的更为深刻的影响是对"技术"及其价值有了新的理解。正如莱曼（Nina E. Lerman）等所言，社会性别分析挑战了关于什么是或者不是"技术"的惯常假定，以及哪些技术是重要研究对象的习惯假定③。事实上，马克思主义/社会主义女性主义技术史与技术社会学研究将很大一部分注意力放在家用技术及其性别化特征上，这一技术类型或者说技术场域往往为之前的技术社会学和技术史研究所忽略。马克思主义/社会主义女性主义的相关研究不但揭示了家用技术的重要意义，更拓展了技术本身的内涵，即技术不只是人工制品，同时更是一种社会关系、社会文化和意识形态。当然，对技术内涵的这一拓宽，同时更是受益于技术社会建构论的结果。实际上，当社会性别理论被引进技术史和技术社会学的研究领域时，必将面临着如何构建或追溯技术与社会性别之间共同形塑关系的问题，这同时需要从技术研究领域的既有传统中吸取资源。

2. 技术社会建构论

技术社会建构论强调的是社会对技术的影响，它的理论意义在反思和批判技术决定论的背景中被凸显。它是社会建构论向技术研究领域的延伸，主要通过案例实证来分析技术如何被建构，因此也可以称为社会建构论的技术社会学④。一般认为社会建构论有强弱之分，其中弱建构论仅表明技术在某种程度上受社会因素的影响，强建构论则进一步认为技术的内容亦是社会建构的，技术的价值及其有效性并非源于其内在的逻辑规定，而是由社会因素决定。SSK影响下的技术社会建构论采取的基本都是强建构论的立场，即认为技术设计和

---

① Cynthia Cockburn, Susan Ormrod. Gender & Technology in the Making. London. Thousand Oaks. New Delhi: Sage Publications, 1993: 6.

② Nina E. Lerman, Arwen Palmer Mohun, Ruth Oldenziel. Versatile Tools: Gender Analysis and the History of Technology. Technology and Culture, 1997, 38 (1): 1-2.

③ Nina E. Lerman, Arwen Palmer Mohun, Ruth Oldenziel. Versatile Tools: Gender Analysis and the History of Technology. Technology and Culture, 1997, 38 (1): 3.

④ 邢怀滨. 社会建构论的技术观. 沈阳：东北大学出版社, 2005: 20.

技术内容都是社会建构的产物，均可对其展开社会学分析。

从一般意义上看，马克思主义/社会主义女性主义吸收了技术是社会建构的产物这一基本理念。因为如果假定技术是按照自身内在逻辑独立发展的产物，就无法阐明社会性别对技术发展所产生的影响，以及技术的社会性别文化意涵，也就无法实现女性主义批判和变革技术进而实现技术领域性别平等的政治诉求。事实上，在该流派的技术研究者看来，技术和性别一样都是社会建构的产物，技术离不开生产、处理和使用它的人而存在，并且，人类总是通过一定的范畴概念来组织他们的技术活动，这些范畴区分和定义了人类本身，包括年龄、财富、教育程度、职位、宗教和社会性别①；其中，社会性别意识形态在人类与技术的互动中扮演着核心角色②。可以说，性别与技术的社会建构观念构成了马克思主义/社会主义女性主义技术史与技术社会学研究最重要的理论基础。

具体而言，马克思主义/社会主义女性主义学者对技术社会建构论的批判性借鉴主要体现在技术的社会建构（SCOT）中的"解释柔性"（interpretative flexibility）、相关社会群体（relevant social groups）概念以及行动者网络理论（ANT）上。所谓"解释柔性"，是指技术不具有边界固定的内在含义，每个主体不仅包括技术的设计者、生产者、销售者也包括技术的使用者和消费者，均参与了对技术功能与内涵的解释，使用者甚至可以在很大程度上改变技术的含义。显然，这一概念对于探讨主要作为技术消费者的女性在技术变迁中的地位具有重要意义，女性主义技术社会研究的许多经典案例都阐明了这一点。例如，瓦克曼以微波炉由军用产品、男性休闲产品发展为家用电器的历史表明了女性使用者对这一技术的占用与重构③。为了解释实践中新技术的内涵常常具有很强的稳定性这一事实，SCOT 在此基础上引入了"相关社会群体"概念，用以说明技术内涵与界定过程中统一意见的取得方式。女性主义学者对此概念提出了批判，认为它忽略了作为边缘群体的女性，并因此使得对技术进行社会性别分析的重要意义被忽视④。柯旺更是提出了"消费者联结"（the consumption junction）的概念以避免技术"相关社会群体"的空泛和难以界定的问题，

①　Nina E. Lerman, Ruth Oldenziel, Arwen Palmer Mohun. Gender and Technology: A Reader. Baltimore and London: The Johns Hopkins University Press, 2003: 3.

②　Nina E. Lerman, Arwen Palmer Mohun, Ruth Oldenziel. Versatile Tools: Gender Analysis and the History of Technology. Technology and Culture, 1997, 38 (1): 1.

③　Judy Wajcman. TechnoFeminism. Cambridge: Polity Press, 2004: 36 - 37.

④　Keith Grint, Rosalind Gill, eds. The Gender - Technology Relation: Contemporary Theory and Research. London: Taylor & Francis, 1995: 18.

她要求将消费者置于社会关系网络中的核心位置，而且必须从他们的视角看待这一网络的形成与内部要素之间的关系①。如此一来，女性作为技术消费者在相关社会群体所构成的网络中的位置将变得举足轻重。

行动者网络理论中的"行动者"可以指人，也可以指非人的存在和力量，每一个行动者就是一个节点，它们彼此处于一种平权的地位，相互连接，共同编织成一张无缝之网。它意味着技术与社会并非各自独立的领域，相反它们是共同构成和建构的网络关系，技术本身作为行动者之一，在研发、设计、生产、市场、分配、销售、保存等过程中，承载了其发明者、研发者、改进者与生产者的利益与价值观念，参与了对技术使用者的建构和塑造。女性主义学者积极将这一思路吸收并贯穿到其技术研究之中，探讨了技术人工物从发明、生产到销售以及技术系统标准化的整个过程中，隐含着的对女性作为消费者形象的塑造和对女性经验的否定。例如，他们明确指出 ANT 与 SCOT 一样忽略了边缘人群或缺席人群的作用，其行动者大部分是男性英雄、大项目和重要组织，是一种"管理者和企业家的"行动者网络模型；ANT 没有认识到技术系统的稳定和标准化必然意味着对未被标准化者的经验的否定②。另一方面，女性主义学者还强调技术使用者始终与技术人工物互动，能改变技术人工物的内涵与使用方式，为此将研究视野从 ANT 关注的技术创新与研发拓宽到生产操作、市场销售、消费和终端使用者。结果发现，女性是技术生产的隐形的廉价劳动力，她们是秘书、清洁工和厨师，是销售团队的一员，是家用技术和生育技术的主要使用者，女性对技术的发展同样具有十分重要的影响和意义③。可见，女性主义学者一方面借鉴了 ANT 强调技术作为行动者的重要意义，以此用于分析技术对女性和社会性别的建构，同时又在此基础上批判了 ANT 对女性经验与利益的忽视，以及女性作为消费者对技术形成与发展的重要影响。

3. 劳动过程理论

女性主义学术和马克思主义理论皆致力于为受压迫群体寻求平等地位，二

---

① Ruth Schwartz Cowan. The Consumption Junction: A Proposal for Research Strategies in the Sociology of Technology//W. E. Bijker, T. P. Hughes, T. J. Pinch, eds. The Social Construction of Technological Systems: New Directions in the Sociology and History of Technology, Cambridge (Massachusetts) and London: The MIT Press, 1987: 262 - 263.

② Susan Leigh Star. Power, Technology and the Phenomenology of Conventions: On Being Allergic to Onions// John Law, ed. A Sociology of Monsters: Essays on Power. Technology and Domination, London: Routledge, 1991: 26 - 56.

③ Judy Wajcman. Reflections on Gender and Technology Studies: In What State is the Art. Social Studies of Science, 2000, 30 (3): 453.

者均具有很强的政治批判性，其研究思路的共通性尤其体现在对劳动过程和劳动分工问题的研究上。瓦克曼曾坦言，她和当代的许多女性主义学者一样，对社会性别与技术的研究深受马克思主义生产劳动过程与分工研究的影响①。

马克思主义学者认为，生产技术、劳动控制和阶级关系之间具有密切关联，阶级冲突会对技术发展产生影响。资本家不断开发和应用新技术以使劳动力分工更加片段化和去技能化，这样做的目的是促使劳动力变得更加廉价和易于控制。正如布雷弗曼（Harry Braverman）所言，在垄断资本主义阶段，劳动过程发展的趋势是最大限度地把劳动技能和操作技术转由机器和工具来完成，工人逐渐成为无需更高技术和技能的劳动者；技术革命和管理制度的变革给雇佣劳动者带来的不是自由而是被奴役②。

如上述章节提及的，马克思主义/社会主义女性主义学者的早期技术史研究便在此思路下考察了生产领域技术革新对女性雇员的影响，并且认为新技术的应用导致了女性劳动力的去技能化。由于秘书和打字员等办公室职位多由女性承担，计算机技术的应用尤其是办公自动化对这类人群的影响成为其中的重要研究内容。尽管有少数学者认为新技术的应用有利于女性职员从繁琐的日常工作中解放出来，大部分马克思主义/社会主义女性主义学者却对之持悲观看法。他们的调查研究显示办公场所的女性（尤其是怀孕女性）长期暴露在视频显示终端操作环境中，一方面身体和安全受到了很大影响；另一方面工作压力和强度并没有因新技术的应用而得到改善，相反办公自动化和无纸化办公的出现给她们造成了更大的就业压力，并使得她们的工作进一步被碎片化、去技能化和被贬值③。以此延伸，正如上文提到的，柯旺等学者还探讨了家用技术的进步是否节省了妇女的家务劳动时间的问题，发现结果恰恰相反，新技术的应用给母亲们带来了更多的工作量，妇女并没有因新技术的发展而从家务中解放出来。

随着研究的深入和拓展，马克思主义/社会主义女性主义学者对这类研究及劳动过程理论提出了批判。首先，技术变迁在不同历史时期给不同岗位的女性造成的影响是不同的，不能均质化处理；其次，工作场所的女性雇员很多不

① Judy Wajcman. Reflections on Gender and Technology Studies：In What State is the Art. Social Studies of Science，2000，30（3）：448.

② Harry Braverman. Technology and Capitalist Control// Donald MacKenzie, Judy Wajcman, eds. The Social Shaping of Technology（Second edition），Buckingham. Philadelphia：Open University Press，1999：159.

③ Judy Wajcman. Feminism Confronts Technology. Cambridge：Polity Press，1991：29 - 30.

是拥有熟练技能的工人，新技术对其造成去技能化的影响的判断不完全合理。最后，最为重要的是，对技术及其影响的理解不能仅从"资本家-工人"这一单一的社会关系维度来考察，不能忽略性别、种族、年龄等其他维度。正如瓦克曼所言，生产关系的建构除了源于阶级划分，也受性别划分的影响；雇主作为雇主、人作为人，都对建构和维持职业的性别划分感兴趣[1]。为此，女性主义学者进一步将注意力从技术对女性雇员的影响转移到生产领域的性别技术政治和劳动性别分工，其研究表明生产领域的技术政治除了受阶级关系的影响，同时也渗透了性别斗争和性别意识形态。例如，上文提到的，科伯恩的相关案例研究表明，拥有熟练技能的男排字工人在组成工会抵制新技术的应用并维护自身的原有位置时，有意地将缺乏熟练技能的女工排除在共同体之外。并且，随着技术和工业的发展，工作的社会性别定型（the gender stereotyping of jobs）或者说劳动的性别分工始终保持着稳定性。科伯恩和奥姆罗德对微波炉制造业的性别研究表明，绝大多数的技术人员和工程师都是男性，而女性仍被理解为具有细致、耐心、关怀等特质，因而更多地从事流水线工作，例如给商品贴标签[2]。

显然，这些技术史研究拓展了马克思主义对劳动过程的理解，表明社会性别分析和阶级分析一样对于揭示资本主义的劳动生产过程及其与技术的关系具有重要意义。这实际上反映了马克思主义/社会主义女性主义理论的根本主张，即资本主义制度和父权制共同构成了女性居于屈从地位的根本原因，而技术恰恰在其中扮演了极为重要的角色。换言之，技术不仅是资本利润的重要帮手，是有产者剥削无产者的工具；同时也是父权压迫的帮手，是男性控制女性的工具。在父权制的框架中，即便是出于底层的有一定技能的男性工人，他们也趋向于利用技术来排斥较低技能或无技能的女性。这些研究的拓展，促使女性主义学者不得不进一步追问，为什么女性总是缺乏技能的？为什么技术总是与女性气质相冲突？技术的性别气质是如何形成的？这样一些问题促使女性主义技术社会研究的场点从工作场所拓展到社区和家庭领域，并将研究主题从"技术-女性"转移到"技术-社会性别"，开始探讨技术的父权制特征。

4. 技术文化理论

严格意义上的文化研究创始于英国伯明翰大学的当代文化研究中心，当前

---

① ［美］朱蒂·维基克曼. 女权主义技术理论//［美］希拉·贾撒诺夫，等编. 科学技术论手册. 盛晓明，等译. 北京：北京理工大学出版社，2004：146.

② Cynthia Cockburn, Susan Ormrod. Gender & Technology in the Making, London, Thousand Oaks. New Delhi: Sage Publications，1993：42 - 46.

的文化理论广泛吸收了现象学、新马克思主义、实用主义等哲学理论，结构主义、后结构主义、后现代主义解释学、符号学、叙事学等文学理论，以及人类学和社会学的理论与方法，构成一个广泛学科交叉融通的领域；其根本含义在于探究人们在日常生活世界的各种实践活动过程中是如何生产和表达、体验和重构"意义"的①。文化研究主要流行于三类群体之中，包括从事文学研究的学者，部分人类学家和由于性别、种族、阶级等原因而"被遗忘的"文化群体，它具有明显的学术倾向，强调性别研究以及各种"非欧洲中心主义"研究对处于历史进程中的社会系统研究的重要性；强调地方性、情境化的历史分析的重要性；参照其他价值来评价科学技术的成就②。

以此观之，女性主义学术在整体上都具有文化研究的气质，性别研究本身即是文化研究的一个重要组成部分。在现有的女性主义STS研究中，对科学知识的地方性和情境化特征的强调，一直是哈丁、哈拉维等学者的基本观点之一。类似的，文化理论框架下的技术研究强调对技术决定论的批判，将技术视为社会文化建构的产物，更为关注日常生活与境中的技术变迁，重视对技术展开社会性别、种族和阶级的分析；强调将技术视为一种话语或文本，一种消费目标和交流媒介，不允许在物质和文化之间做任何的区分，将技术视为物质和文化的无缝融合。女性主义的技术史与技术社会学研究深刻反映了这些基本观念。正如莱曼等女性主义学者所言，技术和性别一样，包含了身份、结构、制度与表征的多重内涵，其研发、使用及意义始终处于变化之中，是特殊历史与境中的产物；文化研究框架下的女性主义技术社会研究不仅研究物质也研究人，人类的选择、创造力、知识、意识形态、假设和价值观内在于技术人工物和技术活动之中③；文化实践永远都不是外在于技术发展，相反它总是技术发展的内在组成部分④。白馥兰言柯旺等人的技术社会学与技术史研究给了她启示，她认为技术是一种文本，是符号表征经由物质媒介而呈现的实物，更是一种生活方式和交流方式；它属于特定社会，是其所属世界的图景象征和对该社会秩序斗争的体现；技术所要做的最重要的工作是制造人：制造者在制造过

---

① 陈玉林. 技术史研究的文化转向. 沈阳：东北大学出版社，2010：16-17.

② 盛晓明. 从科学的社会研究到科学的文化研究. 自然辩证法研究，2003，(2)：15.

③ Nina E. Lerman. Ruth Oldenziel, Arwen Palmer Mohun. Gender and Technology: A Reader. Baltimore and London: The Johns Hopkins University Press, 2003: 3-5.

④ Nina E. Lerman. Arwen Palmer Mohun, Ruth Oldenziel. The Shoulders We Stand On and the View from Here: Historiography and Directions for Research, Technology and Culture, 1997, 38 (1): 21.

程中被塑造，使用者在使用过程中被形塑①。

在瓦克曼看来，技术的文化理论对传统女性主义分析的贡献在于关注技术作为一种文化参与个体性别身份建构的方式和过程，以哈拉维为代表的赛博格女性主义在此方面具有代表性②。实际上，以历史和社会学分析见长的马克思主义/社会主义女性主义技术研究则从更广泛的意义上继承和丰富了技术文化理论，这至少体现在以下几个方面。第一，他们开始关注衣服清洗、儿童照料、缝纫、饮食卫生等这些被传统研究所忽视的日常技术，强调这些具有女性气质的、与日常生活实践紧密相关的技术传统及其价值，要求对技术的定义进行审视和重新界定；这与人类学和物质文化研究对日常技术的重要性的强调不谋而合，同时亦是对主流技术精英史传统的反思和批判，最为重要的是它体现了将技术作为一种生活方式和文化实践的重要意义。第二，他们将技术社会研究的重心从技术创新转移到了技术消费，确认和强调了消费及使用者对技术的形塑；这实际上是将技术从实验室中解放出来走向更为宽泛的社会文化实践，并在其中实现技术意义本身的表达、修正与再建构，已是对 SCOT 和 ANT 的超越。第三，他们从宏观的社会性别结构与符号系统入手分析了技术与个体社会性别身份的相互建构关系，表明技术的象征表达是极端性别化的，男性与技术的亲密关系内在于男性性别身份和技术文化的构成整体之中；进一步明确了技术作为一种文化和意识形态的深刻内涵。第四，他们日趋关注生育技术、美容技术、媒介技术等对身体的建构；这一方面削弱了以生物学为基础的性别区分的观念的稳固性，表明关于男女的划分是在广泛的文化实践话语中发明的；另一方面将身体变成女性主义技术社会研究的重要场点，身体不只是文化符码，更具有认知功能，它与技术融合形成技术化身体，参与了对文化和实践的建构，这实际上超越了文化理论的语言中心主义路径，为技术-身体-自然之间的关系研究提供了新的学术思路。

结合马克思主义/社会主义女性主义技术研究的理论溯源，可以初步分析和总结其研究主题的变迁。早期研究的主题是探讨"技术-女性"之间的关系，焦点是生产领域的劳动性别分工问题，这直接受马克思主义劳动过程理论的影响，侧重探讨的是技术变迁给女性造成的影响；随着社会性别理论的成熟和技术社会建构论的发展，其主题转变为"技术-社会性别"之间的关系研究，基

① Francesca Bray. Technology and Gender：Fabrics of Power in Late Imperial China. Berkeley：University of California Press，1997：16－17.

② Judy Wajcman. Reflections on Gender and Technology Studies：In What State is the Art. Social Studies of Science，2000，30（3）：457.

本的理论框架也逐渐明确为"社会性别与技术的共同形塑或者说共同生产"，更注重二者之间的双向建构关系；同时，在与其他技术文化理论观点的相互影响下，女性主义技术社会研究日益拓宽了对技术的定义和理解，研究主题侧重以具体的技术人工物为切入点，从文化实践、生活方式、符号象征等角度阐释作为物质与文化的技术和作为意识形态与文化符号系统的性别之间的无缝接合，形成了文化研究的转向。但尽管如此，这里仍然需要说明的是，这一变迁只是较为粗线条地反映出相关研究大致经历的发展脉络，它并不意味着不同的理论框架和研究主题不可以在同一时期出现。事实上，关于技术变迁给女性造成的影响至今仍然是其研究的焦点之一。

作为女性主义技术理论的研究进路之一，以柯旺、科伯恩、瓦克曼等为代表的马克思主义/社会主义女性主义学者更擅长和侧重从历史和社会学的维度分析技术与性别问题，形成了对技术、社会性别及其相互关系的独特理解。它与生态女性主义、赛博格女性主义等研究进路共同推进和丰富了女性主义技术理论，其主张有助于深入理解技术与社会、文化之间关系的本质，增进对技术及其价值的理解，帮助我们认识和解决当代社会文化中的技术论争；同时对推动技术领域的性别平等具有积极的现实意义。可以说，马克思主义/社会主义女性主义的技术史与技术社会学研究本身亦是一种话语和文本，是一种物质-符号技术，其最终的目标是实现学术研究和政治诉求在物质形式、意识形态、语言符号以及生活实践等各个层面的无缝接合；而这正是女性主义学术的魅力和生命力所在。

二、核心思想与案例支撑

尽管马克思主义/社会主义女性主义的技术史与技术社会学研究开始呈现文化研究的色彩，但其理论根基或者说最为根本的核心思想仍然是强调"社会性别与技术的共同形塑/共同生产"。其中，瓦克曼在大量的案例研究（关注的技术场域涉及生产技术、家用技术、军事技术、生育技术、信息技术等）的基础上，总结并提出了"技术女性主义"（Technofeminism）理论，强调社会性别与技术的共同形塑（the mutual shaping of gender and technology），在女性主义技术理论研究领域产生了广泛影响。福克纳则将类似的思想总结为"社会性别与技术的共同生产"（the coproduction of gender and technology）。还有约翰逊（Deborah G. Johnson）提出的"共同创造"（co - creation）。这些提法略有差别，但共同之处在于引入建构主义技术观和性别观，坚持认为技术和性别都是社会文化塑造或建构的产物，二者之间是相互建构的关系，且均具有重新被塑造的可能性。在此，本书主要以瓦克曼的技术女性主义理论为考察对象，阐述马克思主义/社会主义女性主义技术理论的核心思想和基本框架。

朱迪·瓦克曼是女性主义技术研究领域的代表人物之一，其早期主要从事女性劳动研究和 STS 研究，后将技术社会学和社会性别研究结合起来，提出了技术女性主义理论。该理论涉及对技术与性别的基本理解，瓦克曼正是从批判技术决定论和本质主义性别观开始构建其理论框架的。

1. 对技术决定论的批判

技术决定论是关于技术与社会之间关系的最具影响力的一种理论，它的核心在于认为技术具有自主性和独立性，是人类无法控制的力量，技术的状况和作用不会因其他社会因素而变更；相反，社会制度的性质、社会活动的秩序和人类生活的质量，都单向地、唯一地决定于技术的发展，受技术的控制[1]。

在瓦克曼看来，这一思想的内涵可分解为两部分。

第一，技术是独立于社会之外的自主系统。她认为，从物质实践角度看，技术决定论类似于 19 世纪的气候决定论，如同天气一样，技术变化也被认为不受人类社会影响；从文化隐喻角度看，技术专家虽然是社会成员，但他们的活动却被认为独立于其所处的社会关系之外，他们只是将科学真理转变为新的技术和设备，这些技术和设备被引入社会因而产生了"影响"，这就是技术被看成是外在于社会的最一般的逻辑[2]。换言之，技术的独立性与自主性是建立在将技术简单地看成是"应用科学"的观念之上的，其深层的逻辑基础在于科学发现的自治性与客观性观念。正如瓦克曼所言，他们认为是科学形塑了技术，而科学本身是对实在的发现，是不受社会影响的，因而社会之于技术的影响也微乎其微；但是，这一观念的错误正在于科学在最基本的层面上是受社会因素影响的，不仅科学发展的方向和速度受具体社会与境的影响，科学理论的模式和形象也源于更宽泛的社会领域，社会的、政治的考量对科学理论的真理性判断能产生影响，即使科学"事实"也是社会化的，更何况技术与科学的关系亦非是前者对后者的应用，二者的边界在历史和现实之中并非那么分明[3]。如此一来，建立于科学"客观性"基础上的技术"独立性"与"自主性"也就被消解。

① 于光远，等主编. 自然辩证法百科全书. 北京：中国大百科全书出版社，1995：216.

② Donald MacKenzie，Judy Wajcman，eds. The Social Shaping of Technology：How The Refrigerator Got Its Hum. Milton Keynes：Open University Press，1985：4.

③ Donald MacKenzie，Judy Wajcman，eds. The Social Shaping of Technology：How The Refrigerator Got Its Hum. Milton Keynes：Open University Press，1985：8 - 9.

第二，技术对社会产生单向线性的影响。瓦克曼认为这一内涵在技术决定论者那里，既指特定技术所产生的具体影响，也指技术对整个社会构成形式和生活方式的影响，其核心在于强调人类社会的变革以技术推动为根基。但是，技术发明本身并不能强迫社会去采用它，相反社会在技术的选择和使用方面发挥着重要作用，只要认识到这一不容忽视的事实，技术就不会被认为是一种真正独立的因素；并且，同一技术在不同地方会产生完全不同的"影响"，这是因为技术只是众多社会因素中的一种，它并不能成为解释社会变化的唯一原因①。然而，这并不是说瓦克曼否认技术的社会作用，相反她承认技术对自然、环境和社会都有深远影响，但技术之于社会绝非单一直线式的因果作用模式。

在批判技术决定论的基础上，瓦克曼基于建构主义立场强调了"技术的社会形塑"。在她看来，技术决定论者假定技术变化是其独立自主发展的结果，社会行动只是对它的消极回应，因而他们关心的问题是"社会如何能更好地适应变化着的技术"而不会对技术变化本身进行社会学分析；相反，如果集中关注社会对技术的影响，那么技术就不再是一个独立的因素，它和其他系统一样内在于社会存在方式之中，形塑论者关心的问题就相应变成"究竟是什么形塑了具有'影响'的技术？究竟是什么导致或者说正在导致技术的变化？社会在电冰箱、电灯泡乃至核导弹的发明、设计与生产方面究竟发挥了怎样的作用？现存的技术为何以这种形式而非其他形式出现"②？为此，她多次援引"社会技术"（"sociotechnology"）一词用以表达技术的社会建构观，并强调技术并非简单的理性技术规则的产物，技术始终由它所产生和使用的环境所形塑，始终是其所处社会关系的一部分③。

瓦克曼之所以选择从建构主义立场来探讨技术与社会的关系，原因在于如果坚持技术决定论，强调技术是不受社会因素影响的独立系统，那么就无法探讨女性及社会性别关系对技术发展的反向作用，更谈不上挑战现有的技术制度与结构。这也正是瓦克曼对生态女性主义和激进女性主义技术研究给予批判的原因之一，后者因过于强调技术的父权制特征而陷入技术决定论。也正如她对赛博格女性主义盲目乐观态度的批判一样，女性主义的目标价值正在于在当前经验与政治理想之间创造一个空间，然后乐观地朝着建构新的政治形式的方向

① Donald MacKenzie, Judy Wajcman, eds. The Social Shaping of Technology: How The Refrigerator Got Its Hum. Milton Keynes: Open University Press, 1985: 5 - 6.

② Donald MacKenzie, Judy Wajcman, eds. The Social Shaping of Technology: How The Refrigerator Got Its Hum. Milton Keynes: Open University Press, 1985: 2.

③ Judy Wajcman. TechnoFeminism. Cambridge: Polity Press, 2004: 34 - 39.

转变，这正是女性主义学术对决定论式社会理论持反对态度的一个原因；即使这一决定论朝着有利于女性利益的方向，也必须受到批评①。换言之，如果技术可以决定一切，社会努力就失去了必要性，女性主义也因此将丧失存在的政治意义。为此可以说，从女性主义研究的政治与境和现实目标出发，对技术决定论的批判是瓦克曼技术女性主义思想的理论前提之一。

2. 对本质主义性别观的反思

正如本书第七章所讨论的，性别问题上的本质主义倾向可概括为两个层次，一是以生物决定论为表征的生物本质主义，二是以经验价值为表征的文化本质主义。前者强调性别不平等的根源在于两性之间的生理差异；后者假定存在一种不同于男性的普遍的女性气质、经验或立场，并相信以此为基础能建构出一种与现存父权制形式不同的科学技术体系。

瓦克曼对这两种本质主义倾向均给予了批判，她认为早期女性主义技术研究致力于挖掘历史上女性发明家的做法，以及自由主义女性主义倡导的教育平等计划虽然具有一定的意义，但其试图通过否认或缩小两性差异而追求性别平等的进路，显然没能触动性别生物决定论和技术价值中立观念，因而也无助于从根本上改变技术领域的性别状况②。换言之，以牺牲个体性别特征为代价获得技术领域的平等地位并不能带来真正意义上的性别平等。瓦克曼的这一立场反映了早期社会性别理论的主旨，女性主义学者正是在批判生物决定论的基础上建立起作为其学术基石的社会性别理论。该理论强调男性和女性都是社会建构的产物，从而打破了寻找性别不平等之生物学根源的传统解释模式，开启了对包括科学技术在内的社会系统进行解构的大门。

如果说对生物决定论的批判在女性主义学术领域已是共识，那么对文化本质主义的反思则反映了瓦克曼思想的深刻性。20 世纪 70 年代后期，激进女性主义反过来倡导性别差异，宣扬女性所独有的、具有普遍性的女性气质及其巨大价值，在女性主义学术界产生了重要影响。对此，瓦克曼清醒地认识到女性气质也是一种社会建构。在她看来，女性与生殖、养育、人道、和平等范畴之间的关联恰恰是男权文化建构的产物，重要的是必须分析女性被赋予养育性气质以及这一气质与女性气质被价值等同的历史过程和具体方式，而不是断言母性气质具有某种内在本质③。其次，女性气质亦非普遍性的范畴，在某些社会被认为是男性气质的特征在其他社会可能被认为是女性气质或性别中立。换言

---

① Judy Wajcman. TechnoFeminism. Cambridge：Polity Press，2004：76.

② Judy Wajcman. TechnoFeminism. Cambridge：Polity Press，2004：13 - 15.

③ Judy Wajcman. Feminism Confronts Technology. Cambridge：Polity Press，1991：9.

之，女性气质与女性身份一样，受到阶级、种族等多种因素的综合影响，在不同的文化与境中具有不同的内涵。瓦克曼认为，激进女性主义的错误在于忽略了历史和文化在不同与境里塑造女性需求和权力方面所发挥的作用，忽视了女性经验是有阶级、种族和性差异的①。

认识到女性气质的建构性、历史性和差异性，瓦克曼对于倡导基于所谓的女性气质建立科学或技术的设想保持质疑态度。正如上一节提到的，生态女性主义试图建立一种基于"女性原则"（"female principle"）的技术科学，该原则坚持女性具有某种"天生的"直觉、感性和养育性，并认为这些气质与"自然"的生命力和养育性具有同质性，以此为关联可以建立一种人与自然和谐共处的整体论的技术科学。对此，瓦克曼认为，不仅女性气质是历史性和多元化的概念，"自然"也是历史性的范畴，它与"文化"的二分只是西方文化的建构，并不能直接应用于对其他社会科学技术的理解。在她看来，一旦认识到"男性气质"、"女性气质"、"自然"均是建构着的历史范畴，再提出以所谓的先天女性直觉为基础的科学设想就失去了意义；甚至凯勒和哈特索克（N. Hartsock）等人主张基于女性经验的普遍特质建立一种独特的"女性主义科学"的设想，也打了生物决定论的擦边球，因为他们没能认识到主观性、养育性、整体性并非女性经验的不变的普遍特质，"自然"和"劳动分工"亦非固定不变的范畴②。

显然，瓦克曼试图与任何形式的本质主义倾向划清界限。她认同后现代女性主义对女性身份多样性与差异性的剖析，尤其强调女性、女性气质和社会性别关系的建构性、地方性与流变性。瓦克曼的立场可概括为彻底的性别社会建构论，是其技术女性主义思想的另一理论前提。这首先是因为如果将技术领域的性别不平等归因于两性之间的生物学差异，就从根本上失去了变革社会性别关系的必要性，瓦克曼的女性主义技术研究及其实现性别平等的政治理想将成为无根之木；其次是因为如果存在不变的具有普遍性的男性气质或女性经验，基于其建立起来的技术也将是某种本质化的东西，而这对于研究社会之于技术的形塑等于重新设置了障碍，实际是建构主义立场的一种倒退。换言之，瓦克曼对本质主义性别观的批判与她对技术决定论的批判具有内在一致性。因为技术是社会建构的产物，是历史性和情境化的范畴，不可能基于具有普遍性的女性经验与价值（即便它们是存在的）而建立某种独特的体系；技术时刻与其所

---

① Judy Wajcman. TechnoFeminism. Cambridge: Polity Press, 2004: 23.

② Judy Wajcman. Feminism Confronts Technology. Cambridge: Polity Press, 1991: 10-11.

依赖的社会系统紧密相关，它影响社会同时亦为社会所形塑，它们是在相互内在、相互影响的动态关系中变化发展的。

3. 性别与技术的共同形塑

在对技术决定论和本质主义性别观进行批判的基础上，瓦克曼提出了性别与技术共同形塑的主张。该主张的核心在于强调性别和技术之间存在双边的共同形塑关系，其中"技术既构成社会性别关系的来源也是其形成的结果"；"社会性别关系具化于技术之中，反过来男性气质和女性气质通过机器的使用和涉身过程而获得意义"[1]。在阐述这一思想之前，瓦克曼进一步厘清了对技术与性别多重内涵的理解，以为具体的案例分析提供框架。

她明确"技术"一词至少包含三层涵义：知识形式、实践活动和技术制品[2]，随后补充指出"技术更是由特定的知识和社会实践及其他象征形式共同建构出来的文化产物"[3]，最后强调"技术是一项社会物质产品，一张包含了技术制品、人、组织、文化意义和知识的无缝之网"[4]。可见，瓦克曼所理解的技术包含了知识、器物、文化和社会网络等多重内涵。比较而言，她并未对性别概念给予明确界定，但她强调"社会性别是社会等级和社会身份的变量"[5]；"社会性别利益、社会性别身份是技术与社会形塑关系中的重要方面"[6]；"社会性别和技术一样是一种正在进行的实践"[7]；"女性主义研究不仅揭示了'性别-技术'关系在社会性别结构与制度中的多种表现形式，并且强调了社会性别的象征和身份"[8]。可见，她对性别的理解是不断变化着的性别结构、身份和文化象征，这与本书第五章所讨论的哈丁的观点是一致的。瓦克曼正是以此为线索，广泛探讨了生产、生育、家用、建筑、军事和信息等诸多技术领域内，作为知识、制品、实践、文化和社会网络的技术与作为个体身份、社会结构和文化象征的社会性别之间复杂交错的共同形塑关系。

就生产、家用和建筑领域而言，瓦克曼偏重于分析社会性别结构与技术制品及实践之间的共同形塑，重点探讨了技术与劳动性别分工的关系。关于生产领域，她考察的是"生产技术对公共领域劳动性别分工的影响"及"工作场所

---

① Judy Wajcman. TechnoFeminism. Cambridge：Polity Press, 2004：107.

② Judy Wajcman. Feminism Confronts Technology. Cambridge：Polity Press, 1991：14 - 15.

③ Judy Wajcman. Feminism Confronts Technology. Cambridge：Polity Press, 1991：158.

④ Judy Wajcman. TechnoFeminism. Cambridge：Polity Press, 2004：106.

⑤ Judy Wajcman. TechnoFeminism. Cambridge：Polity Press, 2004：8.

⑥ Judy Wajcman. TechnoFeminism. Cambridge：Polity Press, 2004：40.

⑦ Judy Wajcman. TechnoFeminism. Cambridge：Polity Press, 2004：53 - 54.

⑧ Judy Wajcman. TechnoFeminism. Cambridge：Polity Press, 2004：111.

的性别关系对技术变革方向与速度的影响"。一方面，新技术的产生能为改变劳动性别分工提供机遇，但技术是社会性别关系中的技术，女性无法获得资本权、受教育权和技术发明所依赖的实践经验，使得传统的劳动性别分工在新工业时代依然保持了稳定性①；另一方面，雇主倾向于研发和选择有助于促使低报酬、低组织化的女工取代高报酬、高组织化的男工的技术，技术变革的速度会因两性劳动力价格的不同而受到影响②。关于家用领域，瓦克曼探讨了"家用技术的发展对家务劳动时间与性别分工的影响"和"女性作为使用者对家用技术的重构"问题。她的研究亦表明 20 世纪的家庭电器化没能改变家庭内的传统劳动分工，相反绝大多数的家用技术常由男性技术人员设计，其结果往往并非挑战而是强化了既有的家庭劳动模式③；但女性消费者也非完全的被动者，她们参与了对技术内涵和功能的重新建构④。最后，关于建筑技术，瓦克曼一方面揭示了房屋空间乃至城市整体设计对性别分工的固化作用，以及女性知识、经验和技能作为家庭空间技术革新来源被忽视的过程；另一方面阐明了技术进步超越于单个技术制品之外的多种可能性，以及技术对所处社会网络的依赖，强调了女性对家庭空间技术的积极利用⑤。

比较而言，瓦克曼关于生育、军事和信息领域的讨论，侧重社会性别身份和性别象征同技术制品与文化之间的共同形塑。以产钳、超声波扫描、试管受精等技术在妇产科医疗中的应用为例，她探讨了生育技术在建构女性身体、女性身份与母职观念等方面的影响，以及父权制等多重社会因素对生育技术发展的反向形塑过程。她认为"生育技术发展于不平等的社会与境之中，反过来也强化了这种不平等"⑥；但"它们同样给一些女性带去了福音，女性作为被忽视的技术操作者在生育技术发展过程中亦发挥了重要影响"⑦。关于军事和信息技术，瓦克曼阐明了核武器、计算机与战争英雄、网络黑客以及统治、控制之间的文化关联，揭示了社会性别二元象征系统对技术文化的形塑，及经由技术教育和实践转而对个体社会性别身份与社会性别关系进行的重构。她并不否认男女在技术实践中存在差异，也不认为所有的男性都擅长技术，但坚持技术和男

---

① Judy Wajcman. TechnoFeminism. Cambridge：Polity Press，2004：24 - 26.

② Judy Wajcman. Feminism Confronts Technology. Cambridge：Polity Press，1991：48 - 49.

③ Judy Wajcman. Feminism Confronts Technology. Cambridge：Polity Press，1991：100.

④ Judy Wajcman. TechnoFeminism. Cambridge：Polity Press，2004：36 - 37.

⑤ Judy Wajcman. TechnoFeminism. Cambridge：Polity Press，2004：118 - 119.

⑥ Judy Wajcman. Feminism Confronts Technology. Cambridge：Polity Press，1991：78.

⑦ Judy Wajcman. TechnoFeminism. Cambridge：Polity Press，2004：48 - 49.

性气质之间的等式在象征意义上依然是成立的①。她对赛博格女性主义的分析例证了这一点。在她看来，人机合一、雌雄同体并不必然意味着对既有社会性别秩序的颠覆，赛博格形象同样容易被用来强化传统的二元论思想，并支持一种技术拯救世界的浪漫叙事②。

显然，瓦克曼采取的是历史和社会学的研究进路，她更侧重通过具体的案例而非逻辑思辨来阐释技术与社会性别之间的共同形塑关系。从总体看，她的技术案例既强调揭示技术的社会性别化特征和父权制结构，同时也关注技术实践的偶然性和开放性及女性对技术的积极形塑作用。需要说明的是，我们很难从中区分出技术的每一层面与社会性别的每一层面之间一一对应的形塑关系，因为技术和社会性别都是同时包含多个层面的复杂网络，不可能单独探讨某一个方面而忽略其他方面，相反强调二者多重内涵的意义正在于揭示这种网络性和复杂性。

4. 技术女性主义：连接女性主义与 STS

瓦克曼没有对什么是"技术女性主义"给出标签式的定义，但她鲜明的建构主义立场与丰富的案例分析表明，"技术与性别的共同形塑"无疑是这一思想的核心。这一观点充分利用了技术社会学和女性主义研究的思想资源，同时亦是试图对这二者有所超越，具有一定的独特性。

首先，她在技术社会学与女性主义技术研究的交叉领域上有所创新和超越。正如上文在分析马克思主义/社会主义女性主义技术研究的理论渊源时所提及的，20 世纪 70 年代末，平齐（T. J. Pinch）、休斯（Th. P. Hughes）、拉图尔等学者开始对传统技术社会学提出挑战，反对将技术排斥在社会学解释之外。与此同时，布雷弗曼等人重新将马克思关于技术和劳动分工的批判纳入对资本主义发展过程的分析，强调技术受到阶级关系的深刻影响。瓦克曼的技术女性主义思想正是在这一背景下形成的，正如上文提到的，她公开承认自己与当代诸多女性主义同行一样，研究社会性别与技术问题始于马克思主义关于劳动生产过程的再讨论③；但更为重要的是，她发现"女性主义和主流技术社会学之间具有广泛的共同基础"④；其中"技术的社会建构"和"行动者网络理

---

① Judy Wajcman. Feminism Confronts Technology. Cambridge：Polity Press，1991：137.

② Judy Wajcman. TechnoFeminism. Cambridge：Polity Press，2004：96 - 97.

③ Judy Wajcman. Reflections on Gender and Technology Studies：In What State is the Art. Social Studies of Science，2000，30（3）：448.

④ Judy Wajcman. TechnoFeminism. Cambridge：Polity Press，2004：45 - 46.

论"对女性主义技术研究尤其具有重要的借鉴意义①。

然而，新技术社会学虽然强调技术的社会建构，劳动过程研究也关注社会关系对技术的影响，但却都忽视了社会性别，后者恰恰是形塑技术并被技术所形塑的重要方面②。与此同时，激进和生态女性主义对性别与技术的研究，又过于强调技术的父权制本质，甚至主张建立一种新的女性主义技术，没能认识到技术与性别的建构性、异质性和流变性，常常"陷入本质主义和技术决定论的陷阱"③。为此，瓦克曼的突破口便在于将新技术社会学的建构主义立场纳入技术与社会性别问题的考察之中，既弥补新技术社会学的方法论缺陷，亦为女性主义技术研究开辟新空间。

正如本章第一节所讨论的，瓦克曼实现的一个超越亦在于批判性地吸收了技术建构论的"解释弹性"、"相关社会群体"概念和行动者网络理论。显然，一旦将镜头拓宽到技术的生产操作、市场销售和终端使用，被遮蔽的"相关社会群体"和"行动者"——女性对技术网络系统的变革、稳定或标准化的影响便将呈现出来。也正是在此意义上，她强调："社会性别并非始于产品设计和终于产品投产，技术在市场化、销售以及被消费者使用的环节中也被编码了社会性别的意义；技术通过生产过程而被融入实体之后，它所附带的象征意义仍然处于被不断协商与阐释之中。"④

其次，该思想有助于摆脱技术恐惧与技术崇拜的困境。如本章第一节中讨论到的，在技术对社会性别的影响问题上，女性主义内部存在技术恐惧和技术崇拜两种互相冲突的观点。前者认为女性是技术的牺牲品，甚至因此而拒斥技术；后者认为技术是解放女性的有力工具，甚至主张对技术不加批判地拥护。瓦克曼将这两种态度概括为"悲观主义的宿命论"和"乌托邦式的乐观主义"，她的目标就是试图在二者之外为女性主义技术研究开辟一条新道路⑤。

瓦克曼认为，这两种思想的错误根源仍在于她所批判的本质论和决定论。激进与生态女性主义聚焦于技术的性别政治，有利于超越"技术价值中立"与"技术滥用"观念；但二者均忽略了女性经验的差异性和能动性，它们将女性描绘成父权制技术的全体牺牲品，其结果必然是悲观地认为"技术科学决定了

① Judy Wajcman. Reflections on Gender and Technology Studies: In What State is the Art. Social Studies of Science, 2000, 30 (3): 450.

② Judy Wajcman. Feminism Confronts Technology. Cambridge: Polity Press, 1991: 23.

③ Judy Wajcman. TechnoFeminism. Cambridge: Polity Press, 2004: 21.

④ Judy Wajcman. TechnoFeminism. Cambridge: Polity Press, 2004: 47.

⑤ Judy Wajcman. TechnoFeminism. Cambridge: Polity Press, 2004: 6.

女性的命运"①。这无疑又重新走上了技术决定论的老路。甚至，在瓦克曼看来，马克思主义/社会主义女性主义包括她本人的早期研究，虽强调了社会性别劳动分工对技术发展的影响，但却坚持技术只是被男性塑造并用以排斥女性，技术发展倾向于强化社会性别等级差异，因而也陷入了悲观主义，同样忽略了技术的异质性和女性在改变技术结构方面的能动性②。赛博格女性主义强调网络技术能改变身体与自我、主体与身份的关系，这一观念肯定了技术的解放性和女性的能动性，是传统悲观论的有效解毒剂；但它忽略了计算机技术教育、研发和使用中的性别不平等，没能认识到虚拟空间中身份的选择与实践仍然依赖于现实中的性别社会化过程；它强调女性与数字化技术之间的亲密关系并由此推论技术本身具有内在解放性的观念，更是陷入了本质主义和技术决定论③。为此，瓦克曼又反过来提醒我们：悲观主义对于不加批评的拥护来说，亦是一副有用的解毒剂④。

对瓦克曼而言，如果能认识到"社会性别的建构和技术的建构都是在日常社会互动之中进行的动态的关系过程"，"技术和利益是具体技术相关群体之间共同结盟和相互依赖的产物"，关注的焦点就会转向分析"具体的社会性别权力与利益及其在技术创新中的体现"⑤。换言之，瓦克曼所谓的第三条道路就是她的"技术女性主义"，因为无论是技术还是性别，都是在具体的社会与境中进行相互形塑、动态发展的，不存在本质性、普遍性的技术与性别，二者都有被重新塑造的可能性，因此也就取消了对技术的善恶判断，摆脱了技术恐惧与技术崇拜的困境。

最后，瓦克曼试图消解性别身份差异性与政治立场统一性的冲突。如本书第四章所提及的，身份差异性是 20 世纪 90 年代以来女性主义学术的重要议题，如何协调"多元化"、"差异性"的女性身份和"整体性"、"同一性"的女性政治立场之间的冲突，成为西方女性主义面临的重大挑战。但在瓦克曼看来，这一挑战及其背后的忧虑实际上是可以被消解的。她认为这一问题之所以成为问题，是因为我们对"身份"（identity）和"能动性"（agency）等概念的理解，依然受工业社会要求"团结"（solidarity）以"集体行动"（collective action）的变革模式的深刻影响；而如果这一模式本身就是不恰当的，那么它

---

① Judy Wajcman. TechnoFeminism. Cambridge：Polity Press, 2004：23.

② Judy Wajcman. TechnoFeminism. Cambridge：Polity Press, 2004：30.

③ Judy Wajcman. TechnoFeminism. Cambridge：Polity Press, 2004：66 - 75.

④ Judy Wajcman. TechnoFeminism. Cambridge：Polity Press, 2004：30.

⑤ Judy Wajcman. TechnoFeminism. Cambridge：Polity Press, 2004：54.

就不能被视为女性主义取得政治成功所必须克服的困难①。她强调，"集体行动"并不必须以具有一个共同的身份为前提条件，女性在进入社会网络之前并不需要具有某种"适宜"的身份；身份是在包括技术社会关系在内的多样化网络中形成和被形塑的；女性身份差异性远非女性主义政治的障碍，而恰恰是其兴盛的特殊与境，它将个人与政治、地方与全球联系在一起②。为此，她并不主张建立一种"单数形式"的"技术女性主义"，强调不同流派之间的对话和协商有利于促进对不同地区、不同与境中女性经历和形塑技术科学的不同方式给予关注，这不仅并不意味着女性主义政治实践丧失了根基和意义，相反事实"正是在女性主义政治实践的影响下，女性及其他边缘群体开始参与重新塑造技术与科学的社会网络"③。

显然，这一观点与哈拉维的情境认识论颇有一致性，它是瓦克曼反性别本质论和强调技术实践情境性的外在表现。不过，她并没有就技术女性主义"可以在地方行动实践的微观政治与全球运动的宏观政治之间建立起联系"；"能为理解能动性、后工业社会变化及差异制造过程提供一种不同的方式"④ 等观点给出明晰的逻辑分析和有力的经验论证。但是，这一观点至少为当前女性主义所面临的挑战提供了一种新的思考方式。

综观之，瓦克曼并没有将其技术女性主义思想充分系统化和理论化，但她丰富的案例分析与总结却较成功地阐明了这一理论，其中所蕴含的技术思想和性别观念，尤其是对技术开放性、实践性与社会网络化特征以及女性作为技术使用者对技术的形塑作用的强调，无论是对女性主义学术还是对 STS 研究，都具有启发意义。而她强调技术决定论和性别本质论是变革技术领域社会性别关系的根本障碍，更是彰显了技术女性主义集学术批判与政治实践于一体的鲜明特征。

第三节　女性主义技术史研究的基本脉络

本书在讨论女性主义技术理论概况以及马克思主义/社会主义女性主义技术研究时，已经多次涉及女性主义技术研究的主题变迁及其经历的发展脉络问题，并且多次引证其中的女性主义技术史案例研究的成果。然而，尽管如此，仍有必要将以马克思主义/社会主义女性主义学者为主所做的技术史研究作为

---

① Judy Wajcman. TechnoFeminism. Cambridge：Polity Press，2004：130.
② Judy Wajcman. TechnoFeminism. Cambridge：Polity Press，2004：129.
③ Judy Wajcman. TechnoFeminism. Cambridge：Polity Press，2004：127.
④ Judy Wajcman. TechnoFeminism. Cambridge：Polity Press，2004：127 - 130.

一个整体相对抽离出来，从编史学的角度对其发展的基本脉络做简单的梳理，一方面期望以此让读者更多地了解女性主义的技术史案例工作情况，另一方面让读者更好地把握女性主义技术史研究当下的发展趋势。

从总体上来看，以其性别观和技术观的嬗变为主要划分标准，可以将女性主义技术史研究大致划分为三个基本发展阶段。

一、"补偿式"女性主义技术精英史

20 世纪 70 年代以来，在女性主义学术思潮的影响下，性别分析在技术史研究领域开展起来。其起点是对传统技术史研究展开批判，通过对传统技术史研究的重新审视，女性主义技术史学者认为女性在技术史上的缺席并不是因为女性天生不适合从事技术事务，而应归因于传统史学家潜意识里的父权社会的统治意识和精英立场，他们将关注焦点集中在父权社会中的男性显要人物身上，其历史叙事体现了男性对技术的观察视角，或明或暗地否定了女性在技术史上的地位。另一方面，由于受到 20 世纪以来将技术与机器、工业文明直接关联的技术定义的影响，传统技术史家往往只关注男性发明创造的技术以及具有男性气质的技术，而类似于家用技术、纺织技术等主要由女性从事的或者具有"女性气质"的技术领域则被忽视了。

正是在试图强调和恢复女性在技术史中的地位和作用的学术目标的引导下，同时受传统"精英史"编史理念的影响，20 世纪 70 年代至 80 年代中期的西方女性主义技术史研究的编史目标主要是通过挖掘被传统技术史忽视的杰出女性的贡献，从而为女性争取与男性在技术史上的平等地位。这一点和女性主义科学史研究的发展情况基本一致。女性主义技术史研究的成果最初以优秀女性人物传记的形式呈现出来，例如关于弗洛伦斯·凯利（Florence Kelley）和布兰奇·埃姆斯（Blanche Ames）的传记介绍[①]。这些史学成果实质上是与传统技术史研究关注的男性精英技术史相对应的西方女性精英技术史。另外，一些文集中的论文也描述和讨论了女性在技术变迁中的积极行动，如斯多登迈尔（John M. Staudenmair）记录了在技术革新中被忽视的女性行动者[②]，琼·罗斯柴尔德（Joan Rothschid）记载了女性学者群体的跨学科工作及其贡献[③]。

---

① Barbara Sicherman, Carol Hurd Green. eds. Notable American Women：The Modern Period：A Biographical Dictionary. Cambridge, MA：Harvard University Press，1980.

② John. M. Staudenmair. Technology's Storytellers. Technology and Culture，1985，26（1）：53.

③ Joan Rothschid. Machina Ex Dea：Feminist Perspectives on Technology. New York：Basic Books，1983.

随着研究的深入，学者们将研究内容从优秀女性人物和女性在主流技术领域取得的成果逐步扩展到被他们认为具有"女性气质"的技术领域。例如，柯旺对洗衣机等家用技术的著名研究，探讨了这些技术对女性和家庭日常生活的影响，主张家用技术与主流技术一样值得关注，家庭主妇也是重要的劳动力，家务劳动也是一种经济商品，工业革命不仅发生在公共领域，也发生在家庭内部①。朱迪思·麦高（Judith A. McGaw）也提出家务场点应该如工业化的工作场点一样受到关注②。从考察对象来看，早期女性主义技术史研究主要关注19世纪到20世纪上半叶的西方工业资本主义世界，尤其是北美社会。具体研究对象除杰出女性以外，还涉及被认为具有"女性气质"的技术主要包括洗衣机、微波炉等家用技术对女性的影响问题。究其原因，莱曼等人认为，大多数女性主义技术史家主要来自于西方世界，其本身的意识形态和社会背景有利于她们更好地了解北美技术行动者的思维模式和行为，并且他们对于西方的资料来源（行业期刊、学会报告、业务记录、政府公文、私人文件）也相对较为熟悉一些③。除此之外，还有一个原因在于，伴随着技术的发展以及奴隶制的废除，北美家庭结构中的佣人从私人家庭转移到公共领域，而家庭工作的类型却依旧被保留，于是中产阶级的家庭主妇转变成了管理者和劳工的结合体，以之为分析对象可以探索技术在家庭私人领域和公共领域之间分离状况的动态过程，以及技术革新对于女性的影响。

总体而言，这一阶段的研究主要集中于讨论女性在由男性主导的技术领域里所取得的成就，侧重于凸显女性在主流技术场点中的精湛技巧，目的是为了弥补传统技术史叙事中女性的相对缺席。如上文所言，虽然涉及被传统技术史忽视的女性技术和女性技术场点，但其实质上仍然是以男性的准则来衡量女性技术行动者，以男性的标准为参照来考察女性的技术活动，以男性的尺度来发掘女性在技术场点的权力空间，这是一种"补偿式"的研究模式，尚未触及对技术的父权制文化特征的揭示和批判，也没能对本质主义的性别观念提出反思，考察的仍然是女性和技术的关系。然而，这类研究传统在女性主义技术史领域并未随着时间的推移而消失，在此所做的划分只是为了阐明一个总体的变

---

① Ruth Schwartz Cowan. The 'Industrial Revolution' in the Home: Household Technology and Social Change in the 20th Century. Technology and Culture，1976，17（1）：1-23；Ruth Schwartz Cowan. More Work for Mother: The Ironies of Household Technology from the Open Hearth to the Microwave. New York: Basic Books，1983.

② Judith A. McGaw. Women and History of America Technology. Signs，1982. 7（4）：798-828.

③ Nina E. Lerman，Arwen Palmer Mohun，Ruth Oldenziel. Versatile Tools: Gender Analysis and the History of Technology. Technology and Culture，1997，38（1）：4.

化趋势。这类研究的价值和意义，正如麦高所言："我们依然生活在保守的时代，战争史诗和英雄主义的故事非常流行，在此情况下，女性主义者也有很好的理由寻求杰出的榜样和先驱者。"① 并且，这些具有开创性的工作为后来的研究奠定了基础，同时也引起了社会各界对女性主义技术史的重视，虽然没有摆脱"精英史"传统的束缚，但是转变了传统技术史研究长期以来对女性技术活动以及具有"女性气质"特征的技术领域（常常是日常生活技术，包括食物采集、烹饪、衣物清洗等）的否定和忽视，从而在理论和实践上逐渐动摇了"辉格史"的编史理念。

事实上，从另一个角度来看，缺乏的并非女性技术革新者和发明者，而是能发现和展示她们的更宽阔的技术视野。由于女性的主要活动范围是家庭内部，即使女性发明家想将其技术发明引入生产体系形成新的生产能力也需要通过男性创新者才能实现，因为男性不仅在经济上拥有优势，而且在绝大多数的技术场点中占据着主导地位。如此看来，更多的积极性的技术史案例通过表明女性对于技术的重要贡献，以及具有"女性气质"的技术在人类社会生活中的重大意义，最终有利于促使女性主义学者挑战技术问题上的生物决定论，揭示父权社会对技术发明与创新的抑制影响，甚至拓宽对"技术"的定义，有利于"割断技术与男性活动之间的脐带"，因为"把技术等同于男性的观念之所以经久不衰，并非基于先天的生物学意义上的性别差异。相反，它是性别的历史建构和文化建构的产物"②。如此一来，这就使得女性主义的技术史研究进入一个新的阶段，即在建构主义性别观和技术观的视野下对传统技术史提出进一步的批判和反思。

二、"批判式"女性主义技术社会史

正如本书在前述章节中所讨论的，自20世纪80年代开始，女性主义学术往前迈进了关键性的一步，即形成和发展了社会性别理论。与此同时，技术哲学、技术社会学等领域对技术概念的反思，尤其是对技术决定论的批判以及技术社会建构论的提出，为女性主义技术史的发展提供了新的背景。这一点在瓦克曼基于经验研究而提出技术女性主义理论方面，得到了最为鲜明的体现。实

---

① Judith A. McGaw. Inventors and Other Great Women：Toward a Feminist History of Technological Luminaries. Technology and Culture，1997，38（1）：215.

② ［美］朱蒂·维基克曼. 女性主义技术理论//［美］希拉·贾撒诺夫，等编. 科学技术论手册. 盛晓明，等译. 北京：北京理工大学出版社，2004：154.

际上，在 80 年代中期以后，女性主义技术史研究也因此而在编史立场和目标、研究内容和技术史观方面发生了相应的变化。

当学者们意识到性别和技术均是社会建构的产物，从社会性别的角度出发揭示和分析二者形塑或建构对方的历史过程与方式便很快成为新的主导性编史主题。具体而言：一方面，性别是社会建构的产物，相应的技术史研究不再局限于仅将女性或者被认为具有"女性气质"的技术传统"填补"进技术史，而是要探讨技术史家或技术史叙事忽略甚至排斥女性或"女性气质"的技术传统的原因，分析技术对于社会性别在个体身份层面、社会关系层面、文化观念及意识形态等层面的建构和影响，以及由此而将具象化的女性个体及群体排除在技术领域之外的具体过程和方式。如同女性主义科学史一样，这隐含着对技术史提出批判式的新解读，女性主义的技术史研究转向了对技术及其历史的反思和批判。另一方面，技术是社会建构的产物，认可这一基本技术观意味着从社会维度探讨建构和塑造技术的各种因素。如上文所分析的，马克思主义/社会主义女性主义学者的技术史研究从新技术社会学那里汲取的最重要的理论资源就是技术的社会建构论，与女性主义科学史研究的情形一样，他们在借鉴的同时，填补了后者所忽略的社会性别维度，将关注的焦点集中于揭示技术在研发、设计、生产、销售、使用、转移等各个环节所承载的社会性别价值，分析社会性别因素对技术的建构和形塑。

实际上，这两个方面在很多案例研究中同时被关注到，其最重要的核心在于揭示和批判技术的社会性别化特征。除上文提到的技术案例之外，这里再举几个例子。第一个案例是柯旺对 19 世纪美国雪茄工业技术史所做的社会性别分析，她由此展现了社会性别作用于资本与劳动的权力斗争及其方式和具体过程。19 世纪中叶的雪茄全部由熟练的男性工人手工制造，但是为了瓦解 1869年纽约雪茄制造者的罢工，制造商开始雇佣虽然不如男性熟练但是工价低廉的女性移民。女性工人的出现有效地终止了男性工人的罢工，更重要的是，为了使这些移民女工像那些熟练的男性工人那样又好又快地生产雪茄，以及解决男性熟练工人再罢工的问题，代替和辅助手工生产雪茄烟的包装切割器成了迫切需要。于是，男性罢工和女性移民共同加速了雪茄包装切割器的发明进程，进而推动了 19 世纪后半叶雪茄工业的发展①。与之相反的例证是上文提及的她对制衣行业发展史的考察，在这一领域，社会性别分工则大大减缓了制衣技术自

---

① Ruth Schwartz Cowan. Gender and Technological Change//Donald MacKenzie，Judy Wajcman，eds. The Social Shaping of Technology：How The Refrigerator Got Its Hum，Milton Keynes. Philadelphia：Open University Press，1985：53 - 54.

动化的发展速度。显然，柯旺的重点在于说明社会性别因素对技术发展方向与速度的影响，弥补了新技术社会学的不足。与此同时，雪茄工业和制衣行业的技术发展亦从另一侧面反映出女性工人在技术发展进程中一直处于受压迫的地位。在柯旺看来，她们与男性同工不同酬，而且被排挤在"高"技术之外，从事着技术含量低的简单重复工作，男性在生产技术领域中占有优势被视为理所当然的事实，技术的男性气质化也仍然是不争的事实。正如科伯恩所总结的，技术从来都不是价值中立的，既不是中性的也不是无性的，工业的、商业的和军事的技术在历史和物质的意义上均是男性化的[①]。

另一个技术史的案例来自福瑞森（Valerie Frissen）对电话使用历史的考察。在她看来，以往对电信技术的研究往往忽略了电话的社会应用及其内涵问题，忽略了电话在日常生活中的重要影响。她考察了女接线员的工作，并表明她们"充满微笑的声音"（the voice with a smile）对形成新的社会交往模式的影响。同时，她也关注了电话使用及其相关话语的两性差异问题。其中，女性对电话的使用总被形容是"扯闲篇"、"闲言碎语"或"蜚短流长"，她们打电话时说的都是事关私人领域的那些无聊又愚蠢的话题；相反，男性使用电话都是事关公共领域的"正事"，他们简洁而严肃。她认为，电话的使用之所以是一项"性别化的工作"（gender work），是指人们对电话的使用总是被嵌套在一系列的社会观念、价值标准、信仰和实践之中的，电话的使用无形中表达了对男性和女性的不同定义，建构了两性的社会身份认同。电话是折射包括社会性别关系在内的各种社会规制的一面镜子，它既为社会和文化所形塑，同时也能重新界定和规范社会文化。例如，它能缩小公共与私人领域的鸿沟，甚至重新界定二者的划分标准[②]。类似的案例还有很多，如萨博-莱切特（Danielle Chabaud-Rychter）对家用厨房电器的设计和使用环节的历史考察，亦论述了厨房电器技术标准化、程式化对妇女家庭生活实践的影响，探讨了技术设计者与使用者之间的博弈关系，认为家用电器的发展是一种混合了家庭实践经验和

---

① Cynthia Cockburn. Caught in the Wheels: the High Cost of Being a Female Cog in the Male Machinery of Engineering// Donald MacKenzie, Judy Wajcman, eds. The Social Shaping of Technology: How The Refrigerator Got Its Hum. Milton Keynes and Philadelphia: Open University Press, 1985: 55-65.

② Valerie Frissen. Gender is Calling: Some Reflections on Past, Present and Future Uses of theTelephone//Keith Grint, Rosalin Gill, eds. The Gender-Technology Relation: Contemporary Theory and Research. Bristol: Taylor & Francis, 1995: 79-94.

工业化模式的异质性活动①。

从性别观和技术观的角度来看，上述两个案例的共同点在于同时关注到技术和社会性别之间双向建构与互动关系。从具体研究切入点的角度来看，它们之间还有另一个共同点，即开始关注技术产品的消费和使用环节。对这一点之于技术史研究的意义，瓦克曼和柯旺等学者曾有明确阐述和强调。技术使用者对技术的解读与技术发明者对技术的设计初衷可能大相径庭，具有男性气质设计特点的技术，特别是家用技术和生育技术给女性造成的影响，可能是带有男性霸权意识形态的技术设计者常常容易忽视的或者始料不及的。事实上，科伯恩和奥姆罗德关于微波炉发展历史的研究，便论证了商品到达消费者手中以后所具有的"解释柔性"。她们的研究表明，行销和零售的过程在构建消费者需求框架时发挥着关键的作用，消费者也使用、接受、认同或抵抗、协商着性别身份的意义②。除此之外，辛格尔顿（Vicky Singleton）对 20 世纪 60 年代英国政府确立的子宫筛查项目（the Cervical Screening Programme（CSP））的考察，详细分析了健康专家、女性主义学者、倡导女性健康运动的女活动家以及普通女性在"政府 CSP 行动者网络"中的位置及其不同影响，进一步强调对 ANT 理论的应用和超越③。这些研究在社会性别理论和技术社会建构论的框架下另辟蹊径，既正面肯定了女性在技术使用环节的积极影响，更进一步为探讨技术在与社会更为密切接触的消费与使用环节上和社会性别的互动关系打开了大门。

总言之，20 世纪 80 年代中期到 90 年代中期的女性主义技术史研究对西方社会的父权制根源进行了深入批判和分析。在确立建构主义性别观和技术观的前提下，通过分析社会性别与技术相互形塑的过程，既阐释了蕴含在技术中的父权制导向给女性带来的不利影响，揭示了隐藏在技术背后的性别政治；亦强调了作为技术使用者的女性"行动者"变革技术的具体方式和充满希望的前景，大大拓宽了技术史研究的范围和主题。这一时期的女性主义技术史对技术

---

①　Danielle Chabaud – Rychter. The Configuration of Domestic Practices in the Designing of Household Appliances//Keith Grint，Rosalind Gill，eds. The Gender – Technology Relation：Contemporary Theory and Research. Bristol：Taylor & Francis，1995：95 – 111.

②　Cynthia Cockburn，Susan Ormrod. Gender and Technology in the Making. London：SAGE Publications，1993：3.

③　Vicky Singleton. Networking Constructions of Gender and Constructing Gender Networks：Considering Definitions of Woman in the British Cervical Screening Programme//Keith Grint，Rosalin Gill，eds. The Gender – Technology Relation：Contemporary Theory and Research. Bristol：Taylor & Francis，1995：146 – 173.

的价值中立性、普适性和进步性提出了质疑，对传统的"精英"式技术史叙事模式以及只关注技术设计、研发及其创新的技术史研究思路提出了批判，编史视角从"补偿式"转向了"批判式"，研究内容从"女性与技术"转向了"社会性别与技术"，体现了更强的"技术社会史"研究取向。

三、"多元化"女性主义技术文化史

如同本书第四章所阐明的，20世纪90年代以来，后现代史学在学术界引起强烈反响，它对女性主义科学史和技术史研究的影响表现为对历史宏大叙事的反思与批判，以及对个体、身份、历史的多元化、碎片化、异质性和流变性的描述与强调。在这一阶段，不仅马克思主义/社会主义女性主义学者，激进女性主义、赛博格女性主义、多元文化女性主义等流派的学者在对技术及其历史的研究方面均有重要贡献，女性主义学术自身的"多元化"趋势更为明显。在整体的后现代学术氛围之中，女性主义学术研究开始逐渐走向后女性主义时代。尤其是在人类学、物质文化研究、身体研究等学术思潮的影响下，女性主义对社会性别和科学技术之间的关系有了更深入的理解，编史内容开始体现出更为鲜明的"多元化"和"文化史"倾向。具体而言，这一转向在女性主义技术史研究上主要体现为如下几个方面。

第一，相关研究已开始关注女性与男性内部因种族、年龄等各种因素而导致的差异性及其在技术领域的体现，关注边缘群体以及非西方技术史中的性别政治议题。

例如，莫恩对英国和美国商业洗衣行业的研究，考察了英美商业洗衣店的男性老板与男性员工之间的气质差异及其在具有女性气质的洗衣行业领域中的表现。其研究表明了男性内部的差异性及其利益的不一致性。当他们面对某种特别技术的设计和发展时，一些群体往往比其他群体拥有更多的权力和资源。男性和女性之间，男性群体内部和女性群体内部都有其各自的差异性，他们并非铁板一块①。这在某种程度上打破了女性主义技术社会史对女性作为集体受害者或牺牲者或积极能动者的形象建构，转而聚焦于具体情境之中的不同个体的经验及其差异，更意味着对传统技术史常常有意无意便会书写出的关于"压迫与反抗"、"积极与消极"、"男性与女性"的二元对立式叙事逻辑的反思和批判，进一步消解了"宏大叙事"的可能性。

---

① Arwen Palmer Mohun. Laundrymen Construct Their World: Gender and the Transformation of a Domestic Task to an Industrial Process. Technology and Culture, 1997, 38 (1): 97 - 120.

与此同时，另一些研究者开始关注非西方社会的社会性别与技术问题，侧重于关注地方性技术知识和女性群体内部不同人群的经验及其内部权力关系，如白馥兰对中国古代建筑技术、纺织技术和生育技术的研究，以及傅大为对日本殖民统治时期台湾地区的身体性别政治与殖民医疗的研究等。这些案例在本书第四章已有详细分析和讨论，在此不再赘述。除此之外，还有很多类似的案例。其中，生育技术作为当下女性主义技术研究的重点场域，相关成果包括关于非西方社会的研究成果极为丰富。其中，关于东亚地区生育技术的社会文化研究的大量案例情况，可参考克拉克（Adele E. Clarke）在《东亚科学技术与社会》杂志 2008 年的"社会性别与东亚的生育技术"专刊上发表的综述性论文[①]。整体而言，这些研究在探讨新的生育技术对女性的影响时，将视角不断拓宽到技术对女性身体、身份以及社会性别关系、意识形态的重构上，亦探讨了非西方社会中生育技术所涉及的技术、社会性别、阶级和殖民之间各种复杂的相互建构关系。

第二，女性主义学者逐渐认识到性别和技术均植根于不同的文化与境，更为强调技术和宗教、种族、文化以及意识形态之间的建构关系。

例如，柯旺关于优生学历史尤其是基因筛查技术的研究既体现出女性主义技术社会史所重视的"技术使用者"在技术发展中的影响及其偶然性，同时更体现出对宗教、种族、文化等多种因素影响技术建构及其生产实践的关注。首先，柯旺在探讨基因筛查技术时，充分考虑了疾病确认和命名过程中不同人群所处的社会文化背景及其影响。其中，"泰伊-萨克斯二氏病"常发于德系犹太人群，最早描述该疾病的是英国医生泰伊（Warren Tay），1896 年，美国德裔神经学家萨克斯（Bernard Sachs）确定该基因遗传疾病并命名为"家族黑蒙性白痴病"。"白痴"是指患者缺乏正常的心理功能，"黑蒙"指患者开始为视力不佳，最终完全失明，称之为"家族"是因为所有病患的资料都显示他们具有犹太血统，一些病患是兄弟姐妹关系，还有相当大数量的病患父母是近亲结婚。后来，由于许多患者家属对"家族黑蒙性白痴病"这一名称表示抗议，认为这让他们备感受辱，其医学名称更改为"泰伊-萨克斯二氏病"[②]。其次，柯旺充分考虑了技术使用者的文化背景及其对技术使用和推广的重要影响。随着研究的深入，人们发现泰伊-萨克斯二氏病不能治愈，只能依靠药物或者饮食

---

① Adele E. Clarke. Introduction：Gender and reproductive technologies in East Asia. East Asian Science. Technology and Society：An International Journal，2008，2（3）：303－326.

② Ruth Schwartz Cowan. Heredity and Hope：The Case for Genetic Screening. New York：Harvard University Press，2008：135.

延续患者的生命，针对该疾病的研究方案重心因此从治疗转向了预防。研究者们开发了针对泰伊-萨克斯二氏病基因的测试技术，并在有大量犹太人人口的城市进行宣传。然而，该预防方案立即遭到了犹太领袖和一些会众的反对，他们认为这不仅是对犹太人的污名化，也是纳粹主义的延续，并且与犹太教反对堕胎和避孕的精神相违背，这些宗教和文化因素构成了筛查"泰伊-萨克斯二氏病"的现实障碍。直到 1983 年，犹太教领袖爱泼斯坦（Joseph Epstein）在遭受第四个患病儿出生的打击后彻底悔悟，提议测试青少年载体状态，创建一个对外（包括被测试者）绝对保密的机密化验结果注册表，呼吁年轻人在想结婚或生育小孩时去调用注册表。这一提议得到了很多病患家属和了解该疾病的犹太人的响应。至此，截止到 2000 年，世界上有 15 个国家建立了上百个"泰伊-萨克斯二氏病"基因测试点，已经形成一个国际性的质量保证服务系统。在此情况下，这一毁灭性的遗传性疾病在很大程度上被其困扰的民族共同体以婚前筛查和产前诊断这两种手段所击败①。

同样，柯旺关于"塞浦路斯人的地中海贫血症基因筛查"案例研究也表明作为技术消费者的塞浦路斯人在该项基因筛查技术推广过程中发挥的积极作用②。相反，镰状细胞病基因筛查技术在美国发展的历史却没那么顺利。这是因为美国各群体对此没有形成道德共识和政治共识，而且美国诸州的法律法规各有差异，镰状细胞病基因筛查从来没有被制度化。在医疗方面，测试方法上的漏洞导致误诊误判，从而引起了非裔美国人的反感；在政治方面，黑人群体认为镰状细胞病基因筛查是一种种族灭绝的政治策略，各类慈善组织也采取了回避态度。这些因素使得镰状细胞病基因筛查技术因为各利益相关群体的互相争斗而寸步难行③。

在这些技术史案例中，柯旺的研究旨趣从早期的技术与家务劳动时间、技术与劳动性别分工的关系等问题，转向了技术与外籍移民、遗传病患者、黑人等边缘群体的关系；尤其注重解析技术使用者所处的社会文化及境及其切身体验，剖析隐藏在技术背后的各种利益动机，强调技术使用者接受、抵抗、协商、形塑技术的实践与意义。

---

① Ruth Schwartz Cowan. Heredity and Hope：The Case for Genetic Screening. New York：Harvard University Press，2008：143.

② Ruth Schwartz Cowan. Heredity and Hope：The Case for Genetic Screening. New York：Harvard University Press，2008：198 - 208.

③ Ruth Schwartz Cowan. Heredity and Hope：The Case for Genetic Screening. New York：Harvard University Press，2008：180.

第三，将技术看成是一种根植于具体情境之中的文化实践和生活方式，强调日常技术对"意义"的生产、制造、强化或修正。

这类研究往往和物质文化研究产生密切的联系，注重从历史符号学的视角考察日常生活实践中的物质包括技术及其人工物的文化意义。其中，关于人类衣食住行的有关研究最为常见，例如斯蒂尔（Valerie Steele）的《内衣：一部文化史》、阿莫斯图（Felipe Ferandez - Armest）的《食物的历史》、多尔比（Andrew Dalby）的《危险的味道：香料的历史》等①。比较而言，作为中国科学技术史和女性主义技术史领域较为关注日常技术（everyday technologies）的学者——白馥兰的相关研究，相对更为国内科学技术史界所熟知。本书在第四章已经详细分析了她关于中国古代技术尤其是建筑技术的案例研究，其中已提及相比于传统中国技术史的相关研究，她更注重将建筑房屋看作文化空间，为此其建筑技术史的研究离不开对房屋内部空间中发生的日常生活实践的考察。一方面，女性在这一空间中承担的食物烹饪、小孩喂养、纺纱织布都是与西方现代工业相区别的生活技艺，这些技艺对于当时当地人的生活与生产的价值需要重新被挖掘和评价；另一方面，恰恰是这些与普通人衣食住行紧密相关的技术或技艺，以当下的标准来看它们的技术含量可能不高，但却发挥着更为重要的社会和文化功能，它们才真正在历史的长河里占据着不可或缺的位置。

近年来，白馥兰进一步注重对日常技术（包括食物、住宅、通信和卫生）的宏观或微观的政治学分析。例如，她目前对美国日常技术与生活方式的研究，便考察了日常技术人工制品例如抽水马桶、转基因西红柿和电子邮件等所负载的文化意义以及社会、政治关系。其中，关于抽水马桶的研究，考察了作为全球公认的现代化标志的抽水马桶的发展历史及其在美国的普及过程，探讨了其中涉及的"公共与隐私"的区分，对"干净"的界定，私人秽物的公共处理，城市下水道的设计、管理及其经济费用，家庭废物排泄与环境污染的关系，卫生间、下水道与社会秩序、文明程度的文化关联等内容②。显然，白馥兰在此强调的是作为日常技术重要场点的卫生间尤其是"抽水马桶"的发展在表征和生产现代性、社会卫生观念和生活方式方面的重要意义。正如她所言："我们生活在一个'技术时代'，但究竟是什么技术在产生我们的现代文明中发

---

① ［美］瓦莱丽·斯蒂尔.内衣：一部文化史.师英译.天津：百花文艺出版社.2004；［美］阿莫斯图.食物的历史.何舒平译.北京：中信出版社，2005；［英］安德鲁·多尔比.危险的味道：香料的历史.李蔚红，赵凤军，姜竹青译.天津：百花文艺出版社，2004.

② 该在线项目的网址：American Modern：the foundation of Western Civilization. http：//www. anth. ucsb. edu/faculty/bray/toilet/index. html. 2014 - 8 - 7

挥了最重要的作用？什么技术最为根本地改变了我们的生活？是工业工程、太空计划还是计算机通信技术？显然，至今仍然不那么引人注目的日常技术在产生现代化的过程中发挥了根本性的作用：请尝试着想象一下你的生活如果缺少了卫生间会是什么样的？"①

第四，身体成为最为重要的女性主义技术史研究对象，身体被看成是技术杂合体，是技术与社会性别发生互动的重要中介，亦是生产"意义"和建构社会的重要"能动者"。

随着女性主义技术研究的深入，包括媒介与视觉技术（media and imaging technologies）、摄影、电影、电视和超声波等医疗诊断技术在内的"表征技术"（technologies of representation）以及包括服装、化妆、整容等技术在内的"身份技术"（technologies of identity）逐渐成为瓦克曼总结的"家用技术"、"生产技术"和"生育技术"这三大女性主义经典技术研究场域以外的重要对象。值得注意的是，无论是"表征技术"还是"身份技术"，都或多或少涉及对身体的塑造和规训，身体处于文化和技术互动关系的中介，它本身亦参与了对技术和文化的塑造与生产。

汉森（Clare Hanson）在她的《怀孕文化史：怀孕、医学和文化（1750—2000）》一书中出色地对"表征技术"进行了社会性别分析②。她的主旨是探究过去 250 年中英国社会在怀孕的文化"建构"方面所经历的变化，阐释在"怀孕"这一具体场域，医疗技术与文化尤其是社会性别意识形态之间相互关联、相互塑造、相互强化的动态关系。其中，她详细分析了威尔康姆医学影像图书馆（the Wellcome Medical Photographic Library）收藏的有关怀孕妇女接受助产士检查情形的线雕画、彩绘铜版画，以阐明媒介技术与视觉图像对怀孕女性身体及相关的社会性别文化想象的建构，以及男女助产士之间的复杂竞争。她对亨特（William Hunter）的《人类怀孕子宫解剖学》图版的分析则明确强调，雕刻的技艺和摄影术一样都是不透明的媒介，它们均附带了特定的文化含义。她对布朗（Ford Madox Brown）有关油画的分析，则认为其借助产科教材和医学解剖图册的表现方式，挑战了维多利亚时代社会关于性的双重文化标准。她对尼尔松（Lars Nilsson）的胎儿超声波照片以及纳斯（Chris Nurse）的"妊娠工厂"照片的分析，则意在阐明胎儿身体的医学建构和复杂的母婴权利关系

---

① American Modern. the foundation of Western Civilization. http：//www. anth. ucsb. edu/faculty/bray/toilet/amodern1. html. 2014 - 8 - 7.

② ［英］克莱尔·汉森. 怀孕文化史：怀孕、医学和文化（1750—2000）. 章梅芳译. 北京：北京大学出版社，2010.

及其文化理解。在莱曼等人看来，类似于汉森所做的对"表征技术"的案例分析，在很大程度上均受益于对社会性别系统的象征维度和意识形态维度的更为深刻的理解，以及对技术生产和消费的综合关注。因为女性形象在现代社会性别系统中处于极为关键的位置，对"表征技术"的研究揭示了技术与社会性别意识形态紧密交缠的多种方式①。

在对"身份技术"的历史考察中，较早出现的研究主要关注从紧身衣到现代西服的服装业以及化妆品制造业的发展历程，探讨了服装业和化妆品制造行业所承载的对女性身体、身份认同以及社会性别文化的建构过程。这方面的代表著述有基德韦尔（Claudia Kidwell）和斯蒂尔（Valerie Steele）的《男人与女人：穿着打扮》（1989）、霍兰德（Anne Hollander）的《性与套装》（1994）以及佩莱斯（Kathy Peiss）的《扮脸：化妆品工业与社会性别的文化建构1890—1930》（1990）等②。其中，佩莱斯探讨了化妆品在生产和塑造女性气质，建构化妆与女性成功及其价值实现之间的关联等方面的意义，以及化妆品的大规模工业化生产、市场化销售和铺天盖地的化妆品广告建构女性身份、界定和形塑社会性别观念的方式与过程。

除了外在的身体装饰，还有些技术例如整容手术、基因工程、变性手术等开始穿透身体发肤，在改变身体属性的同时，亦用新的方式塑造和建构社会性别身份与文化意识形态。这方面的代表性成果有沃尔夫（Naomi Wolf）的《美貌的神话》（1992）、戴维（Kathy Davis）的《重塑女体：美容手术的两难困境》（1995）、霍斯曼（Bernice L. Hausman）的《变性：超越性别歧视、技术与社会性别理想》（1995）、巴尔萨摩（Ann Balsamo）的《性别化身体的技术：解读赛博格女人》（1996）、摩根（Kathryn Pauly Morgan）的《女人与手术刀》

①　Nina E. Lerman, Arwen Palmer Mohun, Ruth Oldenziel. The Shoulders We Stand On and the View From Here: Historiography and Directions for Research. Technology and Culture, 1997, 38 (1): 22 - 23.

②　Claudia Kidwell, Valerie Steele. Men and Women: Dressing the Part. Washington, DC: Smithsonian Institution Press, 1989; Anne Hollander. Sex and Suits. New York: Knopf, 1994; Kathy Peiss. Making Faces: The Cosmetics Industry and the Cultural Construction of Gender, 1890 - 1930. Genders, 1990, 7: 143 - 169. 除此之外，温蒂·甘伯（Wendy Gamber）也对服装制造业进行过考察，但她主要关注的是该行业领域的劳动性别分工，尤其是随着这一领域新技术的发展及其"科学"成分的不断增加，使得女性设计师和缝纫师逐渐丧失了在该行业领域的优势地位。可参见：Wendy Gamber. Dressmaking// Nina E. Lerman, Ruth Oldenziel and Arwen Palmer Mohun, eds. Gender and Technology: A Reader. Baltimore and London: The Johns Hopkins University Press, 2003: 238 - 266.

（1991，2009）、鲍尔多（Susan Bordo）的《不能承受之重》（2009）等①。其中，沃尔夫和摩根对美容技术给予了较为激烈的批判，认为美容技术和医学科学为父权制披上了"客观"的外衣，它们实质上是父权制意识形态借由手术刀而控制和伤害女性身体及其文化身份的帮凶。戴维也同意这一基本判断，但却同时看到了女性自身的能动性，认为女性可以借助美容技术及其制造的美貌文化而争取权力。比较而言，波尔多的研究凸显出更为明显的后现代立场，她强调必须打破身心二元划分，借助福柯的话语/权力分析，将身体看作是一个被社会、文化和技术共同书写的文本，美容技术对身体的文化铭刻更多的不是父权制自上而下的权力控制，而亦可能是一种权力的自我生产。

总言之，20世纪90年代中期以来的研究主张性别与技术相互建构的动态过程实质上是技术与社会性别意识形态相互形塑的结果。不同于以往从社会的构成、生活及生产方式角度分析技术与社会性别的关系，这一时期的研究主要从性别文化的要素、结构和功能上认识技术对社会性别意识形态的固化，以及解析社会性别意识形态在技术变迁过程中对技术所产生的潜移默化的作用。其编史思想从"批判式"转向了"多元化"，从"社会史"转向"文化史"。编史目的从揭示技术的父权制内涵转变为分析扎根于具体社会性别文化与境的技术与人类之间的复杂关系，编史范围亦从西方资本主义社会工业化进程扩展到非西方社会中的社会性别与技术研究，亦在社会性别以外纳入了种族、民族、阶级、殖民等多重视角。在关于"身份技术"的研究中，还展现出一种女性主义技术研究思路的新趋向。这一趋向即是逐渐寻求从传统的"身与心"、"男与女"、"人工与自然"、"奴役与解放"等二元论中突破出来，给技术及其历史以一种新的评价视角。这一视角强调情境、经验、涉身等重要元素，历史的叙事不再是单调的女性英雄史诗或者女性完全沦为牺牲品的悲剧故事。

---

① 娜奥米·沃尔夫. 美貌的神话. 何修译. 台北：自立晚报文化出版部，1992；Kathy Davis. Reshaping the Female Body：The Dilemma of Cosmetic Surgery. New York：Routledge，1995；Bernice L. Hausman. Changing Sex：Transexualism. Technology and the Idea of Gender. Durham and London：Duke University Press，1995；Ann Balsamo. Technologies of the Gendered Body：Reading Cyborg Women. Durham and London：Duke University Press，1996；Kathryn Pauly Morgan. Women and the Knife：Cosmetic Surgery and the Colonization of Women's Bodies. Hypatia，1991，6（3）：25 - 53. 后收录于：Cressida J. Heyes，Meredith Jones，eds. Cosmetic Surgery：A Feminist Primer. Famham：Ashgate Publishing Limited，2009；苏珊·鲍尔多. 不能承受之重：女性主义、西方文化与身体. 綦亮，赵育春译. 南京：江苏人民出版社，2009.

第四节　小结与讨论

女性主义技术理论与技术史研究是一个富矿，相关研究成果汗牛充栋。之所以将"女性主义技术史"作为"外一篇"，既有本章开头所说的原因，亦是因为笔者对女性主义技术研究的丰富内容尚未进行全面深入的研究。从某种程度上可以说，本章所探讨的内容尤其是对"多元化"女性主义技术"文化史"的分析属于浅尝辄止。对女性主义技术史的编史学考察尚处于初步阶段，既未形成完整系统的框架，亦因篇幅所限而没有对很多具体的技术史案例展开详细讨论。但尽管如此，我还是希望读者能从本章的文字中管窥女性主义技术理论以及女性主义技术史研究的大致样貌。

在整体女性主义学术背景下，女性主义技术史研究和女性主义科学史的发展脉络基本一致。女性主义学者在不同时期对技术和性别概念的认识不断深化，其编史目的和内容也随之改变。20 世纪 70 年代到 80 年代中期的研究在日益高涨的女权运动中应运而生，其编史成果大多是本质主义性别观下的"补偿式"的女性技术精英史。随着研究的深入，在社会性别理论和技术的社会建构论观念的启发下，20 世纪 80 年代中期到 90 年代中期的研究注重从社会学角度对社会性别和技术的相互建构关系进行深入分析，揭示了技术的父权制特征。在后现代、后殖民、人类学、文化研究等思潮的影响下，20 世纪 90 年代中期以来的女性主义技术史研究不断走向多元化，"文化史"成为主要的编史取向。尽管如此，与女性主义科学史学史的情形一样，这只是勾勒出女性主义技术史的整体发展脉络，各个阶段之间的研究常是彼此交叉的关系。

从编史的理论基础来看，构成女性主义技术史核心叙事线索的依然是"共同建构"或"共同形塑"。这是女性主义科学技术元勘整合女性主义学术与STS 研究的结果，是建构主义科学观、技术观和社会性别理论相互结合的必然产物，它们既构成女性主义技术史的理论根基，亦成为其最主要的编史内容。然而，女性主义学术亦在不断地发展，呈现出如上文所讨论的多元化趋势，很多学者声称已进入后女性主义时代，女性主义科学史和技术史研究开始进入全新的阶段。

当下社会已进入技科学时代，科学与技术的边界早已不复存在，女性主义科学史和技术史的研究本身也在不断融合。但尽管如此，依然可以看到传统意义上的女性主义科学史在新的发展过程中遭遇困境，近 10 年来案例研究的新进展大多体现于女性主义技术研究之中。坦率地讲，如果将科学和技术加以区分来观察的话，可以发现相比于女性主义科学史研究，女性主义的技术史研究有两点优势。第一，相比于基础科学，技术与社会、文化的接触更为直接和密切，在各种不同的技术活动场域，蕴含着极为丰富的值得探索的议题，更容易产生丰硕的成果。第二，女性主义科学史研究的理论困境在女性主义技术史研究中往往容易得到解决，技术的社会建构观念及其所带来的对传统技术观的挑战相对并不那么具有冲击力，对技术与社会性别之间关系的解构包括文化史研究的介入更容易得到学术界和公众的认可。这也许可以为解释女性主义科学史尤其是关于所谓"硬科学"的案例研究一直不够丰富，而关于生物技术、信息技术、乃至美容技术等的历史案例研究却硕果累累提供一个可能的解释。并且，如果我们把目光投向女性主义技术史的经验研究时，会发现其中很多好的思路和研究结果能为女性主义的科学认识论走出困境提供强有力的支持。例如，哈拉维所倡导的"赛博格"、"后人类"以及其背后所隐含的打破一切二元论的理论诉求，在女性主义关于"身份技术"的研究中均能找到丰富而具体的例证。从这个角度来看，后现代女性主义科学技术史将更为偏爱技术史乃至我们称之为"传统工艺"的内容。

也或者可以说，女性主义科学技术史的发展要想实现对传统社会性别理论和建构主义科学技术观这一基本框架的新突破，希望不在于去努力解构所谓的"纯科学"、"硬科学"，而是在更为具体的、琐碎的、日常的、情境化的技术活动中寻找新的契机。在笔者看来，女性主义对于科学客观性的解构和批判已基本完成了任务，"相对主义"虽然是其科学认识论的困境之一，但在事实上却已不再构成其经验研究向前发展的障碍。对于编史学而言，真正需要重视的是，如何改变自身的二元论叙事逻辑和本质主义的思维方式，突破将女性要么视为科学技术的受害者和牺牲者，要么视为科学技术的积极贡献者的二分判断；从将西方近代科学技术刻在父权制的历史耻辱簿上不得翻身的学术桎梏中解放出来，因为科学技术如同性别一样，永远是异质性的、流变性的、情境化的和生成性的，任何的刻板印象对于女性、科学和技术都是不利的。从这一意义上看，后现代主义的学术价值并非是全然的解构和批判，其富有建设性的一面正在女性主义科学技术史的经验研究之中得以体现。

参 考 文 献

一、中文部分

1. 参考著作

[美] 阿莫斯图. 2005. 食物的历史. 何舒平译. 北京：中信出版社.

[英] 安德鲁·多尔比. 2004. 危险的味道：香料的历史. 李蔚红，赵凤军，姜竹青译. 天津：百花文艺出版社.

[美] 安德鲁·皮克林. 2006. 作为实践和文化的科学. 柯文，伊梅译. 北京：中国人民大学出版社.

[美] 安德鲁·皮克林. 2012. 建构夸克——粒子物理学的社会学史. 王文浩译. 长沙：湖南科学技术出版社.

[荷] 安克施密特 F R. 2005. 历史与转义：隐喻的兴衰. 韩震译. 北京：文津出版社.

[英] 巴里·巴恩斯. 2001. 科学知识与社会学理论. 鲁旭东译. 北京：东方出版社.

[美] 白馥兰. 2006. 技术与性别：晚期帝制中国的权力经纬. 江湄，邓京力译. 南京：江苏人民出版社.

鲍晓兰. 1995. 西方女性主义研究评介. 北京：三联书店.

[美] 贝蒂·弗里丹. 1988. 女性的奥秘. 程锡麟，朱徽，王晓路译. 成都：四川人民出版社.

[法] 布鲁诺·拉图尔，史蒂夫·伍尔加. 2004. 实验室生活：科学事实的建构过程. 张伯霖，刁小英译. 北京：东方出版社.

曹剑波，宋建丽主编. 2013. 女性主义哲学. 厦门：厦门大学出版社.

陈顺馨，戴锦华选编. 2004. 妇女、民族与女性主义. 北京：中央编译出版社.

陈英，陈新辉. 2012. 女性世界——女性主义哲学的兴起. 北京：中国社会科学出版社.

陈玉林. 2010. 技术史研究的文化转向. 沈阳：东北大学出版社.

[英] 大卫·布鲁尔. 2002. 知识和社会意象. 艾彦译. 北京：东方出版社.

邓小南，王政，游鉴明主编. 2011. 中国妇女史研究读本. 北京：北京大学出版社.

董美珍. 2010. 女性主义科学观探究. 北京：社会科学文献出版社.

杜芳琴. 1998. 中国社会性别的历史文化寻踪. 天津：天津社会科学院出版社.

杜芳琴. 2002. 妇女学和妇女史的本土探索——社会性别视角和跨学科视野. 天津：天津人民出版社.

杜芳琴，王向贤主编. 2003. 妇女与社会性别研究在中国 1987—2003. 天津：天津人民出版社.

杜芳琴，王政主编. 2004. 社会性别. 天津：天津人民出版社.

杜芳琴，王政主编. 2004. 中国历史上的妇女与性别. 天津：天津人民出版社.

［德］恩斯特·卡西尔. 1985. 人论. 甘阳译. 上海：上海译文出版社.

［德］恩斯特·卡西尔. 1988. 语言与神话. 于晓，等译. 北京：三联书店.

［美］费侠莉. 2006. 繁盛之阴：中国医学史中的性（960—1665）. 甄橙主译. 南京：江苏人民出版社.

傅大为. 2005. 亚细亚的新身体：性别、医疗与近代台湾. 台北：群学出版有限公司.

［美］高彦颐. 闺塾师. 2005. 明代的才女文化. 李志生译. 南京：江苏人民出版社.

耿占春. 1993. 隐喻. 北京：东方出版社.

郭贵春，成素梅主编. 2009. 当代科学哲学问题研究. 北京：科学出版社.

国际技术教育协会. 2003. 美国国家技术教育标准. 北京：科学出版社.

［丹麦］赫尔奇·克拉夫. 2005. 科学史学导论. 任定成译. 北京：北京大学出版社.

洪晓楠. 2005. 科学文化哲学研究. 上海：上海文化出版社.

黄育馥，刘霓. 2002. E时代的女性——中外比较研究. 北京：社会科学文献出版社.

荒林主编. 2004. 中国女性主义. 桂林：广西师范大学出版社.

荒林主编. 2004. 男性批判. 桂林：广西师范大学出版社.

蒋劲松，吴彤主编. 2006. 科学实践哲学的新视野. 呼和浩特：内蒙古人民出版社.

金一虹. 2000. 父权的式微——江南农村现代化进程中的性别研究. 成都：四川人民出版社.

［美］卡洛琳·麦茜特. 1999. 自然之死——妇女、生态和科学革命. 吴国盛，等译. 长春：吉林人民出版社.

［美］凯特·米利特. 2000. 性政治. 宋文伟译. 南京：江苏人民出版社.

［英］柯林伍德. 2005. 柯林伍德自传. 陈静译. 北京：北京大学出版社.

［英］克莱尔·汉森. 2010. 怀孕文化史：怀孕、医学和文化（1750—2000）. 章梅芳译. 北京：北京大学出版社.

［美］克利福德·吉尔兹. 2000. 地方性知识——阐释人类学论文集. 王海龙，张家瑄译. 北京：中央编译出版社.

［英］克里斯·希林. 2011. 文化、技术与社会中的身体. 李康译. 北京：北京大学出版社.

［法］勒高夫，等编. 1989. 新史学. 姚蒙编译. 上海：上海译文出版社.

李小江，等. 2002. 历史、史学与性别. 南京：江苏人民出版社.

李小江，等主编. 2000. 批判与重建. 北京：三联书店.

李银河主编. 2007. 妇女：最漫长的革命——当代西方女权主义理论精选. 北京：中国妇女出版社.

李银河主编. 1997. 女性权力的崛起. 北京：中国社会科学出版社.

林志斌主编. 2001. 性别与发展教程. 北京：中国农业大学出版社.

刘兵. 1996. 克丽奥眼中的科学. 济南：山东教育出版社.

刘兵，章梅芳. 2005. 性别视角中的中国古代科学技术. 北京：科学出版社.

刘介民. 2012. 哈拉维赛博格理论研究：学术分析与诗化想象. 广州：暨南大学出版社.

罗钢，刘象愚主编. 1999. 后殖民主义文化理论. 北京：中国社会科学出版社.

[美] 罗斯玛丽·帕特南·童. 2002. 女性主义思潮导论. 艾晓明，等译. 武汉：华中师范大学出版社.

马元曦主编. 2000. 社会性别与发展译文集. 北京：三联书店.

[美] 曼素恩. 2005. 缀珍录：18 世纪及其前后的中国妇女. 定宜庄，颜宜葳译. 南京：江苏人民出版社.

[美] 梅里·E. 威斯纳-汉克斯. 2003. 历史中的性别. 何开松译. 北京：东方出版社.

[法] 西蒙娜·德·波伏娃. 1998. 第二性（全译本）. 陶铁柱译. 北京：中国书籍出版社.

孟悦，罗钢主编. 2008. 物质文化读本. 北京：北京大学出版社.

娜奥米·沃尔夫. 1992. 美貌的神话. 何修译. 台北：自立晚报文化出版部.

[英] 奈杰尔·拉波特，乔安娜·奥弗林. 2005. 社会文化人类学的关键概念. 鲍雯妍，张亚辉译. 北京：华夏出版社.

[美] 诺里塔·克杰瑞. 2003. 沙滩上的房子——后现代主义者的科学神化曝光. 蔡仲译. 南京：南京大学出版社.

彭刚. 2009. 叙事的转向：当代西方史学理论的考察. 北京：北京大学出版社.

[美] 乔治·E. 马尔库斯，米开尔·M. J. 费彻尔. 1998. 作为文化批评的人类学——一个人文学科的实验时代. 王铭铭，蓝达居译. 北京：三联书店.

[美] 乔治·萨顿. 2007. 科学的历史研究. 刘兵，陈恒六，仲维光译. 上海：上海交通大学出版社.

邱仁宗主编. 1998. 中国妇女与女性主义思想. 北京：中国社会科学出版社.

邱仁宗主编. 2004. 女性主义哲学与公共政策. 北京：中国社会科学出版社.

邱仁宗主编. 2006. 生命伦理学——女性主义视角. 北京：中国社会科学出版社.

全国妇联妇女研究所. 2007. 中国妇女研究年鉴（2001—2005）. 北京：社会科学文献出版社.

[美] 桑德拉·哈丁. 2002. 科学的文化多元性——后殖民主义、女性主义和认识论. 夏侯炳，谭兆民译. 南昌：江西教育出版社.

[美] 沙伦·特拉维克. 2003. 物理与人理——对高能物理学家社区的人类学考察. 刘珺珺，张大川，等译. 上海：上海科技教育出版社.

[美] 史蒂文·夏平. 2002. 真理的社会史——17 世纪英国的文明与科学. 赵万里，等译. 南昌：江西教育出版社.

[美] 史蒂文·夏平，西蒙·谢弗. 2008. 利维坦与空气泵——霍布斯、玻意耳与实验生活. 蔡佩君译. 上海：上海世纪出版集团.

苏红主编. 2004. 多重视角下的社会性别观. 上海：上海大学出版社.

[以色列] 苏拉密斯·萨哈. 2003. 第四等级——中世纪欧洲妇女史. 林英译. 广州：广东

人民出版社.

［美］苏珊·鲍尔多. 2009. 不能承受之重：女性主义、西方文化与身体. 綦亮，赵育春译. 南京：江苏人民出版社.

［英］索菲亚·孚卡. 2003. 后女权主义. 王丽译. 北京：文化文艺出版社.

［美］索卡尔，德里达，罗蒂，等. 2002. "索卡尔事件"与科学大战——后现代视野中的科学与人文的冲突. 蔡仲，邢冬梅，等译. 南京：南京大学出版社.

谭兢嫦，信春鹰主编. 1995. 英汉妇女与法律词汇释义. 北京：中国对外翻译出版公司.

［美］唐娜·哈洛威. 2010. 猿猴、赛博格和女人：重新发明自然. 张君玫译. 台北：群学出版有限公司.

［美］唐娜·哈拉维. 2012. 类人猿、赛博格和女人——自然的重塑. 陈静，吴义诚译. 郑州：河南大学出版社.

汤普森 J W. 1992. 历史著作史（下）. 孙秉莹，谢德风译. 北京：商务印书馆.

［美］托马斯·库恩. 2003. 科学革命的结构. 金吾伦，胡新和译. 北京：北京大学出版社.

［美］瓦莱丽·斯蒂尔. 2004. 内衣：一部文化史. 师英译. 天津：百花文艺出版社.

王晴佳，古伟瀛. 2003. 后现代与历史学——中西比较. 济南：山东大学出版社.

王岳川. 1999. 后殖民主义与新历史主义文论. 济南：山东教育出版社.

王政，杜芳琴主编. 1998. 社会性别研究选译. 北京：三联书店.

汪民安主编. 2004. 身体的文化政治学. 开封：河南大学出版社.

［美］威尔逊. 1985. 新的综合——社会生物学. 阳河青编译. 成都：四川人民出版社.

吴国盛编. 1997. 科学思想史指南. 成都：四川教育出版社.

吴小英. 2000. 科学、文化与性别——女性主义的诠释. 北京：中国社会科学出版社.

［美］希拉·贾撒诺夫，等编. 2004. 科学技术论手册. 盛晓明，等译. 北京：北京理工大学出版社.

肖巍. 1999. 女性主义关怀伦理学. 北京：北京出版社.

肖巍. 2000. 女性主义伦理学. 成都：四川人民出版社.

邢怀滨. 2005. 社会建构论的技术观. 沈阳：东北大学出版社.

徐贲. 1996. 走向后现代与后殖民. 北京：中国社会科学出版社.

许宝强，罗永生选编. 2004. 解殖与民族主义. 北京：中央编译出版社.

［英］伊·拉卡托斯. 1999. 科学研究纲领方法论. 兰征译. 上海：上海译文出版社.

［美］伊夫琳·凯勒. 1987. 情有独钟. 赵台安，赵振尧译. 北京：三联书店.

［美］伊夫琳·福克斯·凯勒. 1995. 玉米田里的先知：异类遗传学家麦克林托克. 唐嘉慧译. 台北：天下远见出版股份有限公司.

［美］伊沛霞. 2004. 内闱：宋代的婚姻和妇女生活. 胡志宏译. 南京：江苏人民出版社.

于光远，等主编. 1995. 自然辩证法百科全书. 北京：中国大百科全书出版社.

袁江洋. 2003. 科学史的向度. 武汉：湖北教育出版社.

［英］约翰·齐曼. 2002. 真科学. 曾国屏，等译. 上海：上海科技教育出版社.

张柏春，李成智主编. 2009. 技术的人类学、民俗学与工业考古学研究. 北京：北京理工大学出版社.

张广智. 2000. 西方史学史. 上海：复旦大学出版社.

章梅芳，刘兵主编. 2010. 性别与科学读本. 上海：上海交通大学出版社.

张沛. 2004. 隐喻的生命. 北京：北京大学出版社.

张尧均编. 2006. 隐喻的身体：梅洛-庞蒂身体现象学研究. 杭州：中国美术学院出版社.

赵万里. 2002. 科学的社会建构——科学知识社会学的理论与实践. 天津：天津人民出版社.

2. 参考论文

安军，郭贵春. 2005. 科学隐喻的本质. 科学技术与辩证法，(3)：42-47.

白志红. 2002. 当代西方女性主义人类学的发展. 国外社会科学，(2)：13-18.

柏棣. 2012. 物质女性主义和"后人类"时代的性别问题——《物质女性主义》评介. 中华女子学院学报，(6)：107-109.

鲍晓兰. 1999. 西方女性主义口述史发展初探. 浙江学刊，(6)：85-90.

蔡仲. 2002. 对女性主义科学观的反思. 南京大学学报（哲学·人文科学·社会科学版），(4)：37-43.

蔡仲，肖雷波. 2011. STS：从人类主义走向后人类主义. 哲学动态，(11)：80-85.

陈健. 1995. 科学哲学中的女性主义. 河北师范大学学报（社会科学版），(3)：30-36.

陈久金. 2000. 谈谈科学史研究中的方法问题. 广西民族学院学报（自然科学版），(4)：279-285.

陈向明. 1996. 社会科学中的定性研究方法. 中国社会科学，(6)：93-102.

杜芳琴. 1999. 中国妇女史研究的本土化探索. 陕西师范大学学报（哲学社会科学版），(2)：154-160.

杜芳琴. 2001. 全球视野中的本土妇女学. 云南民族学院学报（哲学社会科学版），(5)：142-151.

杜芳琴. 2002. 在共性与差异中发展亚洲妇女学. 妇女研究论丛，(44)：28-33，65.

杜芳琴. 2003. 历史研究的性别维度与视角. 山西师大学报（社会科学版），(4)：111-118.

杜芳琴，蔡一平. 1999. 中国妇女史研究的本土化探索. 陕西师范大学学报（哲学社会科学版），(2)：154-160.

杜严勇. 2004. SSK与科学史. 南京社会科学，(12)：12-14.

傅大为. 2005. 赢了女人，输了历史：简短回应姚人多. 台湾社会学，(10)：177-183.

郭贵春. 2004. 科学隐喻的方法论意义. 中国社会科学，(2)：92-101.

郭慧敏. 2005. 社会性别与妇女人权问题——兼论社会性别的法律分析方法. 环球法律评论，(1)：32-39.

洪晓楠，郭丽丽. 2004. 后现代女性主义科学哲学析评. 科学技术与辩证法，(6)：42-45.

洪晓楠，郭丽丽. 2005. 再论女性主义对科学的批判、重建及其反思. 科学技术与辩证法，

（3）：101-103，112.

洪晓楠，郭丽丽. 2012. 唐娜·哈拉维的情境化知识观解析. 东北大学学报（社会科学版），
（2）：95-100.

江晓原. 2000. 科学史外史研究初论——主要以天文学史为例. 自然辩证法通讯，（2）：65-71.

蒋劲松. 2003. 隐喻与信念之网的编织. 清华大学学报（哲学社会科学版），（3）：5-8，39.

金俊岐，胡笑雨. 2003. 建构主义视野中的科学史. 科学技术与辩证法，（5）：56-60，76.

[法] 柯瓦雷. 1991. 科学思想史研究方向与规划. 孙永平译. 自然辩证法研究，（12）：63-65.

雷颐. 2004. "女性主义"、"第三世界女性"与"后殖民主义". 史学理论研究，（3）：115-
120，160.

李春泰. 1996. 科学史分期的根据. 自然辩证法研究，（4）：35-38，44.

李思孟. 2002. 中国古代科学史研究要突破以西方和近现代科学为标准的框框. 山西大学
师范学院学报，（1）：10-11.

李小江. 2002-08-06. 女性的历史记忆与口述方法：从"二十世纪妇女口述史"谈起. 光
明日报.

李醒民. 1997. 略论迪昂的编史学纲领. 自然辩证法通讯，（2）：38-47.

李醒民. 1997. 科学史的意义和价值：迪昂的观点. 民主与科学，（4）：26-27.

李醒民. 2002. 科学编史学的"四维空时"及其"张力". 自然辩证法通讯，（3）：64-71.

李醒民. 2004. 隐喻：科学概念变革的助产士. 自然辩证法通讯，（1）：21-28.

刘兵，曹南燕. 1995. 女性主义与科学史. 自然辩证法通讯，（4）：44-51.

刘兵. 1995. "自然之友"·生态女性主义·人与自然. 自然辩证法研究，（10）：66-67.

刘兵. 1997. 科学方法与性别. 读书，（1）：10-17.

刘兵. 2004. 人类学对技术的研究与技术概念的拓展. 河北学刊，（3）：20-23.

刘兵. 2003. 若干西方学者关于李约瑟工作的评述. 自然科学史研究，（1）：69-82.

刘兵，章梅芳. 2006. 科学史中"内史"与"外史"划分的消解——从科学知识社会学
（SSK）的立场看. 清华大学学报（哲学社会科学版），（1）：132-138.

刘兵. 2007. 科学编史学的身份：近亲的误解与远亲的接纳. 中国科技史杂志，（4）：463-
467.

刘钝. 2002. 李约瑟的世界和世界的李约瑟. 自然科学史研究，（2）：155-169.

刘凤朝. 1993. 科学编史学的思想源流与现代走向. 自然辩证法研究，（12）：31-35.

刘凤朝. 1995. 20世纪的科学编史学：文化背景和思想脉络. 科学技术与辩证法，（1）：40-43.

刘凤朝. 2003. 历史主义学派对科学编史学的贡献. 自然辩证法通讯，（2）：62-66.

刘鹤玲，饶异. 2003. 主流科学史中智识史与社会史传统的分离、纷争与融合. 自然辩证法
研究，（12）：67-71.

刘华杰. 2000. 科学元勘中SSK学派的历史与方法论述评. 哲学研究，（1）：38-44.

刘晓力. 2005. 交互隐喻与涉身哲学——认知科学新进路的哲学基础. 哲学研究，（10）：74-
81，130.

卢卫红，刘兵. 2004. 恰托帕德亚亚人类学与科学编史学研究初探. 广西民族学院学报（自然科学版），(1)：52-57.

孟建伟. 2004. 科学史与人文史的融合——萨顿的科学史观及其超越. 自然辩证法通讯，(3)：57-63.

莫少群. 2001. SSK科学争论研究述评. 自然辩证法研究，(7)：60-65.

彭耘编译. 1994. 当代西方女性主义人类学. 国外社会科学，(3)：28-32.

钱皓. 1998. 科学史学与史学研究——美国科学史学的历史地位. 世界历史，(4)：88-96.

邱仁宗. 2000. 女性主义哲学述介. 哲学动态，(1)：28-32.

饶异，刘鹤玲. 2003. 世纪之交的科学史学：再论美英科学史研究的学术走向. 华中师范大学学报（自然科学版），(4)：588-892.

任军. 2004. 科学编史学的科学哲学与历史哲学问题. 社会科学管理与评论，(4)：24-31.

盛晓明. 2003. 从科学的社会研究到科学的文化研究. 自然辩证法研究，(2)：14-18，47.

王宏维. 2004. 论哈丁及其"强客观性"研究——后殖民女性主义认识论与境分析. 华南师范大学学报（社会科学版），(6)：19-25.

王政. 1994. 美国妇女健康运动起因与发展. 妇女研究论丛，(1)：55-59.

魏屹东. 1995. 科学史研究为什么从内史转向外史. 自然辩证法研究，(11)：27-32，67.

魏屹东. 1998. 科学史研究转向意味着什么. 科学技术与辩证法，(1)：41-45，50.

吴国盛. 1994. 走向科学思想史研究. 自然辩证法研究，(2)：10-15.

吴国盛. 2005. 科学史的意义. 中国科技史杂志，(1)：59-64.

吴彤. 2005. 科学实践哲学发展述评. 哲学动态，(5)：40-43.

吴彤. 2005. 走向实践优位的科学哲学——科学实践哲学发展述评. 哲学研究，(5)：86-93.

吴小英. 2002. 让知识富于人性和情感. 读书，(11)：10-15.

吴小英. 2003. 当知识遭遇性别——女性主义方法论之争. 社会学研究，(1)：30-40.

肖雷波，柯文，吴文娟. 2013. 论女性主义技术科学研究——当代女性主义科学研究的后人类主义转向. 科学与社会，(3)：57-72.

肖巍. 2001. 当代女性主义伦理学景观. 清华大学学报（哲学社会科学版），(1)：30-36.

肖运鸿. 2004. 科学史的解释方法. 科学技术与辩证法，(3)：97-100.

星河. 1995. 女性主义哲学学术报告会记略. 哲学动态，(5)：5-7.

邢润川，李铁强. 2001. 科学史研究的方法论原则. 自然辩证法研究，(7)：4，57-60.

邢润川，孔宪毅. 2002. 再论自然科学史体系结构. 科学技术与辩证法，(5)：55-61.

邢润川，孔宪毅. 2002. 论自然科学史研究的层次. 科学技术与辩证法，(1)：67-69.

邢润川，孔宪毅. 2003. 自然科学史基础理论研究的意义. 科学技术与辩证法，(1)：72-75.

姚人多. 2005. 回首新身体的来时路：评《亚细亚的新身体》. 台湾社会学，(9)：205-214.

袁江洋. 1996. 科学史：走向新的综合. 自然辩证法通讯，(1)：52-55.

袁江洋. 1997. 科学史编史思想的发展线索——兼论科学编史学学术结构. 自然辩证法研究，(12)：34-41.

袁江洋. 1999. 科学史的向度. 自然科学史研究，（2）：97－114.

张柏春，袁江洋. 2002. 全国科学史理论会议侧记. 自然科学史研究，（3）：287－288.

章梅芳，刘兵. 2005. 女性主义医学史研究的意义——对两个相关科学史研究案例的比较研究. 中国科技史杂志，（2）：167－175.

张明雯. 2004. 科学史的辉格解释与反辉格解释. 自然辩证法研究，（11）：102－104，109.

张小简. 2004. 关于女性主义科学哲学的争论. 世界哲学，（5）：94－100.

赵乐静，郭贵春. 2002. 科学争论与科学史研究. 科学技术与辩证法，（4）：43－48.

郑金生. 1999. 明代女医谈允贤及其医案《女医杂言》. 中华医史杂志，（3）：153－156.

周丽昀. 2005. 情境化知识——唐娜·哈拉维眼中的"客观性"解读. 自然辩证法研究，（11）：20－24.

二、英文部分

1. 参考著作

Agassi J. 1963. Towards an Historiography of Science. 's－Gravenhage：Mouton & Co.

Alaimo S, Hekman S, eds. 2008. Material Feminism. Bloomington, Indianapolis：Indiana University Press.

Alcoff L，Potter E，eds. 1993. Feminist Epistemologies. New York：Routledge.

Alic M. 1986. Hypatia's Heritage：A History of Women in Science from Antiquity to the Nineteenth Century. Beoston：Beacon Press.

Anderson E H, ed. 1960. Francis Bacon：The New Organon and Related Writings. Indianapolis：Bobbs Merrill.

Archer J，Lloyd B. 2002. Sex and gender (the second version)．Cambridge：Cambridge University Press.

Atkinson J M，Errington S，eds. 1990. Power and Difference：Gender in Island Southeast Asia. Stanford：Stanford University Press.

Balsamo A. 1996. Technologies of the Gendered Body：Reading Cyborg Women. Durham and London：Duke University Press.

Barad K. 2007. Meeting the Universe Halfway：Quantum Physics and the Entanglement of Matter and Meaning，Durham. N. C.：Duke University Press.

Bijker W E，Hughes T P，Pinch T J，eds. 1987. The Social Construction of Technological Systems：New Directions in the Sociology and History of Technology. Cambridge，MA；London：The MIT Press.

Bleier R，ed. 1986. Feminist Approaches to Science. Elmsford，NY：Pergamon.

Bowles G，Klein R－D，eds. 1983. Theories of Women's Studies. London，Boston：Routledge & Kegan Paul.

Bray F. 1997. Technology and Gender：Fabrics of Power in Late Imperial China. Berkeley：University of California Press.

Channa S, ed. 2004. Encyclopaedia of Feminist Theory. Volume 1. Feminist Theory. New Delhi: Cosmo Publications.

Channa S, ed. 2004. Encyclopaedia of Feminist Theory. Volume 2. Feminist Methodology. New Delhi: Cosmo Publications.

Channa S, ed. 2004. Encyclopaedia of Feminist Theory. Volume 3. Family, Kinship and Marriage. New Delhi: Cosmo Publications,

Channa S, ed. 2004. Encyclopaedia of Feminist Theory. Volume 4. Feminism and Literature. New Delhi: Cosmo Publications.

Chattopadhyyaya D P. 1990. Anthoropology and Historiography of Science. Athens: Ohio University Press.

Cockburn C. 1983. Brothers: Male Dominance and Technological Change. London: Pluto.

Cockburn C. 1983. Machinery of Dominance: Women, Men and Technical Know – how. London: Pluto.

Cockburn C, Ormrod S. 1993. Gender & Technology in the Making. London, Thousand Oaks, New Delhi: Sage Publications.

Corea G. 1985. The Mother Machine: Reproductive Technologies from Artificial Insemination to Artificial Wombs. New York: Harper & Row.

Corea G, et al. , eds. 1985. Man – made Women: How New Reproductive Technologies Affect Women. London: Hutchinson.

Cowan R S. 1983. More Work for Mother: the Ironies of Household Technology from the Open Hearth to the Microwave. New York: Basic Books.

Cowan R S. 2008. Heredity and Hope: The Case for Genetic Screening. New York: Harvard University Press.

Davis K. 1995. Reshaping the Female Body: The Dilemma of Cosmetic Surgery. New York: Routledge.

Devine P E, Wolf – Devine C, eds. 2003. Sex and Gender: A Spectrum of Views. Belmont, CA: Wadsworth /Thomson Learning.

Doel R. 2005. The Historiography of Science, Technology and Medicine: Writing Recent Science. New York: Routledge.

Doyle J A. 1985. Sex and Gender: The Human Experience. Dubuque: Wm. C. Brown Publishers.

Firestone S. 1970. The Dialectic of Sex. New York: Bantam Books.

Fox M F, Johnson D G, Rosser S V, eds. 2006. Women, Gender and Technology. Urbana and Chicago: University of Illinois Press.

Furth C. 1999. A Flourishing Yin: Gender in China's Medical History, 960 – 1665. Berkeley:

University of California Press.

Galison L P. 1997. Image and Logic: A Material Culture of Microphysics. Chicago: The University of Chicago Press.

Gavroglu K, Christianidis J, Nicolaidis E, eds. 1994. Trends in the Historiography of Science. Boston: Kluwer Academic.

Golinski J. 1998. Making Natural Knowledge: Constructivism and the History of Science. Cambridge: Cambridge University Press.

Gordon L. 2002. The Moral Property of Women: A History of Birth Control Politics in America. Urbana: University of Illinois Press.

Grint K, Gill R. 1995. The Gender - Technology Relation: Contemporary Theory and Research. Bristol: Taylor & Francis.

Grosz E. 1994. Volatile Bodies: Toward a Corporeal Feminism. Bloomington: Indiana University Press.

Grosz E. 2004. The Nick of Time: Politics, Evolution, and the Untimely. Durham, N. C.: Duke University Press.

Grundy F. 1996. Women and Computers. Exeter: Intellect Books.

Haraway D. 1976. Crystals, Fabrics, and Fields: Metaphors of Organicism in Twentieth - Century Developmental Biology. New Haven, London: Yale University Press.

Haraway D. 1989. Primate Visions: Gender, Race, and Nature in the World of Modern Science. New York: Routledge.

Haraway D. 1991. Simians, Cyborgs and Women: The Reinvention of Nature. New York: Routledge.

Haraway D. 1997. Modest _ Witness @ Second _ Millennium. FemaleMan _ Meets _ Onco-Mouse™: Feminism and Technoscience. New York, London: Routledge.

Haraway D. 2000. How Like a Leaf: An Interview with Thyrza Nichols Goodeve. New York and London: Routledge.

Harding S. 1986. The Science Question in Feminism. Ithaca and London: Cornell University Press.

Harding S, ed. 1986. Feminism and Methodology: Social Science Issues. Bloomington: Indiana University Press.

Harding S. 1991. Whose Science? Whose Knowledge: Thinking from Women's Lives. Ithaca, N. Y.: Cornell University Press.

Harding S, ed. 2004. The Feminist Standpoint Theory Reader: Intellectual and Political Controversies. New York: Routledge.

Hausman B. 1995. Changing Sex: Transexualism, Technology and the Idea of Gender. Durham, London: Duke University Press.

Hayden D. 1986. Redesigning the American Dream: The Future of Housing, Work, and Family Life. New York: Norton.

Herskovits M J. 1972. Cultural Relativism: Perspectives in Cultural Pluralism. New York: Random House.

Heyes C J, Jones M, eds. 2009. Cosmetic Surgery: A Feminist Primer. Famham: Ashgate Publishing Limited.

Hird M J. 2004. Sex, Gender and Science. Basingstoke, Hampshire: Palgrave Macmillan.

Hollander A. 1994. Sex and Suits. New York: Knopf.

John M E. 1996. Discrepant Dislocations: Feminism, Theory, and Postcolonial Histories. Berkeley, Calif. : University of California Press.

Jordanova L. 1999. Nature Displayed: Gender, Science, and Medicine, 1760 – 1820. New York: Longman.

Keller E F. 1983. A Feeling for the Organism: The Life and Work of Barbara McClintock. San Francisco: W. H. Freeman.

Keller E F. 1985. Reflections on Gender and Science. New Haven, London: Yale University Press.

Keller E F. 1992. Secrets of Life, Secrets of Death: Essays on Language, Gender, and Science. New York: Routledge.

Keller E F. 1995. Refiguring Life: Metaphors of Twentieth – Century Biology. New York: Columbia University Press.

Kendall L. 1985. Shamans, Housewives, and Other Restless Spirits: Women in Korean Ritual Life. Honolulu: University of Hawaii Press.

Kendall L. 1988. The Life and Hard Times of A Korean Shaman: of Tales and the Telling of Tales. Honolulu: University of Hawaii Press.

Kidwell C, Steele V. 1989. Men and Women: Dressing the Part. Washington, D. C. : Smithsonian Institution Press.

Kim Y S, Francesca B, eds. 1999. Current Perspectives in the History of Science in East Asia. Seoul: Seoul National University Press.

Kirkup G, Keller L S, eds. 1992. Inventing women: Science. Technology and Gender. Cambridge: Polity Press.

Kirkup G. , Janes L, Woodward K, Hovenden F, eds. 2000. The Gender Cyborg: A Reader. London: Routledge.

Koss – Chioino J. 1992. Women as Healers, Women as Patients: Mental Health Care and Traditional Healing in Puerto Rico. Boulder: Westview Press.

Kragh H. 1987. Introduction to the Historiography of Science. Cambridge: Cambridge University Press.

Kuhn T S. 2000. The Road Since Structure: Philosophical Essays, 1970 - 1993. Chicago and London: The University of Chicago Press.

Laqueur T. 1990. Making Sex: Body and Gender from the Greeks to Freud. Cambridge: Harvard University Press.

Law J, ed. 1991. A Sociology of Monsters: Essays on Power, Technology and Domination. London: Routledge.

Lerman N E., Oldenziel R., Mohun A P. 2003. Gender and Technology: A Reader. Baltimore and London: The Johns Hopkins University Press.

Leung K C, Furth C, edS. 2010. Health and Hygiene in Chinese East Asia: Policies and Publics in the Long Twentieth Century. Durham, N C: Duke University Press.

Lowe M, Hubbard R, eds. 1983. Women's Nature: Rationalizations of Inequality, New York: Pergamen, Athene Series.

MacKenzie D, Wajcman J, eds. 1985. The Social Shaping of Technology: How the Refrigerator Got its Hum. Milton Keynes. Philadelphia: Open University Press.

Marks V L. 2001. Sexual Chemistry: A History of the Contraceptive Pill, New Haven. CT: Yale University Press.

McClain C S, ed. 1989. Women as Healers: Cross - Cultural Perspective. New Brunswick and London: Rutgers University Press.

Merton R K. 1973. The Sociology of Science: Theoretical and Empirical Investigations. Chicago: University of Chicago Press.

Millar M S. 1998. Cracking the Gender Code: Who Rules the Wired World? Toronto: Second Story Press.

Olby R C, et al., eds. 1990. Companion to the History of Modern Science. London: Routledge.

Oldenziel R. 1999. Making Technology Masculine: Men, Women and Modern Machines in America 1870 - 1945. Amsterdam: Amsterdam University Press.

Ong A. 1987. Spirits of Resistance and Capitalist Discipline: Factory Women in Malaysia. Albany: Suny Press.

Oudshoorn N. 1994. Beyond the Natural Body: An Archaeology of Sex Hormones. New York: Routledge.

Plant S. 1998. Zeros and Ones: Digital Women and the New Technoculture. London: Fourth Estate.

Potter E. 2001. Gender and Boyle's Law of Gases. Bloomington: Indiana University Press.

Reinharz S. 1992. Feminist Methods in Social Research. New York, Oxford: Oxford University Press.

Rich A. 1977. Of Woman Born: Motherhood as Experience & Institution Reissue. London:

Virago.

Rossiter M. 1982. Women Scientists in America: Struggles and Strategies to 1940. Baltimore: Johns Hopkins University Press.

Rossiter M. 1995. Women Scientists in America: Before Affirmative Action, 1940 – 1972. Baltimore: Johns Hopkins University Press.

Rothschid J. 1983. Machina Ex Dea: Feminist Perspectives on Technology. New York: Basic Books.

Rouse J. 1996. Engaging Science: How to Understand Its Practices Philosophically. Ithaca, London: Cornell University Press.

Rouse J. 2002. How Scientific Practices Matter: Reclaiming Philosophical Naturalism. Chicago: The University of Chicago Press.

Sarton G. 1936. The Study of the History of Science. Cambridge, MA: Harvard University Press.

Schiebinger L. 1989. The Mind Has No Sex? Women in the Origins of Modern Science. Cambridge: Harvard University Press.

Schiebinger L. 1999. Has Feminism Changed Science? Cambridge, MA: Harvard University Press.

Seidel G J. 2000. Knowledge as Sexual Metaphor. London: Associated University Press.

Söderqvist T, eD. 1997. The Historiography of Contemporary Science and Technology. Amsterdam: Harwood Academic Publishers.

Spallone P, Steinberg D L, eds. 1987. Made To Order: The Myth of Reproductive and Genetic Progress. Oxford: Pergamon.

Spedding J, et al. , eds. 1963. The Works of Francis Bacon. Stuttgart: F. F. Verlag.

Spelman V E. 1988. Inessential Women: Problems of Exclusion in Feminist Thought. Boston: Beacon Press.

Tone A. 2001. Devices and Desires: A History of Contraceptives in America. New York: Hill & Wang.

Tuana N, ed. 1989. Feminism & Science. Bloomington: Indiana University Press.

Tuana N, Morgan S, edS. 2001. Engendering Realities. Albany: SUNY Press.

Turbayne C M. 1991. Metaphor for the Mind. Columbia: University of South Carolina Press.

Turkle S. 1995. Life on the Screen: Identity in the Age of the Internet. New York: Simon& Schuster.

Wajcman J. 1991. Feminism Confronts Technology. Cambridge: Polity Press.

Wajcman J. 2004. TechnoFeminism. Cambridge: Polity Press.

Watkins E. 1998. On the Pill: A Social History of Oral Contraceptives, 1950 – 1970. Baltimore: Johns Hopkins University Press.

2. 参考论文

Adams C. 1996. This is not Our Fathers' Pornography: Sex, Lies and Computers// Charles E, ed. Philosophical Perspectives on Computer – Mediated Communication, Albany, N. Y. : State University of New York Press: 147 – 170.

Addelson K P. 1994. Feminist Philosophy and the Women's Movement. Hypatia, 9 (3): 216 – 224.

Alaimo S. 2011. New Materialisms, Old Humanisms, or, Following the Submersible. Nordic Journal of Feminist and Gender Research, 19 (4): 280 – 284.

Anderson E. 1995. Feminist Epistemology: An Interpretation and A Defense. Hypatia, 10 (3): 50 – 84.

Anderson E. 2004. Uses of Value Judgments in Science: A General Argument With Lessons from A Case Study of Feminist Research On Divorce. Hypatia, 19 (1): 1 – 24.

Asberg C, Lykke N. 2010. Feminist Technoscience Studies. European Journal of Women's Studies, 17 (4): 299 – 305.

Asberg C, Koobak R, Johnson E. 2011. Post – humanities is a Feminist Issue. Nordic Journal of Feminist and Gender Research, 19 (4): 213 – 216.

Asberg C, Koobak R, Johnson E. 2011. Beyond the Humanist Imagination. Nordic Journal of Feminist and Gender Research, 19 (4): 218 – 230.

BakerH D R. 2000. Technology and Gender: Fabrics of Power in Late Imperial China. (Book Review), The Journal of the Royal Anthropological Institute, 6: 330 – 331.

Barad K. 2003. Posthumanist Performativity: Toward an Understanding of How Matter Comes to Matter. Signs, 28 (3): 801 – 831.

BarkerD K. 1998. Dualisms, Discourse, and Development. Hypatia, 13 (3): 83 – 94.

Barton R. 2003. Men of Science Language, Identity and Professionalization in the Mid –Victorian Scientific Community. History of Science, 41 (1): 73 – 119.

Bleier R. 1978. Bias in Biological and Human Sciences: Some Comments, Signs, 4 (1): 159 – 162.

Bleier R. 1988. A Decade of Feminist Critiques in the Natural Sciences. Signs, 14 (1): 186 – 195.

Boehm B A. 1992. Feminist Histories: Theory Meets Practice. Hypatia, 7 (2): 202 – 214.

Bray F. 1998. Technics and Civilization in Late Imperial China: An Essay in the Cultural History of Technology. Osiris, 1 (13): 11 – 33.

Bray F. 2007. Gender and Technology. Annual Review of Anthropology, 36: 37 – 53.

Bug A. 2003. Has Feminism Changed Physics? Signs, 28 (3): 881 – 899.

Cahill S. 2000. Technology and Gender: Fabrics of Power in Late Imperial China. (Book Review), American Historical Review, 105: 1710 – 1711.

Campbell K. 2004. The Promise of Feminist Reflexivities: Developing Donna Haraway's Project for Feminist Science Studies. Hypatia, 19 (1): 162 - 182.

Campbell R. 1994. The Virtues of Feminist Empiricism, Hypatia, 9 (1): 90 - 115.

Carter R, Kirkup G. 1990. Women in Professional Engineering: The Interaction of Gendered Structures and Values. Feminist Review, 35: 92 - 101.

Chinn P W U. 2002. Asian and Pacific Islander Women Scientists and Engineers: A Narrative Exploration of Model Minority, Gender, and Racial Stereotypes. Journal of Research in Science Teaching, 39: 302 - 323.

Christie J R R. 1990. Feminism and the History of Science//Olby R C. et al., eds. Companion to the History of Modern Science. New York: Routledge: 100 - 109.

Christie J R R. 1993. Aurora, Nemesis, and Clio. British Journal for the History of Science, 26: 391 - 403.

Clarke A E. 2008. Introduction: Gender and reproductive technologies in East Asia. East Asian Science. Technology and Society: An International Journal, 2 (3): 303 - 326.

Clough S. 1998. A Hasty Retreat from Evidence: The Recalcitrance of Relativism in Feminist Epistemology. Hypatia, 13 (4): 88 - 110.

Clough S. 2004. Having It All: Naturalized Normativity in Feminist Science Studies. Hypatia, 19 (1): 102 - 118.

Colish M L. 1982. The Death of Nature: Women, Ecology, and the Scientific Revolution (Book Review). The Journal of Modern History, 54: 66 - 70.

Cowan R S. 1976. The 'Industrial Revolution' in the Home: Household Technology and Social Change in the 20th Century. Technology and Culture, 17 (1): 1 - 23.

Cowan R S. 1986. Hermaphroditically. Isis, 77: 674 - 676.

Crasnow S L. 1993. Can Science Be Objective? Longino's Science as Social Knowledge. Hypatia, 8 (3): 194 - 201.

Crasnow S L. 2004. Objectivity: Feminism, Values, and Science. Hypatia, 19 (1): 280 - 291.

Cudd A E. 1998. Multiculturalism as a Cognitive Virtue of Scientific Practice. Hypatia, 13 (3): 43 - 61.

Daston L. 1989. Presences and Absences (Book Review). Science, 246: 1502 - 1503.

DeVault M L. 1996. Talking Back to Sociology: Distinctive Contributions of Feminist Methodology. Annual Review of Sociology, 22: 29 - 50.

Davin D. 2000. A Flourishing Yin: Gender in China's Medical History, 960 - 1665 (Book Review). American Historical Review, 105: 1711 - 1713.

Edwards L. 2001. A Flourishing Yin: Gender in China's Medical History, 960 - 1665 (Book Review). Asian Studies Review, 25: 523 - 525.

Elliot P. 1994. More Thinking About Gender: A Response to Julie. A. Nelson. Hypatia, 9 (1): 195 - 198.

Errington S. 1982. The Death of Nature: Women, Ecology, and the Scientific Revolution. (Book Review) . Signs, 7 (3): 701 - 704.

Farrington B. 1951. Temporis Partus Masculus: An Untranslated Writing of Francis Bacon. Centaurus: International Magazine of the History of Science and Medicine, 1 (3): 193 - 205.

Faulkner W. 2001. The Technology Question in Feminism: A View from Feminist Technology Studies. Women's Studies International Forum, 24 (1): 79 - 95.

Finnzne A. 1999. Technology and Gender: Fabrics of Power in Late Imperial China (Book Review) . Anthropological Forum, Vol. 9: 217 - 219.

Fisher L. 1992. Gender and Other Categories. Hypatia, 7 (3): 173 - 179.

Forman P. 1991. Independence, Not Transcendence, for the Historian of Science. Isis, 82 (1): 71 - 86.

Fox M F. 1998. Women in Science and Engineering: Theory, Practice, and Policy in Programs. Signs, 24 (1): 201 - 223.

Friedman S S. 1997. Making History// Keith Jenkins, ed. The Postmodern History Reader. London: Routledge: 231 - 236.

Gallin R S. 2002. A Flourishing Yin: Gender in China's Medical History, 960 - 1665 (Book Review) . Journal of the Royal Anthropological Institute, 8: 783.

Gilman S L. 1991. The Mind has No Sex? Women in the Origins of Modern Science (Book Review) . The Journal of Modern History, 63: 753 - 758.

Ginzberg R. 1987. Uncovering Gynocentric Science. Hypatia, 2 (3): 89 - 105.

Golinski J. 1990. The Theory of Practice and the Practice of Theory: Sociological Approaches in the History of Science. Isis, 81 (3): 492 - 505.

Golumbia D. 1997. Rethinking Philosophy in the Third Wave of Feminism. Hypatia, 12 (3): 100 - 115.

Gorham G. 1995. The Concept of Truth in Feminist Sciences. Hypatia, 10 (3): 99 - 116.

Gould S J. 1984 Triumph of a Naturalist: A Feeling for the Organism: The Life and Work of Barbara McClintock by Evelyn Fox Keller (Book Review) . The New York Review of Books, 31 (5): 3 - 7.

Gowaty P A. 2003. Sexual Natures: How Feminism Changed Evolutionary Biology. Signs, 28 (3): 901 - 921.

Guerrini A. 1991. The Mind has No Sex? Women in the Origins of Modern Science (Book Review) . Isis, 82 (1): 133 - 134.

Hakfoort C. 1991. The Missing Syntheses in the Historiography of Science. History of science, 29: 353 - 389.

Hammonds E, Subramaniam B. 2003. A Conversation on Feminist Science Studies. Signs, 28 (3): 923 – 944.

Hanson M. 2001. A Flourishing Yin: Gender in China's Medical History, 960 – 1665 (Book Review). Social History, 26: 374 – 376.

Haraway D. 1984 – 1985. Teddy Bear Patriarchy: Taxidermy in the Garden of Eden, New York City, 1908 – 1936. Social Text, 11: 20 – 64.

Haraway D. 1988. Situated Knowledges: The Science Questions in Feminism and the Privilege of Partial Perspective. Feminist Studies, 14 (3): 575 – 599.

Harding S. 1998. Gender, Development, and Post – Enlightenment Philosophies of Science. Hypatia, 13 (3): 146 – 167.

Harding S. 2001. Comment on Walby's 'Against Epistemological Chasms: The Science Question in Feminism Revisited'. Signs, 26 (2): 511 – 525.

Harding S. 2004. A Socially Relevant Philosophy of Science: Resources from Standpoint Theory's Controversiality. Hypatia, 19 (1): 25 – 47.

Harris D F. 1912. The Metaphor in Science. Science, 36: 263 – 269.

Hayles K. 1992. Gender Encoding in Fluid Mechanics: Masculine Channels and Feminine Flows. Differences: A Journal of Feminist Cultural Studies, 4: 16 – 44.

Hekman S. 1991. Reconstructing the Subject: Feminism, Modernism, and Postmodernism. Hypatia, 6 (2): 44 – 63.

Hennessy R. 1993. Women's Lives/Feminist Knowledge: Feminist Standpoint as Ideology Critique. Hypatia, 8 (1): 14 – 34.

Hubbard R. 1988. Science, Facts, and Feminism. Hypatia, 3 (1): 5 – 17.

Imber B, Tuana N. 1988. Feminist Perspectives on Science. Hypatia, 3 (1): 139 – 144.

Irigaray L. 1987. Is the Subject of Science Sexed? Hypatia, 2 (3): 65 – 87.

Jacob M. 1982. Science and Social Passion: The Case of Seventeenth – Century England. Journal of the History of Ideas, 43: 331 – 339.

Jardine N. 2003. Whigs and Stories: Herbert Butterfield and the Historiography of Science. History of Science, 41 (2): 125 – 140.

Jordanova L. 1993. Gender and the Historiography of Science. British Journal for the History of Science, 26 (4): 469 – 483.

Karl R E. 2000. Technology and Gender: Fabrics of Power in Late Imperial China (Book Review). Radical History Review, (77): 142 – 156.

Keller E F. 1987. The Gender/Science System: or Is Sex to Gender as Nature Is to Science? Hypatia, 2 (3): 37 – 49.

Keller E F. 1988. Feminist Perspectives on Science Studies. Science. Technology and Human Values, 13 (3/4): 235 – 249.

Keller E F. 1989. The Gender/Science System: Response to Kelly Oliver. Hypatia, 3 (3): 149 – 152.

Keller E F. 1995. Gender and Science: Origin, History and Politics. Osiris, 10: 26 – 38.

Keller E F. 2004. What Impact, If Any, Has Feminism Had on Science? J. Biosci, 29 (1): 7 – 13.

Kendall L. 1996. Korean Shamans and the Spirits of Capitalism. American Anthropologist, 98: 512 – 527.

Kim Y S. 1998. Problems and Possibilities in the Study of the History of Korean Science. Osiris, 13: 48 – 79.

Kittay E F. 1988. Woman as Metaphor. Hypatia, 3 (2): 63 – 86.

Kuykendall E H. 1991. Subverting Essentialisms Hypatia, 6 (3): 208 – 217.

Leavitt J W and Gordon, L. 1988. A Decade of Feminist Critiques in the Natural Sciences: An Address by Ruth Bleier. Signs, 14 (1): 182 – 185.

Lerman N E, Mohun A P, Oldenziel R. 1997. Versatile Tools: Gender Analysis and the History of Technology. Technology and Culture, 38 (1): 1 – 8.

Lerman N E, Mohun A P, Oldenziel R. 1997. The Shoulders We Stand On and the View from Here: Historiography and Directions for Research. Technology and Culture, 38 (1): 9 – 30.

Lin V. 2000. A Flourishing Yin: Gender in China's Medical History, 960 – 1665 (Book Review) . Culture, Health & Sexuality, 2: 489 – 491.

Lohan M. 2000. Constructive Tensions in Feminist Technology Studies. Social Studies of Science, 30 (6): 895 – 916.

Lohan M, Faulkner W. 2004. Masculinities and Technologies: Some Introductory Remarks. Men and Masculinities, 6 (4): 319 – 329.

Long D E. 1991. The Mind Has No Sex? Women in the Origins of Modern Science (Book Review) . The American Historical Review, 96: 1500 – 1501.

Longino H E. 1987. Can There Be a Feminist Science? Hypatia, 2 (3): 51 – 64.

92. Longino H E. 1988. Science, Objectivity, and Feminist Values. Feminist Studies. 14 (3): 561 – 574.

Longino H E. 1993. Feminist Standpoint Theory and the Problems of Knowledge. Signs, 19 (1): 201 – 212.

Longino H , Doell R. 1983. Body, Bias, and Behavior: A Comparative Analysis of Reasoning in Two Areas of Biological Science. Signs, 9 (2): 206 – 227.

Low M F. 1998. Beyond Joseph Needham: Science, Technology, and Medicine in East and Southeast Asia. Osiris, 13: 1 – 8.

Lowe M. 1978. Sociobiology and Sex Differences. Signs, 4 (1): 118 – 125.

Lugones M. 2000. Multiculturalism and Publicity. Hypatia, 15 (3): 175 – 181.

Mack P. 2003. Religion, Feminism, and the Problem of Agency: Reflections on Eighteenth – Century Quakerism. Signs, 29 (1): 149 – 177.

Mann N D. 1983. Directory of Women's Oral History Projects and Collections. Frontiers, vii: 114 – 121.

Martin E. 1991. The Egg , the Sperm: How Science Has Constructed a Romance Based on Stereotypical Male – Female Roles. Signs, 16 (3): 485 – 501.

McCaughey M. 1993. Redirecting Feminist Critiques of Science. Hypatia, 8 (4): 72 –84.

McGaw J A. 1982. Women and History of America Technology. Signs, 7 (4): 798 – 828.

McGaw J A. 1997. Inventors and Other Great Women: Toward a Feminist History of Technological Luminaries. Technology and Culture, 38 (1): 214 – 231.

Milligan M. 1992. Reflections on Feminist Skepticism, the 'Maleness' of Philosophy and Postmodernism. Hypatia, 7 (3): 166 – 172.

Mohun A P. 1997. Laundrymen Construct Their World: Gender and the Transformation of a Domestic Task to an Industrial Process. Technology and Culture, 38 (1): 97 – 120.

Morgan L M. 1996. Fetal Relationality in Feminist Philosophy: An Anthropological Critique. Hypatia, 11 (3): 47 – 70.

Morgan K P. 1991. Women and the Knife: Cosmetic Surgery and the Colonization of Women's Bodies. Hypatia, 6 (3): 25 – 53.

Nain G T. 1991. Black Women, Sexism and Racism: Black or Antiracist Feminism? Feminist Review, (37): 1 – 22.

Narayan U. 1998. Essence of Culture and a Sense of History: A Feminist Critique of Cultural Essentialism. Hypatia, 13 (2): 86 – 106.

Nelson J A. 1992. Thinking About Gender. Hypatia, 7 (3): 138 – 154.

Nelson L H, Wylie A. 2004. Introduction: Hypatia Special No. on Feminist Science Studies. Hypatia, 19 (2): vii – xiii.

Newton J. 1988. History as Usual: Feminism and the 'New Historicism' . Cultural Critique, (9): 87 – 121.

Oliver K. 1989. Keller's Gender/Science System: Is the Philosophy of Science to Science as Science Is to Nature? Hypatia, 3 (3): 137 – 148.

Osler M J. 1981. The Death of Nature: Women, Ecology, and the Scientific Revolution (Book Review) . Isis, 72 (2): 287 – 288.

Outram D. 1980. Politics and Vocation: French Science 1789 – 1830. British Journal for the History of Science, 13: 27 – 43.

Outram D. 1987. The Most Difficult Career: Women's History in Science. International Journal of Science Education, 9 (3): 409 – 416.

Paolo P, Worboys M. 1993. Science and Imperialism. Isis, 84 (1): 91 – 102.

Peiss K. 1990. Making Faces: The Cosmetics Industry and the Cultural Construction of Gender, 1890 – 1930. Genders, 7: 143 – 169.

Pfaffenberger B. 1988. Fetishised Object and Humanised Nature: Towards an Anthropology of Technology. Man, 23 (2): 236 – 252.

Potter E. 1988. Modeling the Gender Politics in Science. Hypatia, 3 (1): 19 – 33.

Pyenson L. 1989. What Is the Good of History of Science? History of Science, 27: 354 – 389.

Pyenson L. 1998. Assimilation and Innovation in Indonesian Science. Osiris, 13: 34 – 47.

Rolin K. 2004. Three Decades of Feminism in Science: From 'Liberal Feminism' and 'Difference Feminism' to Gender Analysis of Science. Hypatia, 19 (1): 292 – 296.

Rosenberg C. 1988. Woods or Trees? Ideas and Actors in the History of Science. Isis, 79 (4): 564 – 570.

Rosser S V. 1987. Feminist Scholarship in the Sciences: Where are We now and When Can We Expect a Theoretical Breakthrough. Hypatia, 2 (3): 5 – 17.

Rosser S V. 1998. Applying Feminist Theories to Women in Science Programs. Signs, 24 (1): 171 –200.

Rossiter M. 2003. A Twisted Tale: Women in the Physical Science in the Nineteenth and Twentieth Centuries// Nye M J. , ed. The Cambridge History of Science: The Modern Physical and Mathematical Sciences. Cambridge: Cambridge University Press: 54 – 71.

Rouse J. 1991. Philosophy of Science and the Persistent Narratives of Modernity. Studies in History and Philosophy of Science, 22: 141 – 162.

Roy D. 2004. Feminist Theory in Science: Working Toward a Practical Transformation. Hypatia, 19 (1): 255 – 279.

Schiebinger L. 1990. The Anatomy of Difference: Race and Sex in Eighteenth – Century Science. Eighteenth – Century Studies, 23: 387 – 405.

Schiebinger L. 2000. Has Feminism Changed Science? Signs, 25 (4): 1171 – 1175.

Schiebinger L. 2003. Introduction: Feminism inside the Sciences. Signs, 28 (3): 859 –866.

Schiebinger L. 2004. Feminist History of Colonial Science. Hypatia, 19 (1): 233 – 254.

Schutte O. 1998. Cultural Alterity: Cross – Cultural Communication and Feminist Theory in North – South Contexts. Hypatia, 13 (2): 53 – 72.

Scott J W. 1986. Gender: A Useful Category of Historical Analysis. The American Historical Review, 91: 1053 – 1075.

Scott J W. 1992. Multiculturalism and the Politics of Identity. October, 61: 12 – 19.

Scott J W. 2001. Fantasy Echo: History and the Construction of Identity. Critical Inquiry, 27: 284 – 304.

Sells L. 1993. Feminist Epistemology: Rethinking the Dualisms of Atomic Knowledge. Hypatia, 8 (3): 202 – 210.

Shapin S. 1982. History of Science and its Sociological Reconstructions. History of Science, 20: 157 – 211.

Siegel D L. 1997. The Legacy of the Personal: Generating Theory in Feminism's Third Wave. Hypatia, 12 (3): 46 – 75.

Silbergleid R. 1997. Women, Utopia, and Narrative: Toward a Postmodern Feminist Citizenship. Hypatia, 12 (4): 156 – 177.

Sobstyl E. 2005. Beyond Epistemology: A Pragmatist Approach to Feminist Science Studies. Hypatia, 20 (4): 216 – 220.

Sprague J. 2001. Comment on Walby's 'Against Epistemological Chasms: The Science Question in Revisited': Structured Knowledge and Strategic Methodology. Signs, 26 (2): 527 – 536.

Stacey J. 1988. Can There Be a Feminist Ethnography? Women's Studies International Forum, 11: 235 – 252.

Star S L. 1991. Power, Technology and the Phenomenology of Conventions: On Being Allergic to Onions// John Law, ed. A Sociology of Monsters: Essays on Power. Technology and Domination. London: Routledge: 26 – 56.

Tuana N. 1992. The Radical Future of Feminist Empiricism. Hypatia, 7 (1): 100 – 114.

Tuana N. 2004. Coming to Understand: Orgasm and the Epistemology of Ignorance. Hypatia, 19 (1): 194 – 232.

Upin J S. 1992. Applying the Concept of Gender: Unsettled Questions. Hypatia, 7 (3): 180 – 187.

Wajcman J. 2000. Reflections on Gender and Technology Studies: In What State is the Art'. Social Studies of Science, 30 (3): 447 – 464.

Walby S. 2001. Against Epistemological Chasms: The Science Question in Feminism Revisited. Signs, 26 (2): 485 – 509.

Walby S. 2001. Reply to Harding and Sprague. Signs, 26 (2): 537 – 540.

Walker M. 2001. Engineering Identities. British Journal of Sociology of Education, 22 (1): 75 – 89.

Warnke G. 2005. Race, Gender, and Antiessentialist Politics. Signs, 31 (1): 93 – 116.

Warren K J. 1990. The Power and the Promise of Ecological Feminism. Environmental Ethics, 12 (3): 125 – 146.

Weasel L H. 2004. Feminist Intersections in Sciences: Race, Gender and Sexuality through the Microscope. Hypatia, 19 (1): 183 – 193.

Worley S. 1995. Feminism, Objectivity, and Analytic Philosophy. Hypatia, 10 (3): 138 – 156.

Yates R D S. 2000. A Flourishing Yin: Gender in China's Medical History, 960 – 1665 (Book Review). The Historian, 63: 174 – 175.

后　记

本书研究获得教育部人文社会科学研究青年基金项目（11YJC720059）资助，出版获得北京科技大学"211工程"项目资助。

时光荏苒，一晃，竟然十多年过去了。2002年，我从清华大学刘兵教授的《克丽奥眼中的科学》一书中读到关于"女性主义科学史"的章节，萌生对其进行编史学研究的兴趣。2003年7月，我从中国科学技术大学硕士毕业，同年9月顺利考入清华大学，师从刘兵先生，从此正式踏上女性主义科学史研究的道路。

科学编史学研究在国内较为冷门，女性主义科学史是相对新鲜的事物，我无意中选择了一个冷门中的冷门。刘老师曾经很认真地说，他一直在"驻守边缘"，跟着他念博士，得有心理准备。如今，老师门下已新增很多像我这样"驻守边缘"的小兵，大家都怀着一份勇于"坐冷板凳"的坚决和一份为学术理想而奋斗的气概。多年过去了，我日益发现，边缘自有边缘的风景和精彩。投身到对女性主义科学史的研究中，我获得了学术上的快乐和成长。在我成长的学术道路上，刘老师给予数不清的指导和帮助。毕业后，即使工作至今，还一直受到老师的启发、鼓励和鞭策。老师的教导之恩实在难以回报，学生唯有在学术道路上不断前行，方不辜负老师的期望。

2006年，我带着一份急切的心情四处求职。我总是幸运的，当时北京科技大学冶金与材料史研究所向我抛出了橄榄枝。这是一个国内很多同行都十分羡慕的研究机构，因为这个机构学术氛围浓厚，学者之间紧密合作，团结向上。至今，我入所工作已8年有余，深切感受到这对于一个年轻学者来说是多么的重要。尽管我的研究方向和所内其他学者相比有较大差异，但大家为我提供宽松的科研环境，让我可以静下心来做我想做的研究。正因如此，我得以继续推进博士阶段的工作，发表与冶金史完全无关的学术论文，并且能够得到尊重和认同。这份学术胸怀与宽容，对于像我这样身处"边缘"的年轻人来说，是如此弥足珍贵。衷心感谢我的领导和同事的理解、激励、支持和帮助！

在我求学和工作期间，我的硕士研究生导师胡化凯先生对我的研究一直给予关心和支持。2011年冬天，我回母校中国科学技术大学参加学术会议，老师再三叮嘱我要有"蚂蚁啃骨头"的精神，只有这样，才能做好学问。自此每有懈怠之心，便总想起先生的话，不禁汗颜。感谢胡老师对我的激励和支持！

2010 年初，我有幸获得梅隆基金的资助，前往英国剑桥李约瑟研究所访学。这段访学经历极大地拓宽了我的学术视野，增进了与国外同行的学术交流，同时也积累了大量与本书研究和写作相关的一手文献资料。感谢梅隆基金会，感谢李约瑟研究所 Geoffrey Lloyd、Christopher Cullen 教授的指导和帮助，感谢 John Moffett 先生在文献方面提供的帮助与便利，感谢 Susan Bennett 的热情帮助。

从 2006 年完成博士学位论文至今，已有 8 年多的时间，一直没有完成本书的补充研究与写作，这让我常感愧疚不安。当时，我曾想尽快出版博士学位论文，然后投入本土化的实证研究之中。后来，随着研究的深入，发现还有很多问题没有解决，于是便放下此事，目的是想尽可能地完善。结果，没想到一拖就是这么多年。为此，要特别感谢科学出版社编辑樊飞同志的耐心催促和卜新同志的细致校对。我更新了 2006 年以来女性主义科学元勘领域的学术文献，对前沿的发展做了进一步追踪，增加了对女性主义技术理论与技术史研究的编史学分析，尤其对女性主义科学编史纲领的学术影响与困境做了进一步的深入探讨，将近年来的个人研究成果充实进来，最终形成本书。尽管如此，由于本人的学识有限，本书会有一些缺陷和不足，许多问题有待在今后的研究中深入和扩展，诚盼各位学界同仁批评、指正。

最后，感谢父母对我的养育之恩，感谢丈夫给予我的理解和支持，感谢女儿带给我的幸福和快乐。有你们的陪伴，我的人生是圆满的。

章梅芳

2015 年 1 月于北京